全球街道设计指南

美国全球城市设计倡议协会
美国国家城市交通官员协会 著

王小斐　胡一可　译

张　涛　张　鎏　审校

江苏凤凰科学技术出版社

美国全球城市设计倡议协会

斯凯·邓肯

董事

美国全球城市设计倡议协会（GDCI）注重街道在世界各地城市环境中所发挥的关键作用，并与美国国家城市交通官员协会（NACTO）以及全球专家通过网络进行合作，致力于分享行业最优秀的实践成果，促进点对点指导，并推进定期交流。美国全球城市设计倡议协会旨在促进思想交流，帮助各方设计街道，从而改善公共卫生和安全、生活质量、多式联运，促进经济和环境的可持续发展。该协会认为，通过共同努力，分享经验，总结教训，传播优秀实践案例，城市设计可以节省更多的时间和金钱，并更有效地实现其政策的目标。

美国全球城市设计倡议协会顾问委员会

珍妮特·萨迪克-可汗
美国全球城市设计倡议协会终身主席
彭博慈善基金会

玛格利特·纽曼
英国奥雅纳工程顾问公司

哈尔·哈维
能源创新有限责任公司

赫勒·索霍尔特
盖尔建筑师事务所

达伦·沃克
福特基金会

马克·瓦特
C40城市气候领导联盟

琳达·贝利
美国国家城市交通官员协会

美国全球城市设计倡议协会网络城市

阿根廷
布宜诺斯艾利斯

澳大利亚
戈斯福德
墨尔本
悉尼
维多利亚州

阿塞拜疆
巴库

巴西
福塔雷萨
阿雷格里港
里约热内卢
圣保罗

加拿大
多伦多
温尼伯

中国
北京
上海

哥伦比亚
波哥大
麦德林

丹麦
哥本哈根
厄瓜多尔
基多

英格兰
阿什福德
伦敦

埃塞俄比亚
亚的斯亚贝巴

芬兰
赫尔辛基

格鲁吉亚
第比利斯

德国
柏林
卡尔斯鲁厄

加纳
阿克拉

希腊
雅典

海地
太阳城

印度
艾哈迈达巴德
班加罗尔
金奈
孟买
新德里

印度尼西亚
万隆

以色列
耶路撒冷

肯尼亚
内罗比

韩国
大邱
首尔

塞尔维亚科索沃自治省
普里什蒂纳

吉尔吉斯斯坦
比什凯克

老挝
万象

墨西哥
墨西哥城
蒙特雷
普埃布拉

摩尔多瓦
基希讷乌

新西兰
奥克兰
克赖斯特彻奇
惠灵顿

荷兰
代尔夫特
鹿特丹港市

秘鲁
利马

俄罗斯
莫斯科

苏格兰
格拉斯哥

新加坡
新加坡

南非
开普敦

瑞典
哥德堡

瑞士
日内瓦

土耳其
伊斯坦布尔

美国
巴尔的摩
波士顿
康涅狄格州
麦迪逊
莫尔登
纽约
波特兰
旧金山
西雅图
华盛顿

越南
胡志明市

赞比亚
卡卢比拉

美国国家城市交通官员协会

琳达·贝利

执行董事

马修·罗伊

城市设计董事

作为一个非营利组织，美国国家城市交通官员协会始终致力于国家、区域和地方的大城市交通运输课题研究。该协会把美国各大城市的交通运输部门作为国家和区域交通运输工作有效而必要的合作伙伴，并提高了他们对联邦决策制定的关注度。该协会促进了各大城市间交通运输思路、见解和优秀实践方案的交流，同时为城市和大都会区面临的关键问题提供了解决方法。作为城市交通部门的联盟，协会致力于通过树立共同愿景、共享数据、在研讨会议中点对点交流，以及在会员城市间进行定期沟通等方式，来改善街道设计和道路交通的实践现状。

美国国家城市交通官员协会会员城市

亚特兰大，佐治亚州

奥斯丁，德克萨斯州

巴尔的摩，马里兰州

波士顿，马萨诸塞州

夏洛特，北卡罗来纳州

芝加哥，伊利诺伊州

丹佛，科罗拉多州

底特律，密歇根州

休斯敦，德克萨斯州

洛杉矶，加利福尼亚州

明尼阿波里斯市，明尼苏达州

纽约，纽约州

费城，宾夕法尼亚州

菲尼克斯，亚利桑那州

匹兹堡，宾夕法尼亚州

波特兰，俄勒冈州

圣地亚哥，加利福尼亚州

旧金山，加利福尼亚州

圣何塞，加利福尼亚州

西雅图，华盛顿州

华盛顿哥伦比亚特区

伯灵顿，佛蒙特州

坎布里奇，马萨诸塞州

查特怒加市，田纳西州

厄尔巴索，德克萨斯州

劳德代尔堡，佛罗里达州

霍博肯，新泽西州

印第安纳波利斯，印第安纳州

路易斯维尔，肯塔基州

麦迪逊，威斯康星州

孟菲斯市，田纳西州

迈阿密海滩，佛罗里达州

奥克兰，加利福尼亚州

帕洛阿尔托，加利福尼亚州

盐湖城，犹他州

圣塔莫尼卡，加利福尼亚州

萨默维尔市，马萨诸塞州

温哥华，华盛顿

文图拉，加利福尼亚州

附属会员城市

阿林顿，弗吉尼亚州

博尔德，科罗拉多州

国际会员

蒙特利尔，加拿大

普埃布拉，墨西哥

多伦多，加拿大

温哥华，加拿大

序一

全世界每年有120多万人死于交通事故，2000~5000万人受伤。彭博慈善基金会致力于采取干预措施以挽救更多生命。事实证明，这些措施能够减少交通事故与伤亡人数。自2007年以来，我们一直与中、低收入地区的国家和城市进行合作，实施道路安全政策，完善公共交通系统，并设计更安全的道路。

预计到2050年，全球约四分之三的人将在城市中生活。随着人口的不断增加，城市必须努力为所有市民提供更加安全的道路（无论是摩托车驾驶员，还是行人）。同时，气候变化也为城市规划带来了新的挑战，要求在城市中建设更安全、更具弹性的交通网络。我们必须重新思考、重新塑造、重新设计那些组成街道的空间、结构和表面，从而有效满足更多人的需求。我们必须创造性地对待现有的基础设施，并拓展城市街道的容量，为子孙后代构建一个健康、宜居、可持续发展的未来。

这就是我们撰写《全球街道设计指南》的原因。本指南所提供的策略有助于城市放慢发展速度，优先考虑可持续的出行方式，并为所有道路使用者设计安全的街道。通过采取大胆的行动，城市将挽救更多的生命，并为未来的发展打下更坚实的基础。

彭博慈善基金会创始人

纽约市前市长

迈克尔·彭博

Michael R Bloomberg

序二

“《全球街道设计指南》的焦点在于街道在城市中发挥的不同作用，以及伟大的街道设计对提升城市生活质量的益处。”

珍妮特·萨迪克-可汗

20世纪，世界各地的街道都是围绕汽车而建的。机动车道十分宽敞，而人行道的空间却非常狭窄，这成为全球大部分地区道路的修建原则，最终分裂城市，抑制经济增长，并导致了频发的交通事故和严重的交通拥堵。新一代的规划师、工程师、城市设计师和市民都已厌倦等待地方或国家政府纠正这些错误。他们正迫不及待地想要“夺回”属于自己的街道。从阿根廷的布宜诺斯艾利斯到印度的班加罗尔，街道已经成为新型设计的代表，这种新型设计秉承“以人为本”的原则，致力于将道路变得更加安全、也更具经济活力。

本指南的灵感来自在六大洲40个国家、70个城市所做的工作，它标志着改造旧有路网体系的下一步工作，其设计能够挽救生命，优先考虑行人和公共交通，构建多元化的社区，并更好地为街上的每个人服务。本指南中对真实案例的研究，为打造更安全、更高效的街道提供了一个崭新的蓝图。城市领导者可以在此基础上加以创新，并将这些设计运用到当地的道路。

在本指南的基础上，美国国家城市交通官员协会和美国全球城市设计倡议协会正在编制其他设计手册，如《纽约市街道设计手册》《城市街道设计指南》和《城市自行车道设计指南》，并支持彭博慈善基金会在全球范围内开展交通安全工作。技术的逐渐进步和全球商业的不断发展，消除了国家和地区之间的界限，并构建了新的联系。本指南中所述的普遍性原则将为打造世界一流街道提供新的方向。

彭博慈善基金会会员、主管

美国全球城市设计倡议协会终身主席

纽约市前交通专员

珍妮特·萨迪克一可汗

序三

街道是建筑外部空间的表现形式，也是城市公共空间的重要组成部分。街道除了承载交通功能外，也为市民的各类活动和日常生活提供了不可替代的场所。街道空间设计的合理性、宜人性和安全性在我国城市规划中已然成为一项重要课题，同时，这也是世界上各个国家和地区同样面临的挑战和问题。原因归结于传统的城市规划教科书中涉及街道设计规范与标准的内容极少，但现实中，城市街道的快速更新已经对城市街道理性设计提出了紧迫的需求。

《全球街道设计指南》作为美国国家城市交通官员协会街道设计指南丛书的总领，是一本关于重新定义世界各国街道设计要素方面的书，旨在总结最新的街道建设实践经验，与时俱进地适应城市发展的新趋势，改善公共卫生和安全条件，提升生活品质，完善交通系统，激发街区活力，实现环境的可持续发展和社会公平。书中精选了来自全球40个国家的70个典型城市的街道设计案例，重新设定了街道设计的全球准则，并重新定义了街道在快速城镇化过程中所扮演的角色。

全书总共分为三个部分：关于街道、街道设计导则和街道改造。第一部分“关于街道”，重新定义了街道以及街道设计的一些基本原则，颠覆了街道设计的一些旧有知识体系和结构认知。第二部分“街道设计导则”，针对街道的使用对象，从需求出发，分析街道设计要素，采用量化、图例化的方式来解析各要素的设计特点，从而展示不同使用对象的本质特征，并以此作为设计的出发点和依据。第三部分“街道改造”，引入具体案例，通过综合分析典型案例中各设计要素的组合方式来总结、分享成功设计的实践经验，为读者提供参考和学习依据。

“《全球街道设计指南》是一本关于重新定义世界各国街道设计要素方面的书，旨在总结最新的街道建设实践经验，与时俱进地适应城市发展的新趋势，改善公共卫生和安全条件，提升生活品质，完善交通系统，激发街区活力，实现环境的可持续发展和社会公平。”

我的学生王小斐和天津大学建筑学院胡一可教授经过反复修改、考证，共同将这样一本极具实用性和工具性的书籍翻译成中文。要完成这样一本在已知学术领域更新旧有知识体系结构且广泛涉及全球各大主要城市典型街道案例的书籍翻译工作，如果没有坚定的毅力和扎实的专业知识，是难以达成的。王小斐作为资历较深的城市规划师，出于提升我国城市空间品质的责任感，同时受到解决街道设计现实问题的驱动，历时数年，完成了这本巨册的翻译工作。该书及该“街道设计指南”丛书的出版发行肯定会受到一线规划师的关注，将助力我国众多城市正在开展的“城市双修”工作。

以此期待为序。

国务院参事室参事、中国城市科学研究会理事长

仇保兴

关于本指南

《全球街道设计指南》为城市街道设计提供了一个新的全球标准。本指南指出，城市属于人们，引导人们摆脱传统观点的束缚，将城市街道设计参数从汽车的运动和安全转移到其他因素上，包括所有用户的可达性、安全性、机动性，环境质量、经济效益、公共卫生和整体生活质量等。

基于《城市街道设计指南》和《城市自行车道设计指南》中定义的成功方法和策略，来自全球不同城市的专家为本指南的研究确定了类似的方法。本指南介绍了世界各地不同环境中的街道类型和设计元素。

本指南的撰写由彭博慈善基金会资助，这一创新性指南旨在为领导人和设计师带来灵感和启发，并大力开发“公共空间网”，从而使得社区迸发出新的活力。本指南将街道作为整合各种功能和用途的公共空间，这将有助于城市街道发挥潜力，进而成为安全、便捷和经济可持续发展的场所。

行人

自行车骑行者和公共交通乘客

商贩和城市服务人员

私家车驾驶员

世界各地的街道

城市正在迅速发展，街道亦随之不断变化。在全球范围内，当地投资正在从高速公路和无计划扩张转向公共交通和城市本身，设计的角色也从建设更宽阔的道路转向支持优质场所的街道。世界上的大多数人都生活在城市中，其出行主要选择步行、自行车或公共交通，但大多数的城市公共空间都是为汽车设计的。这种日益明显的“不平衡”状态正在改变城市的规划方式，街道设计必须更好地平衡更多人的需求。

当今的交通决策影响着城市的发展、居民健康与安全、社会公平与稳定、空气和水的质量，以及未来数十年的碳排放量。

快速发展的城市有能力避免20世纪以公路为导向的错误，曾经以建设可持续发展的宜居城市为目标而大量投资道路和高速公路的国家越来越意识到这一问题。曾有人认为，大力发展汽车工业并增加汽车使用量与基础设施投资密切相关，这种观点如今已无法立足。

这一理念基于“街道只能容纳汽车，而人不属于公共空间”的观点。

每次投资交通运输项目时，城市都要面对一个问题：是迎合汽车，建造庞大的高速公路网络并隔离重要的城市中心，还是坚持可持续发展原则，创建更密集、更紧凑的社区，提供更多的交通选择和使用权。这些公共决策不仅会影响整个城市，甚至会通过对气候的影响而波及全世界。依靠汽车和个人机动车完成城市交通运输，会产生很高的社会成本。

设计城市街道应尽量减少对汽车的依赖，开发安全、可持续性的替代方案，这有助于解决世界各地城市所面临的挑战，包括：

- 交通暴力
- 运动不足和慢性病
- 空气质量差
- 经济效率低
- 高能耗
- 气候变化
- 噪声污染
- 生活质量低
- 社会不公平

全球影响

《全球街道设计指南》一书基于世界各地不同的地理环境情况，并借鉴全球城市的设计经验，致力于打造全新的城市街道。

每个城市在街道设计的过程中都积累了丰富的经验，为他人学习、借鉴提供了最佳实践策略。

“街道改造”部分的案例是与世界各地的合作伙伴共同编写而成的。其中的一些案例展示了城市在改变街道设计方面所做的努力，其他优秀实践案例也贯穿整个指南。

这些优秀案例来自全球40多个国家和70个城市。

街道设计新方法

基于人和空间的街道设计新方法表明，现有街道可以转变为伟大的城市空间。

街道是城市转型的催化剂。《全球街道设计指南》介绍了当前世界上顶级城市设计师和工程师率先采用的技术和策略。

街道是属于大众的公共空间，也是供人们活动的廊道，这一原则是本指南的基础，标志着交通机动化和车行通道所提供的街道功能得以转变。街道设计采用的方法是基于当地环境、多用户需求，以及更长远的社会、经济和环境目标。

空间

调查街道的建筑、自然、社会、文化和经济环境如何界定空间的物理尺度和性质，观察周边土地的使用情况、密度以及更大的网络如何影响交通机动性和使用模式。详见第二部分“5 为空间设计街道”。

人

确定目前使用街道的人群，并量化其使用街道的时间和方式；做好用户和活动分类，以适应未来街道发展，并确保街道的设计能够满足使用者的需求。详见第二部分“6 为人设计街道”。

街道设计

影响

城市街道应服务更多的人，其设计需能解决城市在未来几年将面临的多种难题，服务于整个城市，并在以下领域取得预期成果。

- 公共卫生和安全
- 生活质量
- 环境可持续发展
- 经济可持续发展
- 社会公平

本指南的使用方法

《全球街道设计指南》致力于为对街道设计感兴趣的读者提供参考。请阅读本部分内容，明确本指南的基本方向，浏览索引信息，并优先阅读最有用的章节。

鼓励改变

- **揭示可能性：**查看、挑选、选择并修改最适合您所处环境的方法和策略。
- **提问：**探讨现有街道的成因，确定如何改造现有的街道，并应用于您所在的城市。
- **倡导：**促进有利于可持续性街道设计的政策、最新实践和财政支持的转变。

导则改变

- **制定和调整议程：**设定全市和区域议程，改善并优先开发安全、可持续的街道，需符合有关规划、健康、发展、安全和可持续政策和实践的要求。
- **制定指导方针，确定方法，引用案例：**借鉴本指南的内容，并将其改编为当地街道设计的指南，制定最低质量标准，为未来项目提供参考。
- **通过并认可：**将本指南作为提高当地环境质量的正式指南。
- **制定目标：**确定在全市范围内优先考虑的战略，如改善后的人行道长度、自行车网络的扩展、公交专用车道的增加、新增乔木的数量等。
- **下达政策：**支持性能驱动型交通运输、安全控制和环境政策的实施。
- **实施项目：**通过技术细节来实现街道设计的未来愿景。

测量和沟通变化

- **测试：**使用设计工具，创建临时或短期项目，以展示新的可能性。
- **建档：**对街道项目实施前后进行书面记录和评估，提供时间进度表，从而为全球调查数据的收集做出贡献。
- **培训和教育：**培训专业人员、教育从业者，开设街道设计与实践的社区讲习班。
- **沟通优先事宜：**为街道的利益相关者提供明确的目标，并对设计改造提供案例支撑。

第一部分
关于街道

1~3

了解街道的重要性以及优秀街道项目立项和实施的过程；设想可能发生的情况，并确定要评估的内容；确保未来的项目能够赢得社区居民和政府的支持。

第二部分
街道设计导则

4~9

认识街道设计中环境和文化因素的重要性，明确街道的使用群体，并采用设计策略满足其需求。在“运营和管理”部分，从空间和时间层面对街道进行管理；在“设计控制参数”部分，采用积极的措施为优秀的街道设计设定指导参数。

第三部分
街道改造

10~11

确定针对各种街道和交叉路口类型的可能配置方法，从案例中学习其他城市街道改造的方法。

为人设计的街道

使用下面的图标，并注意各自的颜色，以便读者在指南中识别不同的用户。

行人

自行车骑行者

机动车驾驶员

公共交通乘客

货运经营者和服务提供商

商贩

重点

使用黄色突出设计标志，以凸显街道元素和设计引导。

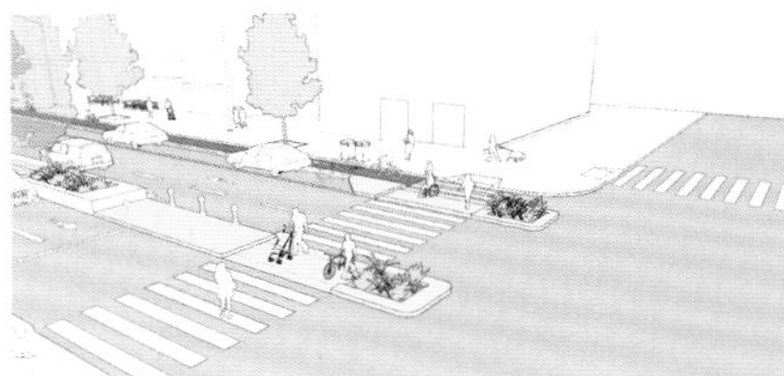

改造前后

第三部分所有的街道和交叉路口改造均采用三维模型展示改造前后的变化。下图左侧页面为改造前的三维模型，右侧页面为改造后的三维模型。

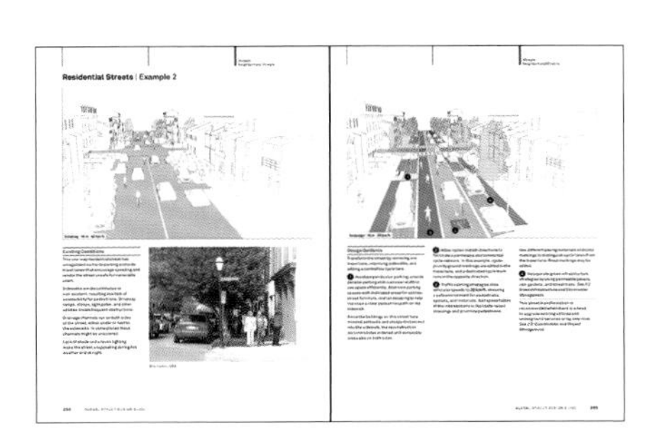

尺寸换算

请参阅附录A尺寸换算。在换算表中查找指南中所使用的测量单位的主要尺寸换算方法。

- 距离（1 m=3.3 ft）
- 速度（1 km/h=0.62 mph）

目 录

第一部分 关于街道

第二部分 街道设计导则

第三部分 街道改造

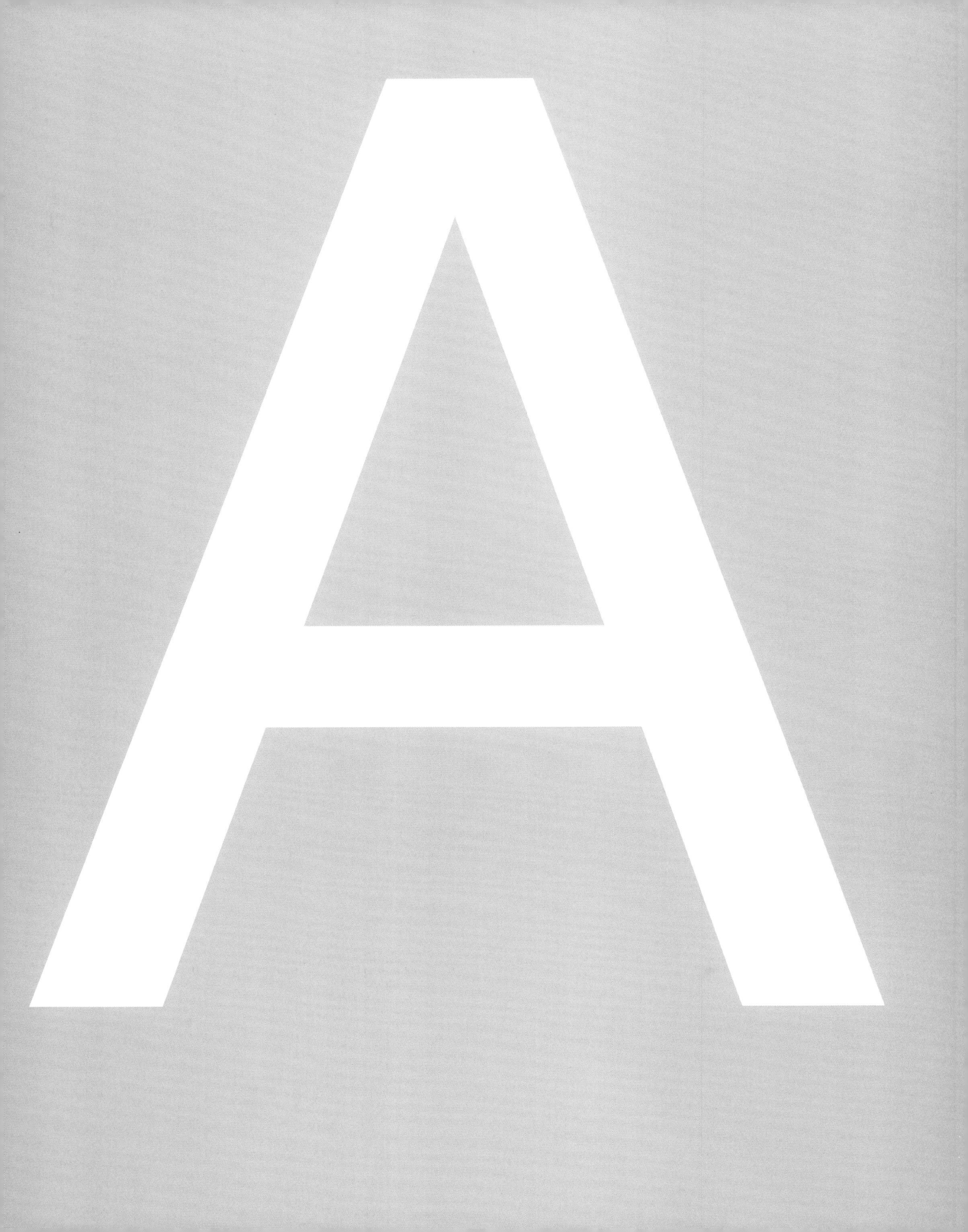
A

第一部分
关于街道

UE STATION
沙道2A地下
上海
永亨信用財務
譽
UNIQUE
TIMEPIECES
喜運佳 · 譽一鐘表
池記
雲吞麵
FOOT MASSAGE
足清亭
8100 7624
136
CHINADAILY
Happy Valley
跑馬地
更用心 更關心
池記雲吞麵
N2

1

定义街道

预计到2050年，全球约四分之三的人将生活在城市中，城市街道需要平衡日益增加的个人流动性与享受城市便利性间的矛盾。20世纪，以汽车为中心的低密度城市发展模式已告失败，具有强大的复合模式联运网络的密集城市最适合营造可持续发展的环境、增加平等的商业机会，并提供高品质的生活。以步行、骑行和以公共交通为导向的社区是当今城市居民急需和渴望的。

拓展城市街道容量的方式必须能够支持城市环境，并确保公共空间具有较高的质量。优先开发可持续的专用空间模式，有助于实现这一目标，从而让公共交通等更高效的交通方式为城市活动开辟更多空间。

如今，城市的辐射范围不断扩张，以服务不断增加的人口，因此，塑造街道的方法和策略至关重要。街道与其他城市系统息息相关，良好的城市街道设计能够为城市和居民带来更多的益处。

中国香港

1.1 | 街道的定义

街道是城市空间的基本单元，人们通过街道来体验城市。街道经常被误解为是一个可供车辆移动的二维平面。事实上，街道是由许多表面和结构组成的多维空间，包括建筑边缘、土地利用以及拓展到建筑红线之间的空间。它们提供了通行和休憩的空间，促进各种活动的开展。街道是一个动态空间，能够适应时间的变化，推动环境、公共卫生、经济和文化的可持续发展。

街道像一个由多个平面形成的户外房间：底部的平面是地面，建筑和路基边缘是侧平面，而苍穹就像是屋顶的天花板。每个平面都由诸多元素构成，这些元素由一系列不同的政策、规范、准则进行调控。

把街道的各个部分理解为连续且可互换的元素，可为街道设计提供灵活的方法。人行道上的通行区、自行车道和行车道必须连续且彼此贯通，以便高效运行。可互换的元素，如停车位、树木、微型绿地和公交站，可以使街道适应周边环境。以下术语丰富了街道的定义。

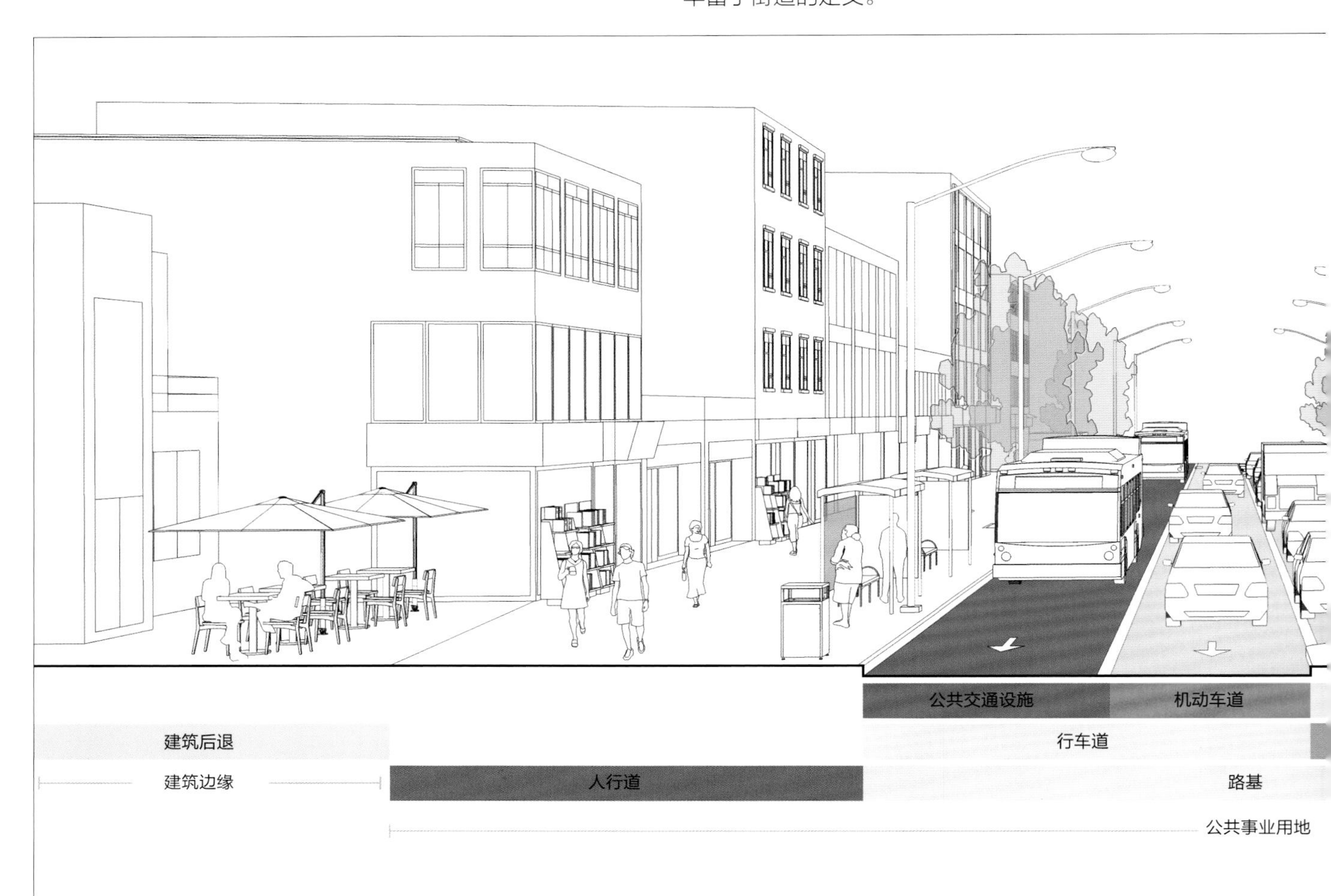

公共事业用地

建筑边缘之间的整段距离。

人行道

带有通行区的专用空间，通达性高，功能丰富，适用于各种活动。详见第二部分“6.3.4 人行道”。

路基

位于两条人行道之间，可承载各种交通方式和配套设施的空间。

公共交通设施

行车道中的专用空间，适用于不同类型的公共交通工具。详见第二部分“6.5.4 公共交通设施”。

基础服务设施

在公共事业用地空间内提供的公共设施和服务。

街道活动

在街道上进行社交活动、社区活动以及全市活动。

街道设施

设置在街道上的对象、元素和建筑。

建筑边缘

建筑立面、窗户、退界和遮阳篷等的集合。

行车道

行车道内专用的机动车道。详见第二部分“6.6.4 行车道”。

辅助车道

静态交通（汽车、自行车、公交车和装卸区）的专用空间。

自行车设施

自行车骑行的专用空间，设置于行车道内外皆可。详见第二部分“6.4.4 自行车设施”。

绿化带

树木、种植床和绿色基础设施常设置于人行道上、停车位之间或中央隔离带。详见第二部分“7.2 绿色基础设施”。

1.2 | 改变衡量成功街道的标准

经过几十年的发展，街道设计能尽可能高效地疏解车流，城市设计者终于重新打造了安全、宜居的街道，以平衡所有用户的需求。是时候改变既有惯例，并重新定义成功街道的衡量标准。街道不应进行单独评估，也不应仅仅作为交通项目。相反，每个设计都为我们提供了一个机会，使我们认识到街道设计能够获得怎样的整体效益。

公共卫生和安全

每年都有数百万人死于本可预防的情况，例如，与空气能见度低和身体活动有关的碰撞事故以及慢性疾病。街道设计必须改善所有用户的安全环境，并促进积极交通（如步行、骑行和使用公共交通工具出行）的健康发展。街道设计应有利于人们选择健康的食品、降低噪声水平，并提供可改善空气质量和水质量的树木。

生活质量

世界各地的城市都在争夺“最宜居城市”的称号，这是近期衡量成功街道的标准，它承认了生活质量在吸引和留住居民、企业等方面的价值。人们通过公共场所来体验城市，一个城市的宜居性高度依赖于其街道。

因此，打造安全、舒适、高效且充满活力的街道对城市的宜居性以及居民的认同感将产生积极的影响。街道可以促进社会互动，提供自然监控的设计，这有助于建立更强大、更安全的社区。[1]

环境可持续发展

面对前所未有的气候挑战，街道项目有助于改善当地的城市环境，并提高其抗风险能力。精心设计的街道可促进交通模式的可持续发展，减少碳的排放量，并提高空气质量。结合树木和园林绿化，有助于改善水资源管理，保护生物多样性，使人们更好地享受自然环境。

经济可持续发展

优秀的街道能够吸引人、增加商业机会、提高安全性，并提升公共空间的品质。多模式的街道项目具有更积极的经济影响，如提升零售业业绩和物业价值。因此，街道的投资具有长远的经济效益。[2]

社会公平

在社会不公日益严重的当下，城市必须确保最有价值的公共空间能为所有人（不同能力、不同年龄、不同收入），提供安全和公平的使用环境；并赋予弱势群体以安全、可靠的行动选择权。城市可以通过街道设计更好地为居民服务，增加就业和学习机会，有利于提升个人健康水平和公共卫生条件，并构建强大的社区。

1.3 | 街道经济

安全、充满活力、高效的街道网络对城市或地区的经济发展至关重要。街道设计在促进正规和非正规商业、就业等方面也发挥着重要作用。街道建设的前期投入应充分考虑其设计在整个生命周期所产生的效益。从行程时间、公共交通便捷度、燃料成本和个人健康等方面来考虑街道设计的成本，并结合交通事故、医疗费用、负面环境的影响以及交通拥堵等因素来衡量社会的外部成本。

健康和人类生命

道路交通事故会造成生命损失和严重伤害，所产生的成本对经济有着重大影响。设计更好的街道可以减轻身心压力，降低医疗费用并减少社会服务需求。

全球道路交通事故的经济成本为645亿~1000亿美元。[3]

据美国波特兰市的一项模型研究估计，到2040年，自行车设施的投资将大大降低医疗成本。[4]

工作和生产力

由于交通拥堵或道路交通事故，人们的工作时间被大量消耗。这些浪费的时间导致生产力下降，从而造成间接的经济损失。

由于交通拥堵，每个洛杉矶居民每年损失约6000美元的生产力。[5]

每个死亡事故对社会产生的持续性经济成本约为140万美元。[6]

中国香港的一项研究发现，行人专用区的零售租金增加了17%。[7]

纽约第九大道的自行车道使本地零售业业绩增长了49%。[8]

修建一座人行天桥所产生的费用与修建埃塞尔比亚的斯亚贝巴更安全、更具成本效益的人行横道的费用基本相等。

波特兰市投资800万美元用于建设绿色基础设施，以节省2.5亿美元的硬件基础设施成本。[9]

商业和不动产

行人、自行车骑行者和公共交通使用者通常会比汽车驾驶员在当地零售业务上花更多的钱。这表明为公共交通使用者、行人和自行车骑行者提供具有吸引力的安全空间极为重要。事实证明，完善的街道建设也可提升社区的价值。

施工与维护

狭窄街道的建设和维护成本较低，使用优质、耐用的材料可显著降低维护成本。绿色小巷或街道预计可将雨洪管理效率提高3~6倍，并降低基础设施建设的成本。[10]

1.4 | 环境可持续发展的街道

设计与环境相协调的街道，有助于城市应对气候变暖的挑战。各种国际组织和会议议程，如联合国可持续发展目标均加强了对环境可持续性、温室气体排放和全球变暖等问题的关注。提升街道环保功能迫在眉睫。强化街道在改善环境方面的影响，并进一步实现城市环境的目标，可以吸引更多的投资。

微气候

街道树木和景观美化有助于改善当地气候，减少城市热岛效应，从而最大限度地减少车辆和邻近建筑对高耗能空调的需求。

噪声

城市树木可以减少噪声污染。

空气质量

行人、自行车骑行者和公共交通优先的街道有助于减少汽车的流通量、尾气的排放量和空气污染。

据尼日利亚的一项研究评估，常绿阔叶树可以将温度降低12℃。[11]

数据表明，树木和植被可将城市噪声降低3~5 dB。[12]

2002年的一项研究表明，公共交通工具比汽车产生的一氧化碳少95%。[13]

汽车和卡车的二氧化碳排放量占全球二氧化碳排放量的40%左右。到2050年，交通运输的能源消耗预计会翻一番。

对绿色小巷或街道每投资1000美元，回报率预计比常规方法高出3~6倍。

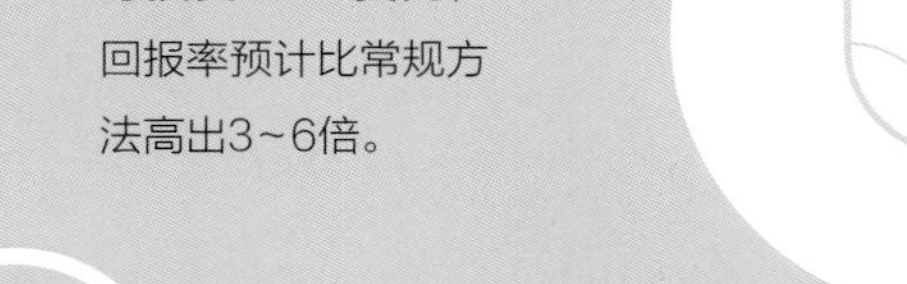

波特兰市投入800万美元用于建设绿色基础设施，节省了2.5亿美元的硬件基础设施成本。[15]

自然环境的改善使工人的病假数量减少了23%，整体健康状况亦得到改善。[14]

纽约市使用LED替代所有的路灯，这十年间，每年大约能够节约81%的能源。

水管理

将绿色基础设施和当地植物种类融入街道设计，有助于管理雨水、减少灌溉需求。详见第二部分“7 公共设施和基础设施”。

健康和安全

城市树木和植被有助于减少城市中的压力和攻击性行为[16]，同时降低犯罪率。[17]

能源效率

街道项目可以通过使用可回收利用和环保型材料以及可再生能源，来提高城市的能源和资源利用率。

1.5 | 安全的街道可以拯救生命

世界各地每年有120多万人死于道路交通事故，大概每30秒有1个人死亡，或者每天有3400多人死亡。[18]许多死亡事件都发生在城市道路上，这些事故如果由街道设计所引发，本可预防。

创建安全的街道是设计师、工程师、监管者和政府领导共同承担的重要责任。即使安全记录良好的城市，也面临着交通暴力的威胁，城市周围的日常活动也存在潜在的危险。高速公路式的街道设计优先考虑的是汽车，而非“人”这一弱势群体；一再鼓励人们提速，却无法提供安全的环境。

新的安全规范

新的安全规范基于人类极限，人体是脆弱的，只能承受某些力量。这就意味着：

- 减少遭遇冲突的风险。
- 减少交通事故的数量，降低严重性。
- 降低速度。
- 为弱势群体打造安全的街道。

当车辆以40 km/h或以下的速度行驶时，如果发生车辆碰撞，车速也比较低，这就大大增加了在事故中生还的机会。

全球各地的研究表明，大部分交通事故死亡，特别是易于进行防范的行人死亡事件一般发生在一小部分干线街道上。[19]这些街道的设计有如下特征：

- 街道宽阔，容易使人超速行驶，缺乏安全的人行横道。
- 街道充当前院的角色，但允许攻击性行为的发生。
- 街道的表面类似于公路，摩托车驾驶员和公共交通乘客速度差距悬殊，且没有人行道或人行道不合标准。

交通速度快、车流量高、交叉路口的距离长、人行横道间相距过远，使其成为弱势群体的致命通道。

速度是影响街道安全最重要的因素，在事故中，速度与行人死亡风险成正比。

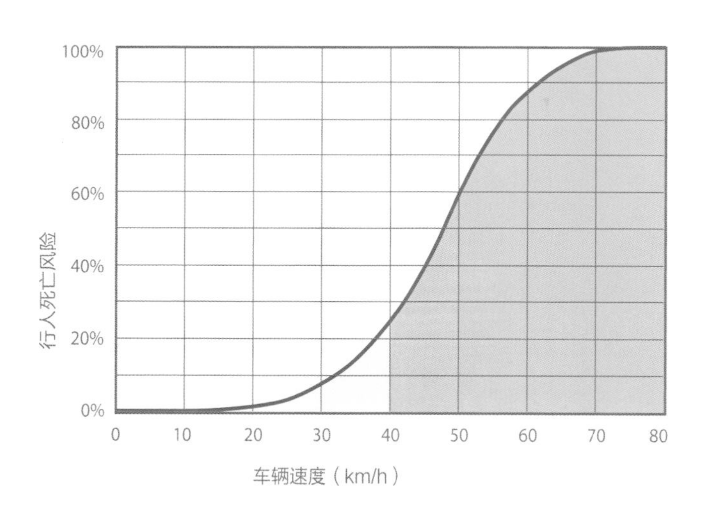

车辆速度与行人死亡风险之间的关系

最近的几项研究表明，车辆速度与行人伤亡之间存在着明确的关系，这为城市街道上车速不允许超过40 km/h的规定提供了依据。但这些研究大部分是在高收入国家进行的，我们有理由认为这种关系在低收入和中等收入国家可能会更明显。[20]

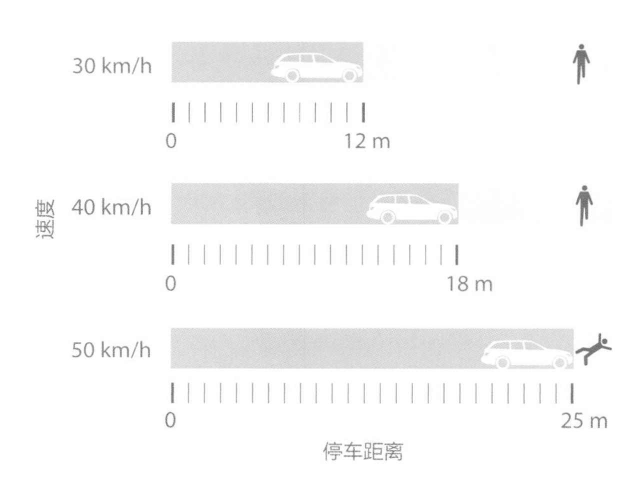

速度与停车距离的关系

上图显示了最小停车距离，包括感知、反应和制动时间，以上数据基于干燥条件，并假定可见度良好。[21]

交通事故的常见原因

许多交通事故的发生与街道设计直接相关，再加上速度，情况就变得更加危险。交通事故的常见原因包括：

- **人行道不足：** 当人行道堵塞、狭窄或不存在时，行人会被迫选择行车道。如果街道仅服务于快速车辆，而无法安全地容纳所有人和车辆，就会产生极大的威胁。

- **缺乏无障碍人行横道：** 如果街道上没有人行横道，或者人行横道无法使用，行人就有被撞击的危险。在街区中段经常发生行人事故，因为这一路段优先考虑的是车辆数量和速度，其次是安全穿越街道。

- **缺乏保护：** 宽阔且多车道街道、没有安全岛，行人在穿越街道时更容易暴露于移动车辆前，这对老年人或行动迟缓的人来说极其危险。

- **缺乏可预测性：** 若未设置信号和倒计时时钟，或者信号周期长度导致等待时间过长，则行人无法合理判断其所拥有的通行时长，有可能冒着风险穿过街道。

- **缺乏自行车设施：** 与中速机动车混合，尤其是在多车道上时，自行车骑行者有追尾或被追尾的风险。

- **交叉路口设计不合理：** 大型交叉路口的设计通常是用于危险的高速转弯，缺乏可见性，导致行人无法正确判断方向和预估不同道路使用者的行为活动。

- **不安全的上下客区域：** 公共交通工具使用者在上下车时会面临风险，特别是在没有安全设施的情况下。高速通行街道和靠近上下客区域的不合理交叉路口设计，加剧了发生严重事故的概率，从而使弱势群体面临更大的风险。

- **表面危害：** 障碍物和路面坑洼、退化，可能对行人和自行车骑行者造成危害。

安全的设计有利于教育和执法

法规和教育对于树立交通安全意识至关重要。如果街道的设计意在阻止人们做出安全的决策，那么这条街道就无法保障安全。大多数道路安全议程都着重通过教育和执法来减少人为犯错的可能性，而不强调街道设计的安全。街道设计可以限制人为错误而引发的事故或冲突，远超安全工程的范围，但会对街道用户的安全造成直接或间接的影响。

零死亡愿景和可持续安全项目

零死亡愿景（起源于瑞典）和可持续安全项目（起源于荷兰）是世界上越来越多的城市所采用的主动安全计划。这些方案的前提是保障生命安全，旨在防止发生严重的道路交通事故，并将安全责任置于系统设计之上，而非道路使用者。

创新的街道设计可降低车辆速度、惩罚交通违规行为。事实证明，加强速度限制的法规条例和公众宣传，是方案执行过程中极具影响力的战略。

据世界卫生组织统计，世界上每天有3400多人死于道路事故，每年有数千万人受伤或致残。儿童、行人、自行车骑行者和老年人是道路使用者中的弱势群体。

1.6 | 街道对个人的影响

人类健康

世界卫生组织将健康定义为身体、精神和社会完全健康的状态（而不仅仅是没有疾病）。城市街道是人们进行日常体验的平台，其设计必须有利于所有人的健康和幸福。

交通伤亡

每年除了因道路交通事故死亡的120万人外，还有2000万~5000万人受伤。15~44岁的年轻人占全球道路交通死亡人数的59%。[22]

空气质量

户外空气污染物是影响公共健康的主要原因，可造成呼吸系统等疾病。2012年，全球约有370万人死于空气污染，其中88%的人来自低收入和中等收入国家。[23]如果相关政策和投资更多地扶持清洁、低排放的交通方式，如公共交通、步行和自行车骑行，将有助于减少户外空气污染。

体育锻炼

体育锻炼不足是全球所有国家共同面临的十大危险因素之一，也是导致非传染性疾病的主要风险因素之一。世界上80%以上的青少年锻炼不足。[24]街道必须提供安全、通达的人行道和自行车设施，以鼓励人们采用有利于锻炼身体的交通方式。

死水

死水的存在加大了人感染水传播和虫传播疾病的风险。如果街道的设计便于维护，且具有适当的水管理设计，可有效降低水流停滞的可能性，从而降低水传播疾病的风险。

接触自然

街道是人们每天使用的公共空间，街道树木和景观美化可以使人们接触自然、改善情绪、保持心理健康。[25]

噪声污染

街道噪声是噪声污染的主要来源之一，会导致很多健康问题，如睡眠障碍、心血管问题、工作效率低下和学业表现不佳以及听觉障碍等。住宅街道如果允许大型车辆和货运卡车行驶，还可能对附近居民的睡眠产生负面影响。街道设计可以降低速度，而制定适当的政策则可减少喇叭的使用频率，从而减少噪声污染，缓解其他街道用户的不适感。

人类体验

人们对社区和城市的体验由街道决定。人们能够从一个地方轻松地转移到另一个地方，享受街道上的服务和周围环境，获取安全感，并始终保持身体健康和心理舒适。

人类感官

在人行道上行走可以最深切地感受一条街道。这就意味着街道设计成功与否应以人的视觉感受和步行速度来衡量。

行人用感官体验着街道，气味、声音、纹理和视觉享受塑造了空间的舒适度。由于感官尚未完全发达，年幼的孩子则以不同的方式使用和体验街道。随着年龄的增长，人的听力、视力和行动力会逐渐衰退，从环境中获取信号的方式及使用街道的能力也相应地发生变化。应考虑纹理、材料、声音和视觉元素如何为各种能力水平的人创造一个更加安全且具有吸引力的街道环境。

安全性和易用性

安全的街道可以带给人舒适的使用感受。城市街道设计必须为交通减速，包括人行道、照明、设施和树荫，从而为使用者提供安全的保证。街道是连接关键服务（如卫生保健和教育）的通道，这就要求其提供安全、可靠且具有可达性的路线。街道设计应提供加强城市安全和利于预防犯罪的空间。

社会互动

设计精良的街道可将人与社区联系起来，使人们结识新朋友、拜访老朋友，感受到与社会之间的联系。降低交通流量的街道可以扩展紧邻街道的私人空间，增加社会互动性。

授权和社会包容

街道设计应赋予弱势群体更多的权利。对于生活在贫困，或者缺乏社会包容性环境中的人群，街道应为其提供具有包容性的活动场所。[26]

表达

街道作为城市公共空间的核心网络，通常是进行政治或文化表达的场所，这些表达常通过游行和庆祝活动加以呈现。街道设计应保持中立态度，为此类活动提供支持。

精神和个人意义

街道作为日常活动和仪式场所，承载着场所和事件的记忆。街道可以彰显区域的特征，对个人而言，有着特殊意义。街道设计应为使用者提供安全、积极和愉悦的体验。

1.7 | 服务更多人的多模式街道

伟大的街道设计在同一空间内可供更多人通行，也能容纳和服务更多人。

街道设计必须服务于不同的模式，并为其用户提供多种交通选择。

多模式街道可为人们提供安全、极具吸引力且便捷的交通方式，如步行、骑行、公共交通及私家车出行等。

多模式街道有助于提高城市效率。街道上私家车数量的减少与温室气体排放量的减少有着直接的关系。这种转变也有助于完善商业和公共空间，提高生活质量，促进经济发展。

多模式街道可服务更多人

多模式街道可供更多人通行。对街道空间进行改造，实现更有效的交通模式，增加街道总容量，减少私家车的数量。

减少通勤时间，增加有助于经济增长的生产时间。

多模式街道可促进当地经济发展

提高安全性和鼓励多模式功能的街道项目具有积极的经济效益，例如，增加零售销售和房产价值。[27]此外，步行、自行车骑车者往往会比公共交通使用者在当地零售业上花更多的钱，这就强调了为公共交通使用者、行人和自行车骑行者提供具有吸引力的安全空间的经济意义。

多模式街道可为更多人所用

多模式街道使人们能够根据自己喜欢的出行方式来定制行程，也使城市公共交通和自行车网络中的地点更容易为当地人使用，改善相邻的社区关系，提升物业价值，从而吸引新的商业类型和服务业务，来提高居民的生活质量。

多模式街道更具有环境可持续性

多模式街道能够为步行和骑行等可持续发展模式提供基础设施，减少车辆尾气排放量和二氧化碳排放量，从而提高空气质量，减少气候对城市的影响。

私家车
600～1600人/h

公交车往来频繁的混合交通
1000～2800人/h

双向受保护的自行车道
6500～7500人/h

公交专用车道
4000～8000人/h

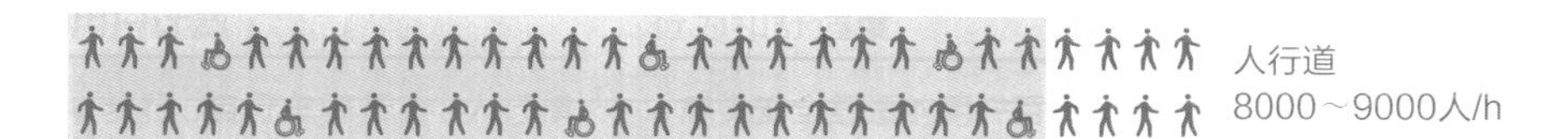

人行道
8000～9000人/h

街道快速公交或有轨电车
10 000～25 000人/h

不同模式的人员承载能力

左图显示，在正常运行的峰值条件下，不同模式下3 m宽车道（或等效宽度）每小时的容量。[28]范围值波动与车辆类型、交通信号时长、运营和平均占用率有关。

以汽车为主导的街道

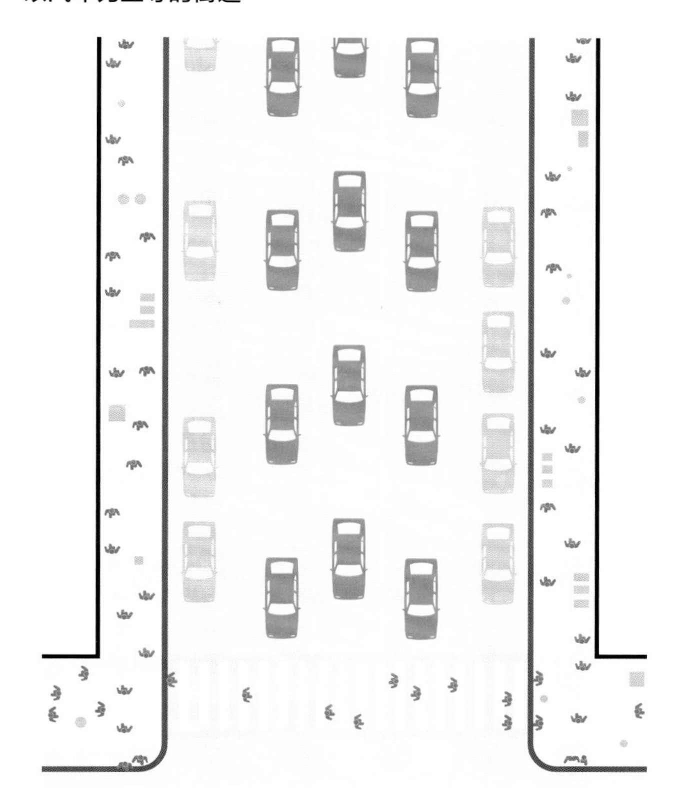

多模式街道

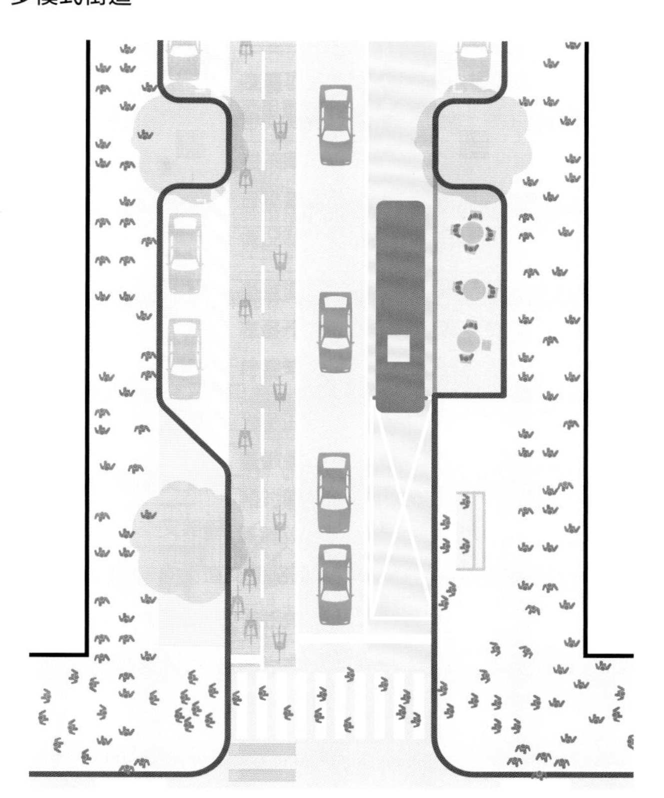

以汽车为主导的街道和多模式街道的容量

上面两幅图说明了以两种不同方式设计的相同街道空间的潜在容量。在左图中，大部分空间被分配给行驶或停泊的私家车。人行道容纳了电线杆、路灯杆和街道设施，通行区缩小至3 m以内，从而降低了街道容量。

右图的多模式街道通过更加平衡的方式来分配各模式的空间，拓展了街道容量。这种空间的再分配允许进行多种非流动性活动，如座位和休息区、公交车辆停靠站以及树木、植物和其他绿色基础设施。

以汽车为主导的街道每小时容量

	4500/h	x2	9000 人 /h
	1100/h	x3	3300 人 /h
	0	x2	0

总容量：12 300 人/h

多模式街道的每小时容量

	8000/h	x2	16 000 人 /h
	7000/h	x1	7000 人 /h
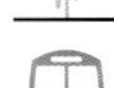 	6000/h	x1	6000 人 /h
	1100/h	x1	1100 人 /h
	0	x1	0

总容量：30 100人/h[29]

1.8 | 可能性探讨

本指南将现有的街道设计和项目目标纳入考量范围，研究可实现的基础设施改造工程，从而使城市充分利用公共空间，改善现有环境，促进经济发展。这些变化有助于提升交通的安全性和各类运输方式的有效性。

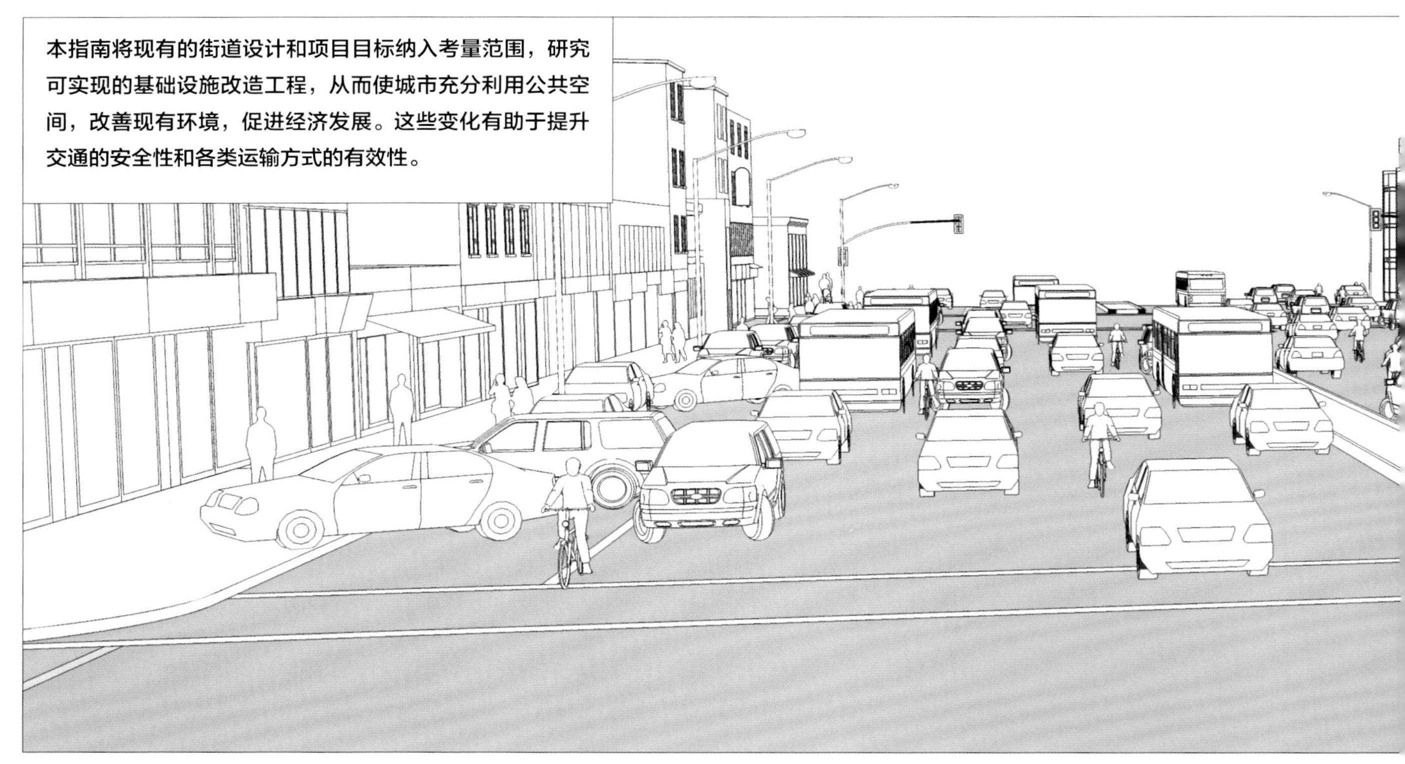

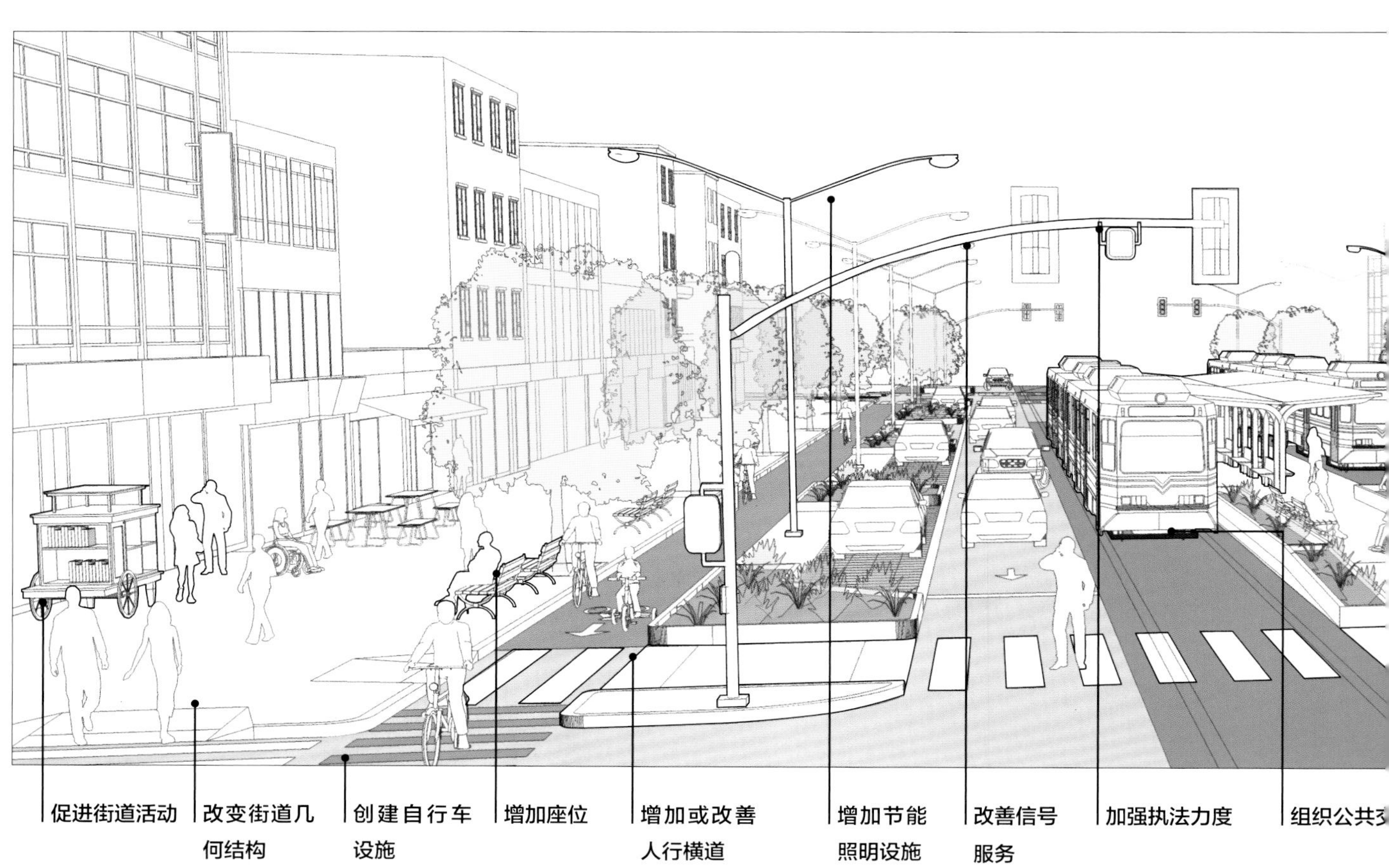

现状
60 km/h

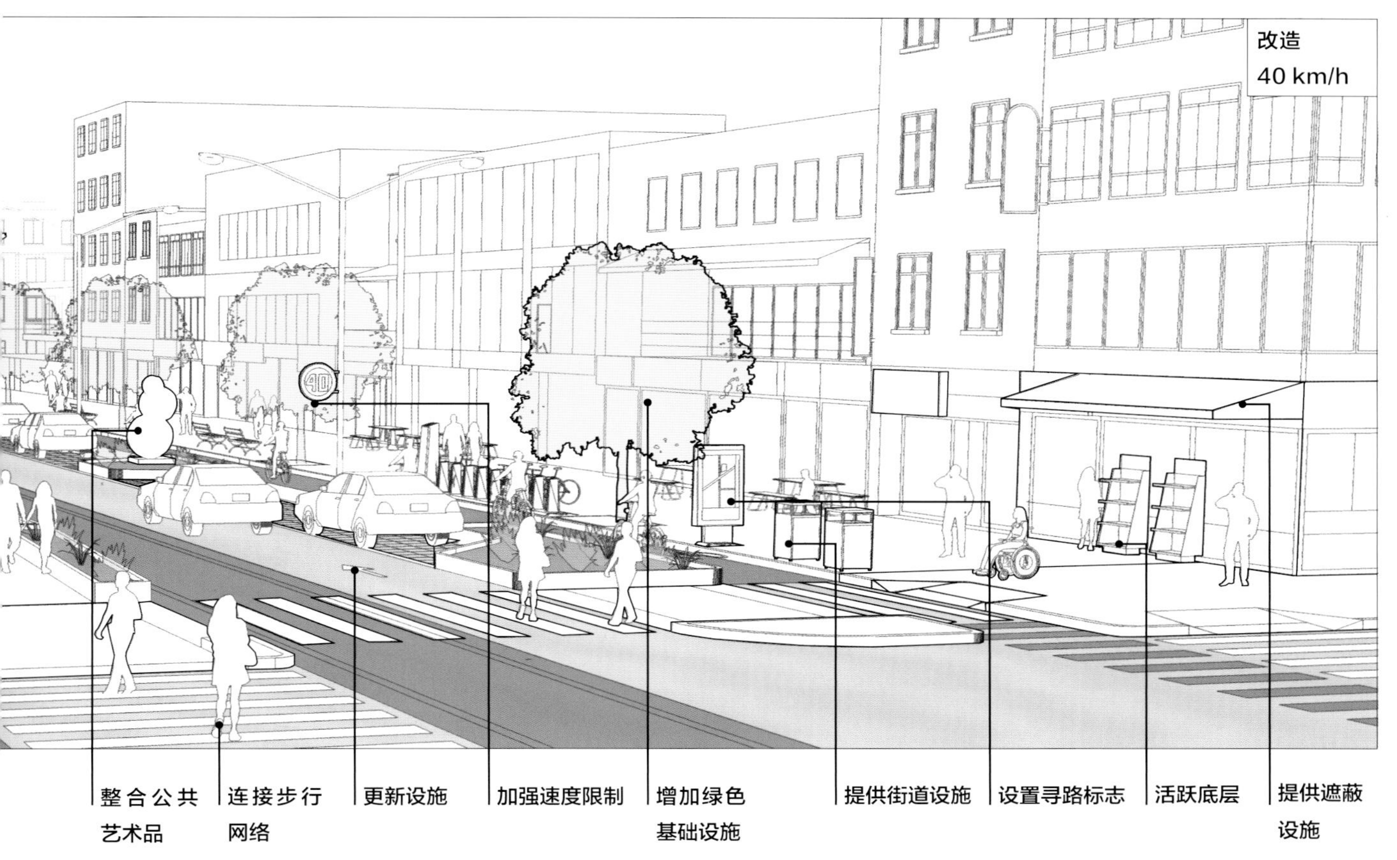
改造
40 km/h
整合公共艺术品
连接步行网络
更新设施
加强速度限制
增加绿色基础设施
提供街道设施
设置寻路标志
活跃底层
提供遮蔽设施

NO
ENTRY
AREA 501 PERMIT
HOLDERS EXCEPTED
MID NIGHT - 7 AM
9 30 AM - 4 PM
7 PM - MID NIGHT
BICYCLES EXCEPTED
AT ALL TIMES
Bank of Melbourne
city tours

2

塑造街道

多个机构在塑造街道方面发挥着作用。城市街道的蓝图是由许多利益相关者共同制定的：从设定广泛的愿景和政策议程，征询当地意见，到制订详细的计划。街道的使用寿命取决于协调一致的项目管理、优质的施工和持续的维护，为后代提供的可持续性街道依赖于政策的更新和对未来从业者的教育。需要根据当地情况来确定具体的实施步骤，并与利益相关者进行沟通，以打造安全、优质且体现社会公平的街道。

澳大利亚墨尔本

2.1 | 塑造街道的过程

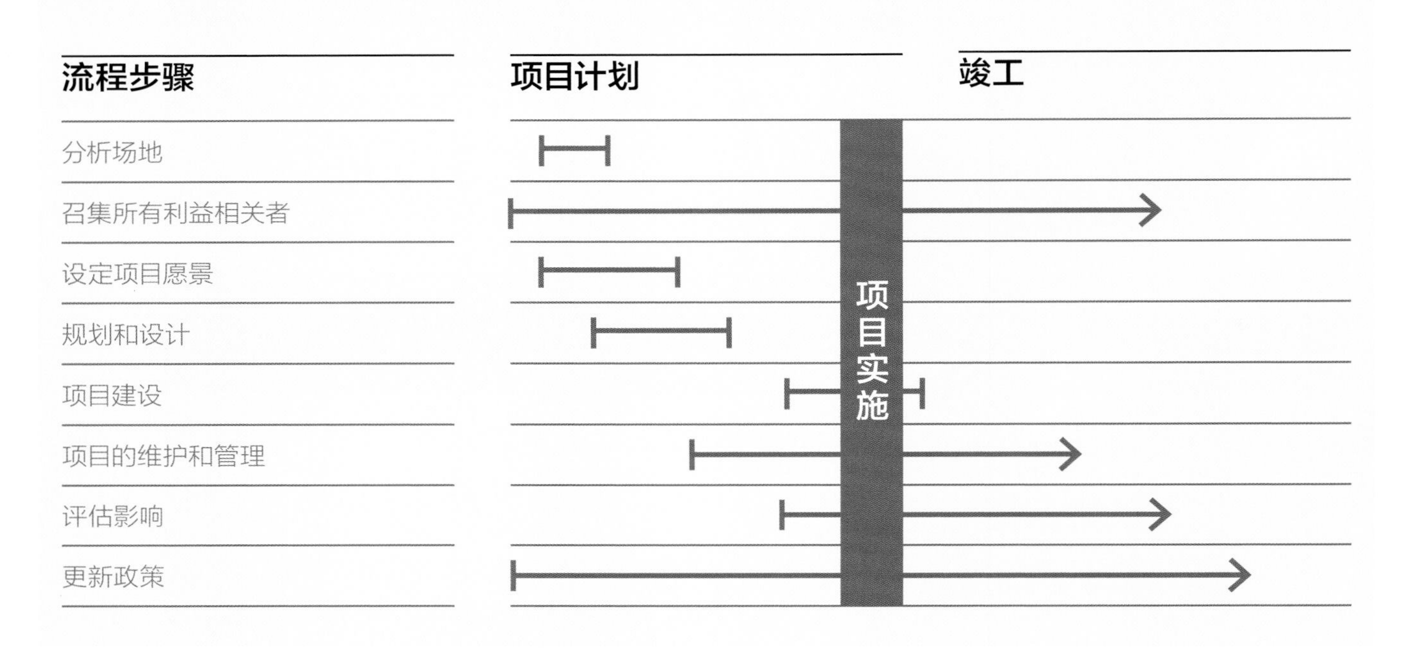

虽然具体过程因地而异，但每个阶段的协调和合作是基础，整个过程中的有效沟通和参与至关重要。

分析场地

首先，分析并记录项目现场的物理、社会和环境背景，考虑街道的多个维度以确定其作为周围环境一部分以及在更大的网络连接中所起的作用。记录影响街道设计的现有基础设施，观察街道的使用者、使用时间，并关注各种活动。分析在该地生活和工作的人群，同时观察当地的习俗、文化和政治情况。查看当地法律法规和指导性文件，了解与项目现场有关的具体议程。在充分观察和记录现有条件后，确定主要困难和需求，并设定优先等级，并与项目利益相关者进行讨论。详见第一部分“3 监测和评估街道”和第二部分“5 为空间设计街道”。

召集所有利益相关者

确定并邀请所有利益相关者参与到街道设计的过程中，以确保取得长期的成功，并加强管理。如果各成员有机会参与设计限制条件的设定过程，他们会更有可能支持该项目。与交通、规划、发展、公共卫生和环境团体合作，确保街道项目与共同的目标和优先事宜保持一致，使项目方案与现有或未来的公共事业和服务项目保持一致，并借此机会提出引进先进技术或改造重要的公共服务设施的方案。

没有谁比街道用户更了解当地街道，所以要积极采纳当地居民的意见，使项目更适用于具体环境。讨论和阐明公共卫生与安全、生活质量、环境可持续发展以及当地经济的优先事宜。和利益相关者共同做出决定，在整个过程中保持各方的参与。详见第一部分“2.5 沟通与参与”。

设定项目愿景

充分了解现有的现场条件、各利益相关者的利益和项目的限制条件，为未来街道的外观和功能设定愿景。确定最适合当地情况的街道设计策略和创新性案例。使用表达视觉感受的透视图、技术性图纸和指标来进行展示和说明，并向当地利益相关者征求意见。确保项目愿景与城市目标以及公共卫生、安全、生活质量、环境和经济可持续发展等事宜相符合。可能的情况下，在决策过程中通过不同的设计，制订比较方案，以平衡项目的限制条件以及利益相关者与社区的利益。详见第一部分“2.4 设定项目愿景”。

规划和设计

通过规划和设计将项目愿景转化为现实。确保所拟定的项目与更大范围的行动框架、综合规划策略具有内在联系，从而确保交通的可持续性，并与相关人员沟通土地利用和开发强度控制等事宜。与利益相关者沟通，确定预算、时间进度和项目范围。确保预算不仅涵盖建设成本，还包括用于项目后期维护和管理的资金。确定项目的设施和要素，以实现职能优先事宜和地方目标。确定快速而简单达成的目标，通过临时方案现场对设计进行评估，进行专业的设计评审，对设计予以进一步完善。确保根据当地条件、气候、持续的维护等情况做出关于材料、设计、耐用性和用户行为的决策。

项目建设

确保流程的每个环节协调一致，所选的材料和资源便于应用，从而实施优秀的街道项目。在预算有限时，应确保充足的资金，并设置分期和试点项目。借助施工图纸、培训课程和其他工具，将过程中的每个步骤清晰地传达给承包商。安排合适的熟练工、设备和服务人员来保障工程质量，确保街道的长久耐用。采用适当的技术和材料以实现经济、环境和社会效益。详见第一部分“2.6 成本和预算”。

项目的维护和管理

通过持续的维护和管理来延长街道的使用寿命。使用优质的材料、主动维护街道往往更具成本效益，不能任由问题发展，甚至到无法修复的程度。与当地企业和人员进行合作，定期进行维护，并在适当的地方对行人专用区进行规划。详见第一部分“2.10 管理”和第一部分“2.11 维护”。

评估影响

对街道改造的影响进行评估，并与相关人员进行沟通。运用指标数据将信息传达给决策者和社区成员，收集项目实施前后的指标数据，以便为未来的设计方法提供信息，并为其他项目寻求政策和社区支持。鼓励利益相关者在进行街道改造的初期即选好具体的评价指标，在项目实施后，将这些指标和实施前的情况、当地其他街道的改造项目进行对比。详见第一部分“3 监测和评估街道”。

更新政策

将评估结果作为更新本地政策和指南的依据。如果当前街道不具有可持续性，则须制定新政策，以确保街道的可持续发展。确保每隔几年重新审查当地法律法规，以检查其适用性，而非在过时的优秀实践基础上制定政策。确定实施先进方法的障碍和挑战，决策的制定应基于最新文件、相关先例和已有的研究，而非对过去趋势的总结。详见第一部分“2.12 制度变革”。

2.2 | 与城市和区域目标保持一致

可持续发展的街道和交通项目必须指明地方行为对实现城市和区域目标的支持作用。

城市和地区的相关文件设定了大量的优先事宜和议程，指导其成长、发展或随着时间的推移而变化。这些文件可能是约定俗成的，或起到指导作用，以确定长期目标。

街道是城市公共空间的最大构成要素，必须对空间进行组织，以便为城市人口提供最优服务。确保地方政府将可持续街道设计纳入交通政策，并将其纳入更广泛的发展目标。

与各方协同合作

政府官员

政府官员可在其社区中强烈主张建设可持续性街道，并与民选官员合作，这些官员在确定优先事宜和引导街道及交通基础设施投资方面发挥着重要的战略作用。

地方政府机构

与交通运输、城市规划、公共卫生、发展、建设和可持续发展部门进行协调，将可持续性街道原则纳入其实践和决策之中。

区域和国家主管部门

与根据更广泛利益设定目标和优先事项的官员接触，提供更宏伟的蓝图。根据过去的政治边界，在不同范围内设定优先事项，包括区域和国家运输、环境可持续性和社会公平。

私人从业者和研究人员

与城市交通规划师、城市设计师、建筑师和工程师等从业人员合作，分享创新性、可持续发展街道方面的专业知识和实践经验。与学者和研究人员合作，以借鉴全世界最佳实践成果和相关流程。

宣传组织

融入组织完备的公民团体、非营利组织或关注特定利益的协会，为特定目标或用户提供重要的专业支持。

当地社区

让居民参与其中，了解他们所期望和关切的内容，并获得关于街道设计的具体信息。居民和非正式团体应共同为实现街道的可持续发展而努力。

优先考虑需求领域

城市和区域议程可以确定需求最迫切的地区。这些议程可将可持续发展街道和行动方案的投资直接用于可能产生最大影响的地区。特定的战略有助于解决具体的问题。这些可能基于以下几点：

人口因素

人口密度高，居民众多，老年人、儿童和残疾人所占比例较高的区域。

社会经济因素

拥有大量弱势群体的社区，弱势群体包括低收入人群、失业人员以及受教育水平低的人群。

道路交通安全

交通死亡事故多发路段。

公共卫生

特殊疾病（如呼吸系统疾病、心血管疾病和其他慢性疾病）发病率较高的地区。遭受严重污染或接近重工业场所的地区。

可用性和机动性

公交线路不畅、行人和自行车基础设施不完备的地区，以及通勤时间长、汽车拥有率高的地区，这些地区对步行、自行车骑行或公共交通的需求较低。

目的地

承载重要功能的地区，如学校、医院、市场、休憩用地、商业廊道和公交枢纽等。

环境的脆弱性

在某些情况下，资金会流向特别容易遭受自然灾害（如海啸、洪灾和泥石流）的地区。

2.3 |让合适的利益相关者参与其中

街道由不同的利益相关者共同打造而成，随着管辖界限或政治领导层的变化而变化。了解参与当地环境建设的人，厘清责任，确保街道设计将可持续发展和积极的交通方式选择放在首位。

国家级、省级、区域或地方各级政府、技术人员、公众和其他成员各有利益，且各不相同。了解并承认每个利益相关者的角色（无论正式或非正式），以促进过程的透明化，避免形成“专业隔膜”。重视各方的建议，将当地代表与技术专家意见整合起来，并在部门间组织定期的对话，以确保长期可持续发展并留存最佳实践成果。

以下列举了个人、团体和机构的职责，他们专注于塑造充满活力、极具吸引力、安全而实用的街道。

运输部门和工程师负责制订长期交通愿景和计划，调整人行道、自行车道、公共交通和行车道宽度，实施交通管制，规范街道设施，并持续维护街道风貌。他们通常负责街道设计和运营的最终审批。

公共交通部门和经营者负责控制街道内的公共交通设施和基础设施。

街道运营者负责采用正式或非正式方式管理停车场，限制使用权，维护街道运营。

园林部门负责管理和维护街道树木和景观。

环境保护机构主要负责管理路边排水流入街道的雨水，有时也参与规划和设计审查。

施工和公共工程机构负责管理街道和公共工程项目的实施。

卫生和废弃物管理机构负责收集和循环利用废弃物，进行除雪，并维护整个街道的卫生环境。

建筑部门通常负责规定何种超标建筑或私人物业项目可以规划到公共事业用地中。

公共事业公司负责安装和维护电力、通信等公用基础设施。

消费者事务组织通过发放许可证和强制性规定管理人行道、咖啡馆、商业用地和摊贩。

残疾人保障部门和组织确保为残障人士提供安全畅通的街道。

城市设计师、景观设计师和建筑师负责设计街道及周边环境，决定建筑、街景和公共空间的趣味性和吸引力。

规划部门负责制订长期的土地利用和增长计划，制定相关政策以规范建筑高度、(建筑)后退尺寸、底商用途、路缘坡道位置、入口、透明度和户外用途。

历史保护组织负责指定城市地标，保护街道特色。

开发商和开发银行可根据规模大小，对具体项目提供资助，包括新街道建设以及现有街道改造的项目。

卫生专业人员负责制订鼓励积极通勤方式和提高运动水平的方案。

宣传小组和社区协会主要负责推动街道设计或改造。

私人业主和租户以正式或非正式的方式维护和管理人行道、前院和入口处。

当地企业、商贩和报刊亭业主负责为街道用户提供产品和服务，并通过建立团体组织进行日常维护工作。

当地媒体负责向大众宣传完整的街道设计方案给居民带来的益处，使其转变观念，并影响对新项目的评价。

学术机构，如规划、建筑和公共卫生学校可与地方政府和社区合作，协助研究、收集指标数据，制订发展规划，并提供其他资源以支持街道项目。

执法实体可在塑造用户行为、规范适用性、执行监督和减少街道犯罪方面发挥作用。

2.4 | 设定项目愿景

在全球街道设计过程中进行广泛变革，为每个街道项目设定清晰而强大的愿景。

明确的愿景可以为利益相关者提供方向，确保设计可以实现每个社区更大的社会、经济和环境目标。平衡专业技术、全球优秀实践以及当地居民和企业主的建议，可以为项目赢得更多的支持并增强共同愿景中的主人翁精神。

以共同愿景为基础，展示可能的新想法并加以测试。激励参与者实现集体目标，确定可行的步骤，并在战略上为共同的目标而努力。

共同的愿景有助于在项目和流程面临更加复杂的挑战时保持明确的方向。

随着时间的推移，城市会不断发生变化，因此，在面对发展、不可预见的衰退以及气候变化等挑战时，应确保未来的愿景具有灵活性和稳定性。

谁能设定愿景

地方和政府官员

- 通过阐明和交流清晰、可实现的共同目标来展示领导力。
- 合理分配资金和资源，以支持项目实施。
- 实现高质量标准并展示可能性，形成先例。
- 跨部门合作，确定和实现街道设计的协同效应，促进互惠互利。
- 制订简化流程、改变过时的实践，以支持政策的落实和实施。

私人执业者

- 在展示的计划、项目和竞争中展现未来愿景。
- 确定妨碍街道设计的当地法律法规和政策。
- 完成最佳实践研究，并提供相关优秀的案例。
- 通过项目实施，打造优秀街道设计案例。

社区倡导者

- 为所有用户提供更好的街道设计。
- 改变目前的街道设计实践，从而提供安全、公平且为每个人所用的街道。
- 沟通确定的优先事宜，围绕所在社区的未来愿景，提供相关的社区支持。

从哪里开始

确定实现共同愿景的可行步骤和分期目标，从有明确社区和政治支持的项目开始，这里的需求是最大的，潜在影响力也是最强的。

看、听、学

听听人们对某个地区的看法，他们中的许多人每天都在使用街道，比其他利益相关者更了解街道。在工作现场运用各种交通模式，以考虑不同的用户体验。确定项目场地内各区域的不同功能。借鉴其他地方的优秀案例，并思考如果将其运用于本地环境，两者之间具有怎样的相关性。

参与

邀请有关机构和地方组织设定共同的项目愿景，了解他们如何塑造和使用街道及其最关心的问题。举办研讨会议，邀请相关团体参加。

挑战现有的观点

大胆质疑街道形成的现有观点、做法和流程，这些因素形成了现有的条件，而未来将需要不同的过程。

确定共同目标

共同设定目标，允许街道具有灵活性，并随着时间的推移而改变，同时与目标保持一致。

确定行动和时间表

明确预期结果、短期和中期目标，以实现共同愿景。

伙伴

培养和构建新的合作伙伴关系，使不同的群体能够分享资源，相互交流，并为实现共同的愿景而努力。

确定局限性

了解现有的局限性、时间、程序和预算，平衡大局目标。

确定指标

确定与项目愿景相关的指标数据，并使用这些指标数据来设定目标。

沟通

分享项目的行动计划、实现目标的预期步骤和时间进度，制订沟通策略，让公众了解情况，使其成为实现变革的一部分。

现在开始

找到某个地点，开始进行成效快、易实现的转变，以提升动力并建立信任。设立试点，制订临时或中期解决方案。

确定达成愿景的重点

需求导向

- **机会：** 基于收入、通勤时间、拥堵情况、公共卫生问题，以及安全系数较低的步行、自行车骑行或公共交通工具等条件，将投资引入项目需求高的领域，促进城市公平。
- **建议：** 在地图上标示出交通事故和死亡人数的高发路段，并将这些危险路段作为目标或热点地区。比较各地区的收入水平，以确定公共交通服务所存在的差距。与社区、地方卫生部门和学术机构合作，确定面临公共卫生和环境问题的社区。

基于目的地

- **机会：** 确定人们每天聚集在一起的重要地点，如学校、市场、休息用地、商业廊道和公共交通枢纽，它们可能成为街道重建和交通减速的重要场所。

- **建议：** 在地图上标示出项目区内的重点城市的目的地，确定潜在位置，以设立公交车辆停靠站、汽车或共享自行车点，以及周边服务于这些目的地的可持续性交通设施。讨论并分析这些地区中人行道、自行车道和公交车辆停靠站的维护状况，同时注意提供树木、座椅、照明和其他街道安全环境的要素。

与其他项目保持一致

- **机会：** 当项目获得资助并开始进行时，确保街道的设计符合更远大的目标愿景。

- **建议：** 确定已有政治、社区和财政支持的项目以及已经安排定期或即将进行维护和重建的街道，利用这些支持来拓展项目愿景。

吸引其他投资

- **机会：** 改善交通运输基础设施可积极推动其他投资，在战略上扶持某些地区的公共和私人事业，以支持紧凑型和可持续的发展模式，并优先考虑依靠私家车出行的地区。

- **建议：** 明确项目区域的预期增长率，在可持续发展模式下，确定适应未来街道用户所需的投资水平。参照土地利用和容积率指标，选择现有或全新公共交通沿线的地区，促进紧凑型发展模式的健康成长，并保护自然资源。

2.5 | 沟通与参与

成功的街道设计项目依赖于有效的沟通和利益相关者对决策的参与，从而使各方成员了解项目的范围和影响。

确定项目地点和初始范围时，可以通过研讨、会议、现场考察和演示等方式吸引各方成员，了解他们所关心的内容。当地成员可以提出建议，作为专业设计人员的补充。让各方成员参与其中，将有助于帮助其树立长期的街道管理意识，保证街道得到良好的维护。

确定适合每个环境和每位利益相关者的有效沟通和参与策略，共同努力，确定长远目标、具体事项和优先事宜。在街道规划、设计和建设的过程中，保证各方的沟通和参与，并随着项目的成熟而不断交流经验，总结教训。

有效的沟通和参与策略

现场调研

对街道的未来进行有意义的讨论，需要体验当前的条件，并观察不同的人如何使用空间。

- 尝试步行、骑行、使用公共交通工具出行，驾车、推婴儿车，甚至使用轮椅，以更好地了解不同用户的感受。
- 在白天、夜晚、每周、每年的不同时间体验场地，并记录有利和不利因素。
- 研究人流，确定人们逗留的地点和时长，观察人们所从事的活动和移动速度。
- 使用照片、图纸和图纸来记录现场条件，并利用这些资料来促进各方人员的讨论。
- 利用护柱、粉笔、油漆和花盆搭建临时现场，监测和观察这些变化对运动模式和行为的影响。

了解当前条件

了解空间和功能的限制条件，以讨论在有限空间中不同用途之间的潜在差异。在现场考察期间确认绘图尺寸，或进行现场测量，以做出准确的计划和分区，并将其作为重新设计的基础。

组织研讨会

邀请各方成员收集和讨论现场条件，抓住机会，设定愿景，明确优先事宜。安排多次会议，可选择场地附近的位置，以便当地利益相关者参加；将各参与者的建议和反馈作为设计的基础。

听

了解人们所担忧的问题，有时误解项目目标和影响，或缺乏有意义的参与，可能会导致项目愿景得不到社区支持。

了解目标受众

修改信息和描述以适应目标受众。避免使用容易产生歧义的术语或过多的技术数据，而选用便于记忆和复述的故事、本地案例和难忘的轶事。如有需要，可提供翻译或使用多种语言。

长远考虑

询问人们对城市在20年后或未来面貌的想法，以及带给人何种感受。采用更长的时间框架，有助于减少人们对其生活或工作地改变的恐惧。

寻找社区领袖

寻找当地社区的主要参与者，向他们讲解改善街道的好处。社区领袖更容易与社区居民做进一步沟通，使其了解街道项目的益处。

列举先例

列举其他地方类似项目的案例，帮助人们见证已有的改进成果。尽管存在多样的自然和地理变化，但城市面临的挑战是相似的。可以轻松地将一个战略加以调整应用于另一个地方。

提供证据

提供相关科学证据，帮助人们了解街道改造的诸多好处。例如，街道设计可以通过植树来减少城市热岛效应；可持续的、积极的出行选择有利于改善公民健康；减少路边停车位可节省更多的空间，以用于其他用途。详见第一部分“3 监测和评估街道”。

媒体管理

挑选适合的媒体，吸引各利益相关者。某些人更倾向于使用数字媒体，有些人偏好于广播和报纸，而有些人则喜欢图画和视频。在线和个人调查是收集信息的有效方式，参与式绘图可以使社区居民认为自己是积极的贡献者。

吸引媒体

主动吸引当地媒体，及时了解情况。确保他们了解街道项目的准确信息有助于提高知名度并促进有效的沟通。当所提议的街道改造或新建项目无法平衡不同用户需求时，请媒体提高大众认识，并获取支持，以设计“以人为本”的替代方案。

吸引年轻人

扩大社区参与度，将年轻人也纳入其中，这一点非常重要。年轻人能够带来创新的想法，并提出基于需求的解决方案。让年轻人参与到决策的过程中，并激发其活跃的思维，以更好地维护社区街道。

2.6 | 成本和预算

全球道路安全委员会建议将项目总成本的10%分配给安全且具有包容性的非机动车（NMT）基础设施建设。[1]

基于一些可变因素，不同国家建造街道的成本差异较大。街道规模是整体成本的主要决定因素，因为长而宽的街道比狭窄的街道成本更高。长期的规划须考虑到前期资金成本与生命周期成本（包括运营、维护、维修和更换）的总体平衡，在项目早期提供优质的设计和材料可节省全生命周期成本。

考虑当地预算时间进度和各种资金来源，并尽可能将项目与新的可持续发展街道项目相协调。

成本变量

在每个街道项目开始前须考虑以下变量：

材料

由于当地供应、位置和交通情况以及材料成本有所不同，现场安装的模块化装置更具成本效益。

劳动力

不同国家和地区劳动力的承受能力和供应情况有很大差异。

技术

信号和执法摄像机在某些地方是非常昂贵的，加上持续的维修和维护费用，会导致设备即使已经安装了，却未投入使用。并非所有地方都能够获得可靠的能源，因此需要配置可再生能源后备系统，这可能会增加成本。

持续时间

设计和施工期限会影响总体成本、劳动力成本、设备租赁，或对邻近企业造成收入损失，大型基建项目也会受到通货膨胀率的影响。

气候

在某些气候条件下，需要采用特殊的建筑材料以承受极高或极低的温度，从而影响整体成本。极端气候地区还需要在其经常性预算中考虑额外的维护费用。

维护
将维护工作纳入城市预算，并与当地组织、企业集团和相邻业主建立伙伴关系，使其参与维护工作，营造社区归属感并推进管理工作。

地形与地质
场地自然条件会影响施工过程和所需材料。软土易受侵蚀，需要采取额外的施工措施，坚硬的基岩也可能影响工期。

隐性成本
现场的复杂性和不完整的现场分析可能会导致额外的成本，例如意外发现一条公共设施线路或迁移一条排水道，而这些在原始图纸中并没有准确标注。确保总预算包括应急费用，以应对这类情况的发生。

资助的项目类型或规模
可以在多个维度上确定并实现街道的可持续发展，考虑以下项目类型的资金资助：

大型项目

- 主要地区或社区重建
- 街道整体重建
- 引进轻轨或快速公交（BRT）
- 单个街区重建

小型项目

- 街道增设的人行道
- 受保护的自行车道
- 微型绿地
- 社区街道植树项目
- 街道活动计划和临时封闭安排

资金来源
可用的资金来源因环境而异，可能包括以下来源：

政府预算和资金

- **地方政府**
  资本预算
  运营预算
  参与式预算
- **区域和国家政府**
  拨款和资本资助
- **超国家和国际组织**
  经济社区
  开发银行
  工会经费

私营部门合作伙伴

- **项目融资：**根据项目所需的预计现金流而非其赞助商的能力，规划基础设施和工业项目的长期融资。

- **机构和组织：**考虑与当地医院、学术机构或其他可能受益于附近改造的慈善组织合作。

- **开发商：**大型项目应从一开始就纳入优秀街道案例的设计策略，地方政府可为开发商提供施工奖励，承担街道改善和维护的职责。

国际开发银行
在国际开发银行资助的赠款或贷款提议中，应将可持续性街道和多式联运提案纳入考量范围。

项目产生的现金流
公共交通业务是直接资金来源。

大众采购和捐赠
通过融资和采购向大众征得小额捐款，开展以社区为主导的临时或小规模街道改造项目，以产生更大的影响。财务捐赠或劳务、服务的提供通常使用在线平台，这种形式的筹款可作为大额捐助或赠款的补充。

社会影响债券（SIBs）
投资者可以将社会影响债券作为前期项目成本，投资有利于身体和社会健康的基础设施，以减少长期的公共支出。公共部门根据交付结果向投资者支付报酬。

2.7 | 阶段性和临时设计策略

临时设计策略可以快速展示改造成果，使社区居民体验到不同方案的差异，并在短时间内看到成效。

改变数十年的固有实践对设计城市街道而言是一个巨大的挑战。地方上缺乏可靠的案例、充足的资金和监管控制会让人在创新性解决方案面前犹豫不决，导致工期延长。附近居民和企业需要度过令人沮丧的等待时间，这些因素进一步增加了社区居民对项目实施的不满。

临时材料或阶段性方案成本较低，能快速展示改造成果，因此，更容易获得批准。比较前后结果，可明确哪些方案可行，哪些不可行，长期方案应借鉴临时方案。

一些城市将临时设计作为项目的试点或测试阶段，而其他城市认为其等同于永久性重建。虽然这些试点项目中的大部分会成为永久性的资本项目，但根据其效果，有些则需要在此过程中不断改变或重新设计，从而获得更好的产品，并为未来节省更多的改造费用。

临时元素和材料

在一条街道的全生命部周期中，原始设计和道路的几何结构可能不再符合社区居民的需求。为了满足道路改造和改善城市交通的需要，应在全区范围内使用廉价、易于布局和非永久性的解决方案。[2]

模块式路缘

安装小型混凝土分隔物或停车保险杠，可快速改造街道，满足所需的配置，无须使用昂贵和永久性的基础设施。

灵活的护柱

塑料反光标牌易于安装和拆卸，可以指挥交通，并防止车辆超速，规避风险。为增加其他垂直装置提供了可能性，如石柱和新泽西护栏。

油漆和热塑性塑料

可以快速应用于表面的材料，相对便宜，不会产生物理障碍，可与其他元素结合使用。这些材料通常作为视觉手段，迫使驾驶员放慢速度，驾驶时仔细观察行车道，并避让行人。

花钵

花钵可以用来制作廉价而美观的装置，界定道路中央隔离带、安全岛、路缘扩展带、广场、人行道和自行车道，也可以增加街道的绿化面积。

临时场地干预

可以在几个小时、一天甚至一周的时间内采取临时干预措施，并在现场进行试运行，使街道用户看到街道空间的功能变化，成为公众参与的有效手段。

移动路缘

街道的路缘可以分隔行人和其他交通工具。重新思考路缘的使用方式，可更好地平衡街道的用户需求，改善街道的功能、外观。临时策略使街道能够迅速适应不断变化的环境，使用以下策略来改造街道和交叉路口，使其为可持续交通方案提供更安全、更方便的环境。

微型绿地

微型绿地是公共座椅平台，可代替一些停车空间，作为社区的聚集地，可为当地的商业带来活力。详见第三部分“10.3 行人优先空间”。

扩宽人行道

可以使用环氧砾石、油漆、花钵底基和护柱等临时材料，来拓宽人行道，从而在完全重建之前缓解行人拥堵情况。

重新设计交叉路口

带护柱或花钵的临时标志可以改变交叉路口的几何结构，有利于活跃街区环境，方便用户使用，使交通状况更直观、明确。

车辆减速措施

可以在街区中段人行横道或街角上使用行人路缘延伸装置，或使用景观美化和狭窄的排水渠道作为临时交通减速装置。使用油漆和塑料护柱，将其设计为便捷且便宜的构件，或使用永久构件，如抬高的安全岛。

自行车停车栏

自行车停车栏通常要根据当地企业或业主的要求更换停车空间，可容纳12~24辆自行车。可以将自行车停车栏安装在拐角处，使其更容易被看见。[3]

摊贩和食品卡车

在缺乏相关服务的地方，摊贩和食品卡车可以提供有效的服务。在靠近重要目的地的区域，如公交车站，停车位可以提供此类服务，以保持人行道的安全畅通。

用可移动的椅子和桌子将停车场改造成行人空间

活动护柱围成一条临时自行车道

设置微型绿地，扩展行人空间

用花钵和油漆搭建临时广场

2.8 | 项目的协调和管理

有效的项目管理涉及规划、协调和资源管理，可以确保项目在既定条件下实现目标。

有效的协调和项目管理有助于实现伟大的街道设计。确定项目的所有利益相关者，并尽早确定各自的项目角色。始终保持明确的沟通与协调，在项目设计和开发的各个阶段，确保相应机构和技术人员提供的建议保持一致。

促进各利益相关者、设计人员和项目执行者之间的沟通，以界定项目范围、时间进度、预算和预期成果。

项目前期的规划与协调

确保在项目开始之前进行充分的规划与协调，确保每个人都在为实现共同的目标而努力。

- 确定项目的时间进度、预算、范围和质量目标。
- 明确现有场地的所有限制条件。
- 从一开始就促使各方参与其中，展示项目优势，建立透明化的沟通体系。
- 明确所有利益相关者的角色和责任。
- 协调项目计划，以符合当地政策和法律法规。
- 在此过程的前期，确定潜在的障碍，并允许意外和延误的发生。
- 建立日常跟进、现场考察和信息更新的时间安排，确保项目按计划实施，并及时应对挑战。
- 协调邻近区域正在进行的工作，以实现更大的效益，降低未来重建或修复的概率。

机构之间的协调

协调参与塑造街道的各个机构可能面临极大的挑战，但这对项目的成功至关重要。

- 必要时与规划、运输、健康、设计、施工、园林、执法、公共事业等部门协调项目的时间进度和预算。
- 成立一个协调各个工作队的小组。
- 定期举行会议，促进机构之间的沟通。
- 推动区域和国家政府更好地融入大型计划进程。

公私协调

项目经理应促进参与项目的所有公共机构以及公共和私人组织之间的协调。

- 确保客户定期了解项目的发展进度。
- 告知所有承包商项目的目标和时间进度。
- 吸引对项目感兴趣的当地人员。

与公共事业公司的协调

- 与公共事业公司和利益相关者协调，使其了解自己在确保项目长期成功方面所起到的作用。
- 明确项目目标，制订方针，确保将街道恢复到现有或改善后的状态。

信息交流

- 提供清晰的设计资料、视觉指导文件、图表和易于学习的说明，以确保高质量的建设。
- 在整个过程中，让社区成员实时了解动态，以获得其长久支持。
- 使用多种媒体，如网络、更新标志、每周传单或亲自参加的会议和公告来沟通进度。
- 聘请专职人员，定期向公众汇报项目的具体情况。

2.9 | 实施和材料

适应当地情况的优质材料和施工实践可以延长街道的使用寿命，增强其实用性。

施工质量

地基强大且结构合理的街道更加耐用，可应对地质、水文和地震影响。确定施工技术和时间进度时，应充分考虑地下水、土壤紧实度、地面沉降、地震等地下条件，以及极端气温、极端降雨、降雪、风和湿度。无论所选材料的质量如何，安装不良都会缩短其使用寿命。需要特别注意材料的要求，特别是地面以下的区域，如混凝土的固化时间要充足、砂和砾石要适当压实、砂浆要适当混合，以及管线接头要牢固密封。

材料的耐用性

选择耐用且维护要求较低的材料，以平衡优质材料的建造成本和维护成本。如果劳动力成本过高，那么设计师会将更多的资金用在材料上。选择材料时，要考虑长期的维护成本。[4]

材料的实用性和可持续性

作为公共事业，街道建设可以为可持续材料和生命周期成本设定基准。在当地采购材料时，应尽量减少运输和维护成本，并降低环境影响。[5] 重新利用材料，如拆迁建筑或道路上的破碎混凝土等，而非将其运送到填埋区。将本地采购的回收材料作为水泥的替代品，以减少施工和维护过程中的污染物。[6]

尽可能采用景观美化和渗透性路面，特别是停车位、宽阔的人行道、公共设施带、中央隔离带和路缘凸出部分。渗透性路面材料可渗透年降雨量 70% ~80%的雨水，有 20~30 年的寿命，之后才需要大量维护。使用当地的材料、施工技术和劳动力。使用当地材料时，需要进行一些实验来测试质量和环境变化，这种测试建立在对当地材料认知的基础之上，并能推动当地的经济发展。[7]

可维护性

定期维护街道可以延长道路的使用寿命，同时减少服务中断、重铺的费用和对环境的影响。积极维护道路远比任由慢性问题发展到严重的道路破损成本要低。与公共或私人合作伙伴签订正式或非正式协议，确保街道及设施的持续维护。在街道的特定区域集中设置公共设施，便于进行定期维护和升级，可以使道路服务中断概率最小化。

施工过程的影响

由于噪声、气味、振动、灰尘和人行道的堵塞，街道建设项目会对社区带来负面影响。施工时，可以让来访者和交通工具绕道，以减少对实施过程的影响。

- 根据环境条件，在工作日或周末安排施工，尽量减少对用户的干扰，并避开夜晚和假期。
- 始终对用户保持开放。
- 确保相邻建筑的安全，并快速维修。
- 保护树木和自然要素。
- 尽可能维持正常的交通流量，但封闭街道会加快整个施工进程。
- 向社区居民通报施工进度并调整整体项目进程，使用网站、社交媒体、传单和热线作为媒介。对于较大的项目，可建立项目信息亭。

以弱势群体为向导的施工

弱势群体优先于车辆用户。铺设路面和便利的街道有助于步行和自行车骑行，因为机动车更容易穿越不平整的地形。

2.10 | 管理

规划和协调街道活动对于满足所有用户的需求至关重要。

公共机构必须与私人机构合作，以有效利用街道和相关基础设施。无论是处理维护需求、每周活动还是特殊事件，管理和运营都有助于各项事务的顺利开展。

协调街道清洁、货运、计划编制和路边管理等基本服务需要进行补充性教育，并加强执法力度。

将管理计划和策略整合到设计过程中，使街道更具灵活性，以适应一天、一周和一年中不同的街道功能。

协调使用

某些街道需要实施活动和营业时间限制，以实现最佳的街道使用效果。本指南介绍了营业时间和容量限制以及私家车在某些时段的限行情况。

公共空间规划

社区合作伙伴、地方机构和私人组织可负责公共空间的规划，组织日常和长期活动，有助于吸引不同的用户在不同的时间造访该地。

极端的气候条件

管理并维护街道，以预防极端天气等带来的风险，确保用户在这些情况下仍然能够使用街道。清除积雪或确保排水良好时，优先考虑最弱势群体长期经常的区域，如人行道。除雪成本可能非常高，在某些情况下，对新设计的投资可消除或减少除雪需求，投资额几乎与除雪费用相同。

安全管理和执法

通过有效的信号控制、路标设置和执法措施来确保所有用户的安全。与当地执法机构密切合作，帮助他们了解如何创造更安全的街道。对社区人员进行教育培训，使其认识到安全管理和执法的重要性。

2.11 | 维护

持续的街道维护可以延长基础设施的使用寿命。主动维护街道，以避免慢性问题发展到道路严重破损的程度。

定期打扫街道，永久或半永久性地修复损坏的街道元素、人行道和行车道的裂缝和坑洼，维护公共设施，以保养街道。

确保在项目初期成本中准确反映持续性维护成本，总结以往的经验和教训，并与其他城市的机构沟通，从而选择合适的材料和科学地维护街道。

由于缺乏资金、设备或熟练的劳动力，再加上恶劣的气候条件，许多地方的维护工作举步维艰。因此，需要确定哪些资源组合可以有效地用于本地环境。

良好的设计使维护工作更便捷，在街道维护时，可考虑以下策略。

预防

预防是街道维护和管理的前提，包括调查、评估、预防性维护和公共设施管理。定期检查和评估有助于及时发现需要维护的元素。公共设施管理是指维护地下公共设施，以避免损坏街道。需要进一步考虑表面重修和重建决策，以减少重复性的维护费用。了解材料和元素的生命周期，并及时维护和更换。

街道的清洁

经常性的清洁可以确保街道和公共空间处于安全、干净的状态。在此过程中，应定时检查街道，及早发现问题。

当地管理工作

吸引当地成员，使其产生归属感，便于街道维护。当地管理者和所有者通过日常维护，如清洁、浇灌树木和清除排水沟污垢等，可为正式的维护程序提供支持。

利益相关者的参与

为当地机构、私人合作伙伴和邻近社区等责任方提供相关培训，使其意识到街道维护的好处，以及在塑造街道中所起到的作用。

随时间的推移进行维护

完成短期和长期的生命周期成本分析，并将持续的维护纳入预算。街道条件和使用情况会随时间的推移而变化，街道设计应适应不同的用途，这对实现长期的可持续发展至关重要。在此过程中，也可能需要更换设施或使临时安装永久化。

2.12 | 制度变革

政策应预见未来，而非记录过去的趋势，应该推动与街道设计有关的决策进程。

政策与策略

单个街道改造可以对成果进行展示，并为更广泛的变革创造动力。每个项目必须尽可能地将街道设计的新方法纳入地方法规、培训课程和政治运动。

政策应预见未来，而非记录过去的趋势，应该推动与街道设计有关的决策进程。当试点或已完成项目的评估在各种领域中体现出积极的成果时，应利用其更新政策、消除障碍，为当地的新设计准则提供借鉴，并改变现有的运输或工程模型。可以更新以下方法和策略，以激励可持续的街道设计实践。

地方、区域和国家政策

确保针对地方、区域和国家政策所做的研究、评估及其政策的适用性。借助街道重塑项目，为相关管理机构各层面的政策提供信息支撑。排除多方障碍，以便为设计措施的成功落实提供制度支持。

交通出行规划

确保所有交通出行规划包括设计指导、最低标准和性能指标，以鼓励行人、自行车骑行者和公共交通乘客使用街道。

交通投资政策与策略

制订或调整任务要求，将每个街道项目预算的一部分用于有效和可持续发展的交通运输项目。

街道设计导则

制订最低质量标准，用于指导当地的街道设计实践。

分区准则

允许、激励并要求实施最佳实践，使经济增长区域与公共交通通道保持一致；降低或取消最低停车标准；更新行人坡道规定。确定底层用途和透明度水平的要求，以活跃街道环境。

总体规划

为新社区和其他大型开发项目提供街道设计指导。

可持续性规划

把街道设计和可持续交通作为可持续性规划的一部分。

教育

运输、规划和工程领域的专业人员应接受持续的教育和培训，并进行现场考察，确保将最佳实践经验、新语言和新方法应用于各地街道，从而指导日常实践。

学术培训

与当地学术机构协调，确保将来的专业人员能够应对城市街道的复杂状况。设置相关教育课程，在研究当地环境的同时，学习全球最优秀的实践案例。

持续的专业发展

与当地专业人员和组织合作，通过教育旅行、组织研讨会来拓展现有的专业培训资源。此类合作有助于专业人员及时了解信息、学习相关策略（在公共理事会会议、民间社团会议和社区会议上积极倡导的策略）。

公共教育活动

通过宣传活动、社区参与，开展有关设计和使用伟大街道的公共教育活动。当地社区居民应了解街道重塑和运营变化的预期结果，考察其重要性，以及结果将为他们带来哪些益处。社区的支持对项目的成功至关重要。在引进新的交通系统，或实施新的街道设计时，应向街道用户提供预期变化和安全措施等信息。

MasterCraft
quayside
CYCLE HIRE
HEATHROW
EXPRESS
BARCLAYS
BARCLAYS
BARCLAYS
BARCLAYS
BARCLAYS
16145

3

监测和评估街道

城市必须为街道设定新的目标，以满足发展需求。衡量一个街道项目成功与否需要采取多学科、多尺度的方法，以便抓住街道项目的闪光点。几十年来，对街道的评估是基于车辆的移动和驾驶员的安全，但只有充分考虑所有用户的安全和活动，才能真正评估街道的交通功能。

除了机动性，城市还必须评估已完成的街道项目，以了解投资是否促进了公共卫生和安全、生活质量、环境和经济的可持续发展以及公平性的实现和政策的发展。监测街道项目物质空间和运营的变化，记录空间的用途和功能转换，以便跟踪记录随时间的推移对项目所产生的影响。对已完成项目的评估可为未来的街道设计提供更多信息，并为这种改变寻求公众和政治上的支持。

澳大利亚墨尔本

3.1 | 如何监测街道

丹麦哥本哈根：桥上的自行车计数器跟踪记录城市中每天和每年的自行车骑行人数，这座城市45%的从业者骑自行车上下班。

无法监测，则无法管理。

——迈克尔·彭博

监测的内容

监测可侧重于物质空间和运营的变化、用途和功能的变化以及由此产生的影响。**附录 B 指标图表**中的表格列出了一些潜在测量值，以评估各种规模街道项目的影响。尽可能多地进行监测，但必须以战略性的眼光考虑时间和资源因素，优先收集与项目目标和社区利益直接相关的数据。

一旦确定相关指标，便可在实施前后监测项目的同一指标。利用两组数据之间的变化来检查街道的变化。测量街道使用和功能变化，并评估所产生的影响。

和先前的条件、其他项目地点、控制区域、全市数据或其他国家的城市进行比较，可以明确基准变化和净变化。

本章将讨论三类指标数据：

- **物质空间和运营的变化**

记录新的或改进的设施、技术和基础设施，以建立可持续的街道基础设施数据库，并跟踪短期成果。收集定量信息，如新增自行车道或公共交通专用车道的长度，改善的人行道面积以及新种植树木的数量。在向社区、政府官员、决策者和倡导者汇报基础设施目标实现进度的情况时，此类信息尤为重要。

- **用途和功能的变化**

监测项目对街道使用情况所带来的变化，行为改变、用户更换、公共交通流量增加和功能改进（如水源管理或能源生成），有助于展示街道以何种方式为更多的人提供服务，并为社区带来更多的好处。

- **产生的影响**

监测物质空间、运营的变化和功能的变化如何影响街道的整体性能。[1] 对项目的长期评估是了解投资或实施是否达到期望结果的重要步骤。这些期望结果由更大的目标设定而成，涉及公共卫生和安全、生活质量、环境和经济的可持续发展以及社会公平。

每项指标并非适用于所有街道项目和环境。每个社区必须确定自己的优先事宜，采用与项目规模相关的测量值，无论是交叉路口、街道、廊道，还是社区网络项目。一些指标数据是基于一般可用的定量和定性信息，而其他则需要通过商定的方法和现场调查予以收集。

确定现有的数据

与当地利益相关者合作，确定已有的数据类型，并对这些数据进行整理，为未来的评估提供依据。找机会为已经进行的调查设定新问题，或在其他利益相关者收集方法中引入新的指标数据。

参考下面的案例，调查可能与街道项目有关的本地数据：

- 地方、区域和国家人口普查数据或类似调查数据，可能包括交通量、主要街道条件和模式共享信息；还包括对企业、居民、零售商和游客的调查。
- 交通部门和医院跟踪与交通有关的死亡和重伤人员数据。
- 公共卫生机构进行社区健康调查，跟踪慢性疾病和呼吸道疾病与居民的日常身体活动情况。
- 保险机构跟踪事故率和入院率。
- 环保机构监控水和空气质量。
- 宣传协会、组织和学术机构保留一系列数据来源。
- 房地产经纪人收集有关房产价值的信息。
- 地方政府留存税收、房产价值和事故统计数据。
- 业务团体可收集行人数量和销售数据。
- 电话呼入系统有时会收集公民自发报道的街道相关问题。

收集相关数据的时间进度

制订性能指标体系

监测街道性能是一项复杂的任务，因为每个街道均不相同，必须满足诸多需求和功能。[2]

- 制订一个反映本地优先事宜的性能衡量体系，并允许其随着时间推移而变化。
- 确定最容易测量的指标。
- 编制数据收集协议和清单，确定持续时间和频率，并设定反映优先级的评级。
- 培训当地员工和专业人员，将其纳入当地流程，并提升其能力。
- 保持一致性，交流结果，并随着时间的推移改进流程。

收集数据

当相关数据不存在时，采用适当的方法衡量街道条件、功能、使用和影响，确定高效且具有成本效益的流程。

定量与定性指标对监测项目的各种影响同等重要。量化对一些指标数据非常有效，如用户数量和速度等，但通过与街道使用者交谈，以及调查当地居民、企业和造访者，可以获取更多的信息。

包括以下方法：

- 改造前后的照片对比。
- 成像数据，如航拍照片、延时照片和视频。
- 现场用户感知、调查或手动计数器，对草案进行测试，并设定优先事项，以符合预期的应答时间。可以是 5 min 的快速访谈，也可以是更长的（15 min）家庭调查，观察调查地点。
- 用设备自动收集数据，如自动交通记录器。
- 大众来源的数据，如呼入日志和手机 GPS 数据。

何时监测

收集项目前后的数据，以提供比较依据，了解项目影响。

在不同的季节、一天的不同时段、周末和工作日收集监测数据。比较项目实施后街道使用情况和功能的变化情况。

当监测长期性功能、用途和性能变化时，应在多个月和数年后收集监测的数据，从而进行更可靠的比较。

为了进行更准确的比较，应在相同的地方采集数据。在监测用途和功能时，也应在次数和时间上保持一致。

改造前

改造后

前后照片的对比有助于提示各种可能性，务必仔细匹配意见，把注意力集中在感兴趣的领域

3.2 | 总结图表

监测项目	监测内容	监测时间	监测的重要性
物质空间和运营的变化	特定项目所带来的物质空间和运营的变化。	改造前：监测并记录现有的现场条件。 改造后：施工完成后立即监测。 实施	针对以前的条件或控制区域进行基准测试。 建立城市基础设施的清单和数据库。 向利益相关者展示、沟通短期成果和项目进度。 监测条件的感知质量。
用途和功能的变化	街道用户的行为变化和街道用途的变化。 明确街道如何具有不同的功能，并探讨其成因；监测街道用户对变化的满意度。	改造前：观察并记录现有的用途和功能，注意现场布局的位置。 改造后：在第1、第3、第6和第12个月后定期监测，在不同的季节、每天和每周的不同时间进行监测。 实施	评估预期行为和功能改变是否取得成功。 衡量用户满意度和用户感知度。 对比以前的条件和其他项目。 为可持续性街道的建立提供证据基础。 总结经验教训，并为未来的街道设计提供信息。
产生的影响	该项目在多大程度上有利于区域的目标和原则，包括以下方面： 公共卫生与安全 生活质量 环境的可持续发展 经济的可持续发展 社会公平	改造前：确定现有的指标，或收集与项目目标和优先事宜相关的新数据。 改造后：在多个月后，以及第1、第2和第3年后，定期监测相关的指标数据。 实施	评估长期影响和利益。 与较大的城市目标和优先事宜做比较。 为可持续性街道的建立提供证据基础。 衡量投资回报率，并评估成本效益。 交流成果，并争取各方对可持续性街道的支持。

监测方法	监测区域	指标示例
对比改造前后的照片和视频 对比改造前后的计划和分区 基础设施质量的定性调查	项目现场和周边环境，保持位置的一致性。	拓展人行道的长度和宽度。 新增自行车道的长度。 新增公交专用车道的长度。 改善行人通行长度的信号配时。 新增树木的数量。 居民对具体设施或条件的满意度。
对比改造前后的照片和视频 现场计数和观察场地 定量分析 定性调查	项目现场、连接网络和周边社区。 保持位置的一致性。	模式分担比例和用户数变化。 新增或改变的非流动性活动。 车辆平均速度变化。 用户偏好。 处理或渗透的水量。
定量分析 定性调查 普查结果比较分析 环境分析	项目现场、周边社区、连接网络和全市规模。 选择与特定指标相关的规模场所。	道路安全（KSI /死亡和受伤人数，按地点划分）。 呼吸系统疾病和慢性疾病。 空气质量。 交通系统中二氧化碳的排放总量。 从城市系统转移的水量。 物业价值。 使用公共交通的人口占比。 生活质量。

3.3 | 监测街道

在街道层面收集指标数据并评估变化和影响时，要格外重视三类相关指标数据，即物质空间和运营的变化、用途和功能的变化，以及产生的影响，以确保准确的前后比较。下图在空间上展示了一些关键类别，以及应该为项目收集的相应定量和定性指标。此示例列表应与附录B指标图表中的一整套指标结合使用，可与街道及其他环境进行比较，或与先前条件做对比。

物质空间和运营的变化

行人设施

- 人行道和通行区的宽度。
- 人行横道的间距、宽度及长度
- 无障碍坡道。
- 其他人行道装置和设施。

自行车设施

- 自行车设施长度和宽度。
- 安全、舒适的设施路段占总路段的百分比。
- 共享自行车站的位置和数量。

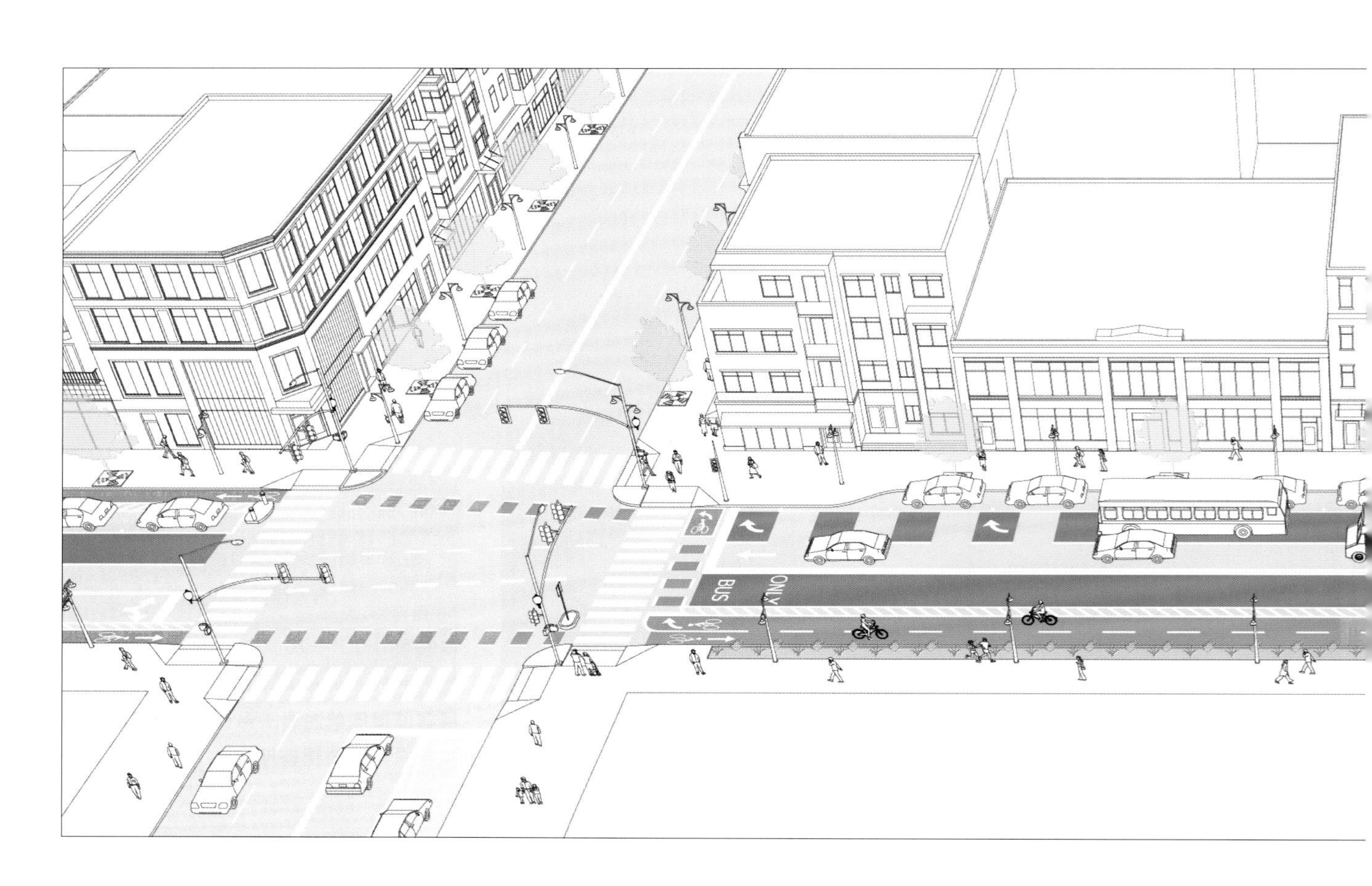

用途和功能的变化

用户计数

- 步行、自行车骑行者、人行横道使用者、公共交通使用者、开车的人数。
- 商业车辆的数量、货运行程。
- 行人人数、活动类型以及逗留时间。

行为和舒适度

- 感觉安全舒适的用户百分比，按分担模式和设施类型。
- 超速车辆数量。
- 清洁感。

商业活动

- 每个街区或每百米的店面数量，按类型和用地性质划分。
- 区域内就业人数。
- 空置零售店面的百分比。
- 摊贩数量。
- 零售店面租金和土地价值。

环境质量

- 用电量。
- 废弃物回收利用的百分比。
- 处理后的雨水量。
- 树荫覆盖街道的百分比。

公共交通设施

- 专用/共享公共交通设施的长度和宽度。
- 公交车辆停靠站/候车亭的位置、质量和密度。
- 可用站点数量。

货运和城市服务

- 装卸区数量。
- 废物和回收设施的数量。
- 应急车辆通道的宽度。
- 为其他服务保留的泊车位数量。

运行条件

- 信号周期持续时间。
- 相位数和间隔频率。
- 装卸和停车时间与规定。
- 行车方向。

街道条件

- 街区大小和街道横截面的宽度。
- 树木和其他绿色基础设施的数量和位置。
- 交叉路口的数量和密度。

产生的影响

安全

- 年事故数量。
- 事故数量，按模式、用户、类型、位置和时间划分。
- 犯罪率，按类型、位置和时间划分。

公众健康

- 每天步行或骑行人数的百分比。
- 患抑郁症人数的百分比。
- 患呼吸系统疾病人数的百分比。

环境

- 颗粒物含量。
- 卡车和汽车交通工具的噪声水平。
- 雨后排水率。
- 平均温度。
- 植物的种类。

生活质量

- 居住在自行车或公共交通设施附近的人数。
- 总行程次数，按模式和用户划分。
- 工作数量和访问量。
- 居民对当地街道条件的满意度。

第二部分
街道设计导则

4

为大城市设计街道

街道是社区的核心，也是城市经济的基础，影响人类健康和环境质量。在许多城市，街道占整个公共空间的80%以上，具有促进商业活动的潜力，为人们提供了出行和享受休闲时光的安全场所。城市生活需要运用全新的设计方法，以应对城市街道更加多元化的角色，并为塑造伟大的城市打下坚实的基础。

澳大利亚墨尔本

主要设计原则

《全球街道设计指南》结合了全新的街道设计方法，以应对新的挑战，满足未来的需求。基于街道是公共场所和流通动脉的原则，本指南强调了街道作为城市转型的催化剂功能。

它强化了世界主要城市的工程师和设计师率先采用的策略和技术。

在城市环境中，街道设计必须满足人们在有限的空间内步行、骑行、乘坐公共交通工具、从事经营活动、享受城市服务以及驾驶车辆的需求。以下原则是塑造伟大街道的关键。

所有人的街道

设计公平且具有包容性的街道，以满足不同用户的需求。特别要关注残疾人、老年人和儿童，并且不分收入、性别、文化和语言，也不管行人是移动还是静止，街道必须始终把人放在第一位。详见第二部分“6 为人设计街道”。

安全的街道

为所有用户设计安全舒适的街道，优先考虑行人、自行车骑行者及弱势群体的安全，包括儿童、老年人和残疾人。安全的街道需降低速度，以减少冲突；提供自然监控，确保空间内有安全的照明设施，并避免危险。详见第一部分“1.5 安全的街道可以拯救生命”。

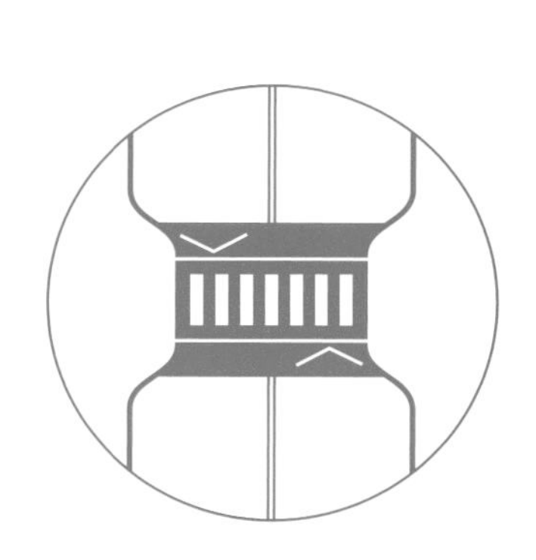

街道是多维空间

在空间和时间上设计街道，街道应该是多维的动态空间，人们会用所有的感官去体验它。地平面是至关重要的，边缘和顶界面在塑造伟大街道的过程中也起着重要作用。详见第二部分“5.3 直接因素”和第二部分“6.3.4 人行道”。

健康的街道

街道的设计应能支持健康的环境和生活方式，促进交通系统的完善，并整合绿色基础设施，改善空气质量和水质，保证人们身心健康。详见第一部分“1.6 街道对个人的影响”。

街道是公共空间

将街道设计为优质的公共场所和运动场所，使其在城市和社区的公共生活中发挥重要作用，成为文化表达、社会互动、庆典和公开集会的场所。

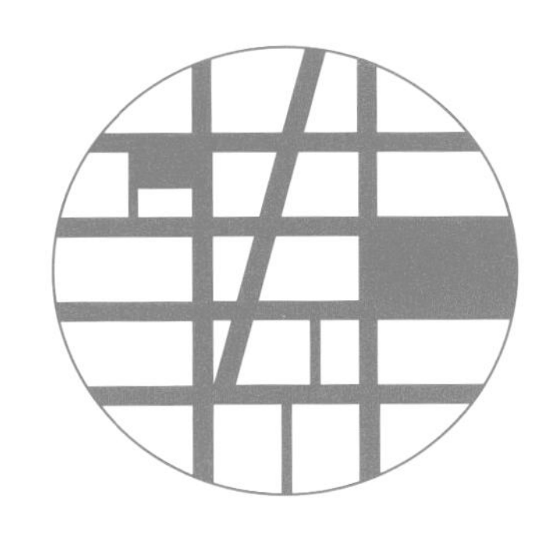

街道是多模式的

编制一系列交通方案，优先考虑积极、可持续发展的交通模式。为行人、自行车骑行者和公共交通使用者提供安全、高效、舒适的街道空间，让他们享受到优质的服务，并拓展街道的容量。详见第一部分“1.7 服务更多人的多模式街道”。

街道作为生态系统

整合绿色基础设施，以改善城市生态系统。所有的设计都应以自然栖息地、气候、地形、水体等自然特征为基础。详见第一部分“1.4 环境可持续发展的街道”、第二部分“7.2 绿色基础设施”和第二部分“5 为空间设计街道”。

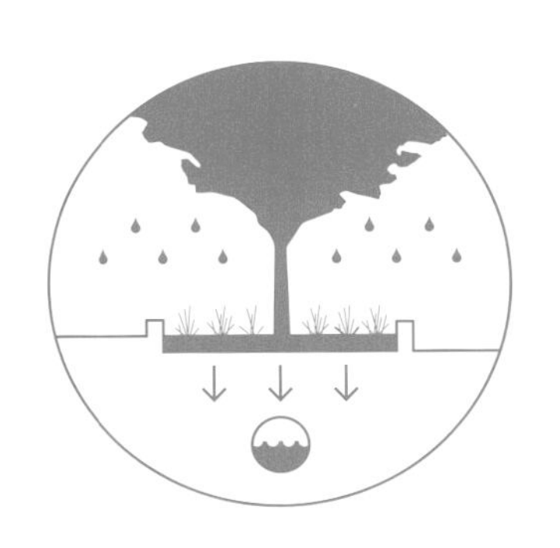

伟大的街道创造伟大的价值

整合街道的经济资产和功能元素。精心设计的街道能够创造出全新的环境，吸引人们驻足，为企业创造更高的利润，并提升物业价值。[1]详见第一部分“1.3 街道经济”。

街道适应环境

设计街道，使其能够改善当前和已规划的环境。一条街道可以穿越多个城市环境，从低密度的社区到密集的城市中心区。随着环境的变化，土地利用和密度会给街道施加不同的压力，应预先规划不同的优先设计事宜。详见第二部分“5 为空间设计街道”。

街道可以改变

街道设计应反映全新的优先事宜，为不同的用户分配适当的空间。尝试新事物，采用创造性思维；使用低成本材料，快速实施项目，以帮助社区居民进行决策，使其以不同的方式体验街道。

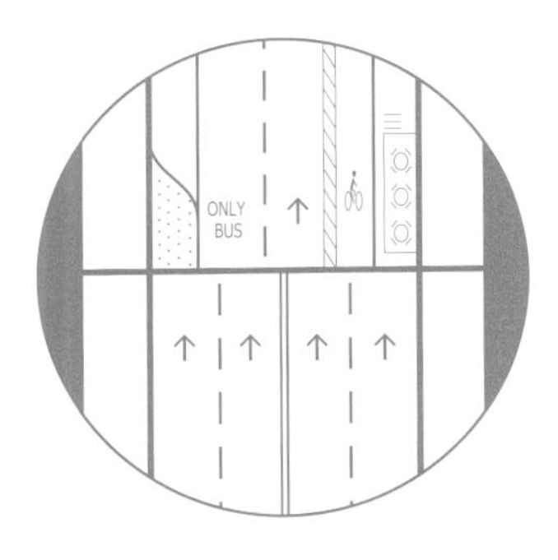

N.C.E.R.T
C.B.S.E.
KING
CHAMPION BOOKS
Golden
D&G
Vaisnavi
अमूल
अमूल

5

为空间设计街道

为空间设计街道意味着要考虑当地的文化和环境，每个地方的具体特征有助于确定街道设计必须支持的功能。塑造街道不仅可以改善建筑环境，也可以改善自然、社会、文化和经济环境。无论是改变现有车行道的布局，还是规划新的社区，街道设计必须认真考虑环境的本质特征。街道有能力推动社区的发展，或保护和改善已经存在的东西。

考虑当地的文化和气候条件，确保街道可以满足行人日常生活和行为需求。提供新的交通选择，使人们在一天中的任何时间都能享受到社区所带来的便利。分析某一区域的街道对附近居民和工作人员所具有的意义，记录他们如何以及何时使用街道。使当地社区居民参与到改造过程中，以确保其接受街道，并进行长期管理。

街道环境随着时间的推移而不断变化，交通需求、活动和行为也会发生相应的变化。街道设计应能够支持社区当前和未来的目标和优先事宜。

印度新德里

5.1 | 定义空间

以下因素有助于确定街道项目的所在地，反过来，它们也可能会受到街道规划和设计决策的影响。

在整个设计和实施过程中应考虑当地文化和环境等因素，以确保构建环境可持续发展的街道。

建筑环境

城市的建筑形式和布局由建筑空间和其他场所共同形成，如街道、建筑、公园和交通系统等。街道提供了连接许多建筑环境的网络和基础设施，以促进交通、关键服务和人类活动的开展。使用围绕每条街道的建筑和街区规模来显示其特点及其所支持的适当功能组合。街道内提供的交通设施影响交通和出行决策，直接或间接地影响着环境、公共卫生和生活质量。

自然环境

在城市中，较大的自然环境可能包括栖息地、当地生态系统以及绿色（绿地）和蓝色（水）系统。确定当地的危害物和污染水平，有助于优先制订改善自然环境的策略。面对气候变化，街道网络的设计应尊重、保护、包容和改善生态系统、自然地形和水体，并管理当地的气候条件。

社会文化环境

人们在城市中参与公共生活，街道设计要体现社区的场所感，为社区融入历史和文化意义。了解独特的习俗和当地气候如何影响人们的行为，人们何时使用街道，什么使空间更有特色。

当地居民在各个地方的参与度有所不同，促进参与式规划，以便对这些空间实施长期管理。分析在这些地区长期生活和工作的人群特征，以确定居民总数、人口密度以及年龄、收入水平和受教育程度。准确理解社会、文化、宗教等环境，以构建环境敏感型街道。

经济环境

当地的经济水平影响城市可持续街道项目的类型、特征和质量。经济的发展水平、政治的关注度和投资优先事宜影响城市化率、建筑形态、公共交通服务的可靠性，以及私家车拥有率。分析经济环境，确定使用城市街道的行业类型及其所创造的就业机会。记录可用的交通选择和每个家庭的支付能力，将这些因素作为当地街道设计的参考，以确保长期的社会公平和经济的可持续发展。

5.2 | 本地和区域环境

人口统计

分析在该地区生活、工作和游览的人群，确定弱势群体比例较高的地区，如老年人、儿童、残疾人，或由于其他社会经济因素而处于不利地位的弱势群体。

与当地成员合作，以确保街道项目反映并支持城市的发展目标和社区的优先事宜。

密度

分析人口密度，包括居民人数和就业集中度。观察他们所在的地理位置，分析趋势，并加以预测，以了解未来的变化，记录密度与公共交通的关系。

加大对可持续交通设施的投资力度，以拓展街道的容量，并为更多人提供服务。

将影响人数最多或需求最大的项目列为优先项目。

历史文化

当地文化会影响社区居民对街道的使用，以及社区与街道之间的关系。

确定当地文化、宗教和重要历史事件如何通过特定的仪式和活动影响人们在公共空间中的行为。

了解项目的当地情况，以确保社区居民适当参与其中，并保障项目成果。

考虑市场、摊贩、集市、咖啡馆等文化活动场所如何增强区域归属感。

混合功能和目的地

确定土地的利用组合，标示出吸引大量人流的重要目的地，如工作中心、公园、文化教育机构、滨水区、学校、游乐场、公交车站和关键服务点。

确保街道网络能在社区和重要目的地之间提供可持续的交通选择。

街道设计应服务并吸引各种活动，改善相邻地区的关系，并将其本身发展为目的地。

道路安全

记录现有速度限制、平均速度，以及交通事故数和死亡人数较高的地区。

降低限速标准，设置低速区域，并确定实施交通减速策略的地方。在合适的环境中，创建行人专用空间、共享街道或公共交通枢纽。

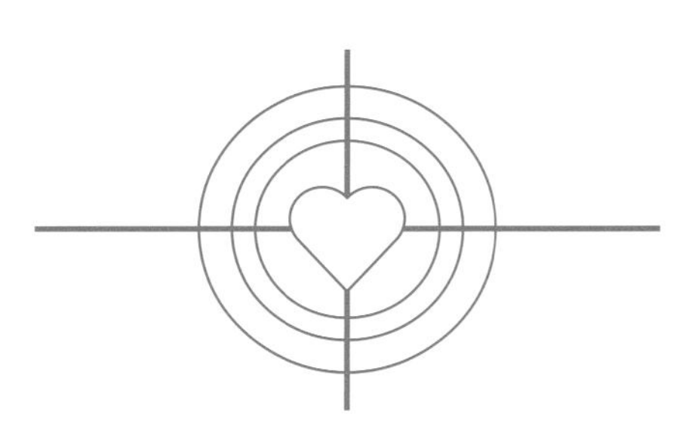

公共卫生

确定慢性疾病和相关危害（如空气、水、噪声污染以及其他未注意到的污染）密集的地区。

优先考虑可以减少污染和便于清洁的积极交通策略，设定避开住宅区的货运路线。确保所有社区都能享受到街道的清洁服务，特别要注意产生大量废弃物的街道。

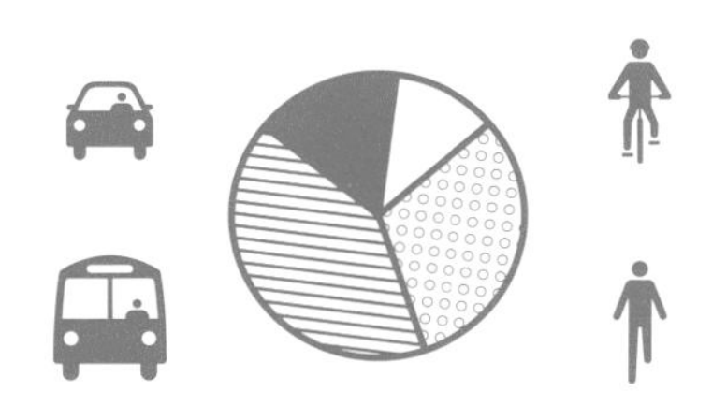

可达性和交通

衡量现有的交通模式比例，注意每天和每周不同时期的变化。找出缺乏公共交通、自行车和行人基础设施的地区。

设计街道网络，以实现期望的交通模式比例，应优先投资步行、骑行和公共交通，使其成为比私家车更具吸引力的基础设施。

促进汽车和共享自行车计划，制订定价策略，构建管理网络，以实现理想的目标。

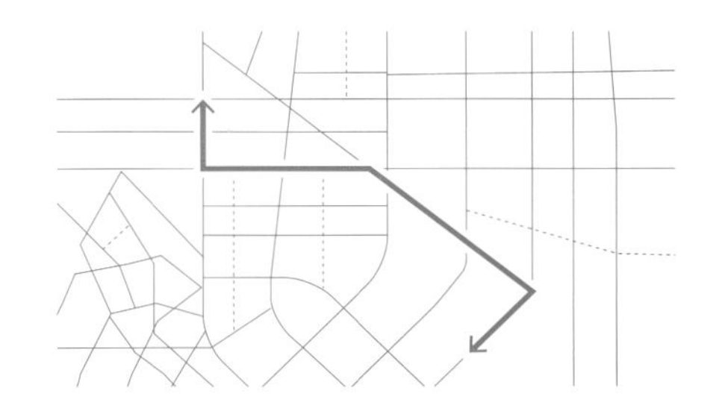

街道网络和连接

考虑每个街道在较大网络中的现有和潜在作用，注意不同交通模式的网络如何以及在何处重叠。确定沿着特定通道的全市或区域重要连接点，以及当地需求如何随环境而变化。

规划、组织和改造街道网络，优先考虑步行、骑行和公共交通的可达性和连接度。在换乘站提供舒适的设施，以便串联不同的交通模式。

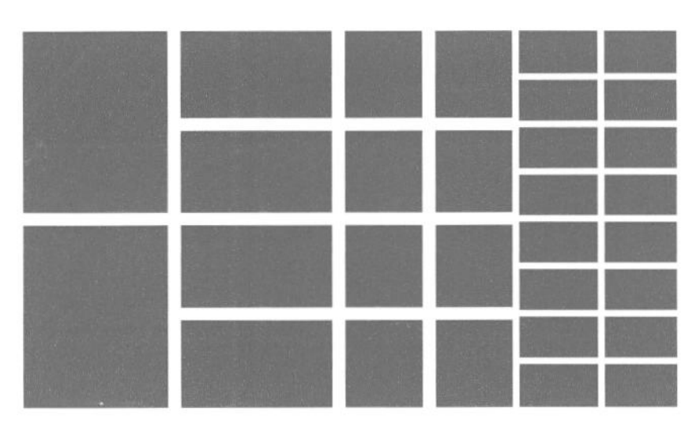

街区规模

测量城市街区的尺寸，并确定这些尺寸是如何影响人们的可行走状态。

设计新的街道网络，以创建小规模的街区，提供多种路线选择，构建步行友好型城市。

确定在何处分解现有的大型街区，使其具有安全的路径和巷道，以加强行人和自行车骑行者的渗透性和连通性。

如果无法减少大型街道的尺寸，可以在街区中段设计人行横道，以加强社区内的渗透性。

生态系统和栖息地

确定当地生态系统以及需要加强保护的重要生态地区。

避免街道网络对自然栖息地造成分割，在街道内建造栖息地，以支持当地生态系统、促进生物的多样性。提供贯通性良好的景观街道，便于动物群体的运动、种子和花粉的传播以及植物迁移。

自然灾害

分析气候和极端天气事件的频率，注意易受自然灾害影响的地区。

规划当地的基础设施和支援服务，以应对干旱、大雨和降雪。

采用可再生能源，用于街道照明和应急服务。

确定有利于自然灾害高发地区恢复力的策略和材料，并指定明确的应急路线。

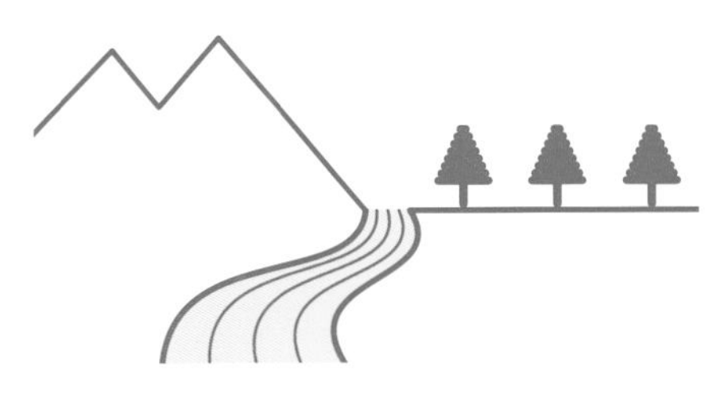

地理特征

记录地形、水体和其他自然特征，以确定新建或改造的街道模式。

街道网络应遵循自然地形和地理特征，以避免对自然资源区域造成不利影响，这样也可以节省挖方和填方成本，有利于雨洪管理和增强区域归属感。

5.3 | 直接因素

街道活动

记录街道上发生的活动类型，注意具体位置。在一天、一周和一年的不同时间监测同一个地点，观察人们在那里所花费的时间以及行为方式，例如，是坐着、游玩、购物，还是参加其他活动，注意这些活动可能造成通行区堵塞的区域。

采用一定的策略定位专用空间和设施，以引导各种活动，同时保证空间的安全、充满活力和可达性。

街道设施

定位并统计街道设施，如座位、照明设施、候车亭、寻路标牌、自行车架以及共享自行车设施。

仔细规划街道设施的类型和位置，以满足理想的街道活动模式和需求。确保街道设施的布局不会影响人行道通行区的畅通性，并确保行车道上用于应急车辆和城市服务的通行区畅通无阻。

人口规模

参照人口规模和使用情况，观察建筑边缘、街道设施和整体街道规模。

街道设计应适应人口规模，促进和激励“以人为本”的建筑界面，将街道照明、寻路标志和标牌与人的视线水平保持一致，并设计街道设施，以实现良好的可达性。

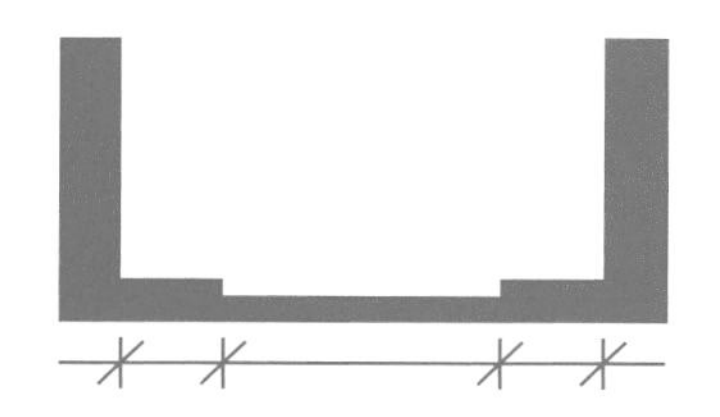

路权

确定哪些改变是可能的，测量街道的宽度，注意专用于不同用户的区域尺寸。当宽度不一致时，需要在多个位置进行测量。

改变街道的几何结构，在不同的用户之间合理地分配空间。优先考虑行人、自行车骑行者和公共交通空间，在可能的情况下，设置绿色基础设施和其他非机动性活动和功能空间。

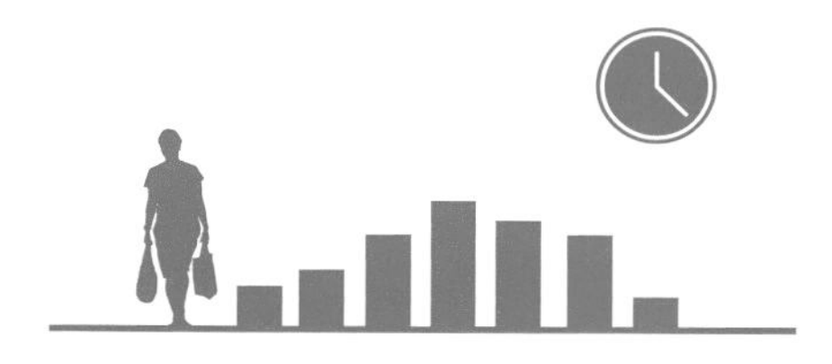

交通模式份额（分担比）

监测街道现有的模式份额，以了解其使用方式。注意用户在每天、每周或每年不同时间内的变化，或具体的运营策略如何变化。

街道设计应促进安全、便捷、高效、舒适的步行、自行车骑行和公共交通环境，并使其优先于私家车，方便人们从一种交通模式转换到另一种。

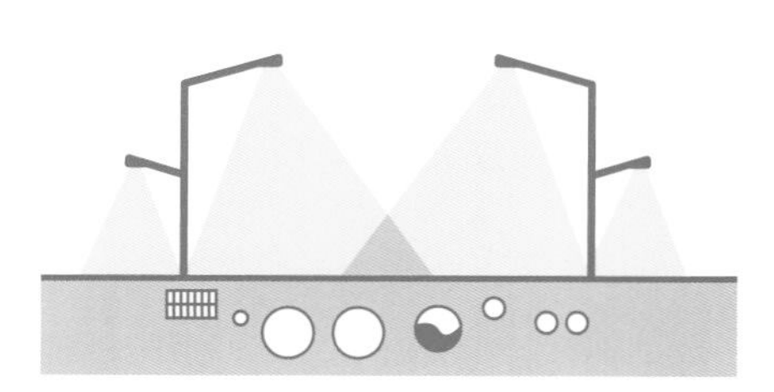

公用服务设备和基础设施

记录影响街道设计的、照明和其他公共设施的位置和类型。确定影响行人安全运动的障碍，并注意障碍物是固定的，还是可移动的。

确定照明不足的地区以及容易发生积水的地区。

街道设计应有利于改善能源效率、水资源管理系统和空气质量，提供安全和优质的照明，使其更具区域归属感。

建筑边缘和用途

观察并记录建筑边缘和退界区域，注意底层的不同使用类型，并评估其如何支持或阻碍街道活动。

街道设计应便于邻近建筑的使用，为街道设施提供明确的路径和空间，为底层划定区域，并将其延伸至街道。

透明度

测量建筑底层的透明度，注意长段的透空外墙、围墙和建筑退界区域，以及整体的安全感和监控设施。

将底层的视觉效果延伸至公共领域，为街道增添活力和趣味。提供景观美化、公共艺术品和其他吸引人的元素，以减少空白立面和闲置建筑后退区域的负面影响。

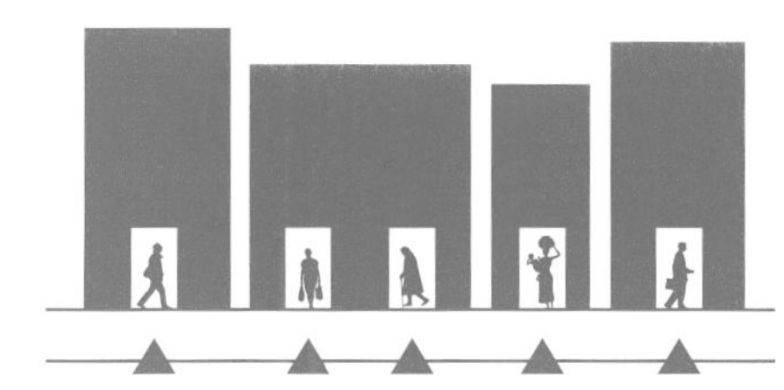

入口

记录相邻建筑的入口位置和密度，注意使用者，确定在一天不同的时间段行人数量集中的地点。

增加行人空间，并在繁忙的入口附近添加配套街道设施，但不妨碍其正常使用。设置频繁、活跃的入口以及通行区，以适应大量人流出入。

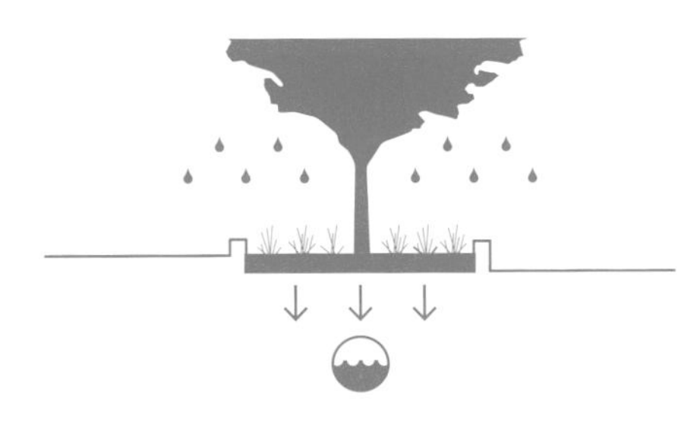

绿色基础设施

定位现有的树木和种植区域，注意当地的气候、种植季节和物种，明确地下水位、地质条件和公共设施。

将树木和种植区域纳入街道设计，以改善空气质量、水资源管理系统、当地生态系统，提供阴凉，建设生活友好型街道。在街道上种植本地植物可以改善微气候。

当地气候条件

考虑当地气候条件、平均气温和极端天气事件的频率。

针对高温、大雨、积雪或强风天气，采取防范措施，尽量减少城市热岛效应，并在高温时为行人提供舒适的环境。设计应保证街道在较冷的时候有阳光照射，且易于除雪。配备的街道基础设施和材料应有助于应对地震等自然灾害。

路边管理

记录专用和非法路边停车位数量，注意每小时的花费和使用限制。确定装卸区和卡车路线，以及当前的管理策略。

制订路边管理策略，包括基于目的区域、停车和货运的时间限制以及定价策略。确定其他需求和优先事宜时，可移除路边的停车位，以满足其他用途。

5.4 | 改变环境

同一街道，不同的环境

环境是街道设计中的关键因素，但经常被人们忽视。街道从一个社区穿越城市到达另一个社区，开发强度、土地利用和交通特点也随之变化。街道设计应顺应公共领域的理想特征，当用户需求和使用情况随着街道发生变化时，街道设计也要做出相应的调整。

以下对沿街的三个点进行分析，描绘了与周围环境相匹配的三种备选方案。

社区大街

中央双向街道

公共交通街道

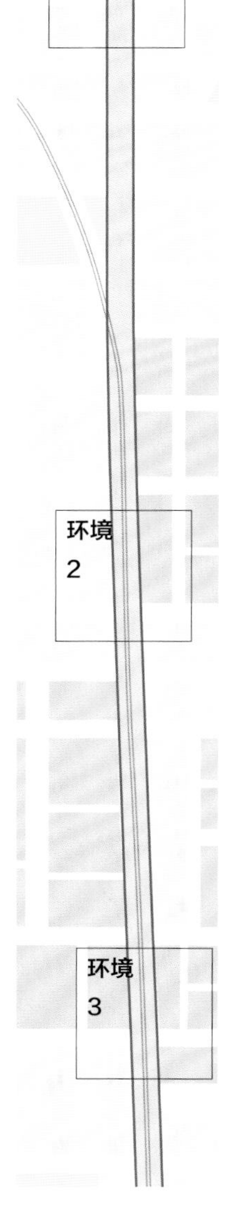

环境1：社区大街

- 住宅区和首层商业区混合，位于街道两侧，密度由低到中等不断变化。
- 混合交通模式，设有公共交通。
- 两个方向上均有专用自行车道。
- 有路边停车位。
- 增加了绿色基础设施和树木。
- 登车岛设有公交车辆停靠站。

环境2：中央双向街道

- 公共交通线路沿着道路中心的公交专用车道进行布局。
- 路边公交站与抬高的人行横道相连。
- 停车位改为更宽阔的人行道，以应对更高的人流量。
- 每个方向上都保留一个行车道，有速度和通行限制，并与自行车共用车道。

环境3：公共交通街道

- 街道转换到公交步行街，属于高密度环境，服务于大量的行人。
- 商业活动从店面延伸出来，增加了街道设施，以营造高品质的公共空间。
- 公共交通工具低速通过该区域，以确保所有用户安全地购物。
- 混合用途可以确保街道在一天中充满活力，并极具吸引力。

同一环境，不同的优先事宜

了解街道的现有条件对街道设计非常重要，但更重要的是确定未来的功能和用途。目前的街道应做适当的转变，以适应城市长远的发展目标。下文描述了特定环境中街道的三种可能性的备选方案，每个方案均反映了规划和设计过程中一系列不同的优先事宜和期望结果。

双向街道

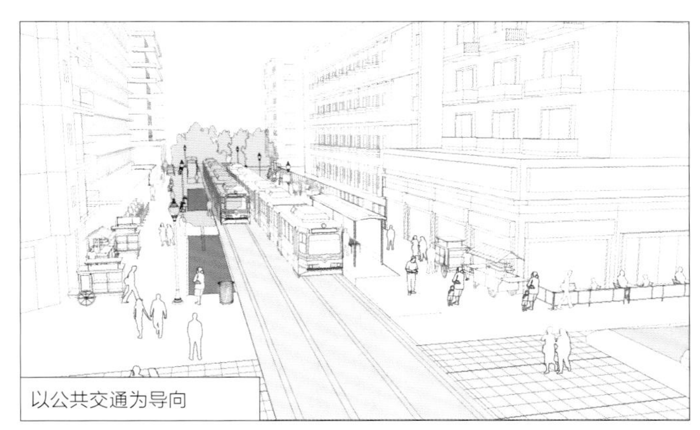
以公共交通为导向

共享街道

环境：
城市高密度开发区

现有环境

- 混合功能密集的城市社区。
- 每个方向上都有两条车道。
- 有街角停车场和狭窄的人行道。

方案1：双向街道，带有双向自行车道

- 减少行车道，并缩减宽度。
- 在一侧保留平行停车位。
- 在混合交通中保留公共交通方式。
- 改善公交车辆停靠站，实现无障碍乘车。
- 在另一侧设置双向自行车道。
- 拓宽人行道。
- 微型绿地、树木和装卸区与停车位相交替。

方案2：以公共交通为导向的街道

- 清除混合交通，替换为公共交通专用道。
- 增加雨水花园和树木，以支持城市绿色基础设施规划。
- 每个街区均设置座位、遮阳建筑、摊贩和公交车辆停靠站。
- 具有连续的地表和宽阔的通道，以保证商业活动可以从街边建筑底层向外延伸。

方案3：共享街道

- 将街道设计为共享街道，作为市中心行人优先区域的一部分。
- 有连续的铺装，行人优先，允许私家车和装卸车辆以较慢的速度在区域内行驶。
- 街道设施和景观改善了公共空间的品质。

6

为人设计街道

出于必要或不得不的选择，人们会在城市街道上步行、休息、休闲或工作。不同年龄段和能力的人以不同的方式体验着街道，且需求各不相同。无论是步行、自行车骑行、乘坐公共交通工具、驾驶私家车、搬运物品，还是从事商业经营，街道所容纳的活动决定了城市的可达性和宜居性。

街道的用户类型和总人数取决于许多变量，如一天中不同的时段、街道的尺寸、城市环境和当地气候等。每个用户的移动速度也不相同，在街道有限的几何结构中占据不同的空间。因此，街道整体容量取决于街道设计所容纳的各种交通方式的总和。

街道设计应平衡不同用户的需求，以形成具有吸引力的环境，确保为每个人提供便捷、安全、舒适的环境。

法国巴黎

6.1 | 街道用户

在大多数城市，街道所占公共财产的比例最大，因此需要根据不同街道用户的需求公平地分配空间。街道设计应有利于步行、自行车骑行、乘坐公共交通工具、从事商业经营等。下文介绍了为各种城市街道用户提供安全且具有吸引力的空间设计要素。

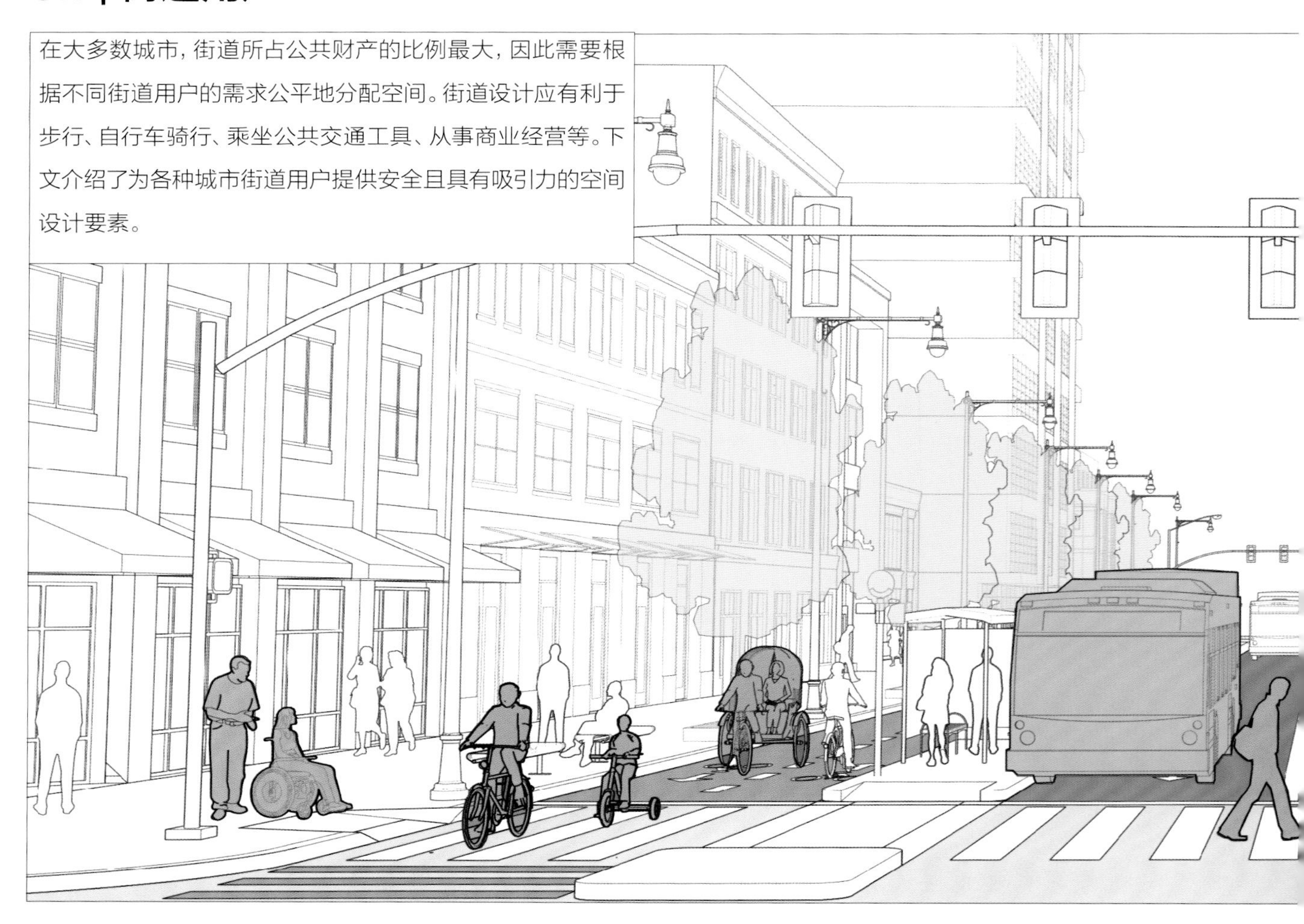

行人

行人包括各年龄段的人，他们可以在城市街道上坐着、行走、停留和休息。为行人设计街道意味着弱势群体也可以使用街道。设计安全的空间使其具有连续、畅通无阻的人行道。利用视觉变化、临街建筑进行人性化设计，并能在极端天气条件下提供保护措施，以确保用户拥有愉快的街道体验。

自行车骑行者

自行车骑行者包括骑自行车、脚踏人力车和货物自行车的人。确保设施安全、直观、描述清晰，并拥有连贯一致的网络，以便各年龄段的人使用。自行车道可以有效地实现交通分流，与信号配时相协调；在易于使用且相互连接的自行车网络的基础上，将其与交叉路口设计相结合。

公共交通使用者

公共交通使用者是使用公共交通出行的人，如铁路、公交车或小型公共车辆。这种可持续的交通模式大大提高了街道的整体容量和效率。专用公交空间可为乘客提供方便、可靠且可预测的服务。无障碍乘车区可保证公共交通的安全，应满足各种用户的需求，而不降低街景质量。

机动车驾驶员

机动车驾驶员是驾驶个人机动车的人或实现按需交通和点对点的交通人员，包括私家车、租用车辆、两轮和三轮摩托车驾驶员。街道和交叉路口的设计必须便于安全行驶，并协调好机动车、行人和自行车骑行者之间的关系。

货运经营者和服务提供商

货运经营者和服务提供商是驾驶货运车辆和为城市提供服务的人。这些用户受益于便于装卸的专用路缘以及专用路线和运营时间。应急人员和清洁车辆需要充足的空间进行作业，必须满足其要求，并确保其他街道用户的安全。

商贩

商贩包括销售商、街道摊贩，以及商业店面的业主或租客。这些用户为街道提供重要的服务，以支持充满活力且高效的街道环境，应为其分配足够的空间。提供定期的清洁、维护计划，电力和水资源，以支持商业活动，提高当地居民的生活质量。

6.2 | 比较街道用户

比较不同街道用户所占用的空间，便于了解为公共交通、骑行和步行设计街道的好处。为这些高效、经济和可持续的交通模式提供高品质的设施，可使同一条街道容纳更多人。减少专用于私家车运输和停车的空间，可增加其他活动的可用空间，提高街道质量。

规模和大小

行人和车辆在移动时所占用的空间不同，两者都需要相应的运行区域，让行人感觉舒适，且有利于其安全出行。步行和自行车骑行所占用的空间最少，所需的存储空间也相对较小，且具有较大的灵活性。

运动速度

车速是道路交通伤亡的重要风险因素，如果发生碰撞，高速冲击会加大严重伤害或死亡的风险。低速移动则让人有更多的时间来观察周围的街道并做出反应。街道设计、人的感知和舒适度以及其他人的活动都会影响移动和运行速度。

行程时间和距离

了解一个人在10 min内走多远，可对其到达目的地的数量有一个基本的认知。在市中心步行的人比驾驶在低密度环境中的驾驶员达到更多的目的地。规划5 min、10 min和15 min的范围内的区域，特别是公交车辆停靠站和社区自行车以及步行网络的规划，有助于挖掘一条街道成为交通网络中活跃组成部分的潜力。

车辆总重和弱势群体

发生事故时，车辆总重发挥着重要作用。当重型车辆与轻型车辆碰撞时，轻型车辆的乘客更容易遭受严重的伤害；在与机动车碰撞时，行人、自行车和摩托车骑行者更容易遭受严重的伤害。与其他街道用户相比，这个群体更容易受到伤害，因为他们没有车辆外壳的保护。

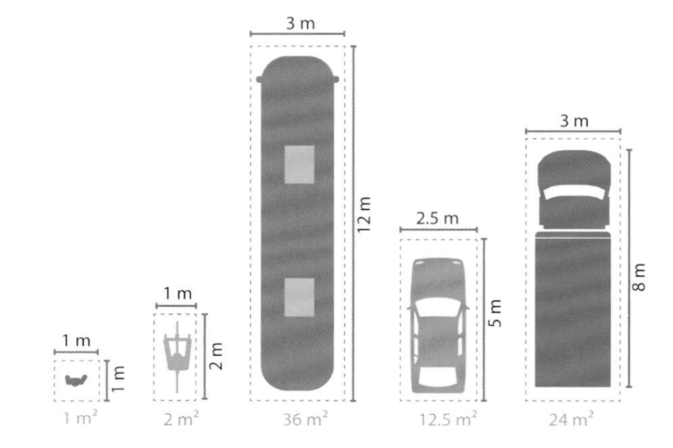

不同用户和车辆的运行区域

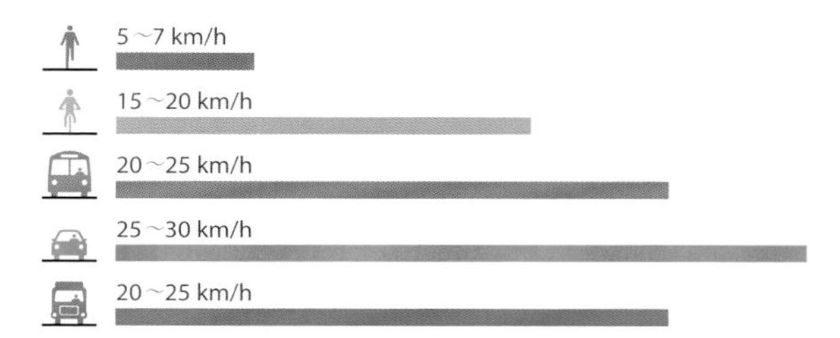

不同用户和车辆的平均速度

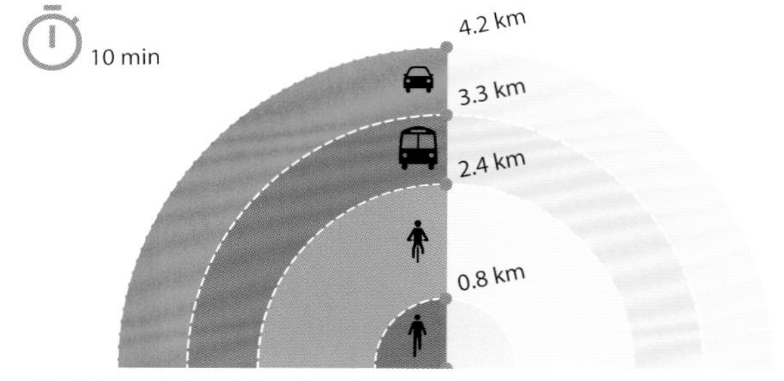

10 min内不同用户和车辆的平均行程距离

50个人所占用的空间

虽然公交车所占用的空间是汽车的三倍，但公交车在车道上的承载能力是其他交通模式无可比拟的。城市土地越来越稀缺，应有效利用街道内的空间，为更多人服务。

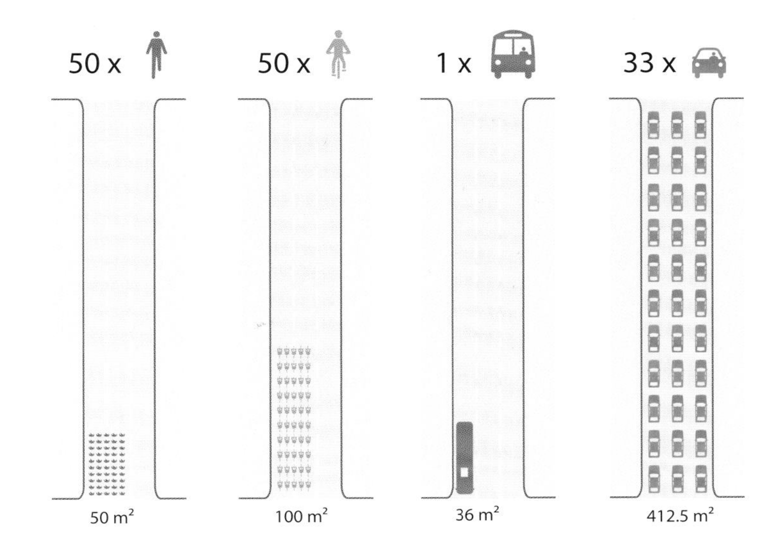

在既定区域内，不同用途、交通模式和人员所占用的空间

分析街道设计在不同用户之间分配空间的方式，以支持各种交通模式。

考虑不同用途和数量的人使用3 m x 25 m带状区域的情况。

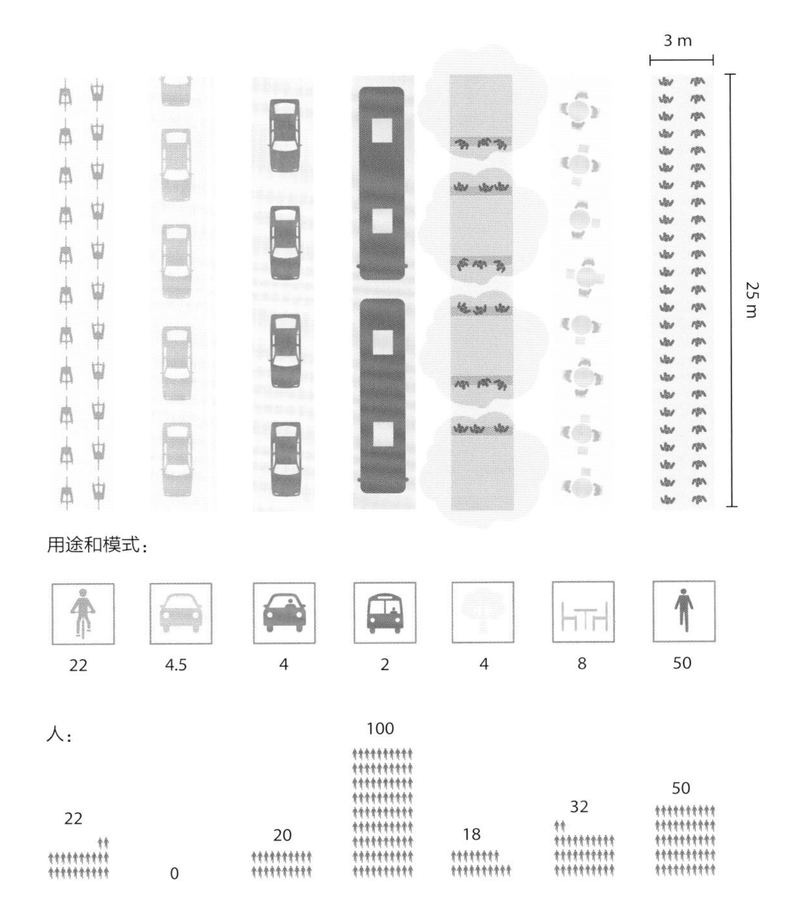

6.3 | 为行人设计街道

6.3.1 | 概述

在某种程度上，每一个行程都是以步行开始和结束，因此，每个人都是城市街道上的行人。应提供连续畅通的通行区，以确保每个人都享有适合步行的邻里街区环境。人行道上的通行区都应配有活跃的街道边缘和便利设施，使行程令人倍感舒适并具有吸引力。

城市是人居环境的一部分。人不仅在街道上步行，还在街道上休息、闲坐、游玩和等待。这就要求在设计街道时应将人作为优先考虑对象，并重视弱势群体（如小孩、老年人，以及知觉或运动能力低下的人）的需求。

使用特定街道的人员类型和数量取决于周边的用地性质和开发密度、主要目的地。行人没有车辆外壳的保护，并以较慢的速度前行，在城市街道上会调动所有感官。人们如何使用街道取决于其可用的空间、可供在街上逗留的设施以及整体的街道体验。

街道设计应始终将行人的安全放在首位，并从行人的角度衡量其设计成功与否。一个易于行走且安全的城市街道可为居民提供独立、公平的空间。

行人需要连续、畅通的通行区、光线充足的空间、具有吸引力的建筑边缘以及阴凉之处来休息和散步，也需要寻路标志，以获得安全、舒适的街道体验。

速度

步行速度取决于行人的年龄和能力，以及行程的目的和距离，同时也受到路面质量、地形以及城市大小和气候的影响。步行的速度范围为0.3~1.75 m/s或1~6 km/h，需要辅助工具（如拐杖和其他装置）来行走的人员速度为0.3~0.5 m/s。使用电动轮椅或其他个人移动设备的人员可能会更快。使用旱冰鞋或滑板的人员可接近自行车的速度。

确保城市街道允许各种速度，无论快速行走、慢速踱步、暂停休息，还是停下来谈话、售卖商品。为快速步行者减少阻碍，为慢速步行者提供防护，以防止车辆撞击，并在长距离的人行横道处提供休息的地方。在确定车道配置、信号配时和人行道宽度时，请考虑这些变量。

0 km/h
0 m/s

5 km/h
1.4 m/s

6～7 km/h
1.6～1.9 m/s

10 km/h
2.7 m/s

15+ km/h
4+ m/s

变量

一个警惕性高、视力水平良好的成年人能在任何环境中自信地行走，并对汽车做出快速反应，这是非常规的情况，不应该将其作为设计对象。请使用各种“设计行人”来选择街道属性，下文将对此进行详细描述。较短的人行横道、安全区域、交叉路口，设置充足的等待空间，优先行人的交叉路口控制，以及确保人行道在侧向和垂直方向与车道分隔开来，而只保留最低速和最低交通流量，这都有利于行人。在繁忙的人行道上，提供足够的空间，使成群结队的行人可以彼此擦肩而过。使用行人倒计时信号，尽可能减少等待时间，同时将行人信号相位的长度最大化。

残疾人

整合视力障碍者、听力障碍者以及使用轮椅、拐杖等工具的行人需求。人行道必须足够宽，使两个使用轮椅的人可以彼此通过。低容量的街道上，通行区的宽度应大于2 m，不得小于1.8 m。通行区应畅通无阻，平坦而光滑。在所有人行横道处设置小坡度的斜坡，最好是8%的斜率，并在中央分离带、行人安全岛设置无高差的人行横道贯通路径。

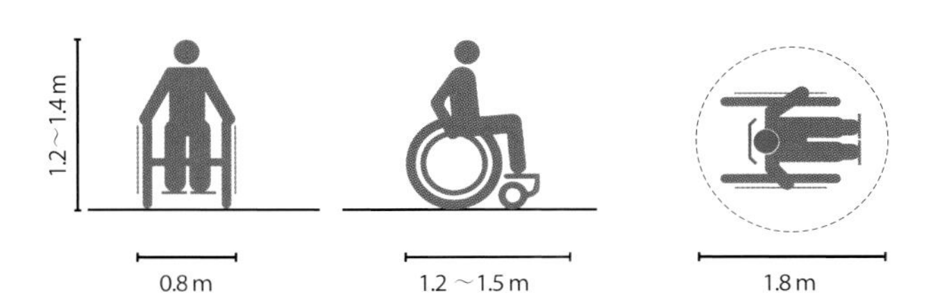

儿童

全世界大约有20亿15岁以下的儿童，街道皆应为有或无成人陪伴的儿童提供安全的空间。儿童判断速度不如成年人，设计师有责任为其提供安全的交通选择。由于儿童身高较矮、步行速度缓慢，在设计人行横道和信号配时上必须考虑这些因素。

对于儿童而言，安全的人行道应具有以下特点：交通速度慢、步行信号时间长、转弯速度低、可见度高。街道设计应提示驾驶员附近有儿童在街道上行走，通过限制车辆速度和引入高效的行人基础设施（特别是信号灯），来为儿童提供服务。

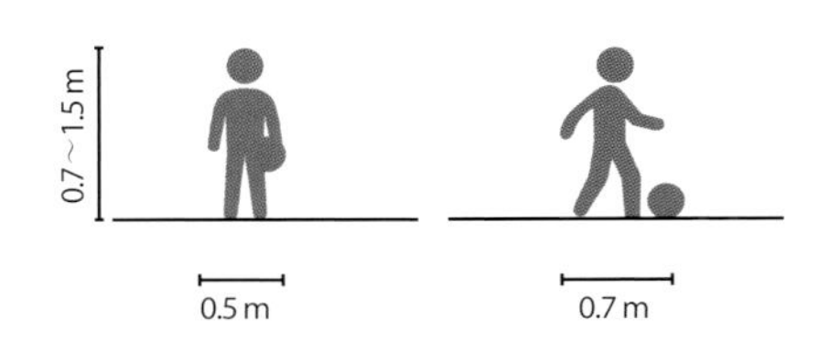

成年人和老年人

全球人口正日益老龄化，但是大量的街道不能满足老年人的需求。老年人是行人的一小部分，但在道路死亡人数中占比却很高。行人信号相位太短、行人坡道发生故障或缺失，以及标志褪色或难以被看见时，危险会增加。通过在每两至三个行车道处提供安全岛、设置路缘扩展带以缩短人行横道的距离，来为老年人设计安全的街道。距离行人斑马线6 m以内，禁止停车，以提高可见度。

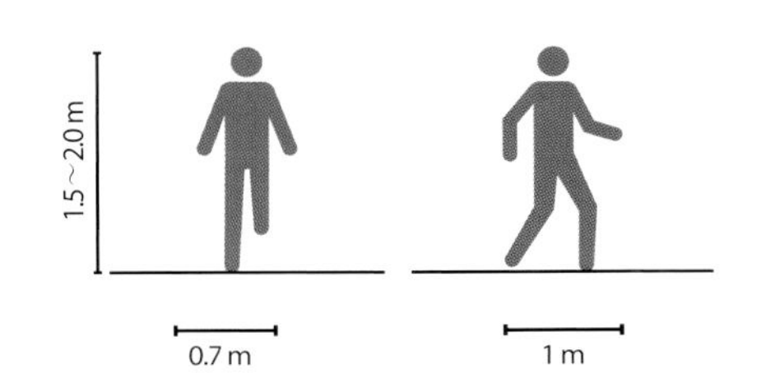

6.3.2 | 行人网络

行人网络必须安全、舒适。与其他用户相比，在同等时间内行人所占的空间较小，并对街道的体验最强烈。

行人没有车辆外壳的保护，在街道上需要调动所有感官，是最弱势的用户群体。

查看城市这块“面料”上纹理最细腻的路线，并将其组合在一起，构建一个全面而连续的网络。设计的行人网络应：

- **相互连接且有渗透性**
- **可达性和舒适度**
- **安全**
- **与环境相协调**

相互连接且有渗透性

相互连接

人行道和人行横道必须提供连续的通行区，即使是人行道的短距离延伸。未铺砌、不均匀、不畅通或突然中断都可能为轮椅使用者造成严重的障碍。

渗透性

确保行人通道的连通性，以尽可能缩短步行路线。应将延伸至“死胡同”的路径和街道连接到附近的街道。鼓励建立从大街区内部穿过的行人路线，以细化城市肌理，提高连通性。

选择

在主要目的地之间提供多个路径。如果一条路径封闭维护，其他路径仍可以使用。

主要目的地

在公交车站、公园、学校、商业区和社区大街等重要目的地步行距离内，精心设计步行街道。如果感觉方便、舒适、愉快，人们更愿意步行从一个目的地转移到另一个目的地。在主要目的地和公交车辆停靠站周围设置一定的空间，以便人群聚集在一起，而不阻挡他人通行。

可达性和舒适度

可达性

街道都应具有普遍可及性，以适应不同的步行速度，并为所有用户清晰辨识，应特别注意儿童、老年人和残疾人的需求。

容量和舒适度

确保人行道网络、层次结构和宽度与环境相适应，人行道不应只满足单人行走，更要允许人们成群结队地通行。在高峰期，市区需要较宽的人行道和通行区，以应对较高的交通流量。社区街道应提供商业活动空间，带有狭窄通行区的住宅街道还应进行额外的景观美化。

安全

行人空间

行人空间必须确保在一天的不同时间内所有用户都是安全的。拥有充足的光线、无障碍的斜坡，没有障碍物，并在街道上设置监控，以进行自然监控和预防犯罪。

交叉路口

交叉路口是网络中的关键节点。在交叉路口，行人面临死亡和受伤的风险最高。在交叉路口提供清晰可见、短距离和直线人行横道。设置路缘扩展带和安全岛，以缩短人行横道的距离，并为等待穿行的人提供保护区。人行横道应始终设有标志，并尽可能将其提高，以增强安全性。

与环境相协调

人口规模和复杂性

设计建筑立面和边缘，使行人网络具有吸引力和趣味性。提供不同的建筑高度、建筑细节、标牌、入口间距、透明度水平和景观美化，以打破街区的规模和节奏，缩短步行感官距离。在建筑立面上使用遮阳和照明设备，以提供舒适的步行环境。

特征与个性

标志性的街道需要独特的街道设施、寻路标志、景观美化、标牌和照明。历史街区、步行廊道和知名廊道可以通过街道设计来增强社区的个性特征。

地形

急剧的高度变化会限制街道网络的连接性，并使关键服务和主要目的地的使用复杂化，应将台阶和斜坡与休息区、景观美化相结合。

绿色廊道

在城市及特定的廊道上植树并进行景观美化，以增加绿化率。在公园、大型林荫道、中心城区和社区周围的街道上选择适合当地气候的本地物种，设置绿色廊道，有助于彰显社区的特征。详见第二部分7.2：绿色基础设施。

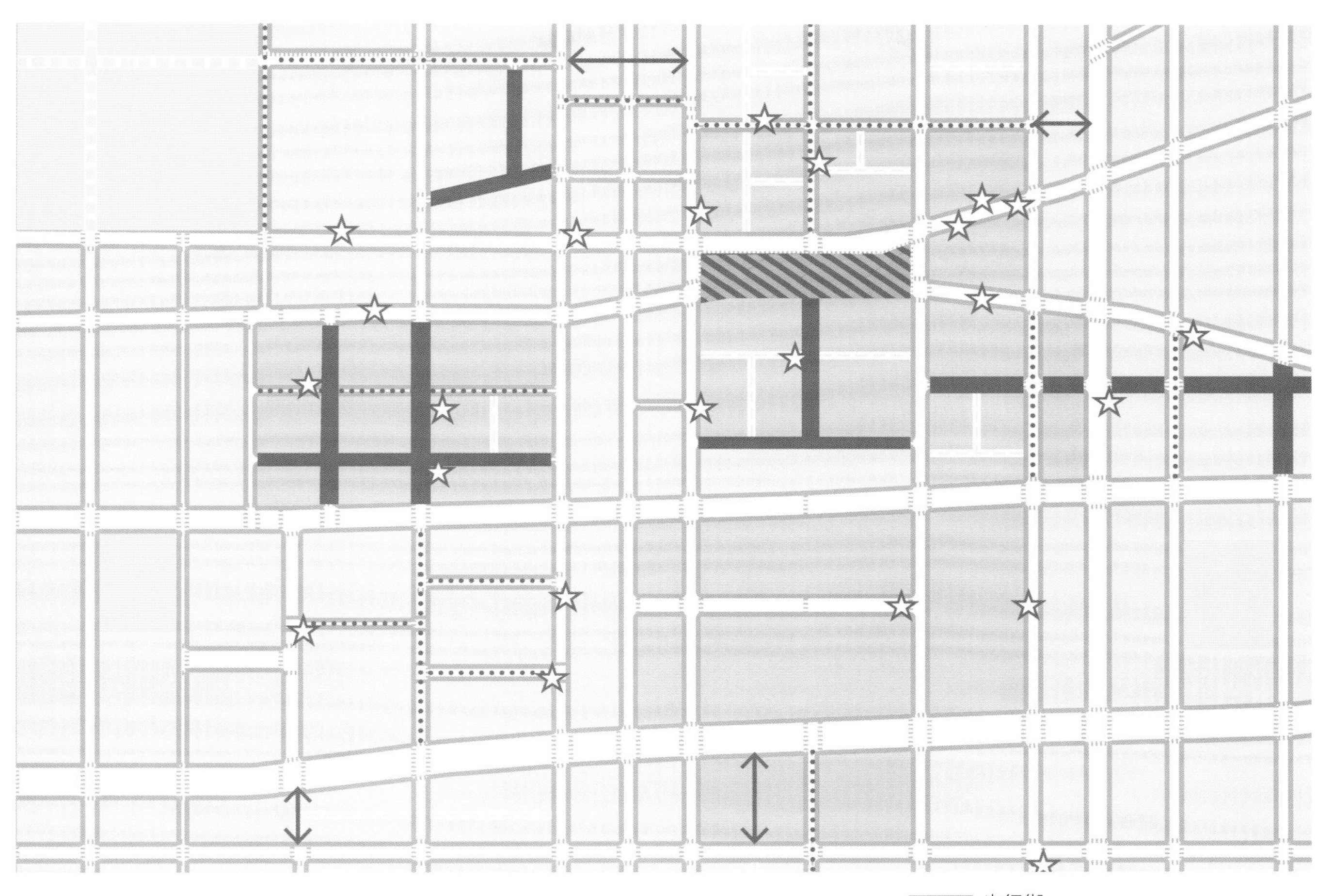

步行街
广场
共享空间
巷道
步行道
人行道
人行道网络
微公园和小型公园

行人网络: 体现“行人优先”的精细网络可以为人们提供一个步行友好型城市。连续的、没有障碍物的人行道，街区规模小，便于行人安全地到达目的地。具有渗透性且充满趣味的建筑边缘，为人们提供了愉快的步行环境

印度新德里，狭窄的巷道缩短了各个社区之间的距离

巴西圣保罗，街区人行道上的微公园为人们提供了休息的地方

法国巴黎，宽阔的人行道为人们散步和观光提供了便利空间

6.3.3 | 行人工具箱

将以下元素作为可视化清单，以提供综合方法，确保将行人放在首位，实现普遍可及性。标有星号（*）的项目将在后文中详细讨论。

人行道*

人行道应保持连续，并提供与行人量相匹配的通行区；保持足够的宽度，以便两个使用轮椅的人可以相互通过。在通行区外分配建筑入口和商业活动空间，街道设施、树木和公共设施可以作为通行区和移动交通之间的缓冲。

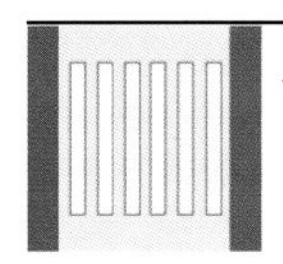

人行横道*

安全且使用率较高的人行横道有利于构建成步行友好型城市环境。人行横道应位于所有道路的交叉口，同时，路段中间可预见有行人的地点，也应设置人行横道。人行横道上应设置有信号标示、停止控制、抬高元素、安全区域和狭窄的角半径，车辆接近人行横道时需减速。

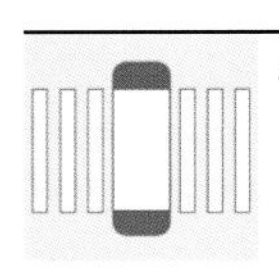

行人安全岛*

行人安全岛可缩短人行横道的距离，为不能在通行时间内横跨整个街道的行人提供等候区域。由于速度和车辆数量等限制，对某些人来说，一次性穿过街道会有危险，且大多数街道有三条或更多的车道，这些地方都应使用行人安全岛。

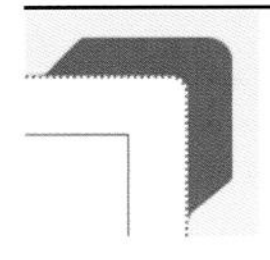

人行道延伸*

人行道延伸是对人行道的扩展，通常位于交叉路口处，可以在视觉和物理上使道路变窄，并缩短人行横道的长度。这样易于驾驶员看清楚等待过马路的行人，以降低车速，增加等待过街的行人可利用的路边空间。大型的人行道延伸可容纳街道设施、长凳、摊位、公交车辆停靠站、花盆和树木。

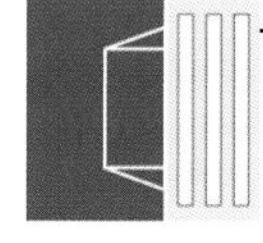

行人坡道

在人行横道和水平高度改变处设置由防滑材料制成的行人坡道，最大坡度为1：10（10%），理想值为1：12（8%）。这些坡道对推婴儿车或使用轮椅的人至关重要。行人坡道应与人行横道正对齐。

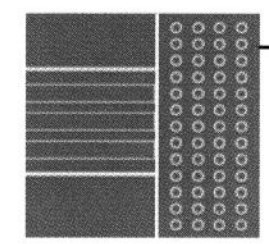

视力障碍指引

制订相应的策略帮助视力障碍人士使用街道，如在交叉路口设置可触及的行人信号，在人行道、车站边缘以及行人坡道铺设盲道，以引导盲人和视力障碍者在街道上通行。

标牌和寻路标志

设置连续的行人标志，标志上的文字要清晰可见，且易于为大众所理解。为用户提供信息，方便其换乘，以及游览当地街道。在寻路标志和地图上标明步行和骑自行车的时间和距离。

行人倒计时信号

在交叉路口安装行人倒计时信号，以便行人安全地穿过街道。在清道时段，用数字计时器显示过街持续时间。清道时间通常是基于1 m/s的步行速度以及人行横道的总长度。由于许多行人低于此速度，应提供密集的安全岛，或调整步行信号，基于0.5 m/s的步行速度来设置信号时长。

照明

光线充足的空间对确保行人安全、营造美好的夜景以及预防犯罪至关重要。沿着街道设置人行道照明设施，确保适当的照明水平和间距，以避免光源之间出现黑点。商业街道的亮度水平应更高，而住宅区域则更柔和。电线杆和固定装置不得妨碍人行道。详见第二部分“7.3.1 照明设计指导”。

座位

为人们提供密集的停留和休息场所，座位应配有舒适的靠背，并与当地气候相适应。座位应允许留有放脚的空间，且不阻碍通行区。在较大的步行区，提供活动椅和各种排列方式的座位，有利于人们在此进行交谈。

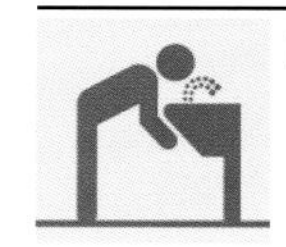

喷泉式饮水器

提供新鲜的饮用水，使其代替瓶装水，并确保社区必要的水源。采用创意理念，以鼓励人们使用，确保饮水器的干净和安全。保证不同高度的用户（如儿童和使用轮椅的人）均可使用。

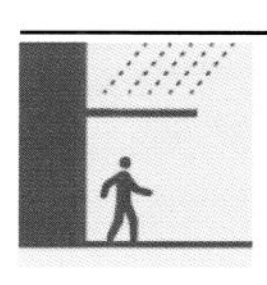

天气防护

在可能的情况下，在建筑立面上使用遮阳篷和雨棚，为街道增设庇护，并在下雪、下雨或极热的气候条件下提供遮蔽。若没有树荫或树荫不足，则应在较大的行人专用区安装独立的遮阳设施。

路缘

通过设置路缘，在人行道和相邻的自行车或机动车道之间形成一个结构性的边缘。路缘可以阻止车辆进入行人区，路缘与沟槽相结合有利于排水。路缘的高度不应超过15 cm，应在人行横道处安装斜坡，以实现安全通行。

垃圾箱

提供便利的垃圾箱，以保持干净、愉悦的行人环境。将垃圾箱放置在角落、交叉路口和微公园附近，靠近通行区。垃圾箱的大小应根据预期用途和当地的回收和维护计划来设定。太阳能压缩器可以增加大容量区域的收集能力。

活跃的建筑边缘

建筑正面的设计在影响行人综合体验方面发挥着重要作用。底层的设计影响着街道的特点和行人参与度。密集的入口、适当的透明度水平、视觉变化和纹理都有助于塑造宜人的街道环境。

树木和景观美化

在可能的情况下，采用景观美化的方式来营造愉快的步行环境，彰显社区特点，并鼓励积极的交通方式选择。景观美化可以改善微气候条件，净化空气，过滤水源，增加城市生物的多样性，有利于身心健康。

6.3.4 | 人行道

人行道在城市生活中起着重要作用，作为行人通行的通道，可增强连接性并鼓励人们外出行走。在公共场所，人行道是城市的门前阶梯，可在社会和经济层面激活街道。安全、可及、维护良好的人行道是城市基础且必要的投资，事实证明，人行道可以提高人们的健康水平，实现社会资本的最大化。

就像道路的扩张和改善增加了汽车出行量，优秀的人行道设计可使其更具吸引力，鼓励人们步行。

在不可避免的情况下，应在行人较多的地区设置车辆通行限制，保持必要的可及性、坡度和通行区。

临街区域

❶临街区域是人行道的一部分，是建筑的延伸部分，包括入口通道和入口，以及街边露天的咖啡馆和广告牌。临街区域包括面对街道的建筑立面和紧邻建筑的空间。

行人通行区

❷ 行人通行区是平行于街道的专用和可用的路径，通行区可确保行人拥有安全、充裕的行走空间。在住宅区，其宽度应为1.8~2.4 m；在行人较多的市区或商业区，其宽度应为2.4~4.5 m。

街道设施区

❸ 街道设施区指的是路缘和通行区之间的人行道部分，提供诸如照明、长凳、报刊亭、公共交通设施、电线杆、树坑和自行车停车场等街道便利设施。街道设施区也可包含绿色基础设施，如雨水花园、树木和花盆。

缓冲区

❹ 缓冲区是紧邻人行道的空间，由不同的元素组成，包括路缘延扩展带、微公园、雨洪管理设施、停车区、自行车架、共享自行车站和路边自行车道等。

人行道的类型

住宅区人行道

相对于繁华的城市中心，住宅街道所需的容量较小，但人行道必须始终保证通行区畅通无阻。临街区域设计可能因建筑远离街道边缘，以及栅栏、前院、门廊或种植带而有所不同。住宅区人行道适用于散步、游玩和社交活动，应尽可能地种植树木和植物。设施区的设计应在条件允许的情况下容纳额外的游乐设施或绿色基础设施，并减少车辆通行的路缘坡道。

瑞典马尔摩

马尔摩的住宅区人行道上有一条无障碍的行人通行区，与底层的住宅用途相匹配。密集的入口和前院植物为人们提供了极富吸引力的步行氛围。

瑞典马尔摩

社区大街人行道

社区大街人行道是具有住商混合的综合性用途的临街面。人行道应容纳适当的行人数量，其中很大一部分人在此停车、闲坐、逗留，以及底层功能延伸到户外的区域。人行道应与当地的气候条件相适应，保持充足的照明，设有密集的座位。可能需要为路边停车或公交设施提供遮蔽物或停车计时器，路缘区的设计可以引入绿色基础设施。

巴西福塔雷萨

Avenida Monsenhor Tabosa项目于2014年重新规划设计，成本为165万美元。街道长700 m长，其中200 m是由原来的停车和服务车道改造的，并带有宽阔的行人通行区，设有遮阳结构、照明设施、公交车站和座位。重新设计的人行道增强了行人的便利性。特别设置了抬升的人行横道和交叉路口，以降低车度。

巴西福塔雷萨

商业区人行道

商业街道的特点是行人较多，底层活跃，拥有面向街道的入口，商业活动延伸到人行道上，并有装卸活动。商业街种类繁多，包括大街、小巷。商业区人行道上应明确界定临街区域和街道设施区，以容纳餐厅座位、长椅、街道种植物、标牌、路灯，以及其他必要的基础设施。路缘区可能还包括公交设施，并设置路缘坡道或装载斜坡用于服务货运。

美国纽约

百老汇是纽约市的主要商业廊道之一，距离曼哈顿21 km。人行道通常在6~8 m宽，可容纳大量行人，且设有大型街道树木、公交车站、街道设施以及商业活动的空间。在最近拓宽人行道的项目中，市中心区有些街道扩宽到14 m。

美国纽约，百老汇

几何结构

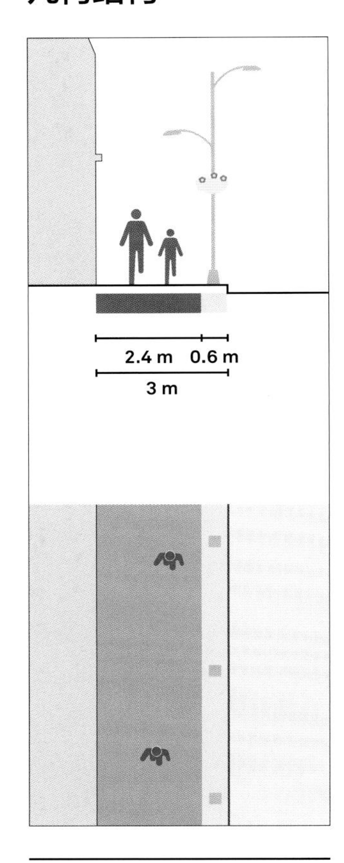

狭窄的人行道

在低密度的环境中，街道相对安静，人行道可能比较狭窄，建议提供的无障碍通行区为2.4 m宽，最小值为1.8 m宽。当街道太窄而无法植树时，应该探索其他替代景观。如果无法在街道两侧提供舒适的人行道，应首选共享街道，在路缘处设置公共设施和其他障碍物。

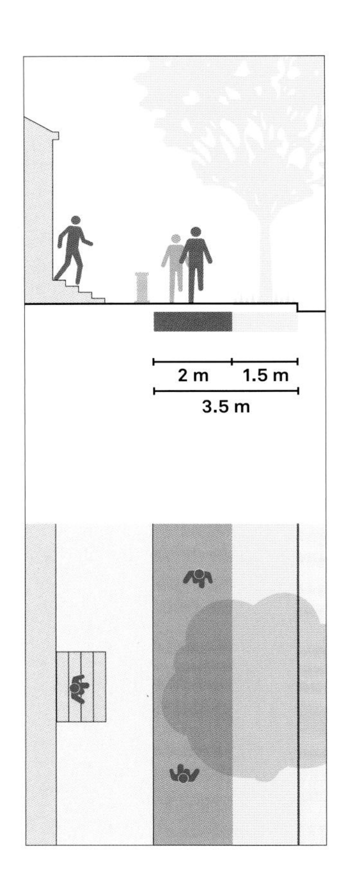

带状人行道

在低密度的街道上，人行道位于种植带和建筑退界区域之间，最小宽度为2 m。树坑不宜窄于1.5 m宽，将电线杆立在种植带上。

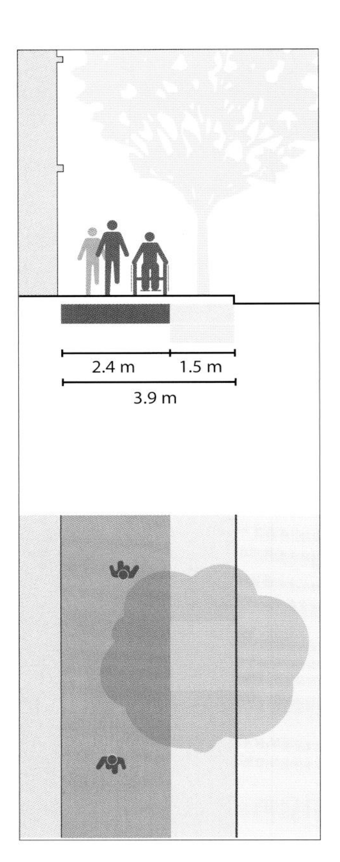

带有树木的狭窄人行道

中等密度住宅区街道应有大于2.4 m宽的通行区。若空间允许，应在通行区和行车道、停车道之间种植树木，树坑应至少1.5 m宽。

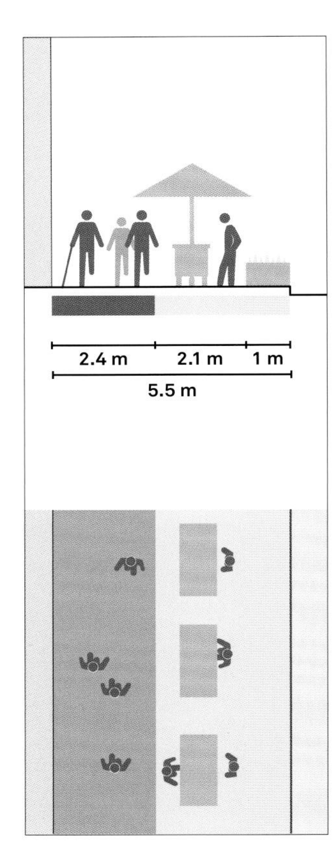

社区大街1

在行人少、人流不间断的小型零售街道上，除了商业活动空间外，人行道上应至少有2.4 m宽通行区。如果没有足够的宽度种植树木，可采用园林绿化带或花盆。

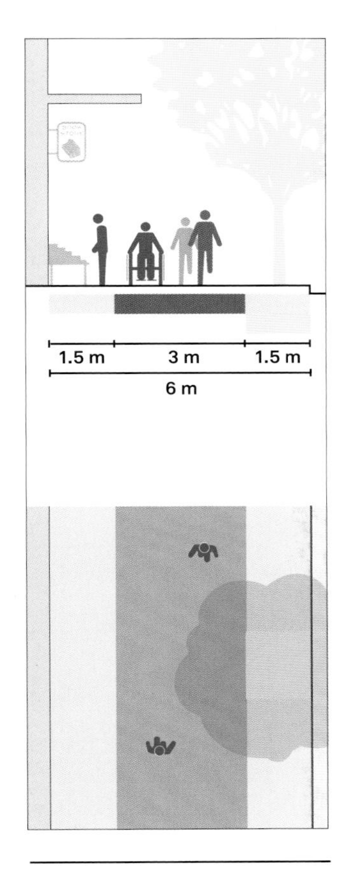

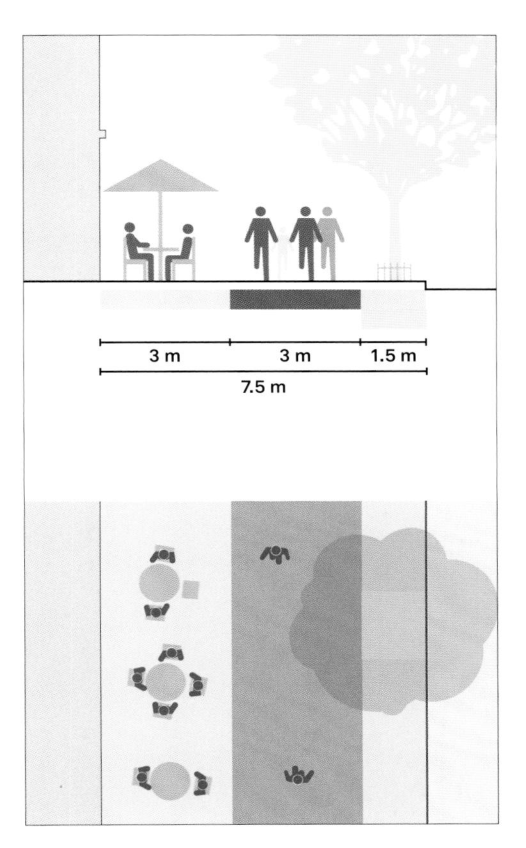

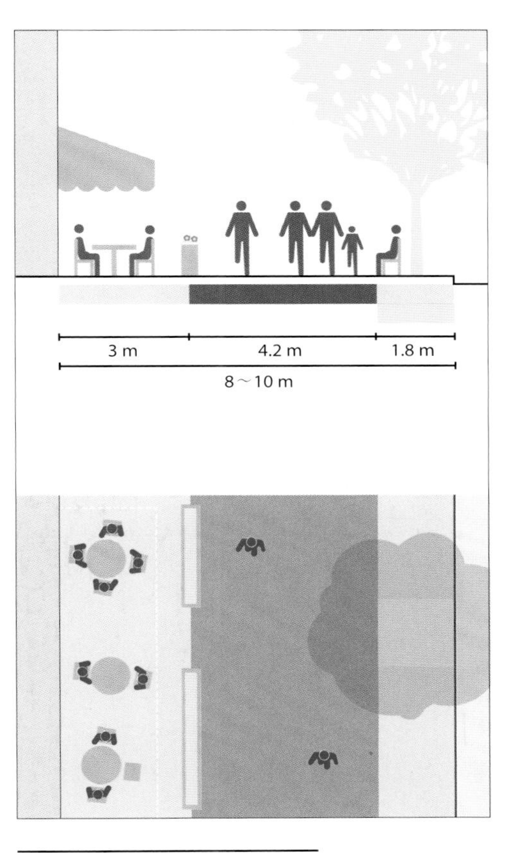

社区大街2

社区大街应该设置3m宽的通行区，使中等数量的行人可舒适地通过。从店面延伸出来的商业活动空间应分布在靠近店面侧边。树坑、花盆和座位应在人行道、行车道或自行车道之间作为缓冲。

中等宽度的商业区人行道

商业廊道应提供大于3 m宽的通行区，以满足不间断的人员流动，使人们能够舒适地通过。鼓励在邻近建筑的底层活动空间向人行道延伸，在靠近通行区与建筑间的人行道上提供灵活而专用的空间，使人行道更加活跃。

宽阔的商业区人行道

如果有可能，应为人流量大的繁华商业街设计宽度为8~10 m的人行道，以促进商业活动。设置街道设施、公交车辆停靠站、候车亭、排队等候区、景观和绿色基础设施。

设计指导

人行道是城市基础设施的基本形式，有利于行走、社交、参加商业活动。城市街道都必须设置人行道，并能够为所有用户所用。

尺寸

人行道设计应高于宽度和设施的最低限度要求。在规模适当且有充足的照明、阴凉以及丰富多彩的街道活动的人行道上，行人比较多，商业也比较繁华。

这些因素对于交通量大的街道来说非常重要，如果行人无法获得安全感，他们可能会避开该地区。

应通过垂直或水平分隔将人行道与机动车道分隔开来，为行人提供足够的缓冲空间，不要使用路肩或停车道替代人行道。

通行区

要有足够的宽度，需达到1.8~2 m，方便两个使用轮椅的人可以舒服地通过对方。

通行区必须没有固定的物体、大间隙，以避免行人使用。

在车道上，通过冲突地带的通行区须保持连续且无高差。

如果现有的树木阻碍了行人在通行区上通行，需要将人行道向树木以外拓展，以创造更多的空间。

不要将候车亭直接设置在行车道上，若空间不足，可设置凸出的公交站台或乘车岛。

建筑边缘和外立面

外立面和店面的设计应符合行人的视线水平，重点关注每栋建筑如何与人行道相匹配。建筑下部5.4 m的地方是行人可直接看见的地方，也是体验感最强烈的部分。[1]

建议使用符合人行道空间的照明灯、标牌、遮阳篷等元素，以增强街道的质感。

提供密集的建筑入口，以促进空间的活跃性。

设计开放式或玻璃式的临街界面，以吸引行人驻足，提供被动监控，并连接公共和私人空间。

人行道上的露天咖啡座不仅可以培养生活情调，还能促进廊道的商业发展。有咖啡馆的地方必须设有易于通行的通行区。

对于直接毗邻行人空间的城市干线或人流量大的中心街道，应采取一定的措施为其提供缓冲。植物、街道设施和临时停车场、装卸区均可以在行人和车辆之间提供缓冲。

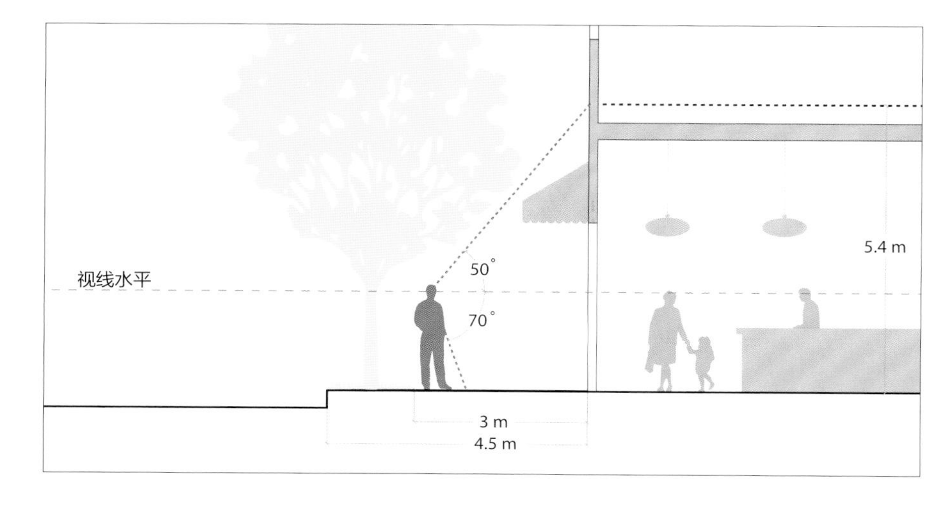

人的视野一般是向前或向下的。走路时，头部通常向下倾斜10°，视野范围为视线水平之上50°和之下70°。这对于靠近人行道的建筑底层设计非常重要

公共设施

重新部署照明灯杆、服务箱、电话亭、燃气阀、喷水器和检修孔等设施，以确保通行区的畅通性。若难以实现，也可加宽人行道，以增加行人空间。

与相关机构和公共事业部门协调，以确保街道设计时可以设置新的公共设施，又不妨碍其可及性。露出表面的公共设施应与道路和人行道对齐，以避免绊倒行人。

树木和景观美化

引入树木和植物，为街道提供阴凉。种植本地物种可以增加生物的多样性，应优先选择根系对人行道完整性影响较低的树种。

重新设计街道时，尽可能保留原有的树木，若必须移除，则应在街道上种植相同数量的树木。

施工现场

当施工项目阻碍人行道时，应提供安全、便捷的临时人行道，或有明确标志的绕行路径，并在脚手架下和其他施工现场提供充足的照明。

印度，金奈：重塑人行道

改造前

改造后

印度金奈

2013年，交通与发展政策研究所（ITDP）发布了《人行道设计：人行道建造指南》。该指南为印度的人行道设计提供了指导思想。重新设计原先人行道狭窄、路缘高以及障碍物较多的区域，为行人走出行车道提供了安全的通道。

在城市中，街道两旁均应设有无障碍人行道。[2]

6.3.5 | 人行横道

安全、密集的人行横道有利于营造步行友好型的街道环境。行人对坡度、几何结构、绕行路线以及人行道材料和照明质量的微小变化特别敏感。人行横道设计有可能影响行人行为，并引导人们采用最安全的路线。

巴西圣保罗，市中心五颜六色的对角人行横道

设计指导

位置

人行横道可以设置在交叉路口或街区中段。

在交叉路口的各边均设置人行横道，行人不愿意“三段式”过马路，这很可能增加风险。

在有明显行人线路需求的地方设置人行横道，需要密集人行横道的地区包括街区中段公交站、地铁站、公园、广场、古迹或公共建筑的入口。

间距

在城市环境中，每隔80~100 m应设置一条水平人行横道[3]，同时避免设置间隔超过200 m长的人行横道，以免造成安全问题。

如果一个人走到人行横道需要3 min以上，则会选择更直接，但不安全或不受保护的路线。

人行横道间隔标准应根据行人网络、建筑环境和需求线设定，设计人员应考虑现有和预设的人行横道需求。

标志

人行横道必须做标志，可铺设路面，也可以通过材料进行装饰。

醒目的梯形和斑马线优于平行或虚线路面标线，因其更容易被往来车辆发现。事实证明，它们能够增加驾驶员的避让行为。

信号化

如果车速超过30 km/h，行人数量和过街需求较大，应提供信号化人行横道，以营造安全的通行环境。

交通流量小，速度低于30 km/h的街道，随意穿越街道也相对安全。

长度（人行横道距离）

使用较小的转弯半径、路缘扩展带、行人安全岛和中央分离带，尽可能缩短人行横道的长度。

中央隔离带和行人安全岛可以使行人分两段穿过人行横道，在穿越多条交通线路时更方便、更安全。

宽度

人行横道应至少与相连的人行道宽度相等，不得小于3 m宽。

可视性和采光

通过增加路缘扩展带和安全岛，为行人提供足够的等候空间，使其能够清晰地观察来往车辆，并拓宽驾驶员的视野。

限制停车或设置路缘扩展带，以便行人与汽车驾驶员看清对方。人行横道皆要提供足够采光。

附加安全措施

单独依靠人行横道并不能保证街道安全。根据行人、交通量、速度和道路宽度及配置，人行横道处可能需要采取额外的安全措施，如安全岛、信号或交通减速策略。

水平分离

除非有无法通行的高速公路、河流等自然环境阻挡，人行横道应始终设置在道路的同一平面上。

行人天桥和地下通道占据人行道的空间，增加了步行距离，行人经常不愿使用，而更倾向于直接过街。行人天桥和地下通道成本非常高，需要定期维护，以保持清洁和安全。在很多情况下，人们对其利用不足、维护不够，行人会脱离街道的自然监控，会造成人身安全问题。

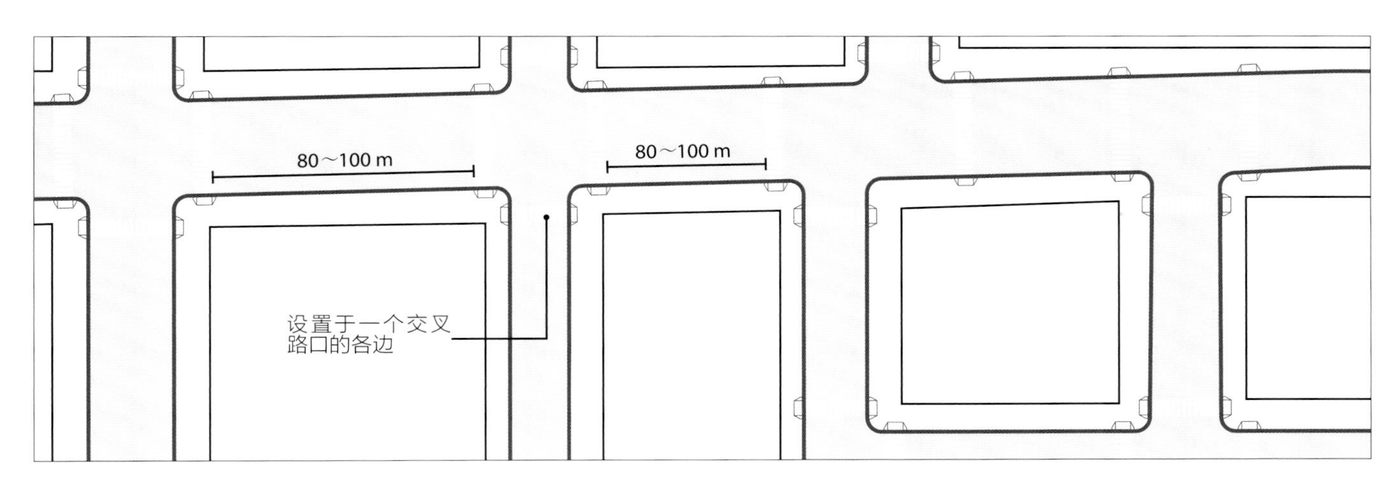

人行横道间隔：每隔80~100m，交叉路口的各边均应设置安全、可及的人行横道，以确保步行网络的完整

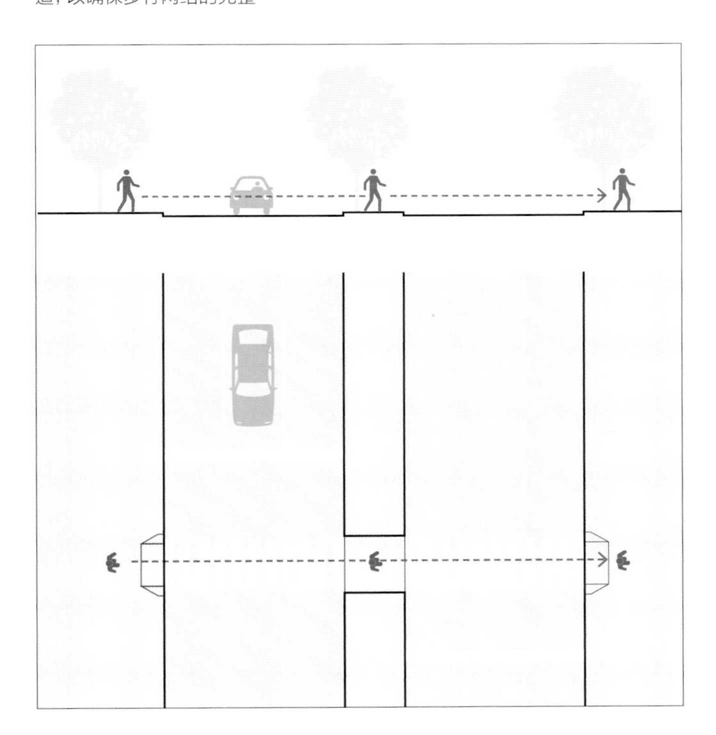

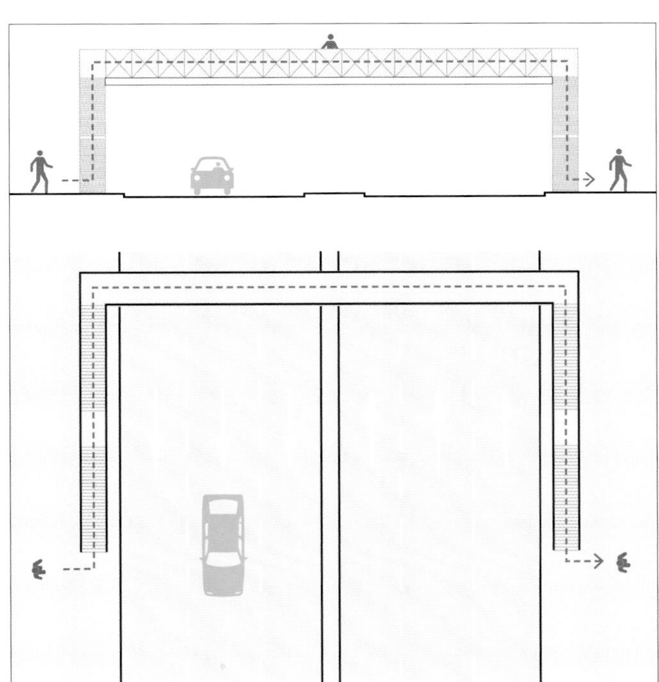

地面人行横道：除非需要穿过高速公路、重型铁路或河流等自然环境，否则人行横道皆应与街道处于同一平面。高架人行道增加了行人的步行距离和时间，占据有价值的人行道空间，并且成本是地面人行横道的20倍

至少需要每隔80~100 m设置一个水平人行横道。如果一个人走到人行横道需要3 min以上，则会选择更直接，但不安全或不受保护的路线。

人行横道的类型

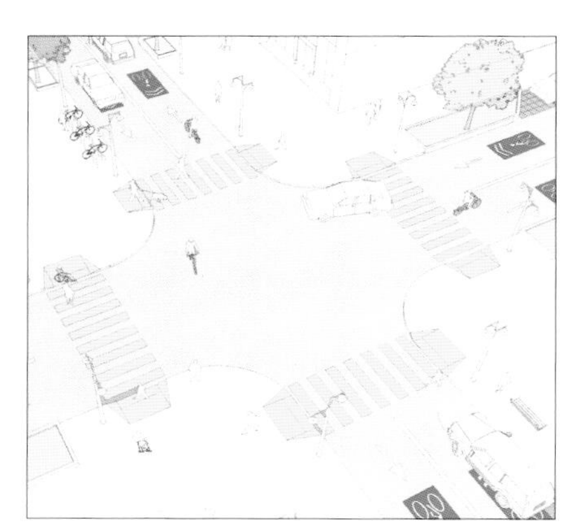

行人数量	由少到多
信号化	是
交叉路口	是
街区中段	否
车速	任何速度
车辆数量	从少到多

常规人行横道

人行横道应尽可能与人行道对齐，些许偏差会导致行人环境并不“友好”。

很多人行横道的设计采用不合适的狭窄条纹，与交叉路口有一定距离，并且偏离行人通行区，这样会增加人行横道的长度。

交叉路口的人行横道应尽可能保持紧凑，将行人纳入驾驶员的视野，增强可视性。

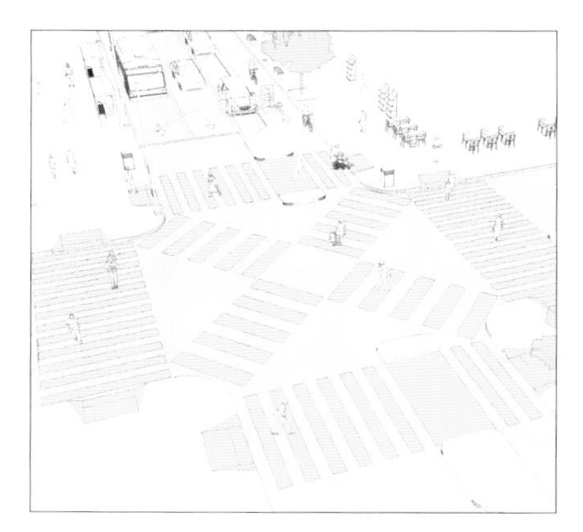

行人数量	多
信号化	是
交叉路口	是
街区中段	否
车速	任何速度
车辆数量	从中等到多

对角线人行横道

对角线人行横道也称行人分散式人行横道，这种人行横道在专用相位内允许行人在同一时间沿各个方向越过交叉路口。此时间段内，所有车辆禁止通行。

这种信号化人行横道可以避免行人和车辆之间的冲突。

这种人行横道适用于行人众多的交叉路口，应预留足够的空间，使大量人群可以聚集在路口人行空间内。

如果协调不好，会增加行人和驾驶员的等待时间。减少行人的等待时间，可以提高其安全性。

行人数量	由中等到多
信号化	否
交叉路口	是
街区中段	是
车速	低于30 km/h
车辆数量	从中等到多

抬高的人行横道

交叉路口和街区中段的非信号人行横道应予以抬高，可抬高至人行道的高度，作为人行道的延伸。

有助于降低交通速度，提高便利性，使驾车员和行人之间的可视性更好。

在繁忙的社区大街、商业街道，或者速度较慢的小街道与较大干道的交会处，可以使用抬高的人行横道。详见第三部分“11.5 小型抬高交叉路口”和“11.6 社区网交叉路口”。

行人数量	少至中等
信号化	否/触发式
交叉路口	否（倾向于抬高）
街区中段	是
车速	高于30 km/h
车辆数量	中等

交通减速人行横道

在驾驶员不太注意规则的街道中段人行横道上使用垂直高差策略，如减速带、减速台和缓冲垫等，以降低车辆速度，并警示驾驶员前方不远处有人行横道。

根据车辆速度，垂直速度控制构件应距离人行横道5~10 m，人行横道之前的一系列缓冲物可以提高行人的合规性。

使用行人启动的警示灯、闪光指示灯或高强度人行横道闪烁指示灯（HAWK），以提高驾驶员的意识，并确保行人安全。

可以抬高人行横道，以增强行人与驾驶员的相互可视性。

在车流量较大的街道上，应优先选择具有固定信号的常规人行横道。

行人数量	少至中等
信号化	触发式
交叉路口	否
街区中段	是
车速	高于30 km/h
车辆数量	中等

交错的人行横道

交错的人行横道要求坡道深度便于人们使用。在这类人行横道上，行人能够判断车辆的行进方向，拓宽在人行横道上的视野。

中央分离带的最小宽度应为3 m，两侧人行横道的偏移量不超过1 m，并尽可能缩短人行横道的长度。

这种类型的街区中段人行横道的停车线应向后退缩5~10 m。

如果车流量大、行人的顺从性低，则应采用其他策略，如使用减速带、减速台、缓冲垫或固定信号，以降低车辆在人行横道处的速度。

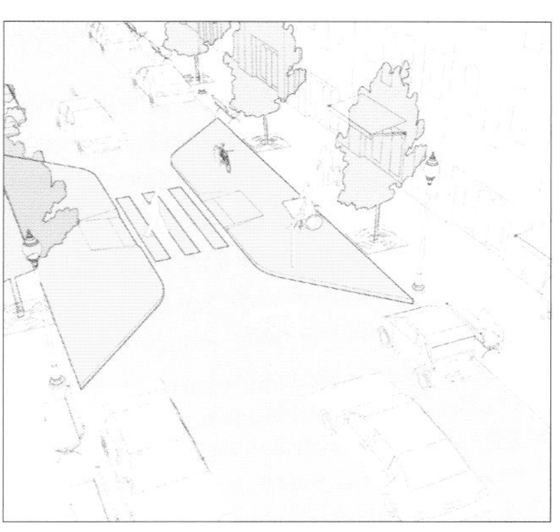

行人数量	少
信号化	否
交叉路口	否
街区中段	是
车速	低于30 km/h
车辆数量	少

夹点/避让型人行横道

与窄点相连的人行横道可以缩短街区中段人行横道的长度。

在街区中段，将道路上的两条车道减少为一条，驾驶员会被迫降低速度，并为对面驶来的车辆让路。

在窄点处车道宽度应有3.5 m，以供应急车辆通行。

6.3.6 | 行人安全岛

中央分离带或安全岛可以为行人提供两段式人行横道，使人们安全地通过多条交通路线。

当行人必须穿过三条甚至更多车道或者狭窄的街道时，车速和车流量使人们无法一次性通过（或通过过程中无法确保人身安全），在这些地方应设置行人安全岛。

行人安全岛

行人安全岛应至少1.8 m深，最好为2.4 m深。

直通路径的宽度应等于人行横道的宽度，或者至少与通行区宽度相等。如果坡道宽度大于3 m，则需要安装护柱，以防止车辆在行人安全岛停泊或行驶。

行人安全岛的理想长度为10~12 m，在等候区的每一侧均应提供足够的保护。更长的安全岛可用于阻止驾驶员使用此空间进行U形转弯。

行人安全岛应能够让驾驶员清晰可见，有充足的照明，并提供反光罩，以提高夜间的能见度。

行人安全岛应设置路缘、护柱或具有其他功能的设施，以保护等待过马路的行人。

中央分离带尖端

交叉路口的行人安全岛都应有一个延伸过人行横道处的尖或“鼻”。

可以保护等候在中央分离带的行人免遭移动车辆的伤害，并减慢转弯车辆的速度。

为了进一步缩短人行横道的长度，可以在带有路边停车场的交叉路口设置路缘扩展带。

将中央分离带尖端与人行道边缘对齐，以降低车辆转弯速度，并将人行横道与通行区对齐。

中央分隔带直通路径

在抬高的中央分离带设置切口，以提供平坦的人行横道。在具有明显人行需求处、公交车辆停靠站、主要目的地前方，或离最近的人行横道距离超过80~100 m的地方，应提供直通路径。

对于每个方向均有一个以上的车道，或速度超过30 km/h的道路，人行横道应设置信号，并降低交通速度。

如果没有信号，应抬高人行横道或者降低交通速度。

中央分离带深度至少为1.8 m，但最好是2.4 m。

直通路径的宽度应等于人行横道的宽度，或者至少与通行区等宽。

6.3.7 | 人行道延伸部分

延伸人行道可以缩短人行横道的长度、增加行人空间，也可以在物理和视觉上缩短道路的宽度，并增加可用的等候空间，为街道设施、长椅、公交车站、树木和园林绿化提供更多空间。其可运用于整座城市，大小或有不同，也可将其与雨洪管理和其他公共空间相结合。

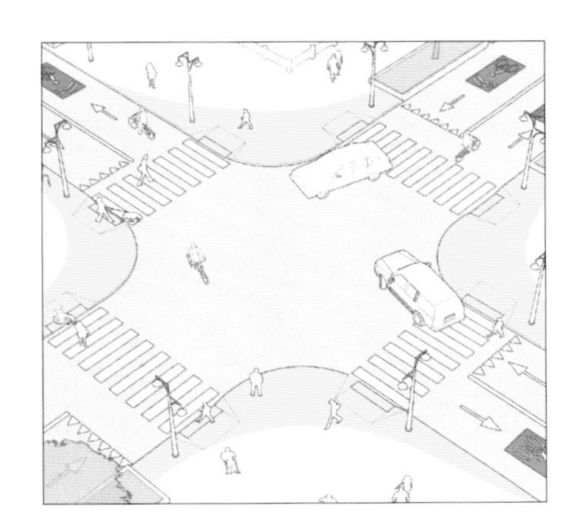

拐角配置

为人行道拐角设计尽可能小的半径，拐角配置可延伸人行道、增加行人和驾驶员相互之间的可见度以及等候空间，且缩短人行横道长度。

通常可以使用临时路面材料，在不引起运行变化的情况下进行施工。对于拐角半径较大的人行道，车辆的转弯速度会更快，并增加行人暴露在交通系统中的机会。

对准人行道可以扩大步行区，从而获得更多的直线步行路径和更好的行人坡道，改善可及性。

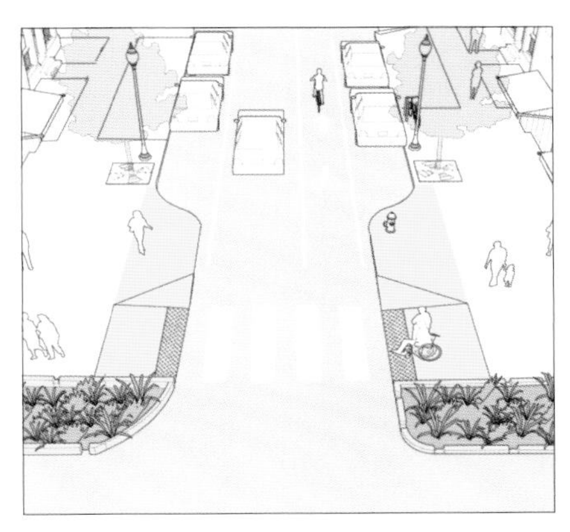

球形突出角

球形突出角是人行道向停车道的延伸，只要路边有停车区域，就应设置球形突出角，以提高可视性，缩短人行横道长度，提供额外的等候空间，并为座位和景观美化预留空间。

在重建之前，可以使用斑纹或标牌作为关口，表示将进入减速区。球形突出角的长度应至少等于人行横道的宽度，但最好延伸到停止线。

球形突出角通常可作为交通减速措施。如果设置在街道中段，称为窄点。设置在低速街道的入口处时，称为关口。当用于形成S形路线时，则称为减速弯道，以降低车辆速度。详见第二部分“6.6.7 交通减速策略”。

将公交车站与停车线对齐时，可将球形突出角称为公交站台。详见第二部分“6.5 为公共交通使用者设计街道”。

拆除滑移车道（转弯专用车道）

拆除滑移车道，可以把原有的车行道与交通岛拓展为人行道。有时，在主要城市道路的交叉路口设置滑移车道，可以方便车辆转弯，却不利于行人安全。有了滑移车道，车辆会以更高的速度转弯，且降低驾驶员和行人的可见度，为行人带来潜在的不安全因素。

拆除滑移车道不一定会改变运行，但可以降低车辆右转时与其他车辆和行人发生冲突。

拆除滑移车道可以减少行人暴露在交通系统中的机会，增加行人可用空间，为街道设施和景观美化留出空间。

6.3.8 | 普遍可及性

行人坡道

行人坡道是倾斜的平面，便于行人使用轮椅或其他代步工具，以及推婴儿车、小推车或沉重行李的人使用人行道。行人坡道通常由三个元素组成：斜坡、顶部地面和侧边坡。

- **斜坡**

斜坡应由防滑材料构成，最大斜率为1：10（10%），理想斜率为1：12（8%）。斜坡宽度应与通行区一致，最小宽度为1.8 m，建议2.4 m宽。

- **顶部地面**

顶部地面位于坡道顶部，使坡道沿着侧面的照明装置延伸。顶部地面应与通行区一样宽，最小宽度为1.8 m。

- **侧边坡**

侧边坡旨在防止行人绊倒，其斜率不得超过1:10。顶部和底部的断面必须垂直于坡道的方向。

在空间有限和无法设置顶部地面的地方，行人坡道可以平行于人行道，水平地面长度最小为1.8 m，便于轮椅使用者通行。

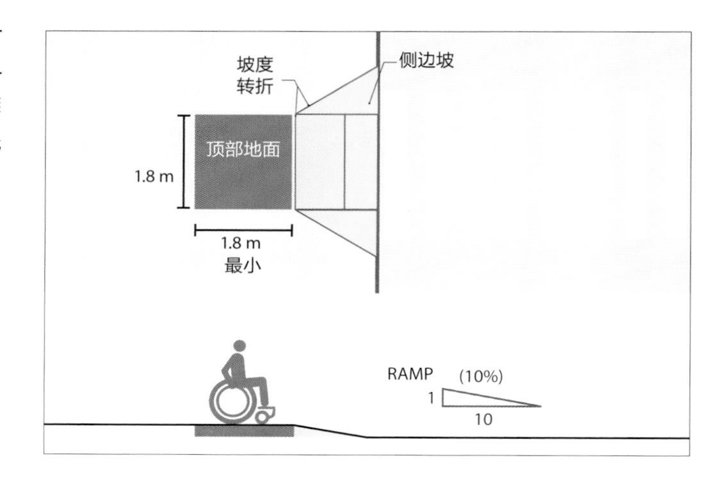

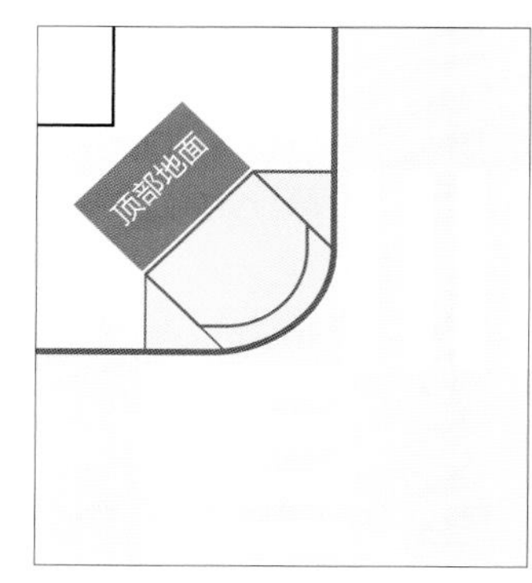

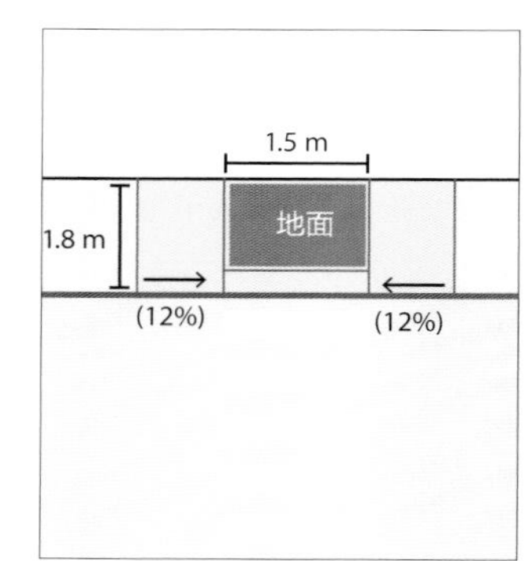

可触型表面

在路缘斜坡、行人、车辆和共享区域之间设置可触型路面或可感触的警告条。

可触型表面应具有独特的纹理，从而提醒人们即将到达易发生事故的地带。

提示“走”

提示“停”

6.3.9 | 寻路

寻路

寻路系统应提供多模式信息，鼓励行人和公共交通使用者使用。可以将寻路与其他视觉元素结合在一起，以帮助人们定位，并了解城市地理位置。寻路有助于人们了解邻近目的地，从而更愿意选择步行。

优质的寻路系统应在步行每间隔5～10 min的距离内，提示步行和骑车时间。

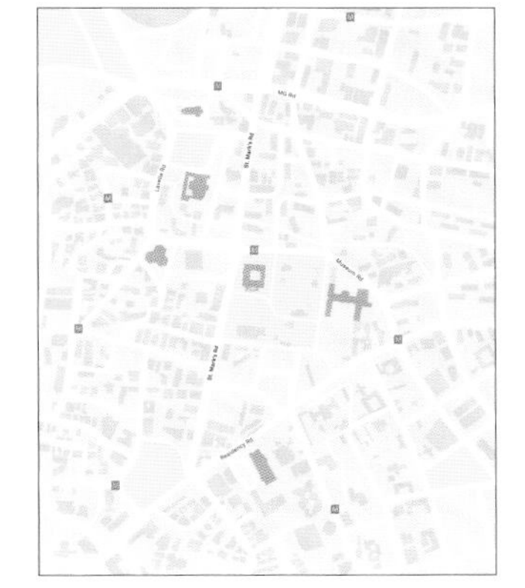

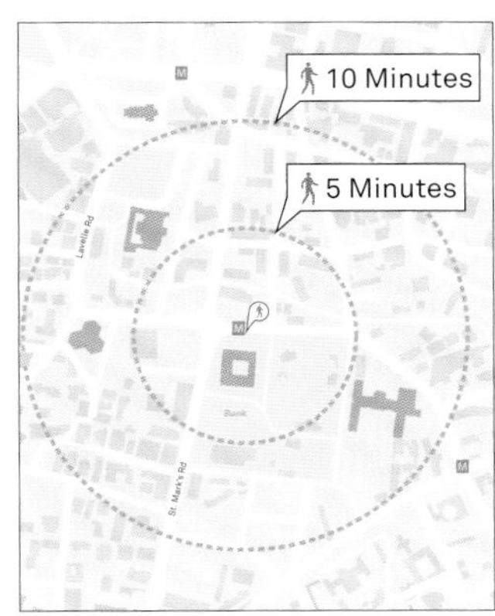

位置

将寻路元素设置在人流量较大的地区附近，如公交车辆停靠站、公园、公共设施区和市场。

大小

根据人的身体、眼睛和身高设计寻路元素，包括成年人、儿童和轮椅使用者。字体应简单明了，尺寸应足够大，以保证视力低下或视力受损的人顺畅阅读。地图和标志应包含盲文字符，特别是在主要目的地和人流量较大的地区。

使用易于被人们理解的视觉语言、图形标准和地图。标牌和寻路标志应适用于所有类型的用户，包括居民、工作人员和游客等。

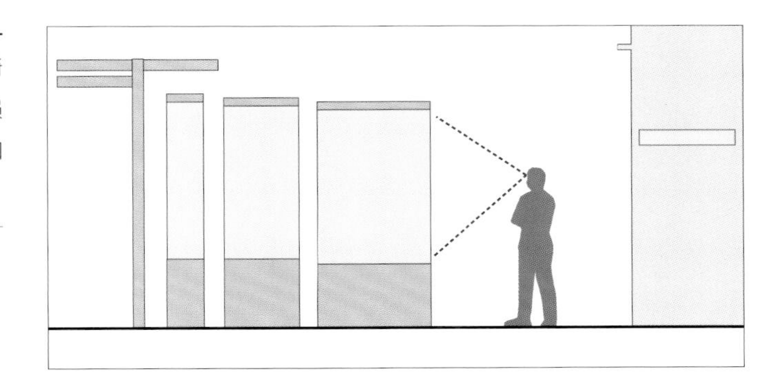

英国伦敦：可读伦敦

可读伦敦是一种寻路系统，其设计和实施旨在帮助行人在伦敦寻路。地图通过显示15 min和5 min的步行圈子，以提示行程时间，并使用与用户方向一致的单面向导地图。在车站，将标牌与车站标志相结合，以避免街道设施的杂乱无序。伦敦交通的原型是将触摸屏数字技术融入交互式地图和其他实时信息服务。

该计划与自治市、商业改进区和其他组织合作，进一步扩大了使用范围。伦敦交通部门与一系列残疾人代表团体进行合作，以确保可读伦敦设计的包容性，并提供台阶数量、路面宽度和人行横道数量等数据。

可读伦敦于2006年投入使用，目前在伦敦已有1300个标志。研究表明，90%的行人倾向于停下来阅读这些标志，以确定方向。

英国伦敦

6.4 | 为自行车骑行者设计街道

6.4.1 | 概述

鼓励自行车作为高效且具有吸引力的交通工具，需要提供安全而连续的设施。自行车是健康、安全且体现社会公平和可持续发展的交通工具，对缓解交通拥堵和促进道路安全具有积极作用。那些投资自行车骑行的城市，交通拥堵情况均有明显的改善，街道对所有用户来说都更安全。[4]

自行车也有利于经济发展。研究表明，骑自行车对当地经济有积极影响。自行车可及性城市可以吸引新客户，增加零售额，最终可以促进就业，并增加税收。基础设施和设计可使自行车骑行成为最受欢迎的活动，吸引更多的自行车骑行者。

虽然自行车骑行者可以在低速的街道上与汽车共享道路，但在较大的街道和交叉路口上行驶，则需要使用专用设施。应为所有年龄和能力的自行车骑行者设计安全的自行车网络。如果无法保障自行车骑行者的安全，潜在的骑行者可能会放弃骑车出行。

车流量较大的廊道应提供更完备的自行车设施，以承载更大的容量。创建友好的自行车城市，需要安全的自行车停车位、易于使用的交通工具，以及共享自行车系统。

自行车道应满足骑行者的社交和日常需求，并适应长途通勤。其设计应满足所有类型的骑行者，保证舒适度，服务对象包括5~95岁的自行车骑行者。

速度

根据目的、总路线长度、自信水平以及使用设施的不同，人们的骑行速度也有所不同。儿童骑自行车的速度远比骑车运送货物的人要慢，游客与当地人、通勤者也各不相同。自行车设施的设计应适用于不同速度的骑手。应考虑速度差和车流量，为使用者提供足够的保护措施。

行驶速度高达20 km/h的电动自行车通常与其他自行车共用设施，大容量的廊道应设计更宽的自行车道，以便快速骑车者超车。

停放的自行车

儿童和家庭

运输货物的骑行者

通勤者

休闲自行车骑行者

0 km/h　10 km/h　20 km/h　> 30 km/h

变量

自行车设施的设计应适用于各种车辆和骑手，包括小型三轮车上的儿童和使用大型货物自行车、人力车和脚踏车运输货物的人。

常规自行车

最常见的非机动单轨车。

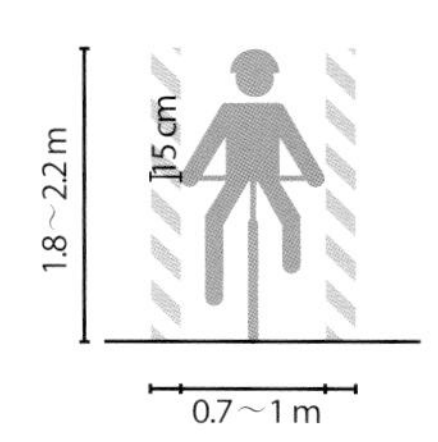

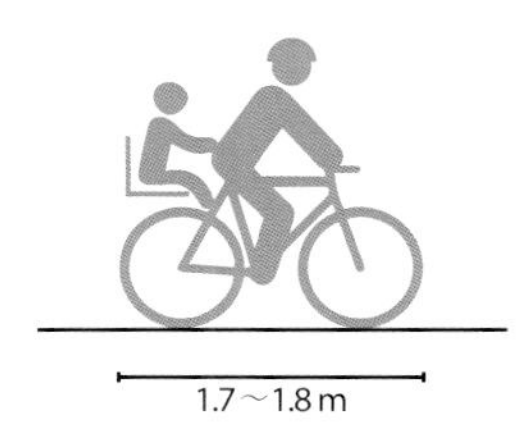

三轮脚踏车、人力车

三轮脚踏车（人力车）更宽。在某些情况下，也可使用自行车道设施，通常可搭载一至两名乘客。

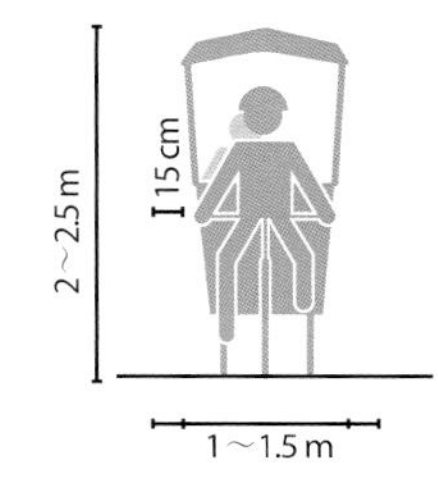

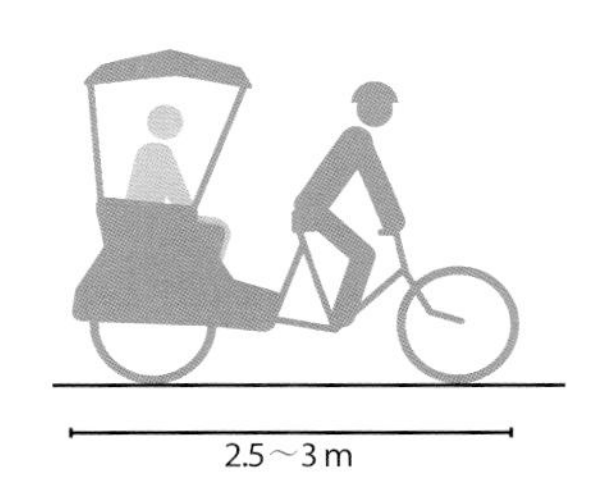

货运自行车和自行手推车

货运自行车是专门用于运输货物的人力车，具有不同的形式和尺寸，可以是自行车或三轮车。

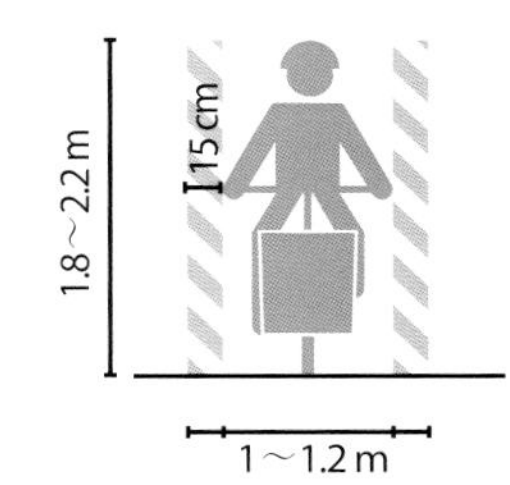

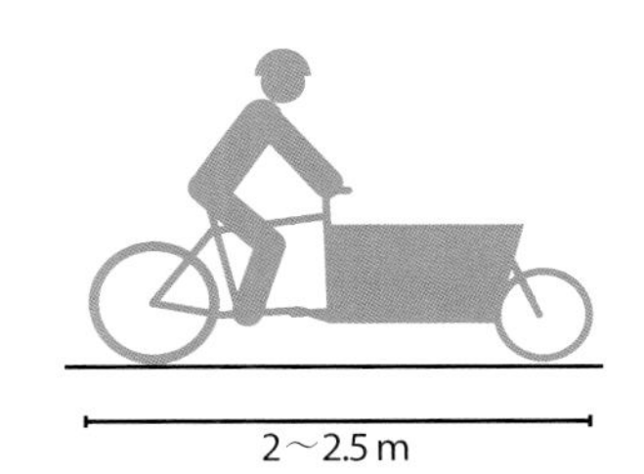

电动自行车

带有电动引擎的自行车。

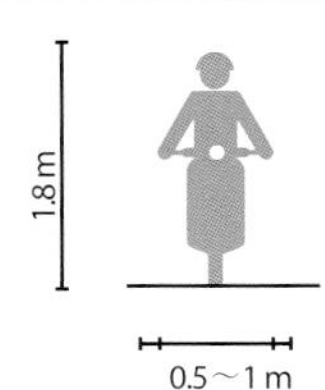

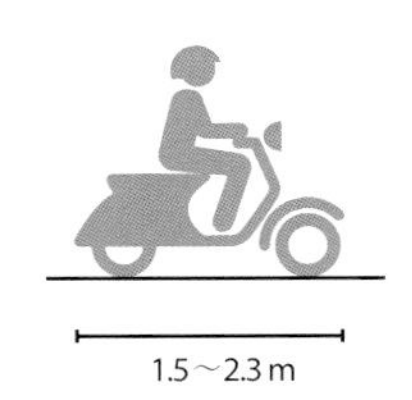

舒适度

很多人对骑行颇感兴趣，但与机动车的紧张互动会阻碍其“骑行之乐”，这些人可以称为“有兴趣但又担心”的潜在自行车骑行者，占比最大，并且根据年龄和骑自行车能力的不同而有所区别[5]。经验丰富且随性娱乐型的自行车骑行者对交通状况的担忧比较少，但其数量占比要小得多。

自行车设施的设计不仅要服务于具有“超高能力”且经验丰富的自行车骑行者，还应服务于特殊群体，包括学习骑车的儿童、老年骑车者、携带货物的成年人，以及长途通勤的工人。需要将此类骑行者与机动车分隔开来，以确保其人身安全。

32%不感兴趣

60%有兴趣但又担心

7%随性且自信

1%经验丰富且自信

6.4.2 | 自行车网络

为了促使自行车成为极具吸引力的交通选择，必须规划和设计一个综合性的自行车设施网络，路线等级应以现有的城市街道网络和主要目的地为依据，并将自行车网络与公交系统、行人优先地区相结合。自行车网络的设计应考虑所有骑行者的安全性、舒适性和通达性设计。应以未来的容量和模式分享为目标，而非当下的需求。

安全

安全

城市自行车设施的设计和实施应为各年龄段的人提供安全的骑车路线。妥善维护基础设施，并清除残骸和障碍物。

视线

确保基础设施能够为自行车骑行者提供清晰的视线，使其清楚地看到行人、车辆和停泊的汽车。

舒适性

舒适性和质量

为不太自信的骑行者提供低压设施。设施的质量、骑行空间和移动车辆之间的缓冲区都会影响路线的可用性和安全性。道路表面的平滑度、排水的及时性以及美化均有助于提供高品质的骑行环境。在炎热的天气下，树木可以提供保护和遮阴。

标志和沟通

为自行车骑行者和驾驶员提供清晰的寻路标示，以提升用户意识。通过地面标志和标牌，指示距离、方向、优先事宜和与其他用户共享的区域。将城市的自行车网络标示在地图上，并显示路线类型。通过媒体宣传和公共活动（如开放街道，或骑车上班），推广自行车设施，促进自行车网络的发展。标志和通讯能使自行车骑行者更好地游览城市，并增加自行车在整体交通模式中的份额。

通达性

通达性和持续性

自行车路线应方便自行车骑行者到达目的地。自行车道的类型沿着道路有所不同，但应确保自行车设施的连续性，这是促使自行车成为具有吸引力和可持续性交通方式的关键。

全面性

确保网络覆盖所有社区，并使骑行者能够公平地享用自行车设施和其他基础设施。在规划自行车网络时，应将公交站、学校、公园、市场、社区中心、工厂、办公区等设为目的地。

直接性

自行车网络必须确保骑行者直接、便捷地到达目的地，避免迂回路线。如果有陡坡或丘陵，总路径较平坦，则可采取较迂回的路线。如果在全市范围内采用逆向自行车街道，需提高驾驶员的安全意识。

维格：平坦的自行车线路
美国，旧金山

维格是旧金山自行车网络的一部分——旧金山市中心和金门公园之间相对平坦的路线，使自行车骑行者能够避开旧金山的一些陡峭的山丘。维格的平均斜率为3%（不超过6%），以“之”字形布局，连接各个街区。

自行车骑行者可以沿着相连的自行车设施（设置于东部和中部社区以及相连的西部社区）穿越维格。

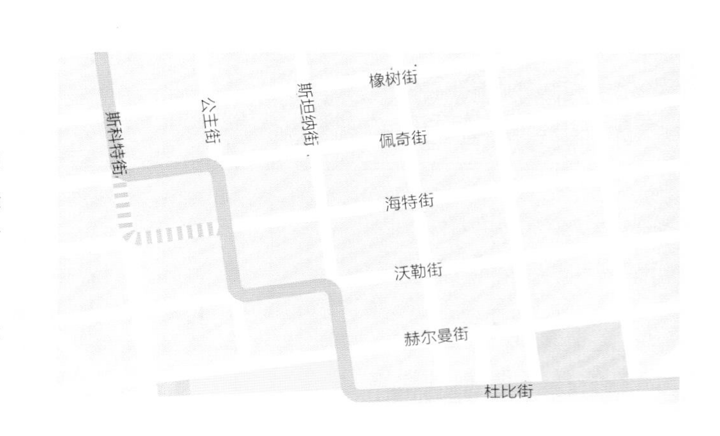

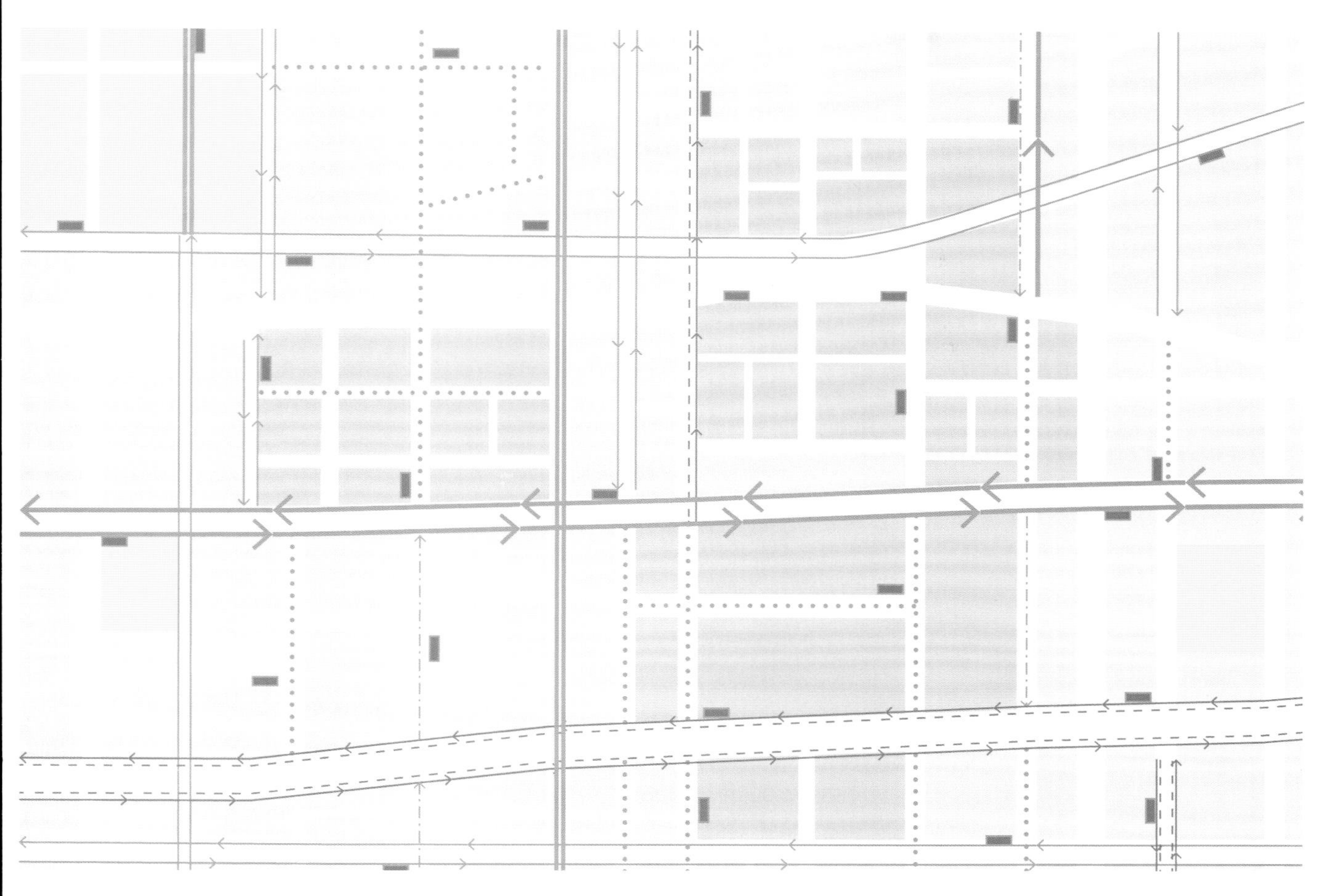

自行车网络：通过确保自行车网络规划的全面实施，城市应优先将自行车骑行作为可持续性的交通方式。设置一系列自行车设施，以提供安全、便捷且相互连接的路线，这有助于自行车骑行者到达主要目的地，而无须采用机动交通方式。配备自行车网络配套设施，包括自行车停车场、寻路标志、共享自行车，以及与公共交通基础设施的连接设施

自行车街道
自行车道
反向自行车道
缓冲自行车道
单向自行车道
双向自行车道
共享自行车站

澳大利亚悉尼，具有保护设施的自行车道与绿色基础设施相结合

丹麦哥本哈根，宽阔、抬高的自行车道允许人们并排骑行

阿根廷布宜诺斯艾利斯，单向街道上的双向自行车道增加了连通性

6.4.3 | 骑行工具箱

将以下元素列成一个清单，以提供综合方法，为自行车骑行者营造安全舒适的环境。

自行车设施（自行车专用道）

自行车设施是专门为自行车骑行设计的空间，主要有两种类型：专用设施和独享设施。专用设施是道路的一部分，供自行车优先使用，通常称为自行车道。独享设施则通过垂直构件在物理上与主车道分隔开来，仅供自行车骑行者使用。

带标志的缓冲区

同一平面上带标志的缓冲区是经过喷涂的空间，与自行车道平行，并与邻近的机动车交通相分隔，可以提升自行车骑行者的舒适度和安全性，并防止机动车进入自行车道。缓冲区宽度应为1 m，也可以设置在停车道旁边，防止开车门时撞到骑行者。

结构缓冲区

结构缓冲区是行车道内置的路障，将其与自行车道物理隔离，从而确保骑行者的安全，防止机动车闯入。绿化带缓冲区可以美化环境，并整合绿色基础设施。相邻的自行车道设计应有良好的排水条件，预留足够的宽度，以便自行车骑行者相互通过。

分段式混凝土分隔带

分段式混凝土分隔带可以在物理空间中隔离自行车道，以防止汽车、卡车闯入，同时允许自行车骑行者离开自行车道。分隔带相对狭窄，易于安装，可以提升骑行者的安全性和舒适度。具有分段混凝土分隔带的自行车道应足够宽，以允许自行车骑行者彼此通过。

交通分流器

交通分流器禁止汽车直行，允许自行车直行，有助于维持较低的车流量，并降低车辆在自行车街道上的行驶速度。一些分流配置也有助于增加植被和绿色基础设施。

先行制动区或自行车框

先行制动区（ASB）为信号化交叉路口停车线前的车辆提供指定区域。当红灯亮时，应允许自行车超越排队的车辆，帮助骑自行车者左转弯，也避免右转弯的车辆撞击，同时减少自行车骑行者和驾驶员的延误。先行制动区的深度至少为3 m，允许自行车骑行者进入，或者设置更大的深度，以应对更大的车流量。

两级转弯队列框

两级转弯队列框是经过涂饰的等待空间，使自行车骑行者利用两个信号相位安全地绕过迎面而来的交通车辆，旨在将自行车骑行者从转弯的第一段行驶路径中移开，通常与停车道、缓冲区和反向行车道对齐。一旦灯光改变，使用转弯队列框的骑行者可以在第二个方向上继续前行。

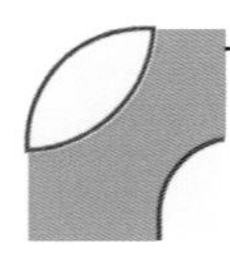

拐角安全岛

拐角安全岛是交叉路口的混凝土障碍物，在人行道和车行路之间形成弯曲的空间，供自行车骑行者使用，为其提供受保护的等候空间，有利于骑行者分两个阶段转弯。缩小拐角安全岛的转弯半径，可降低车速，提高骑行者的可见度。

自行车信号

自行车信号是专门为自行车骑行者设置的交通信号灯，可以在任何交叉路口使用，特别是在人流量大的街道和自行车街道。自行车信号可以在车流量大或冲突地带保障骑行者的安全，为其树立信心。自行车信号特别是有保护设施的信号，属于正常信号周期的一部分。如果启动信号，则使用自动检测，避免在城市中使用按钮激活。

寻路、标牌和标志

寻路、标牌和标志是识别到达主要目的地或连接自行车设施的要素，包括指向标志、特别设计的街道和路面标志。如果设计优良，它们的作用类似于公共交通寻路标志，可服务于自行车骑行者，并向骑行者发出信号，提示其正在自行车道上，应谨慎骑行。

共享自行车站

共享自行车站是特殊的自行车架，是取、还共享自行车的地方，在许多情况下，是相互连接的车架。共享自行车站是自行车友好型街道的组成部分，鼓励人们自发骑行，并可以作为交通减速措施。共享自行车站应放置在自行车基础设施附近，使行人清晰可见。

自行车天桥和地下通道

虽然应优先考虑在同一水平面上设置自行车道，但有时天桥或地下通道也可以帮助自行车骑行者直接穿过水体或铁路。在极端的气候条件下，它们还可以提升自行车骑行者的舒适度。应精心设计自行车天桥和地下通道，保证光线充足，并妥善维护，以确保其成为自行车网络的重要组成部分。桥梁坡度变化应保持在最小范围内，如果坡度变化很大，人流量大的路线应优先选择地下通道，以利用下坡来加速。

自行车架

自行车架是廉价的街道元素，方便自行车骑行者停放自行车。它们通常由金属管制成，然后由螺栓连接到混凝土表面。在主要目的地或商业区附近，作用非常大，自行车架之间的距离至少为0.75 m。虽然可以采用独特的设计，但应将车架的功能和安全性放在首位。

自行车栏

自行车栏是在街道上放置的一排自行车架，占用停车道空间。将现有的停车位有效地用于停放自行车，利于释放人行道空间，并应由塑料反光标牌或停车桩来保护车栏中的自行车免受停泊车辆的撞击。

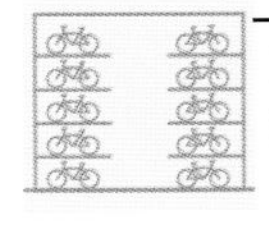

自行车停车构筑物

自行车停车构筑物可保护自行车，使其免受其他街道元素损坏，通常安装在公交车站或主要目的地，如购物中心，并经常使用多级自行车架来储存。这些设施应便于附近的自行车路线使用，并配以引导自行车骑行者的寻路和指示牌。

6.4.4 | 自行车设施

自行车设施是街道内的指定空间，专门为自行车骑行而设计。这些设施为各个年龄段的骑行者（拥有不同的身体能力和自信心水平）提供了重要的服务。在某些情况下，自行车设施也可以提供舒适的自行车道，以服务于货运自行车、人力车和其他类似的非机动车。

相关数据显示，在整个街道网络中安装完备的自行车设施，自行车交通模式份额会急剧增加，交通事故相应减少，所有用户使用街道时更安全。多种设施可以服务于整个网络，包括自行车道、自行车专用道和自行车街道等。

路边区

❶ 当靠近人行道或行人区时，应在物理空间中将自行车设施隔离，以提高行人和自行车骑行者的舒适度。

人行道缓冲区可阻碍行人在专用自行车设施中行走，以及自行车骑行者在人行道上骑行。

路边区还可以容纳重要的自行车基础设施元素，如自行车架、寻路图和共享自行车站。

路缘

❷ 如果没有设置人行道缓冲区，应将自行车设施进行立体分离。

将自行车道从路面抬高时，应在自行车道和行人区之间设置至少5 cm高的路缘石。

类型：

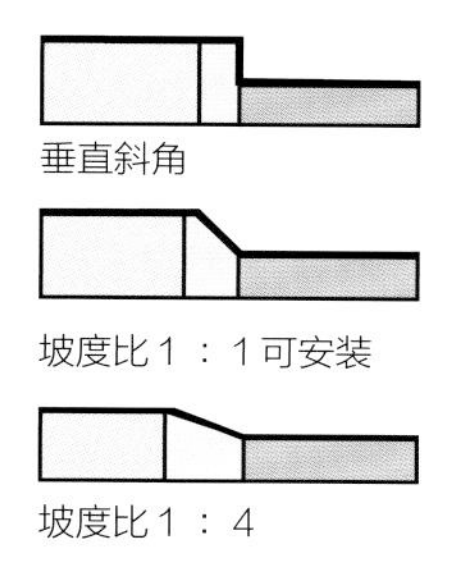

自行车通行区

❸ 自行车通行区应提供平稳而连续的自行车道，且没有任何障碍物。单向通行区宽度为1.8~2 m，在需求量较大的地区予以增宽。

缓冲区

❹ 缓冲区将自行车道和机动车、停放的汽车分隔开来。

可以将缓冲区抬高，也可以设置在水平面上，宽度应不小于1 m。

通过垂直的物体或抬高的中央分离把自行车通行区物理分隔开来，可以最大限度地提高自行车骑行者和车辆驾驶员的安全性和舒适度，并将其应用在车速超过30 km/h或交通流量较大的街道上。

设施类型

自行车道

也称为传统自行车道，属于道路的一部分，并由条纹、标牌和其他路面标志划定，优先或单独供自行车骑行者使用。自行车道通常位于其他车道的右侧，或单向街道的左侧。自行车骑行者可能需要骑出该区域，以超越其他骑车者。

西班牙马德里

为了推动城市自行车的发展，马德里市政府启动了一个雄心勃勃的计划，希望到2016年将该市自行车设施的数量翻一番。在市中心狭窄的街道上，当地政府主持建造了一个反向自行车道，以增加连接性，并创建了一个更安全、更全面的自行车网络。

西班牙马德里，反向自行车道

自行车专用道

专用的自行车设施与机动车物理隔离，也与人行道不同，它为自行车骑行者提供了更为舒适、安全的环境。与没有专用设施的街道相比，带有自行车专用道的街道事故发生率更低。[6]通过抬高缓冲区或停车道，将受保护的自行车道分隔开来。而抬高的自行车道则在垂直方向上予以隔离，或达到人行道的高度，或高度位于人行道和车行道之间。材料、路缘和护柱有助于划分空间，并防止机动车的入侵。

墨西哥普埃布拉

墨西哥普埃布拉市在2015年建设了一条4.7 km长的自行车道，将一所重点大学和市中心相连。将机动车道缩小到标准宽度，沿着苏尔的林荫大道和另外两条双行道的分离带的左侧设置了受保护的自行车道，并使用停车限位器、反光罩和油漆来划分自行车道。

墨西哥普埃布拉

自行车街道

自行车与其他机动车共享道路空间（但自行车优先），速度不应超过30 km/h。设计方法是通过交通减速措施或限制交通通行来管理机动车，同时保持自行车骑行者的连接性。自行车街道在自行车网络中发挥着重要作用，成为其他自行车设施之间的补充连接。

瑞典哥德堡

这个自行车街道为自行车骑行者提供了一个平滑的路面，供其在路中骑行，而汽车则在两边的鹅卵石上行驶。此设计将自行车骑行者置于街道中心，使其更能被行人和车辆所见，并要求驾驶员降低速度。

瑞典哥德堡

几何结构

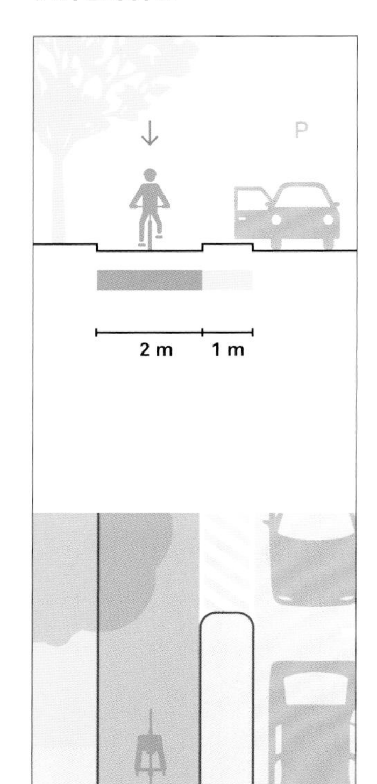

安全	●●●●●
舒适	●●●●●
空间	●●●●○
成本	●●●○○

受保护的自行车道

停车道或抬高的缓冲区可以保护单向自行车道，使其免受机动车的损害。自行车道可以与路面在同一平面上，也可以抬高至人行道水平面，或用斜式路缘石部分抬高。为自行车骑行者提供2 m宽的自行车道，以便其相互通过，并设置最小1 m宽的缓冲区，以降低车门开合引发的碰撞风险。

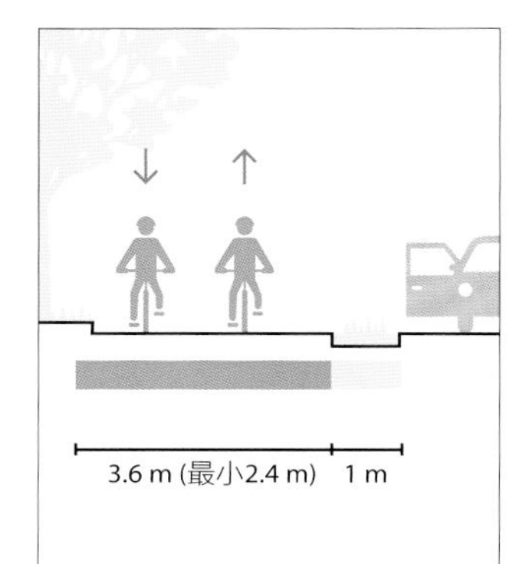

安全	●●●●●
舒适	●●●●●
空间	●●●●●
成本	●●●○○

双向自行车道

双向自行车道可以位于街道的侧面或中间，由喷绘的虚线将两个骑行方向分隔开来。双向自行车道通常位于街道一侧，但在自行车流量大或本地通行需求强烈的宽阔街道上，自行车道也可位于街道两侧。

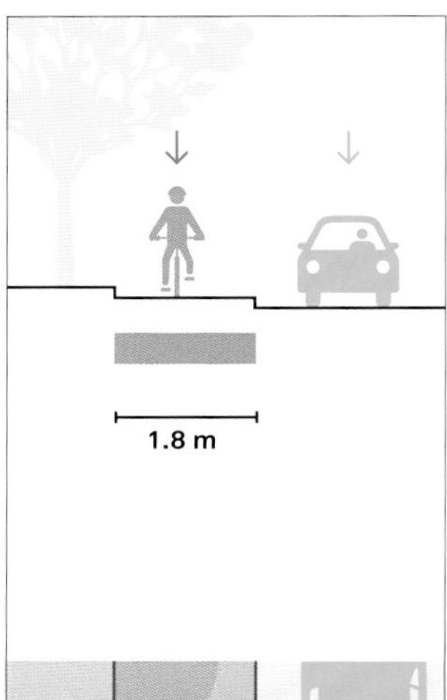

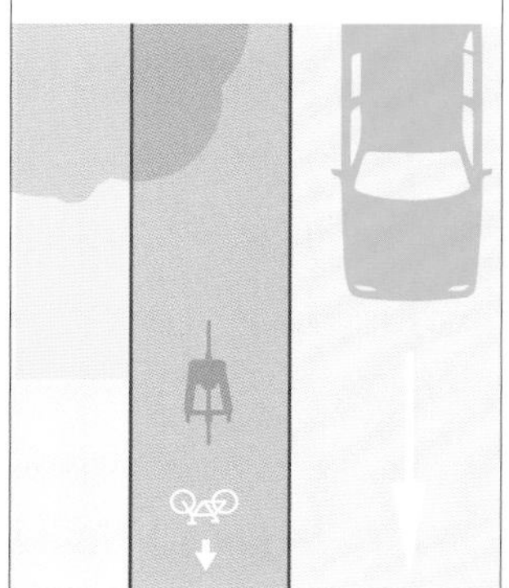

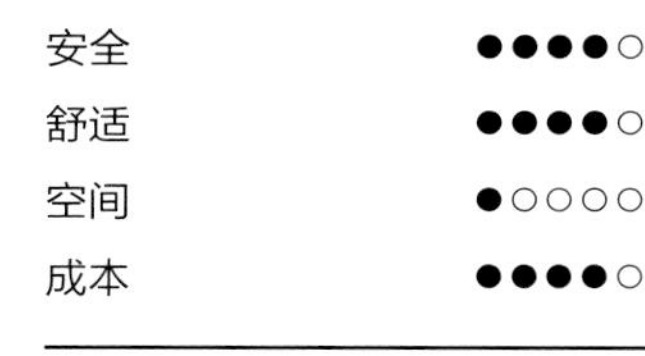

安全	●●●●○
舒适	●●●●○
空间	●○○○○
成本	●●●●○

抬高的自行车道

通常称哥本哈根式自行车道，这些设施在垂直方向上与机动车分隔开来，而抬高至人行道高度或中间高度。设置1：4的坡度，则可安装斜式路缘。在自行车骑行者和行人之间可以采取的保护策略，包括设置街道景观或低矮植被，总宽度至少为1.8 m，2 m最佳。

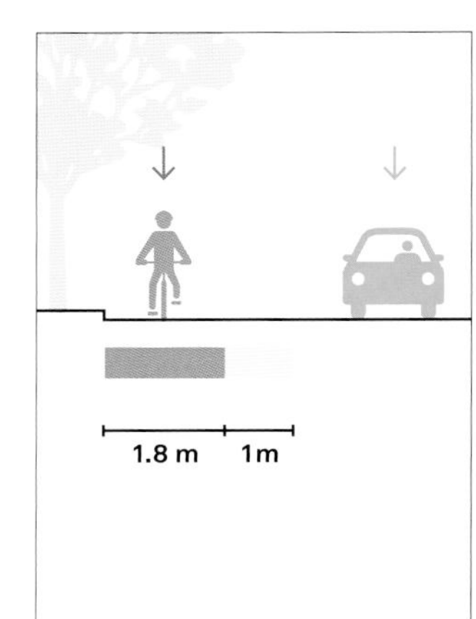

安全	●●●●○
舒适	●●●●○
空间	●●○○○
成本	●○○○○

路边缓冲自行车道

宽度大于1.8 m的专用通行区为用户提供了一条专用的路径。在自行车道和行车道之间，有至少1 m宽（理想宽度为1.2 m）的额外缓冲区，适用于速度低于40 km/h的区域。随着速度和车流量的增加，垂直分离可以提高骑行者的安全性和舒适度。附近的驾驶员可以清楚地看到自行车骑行者，有些情况下亦可增加保护措施。

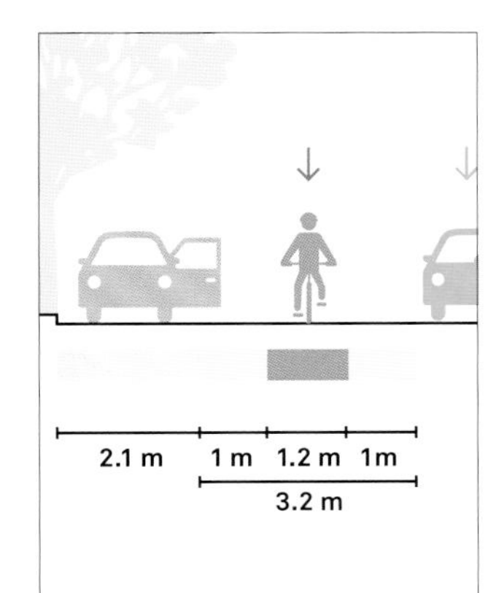

安全	●●●○○
舒适	●●●○○
空间	●●●○○
成本	●○○○○

缓冲自行车道

缓冲自行车道利用缓冲标志把自行车道与相邻机动车道分隔开来。建议总宽度为3.2 m，以便一侧用于停车开门的缓冲，另一侧用于行驶机动车之间的缓冲。

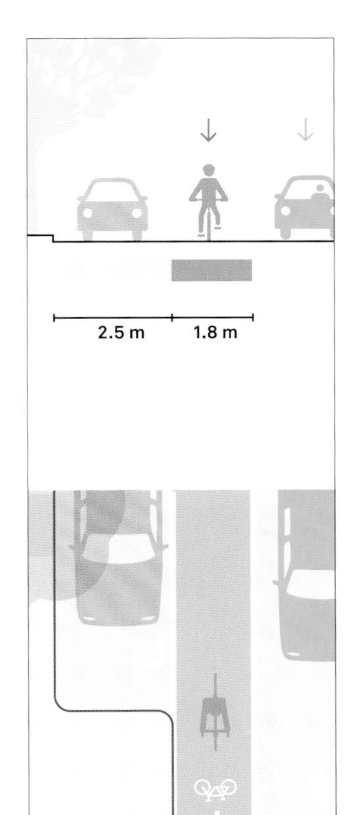

安全	●○○○○
舒适	●○○○○
空间	●○○○○
成本	●○○○○

常规自行车道

通过使用路面标志和标牌为自行车骑行者指定专属空间，自行车道紧邻机动车交通，并与其方向相同，另一侧为停车道。最小宽度应设置为1.8 m，路缘与自行车道外缘之间的最小总宽度为4.3 m，适用于速度低于40 km/h的区域。[7]常规的自行车道通常不配备任何设施，但若配备标志或物理缓冲带，其作用将大大提高。

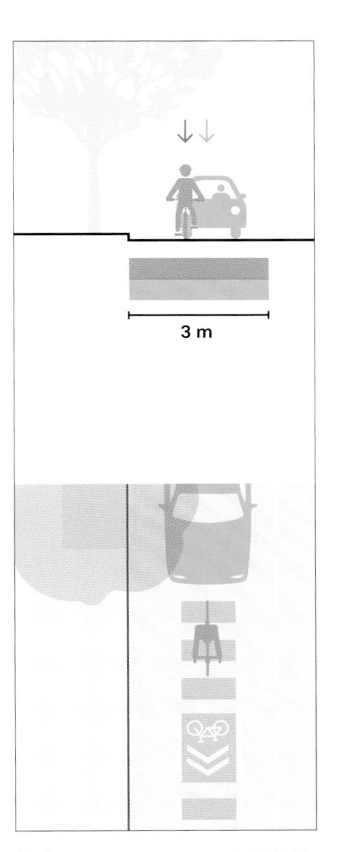

安全	●●●○○
舒适	●●●○○
空间	N/A
成本	●○○○○

自行车街道

亦称自行车大道，德国称之为Fahrradstraße，荷兰称之为Fietsstraat。这些安静的街道自行车流量较大，而机动车流量较小。汽车在街道上是“客人”，在某些地区，会限制机动车通行。自行车街道适用于街道宽度不够设置专用自行车设施的地方。

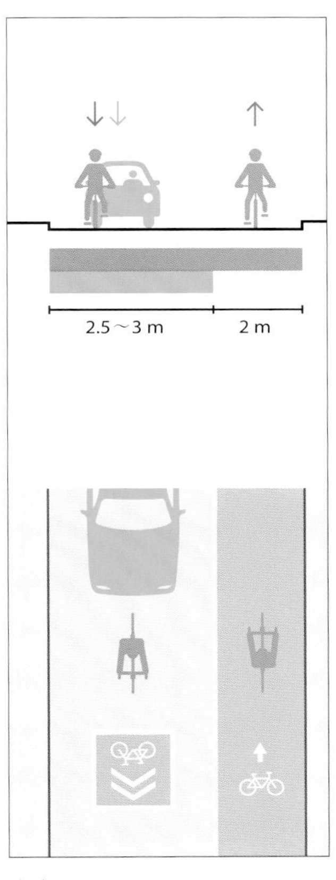

安全	●●●●○
舒适	●●●○○
空间	●○○○○
成本	●○○○○

反向自行车街道

反向自行车街道是机动车单向行驶而自行车双向行驶的街道。自行车骑行者可以在专用或独享设施上骑行，适用于车辆速度较低的小型街道。鼓励更多的人骑自行车，允许自行车骑行者采用安全路线和直达路线，避免不必要的弯路。事实证明，反向自行车街道比其他单向街道更安全。[8]

公交车辆停靠站的自行车设施

登车岛后方的自行车专用道

路边自行车道可以设置在公交车辆停靠站的后方，以保持连续性，同时提供更好的公共交通服务。将骑车者引导至街道水平面的通道，使用颜色和标志来告知其避让行人。

公交车站台处的自行车道

这种设计适用于公交乘客量或骑行者数较少的地方。由于自行车道与公交站在同一水平面上，更利于行人到达公交站台。此设计有利于行人出行，也可以减慢自行车速度，但会引发更多的碰撞和摩擦。

登车岛后方的自行车道

此设计适合没有停车道的街道，这是唯一一种不需要向行车道延伸的设计。折线路径迫使自行车骑行者在自行车道中减速，以确保人行道的安全、畅通。

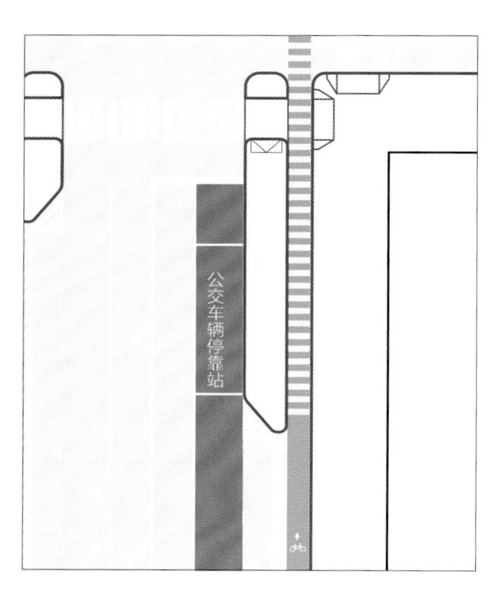

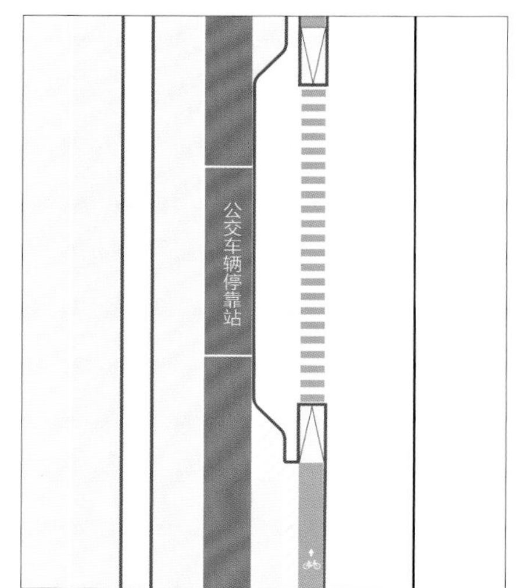

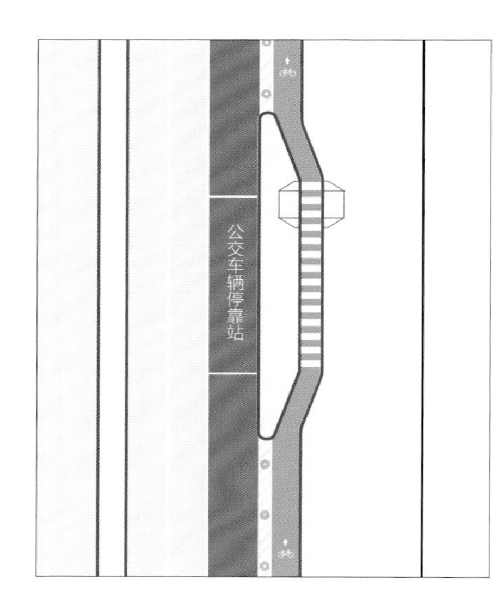

交叉路口受保护的自行车设施

受保护的交叉路口使用连续的物理隔离保护自行车设施，使骑车者在右转时避免冲突，安全地通过交叉路口。这可以在不移动现有路缘的情况下实现，通过整改，使交叉路口更加紧凑且具有组织性。

受保护的交叉路口可以使骑行者分两个阶段安全转弯，以防止机动车在转过路缘障碍和角落安全岛时碰撞到自行车设施。转弯车辆能够更清晰地看到自行车骑行者，从而减少擦边撞击和右转时的碰撞。

在这种配置中，交叉路口处微微弯曲的自行车道可以降低骑行速度，以保证所有用户的安全。这种设计以路缘延伸的形式提供更多的等待空间和保护措施，同样有利于行人。

主要内容

1. 角落安全岛
2. 先行停止线
3. 通过路缘延伸缩短人行横道

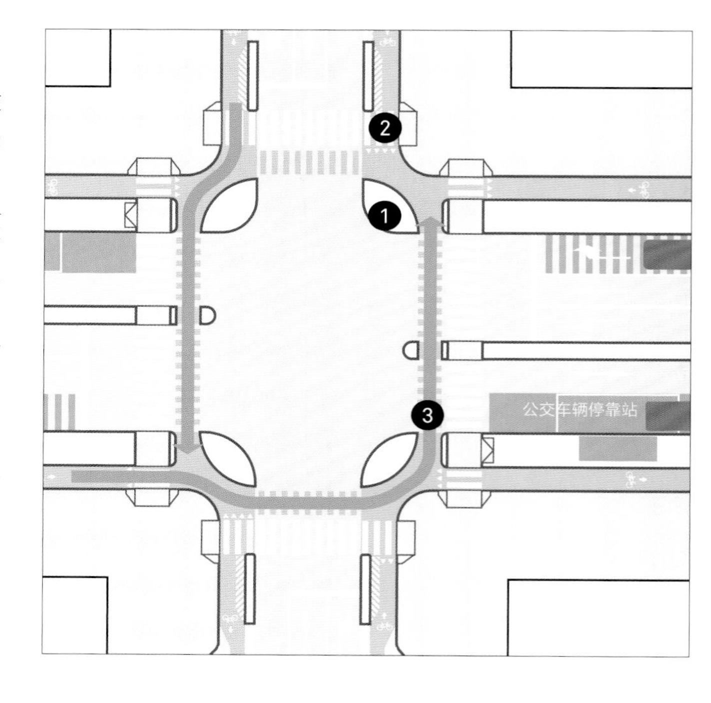

自行车信号

专用的自行车信号有助于自行车通过交叉路口。根据网络中的信号类型和自行车数量，可以是信号周期的一个相位，也可以由环路检测器或按钮激活。

自行车信号灯头与传统交通信号类似，通常采用较小或独特标志的常规交通信号灯头，可能带有倒计时时钟。

在交叉路口设置自行车信号可以分离自行车和机动车，特别是在车辆需要穿过自行车设施进行转弯的地方。自行车信号可以进行相位分离和运动定时，也可以设置自行车优先的间隔时间，让自行车骑行者能够在机动车之前行进，进一步增强其安全性和自信心。专用的自行车信号还可以设置在自行车道穿过主要街道的地方。

荷兰阿姆斯特丹

过滤渗透性

在某些交叉路口设置物理障碍，可以通过对机动车分流来管理车流量，同时允许其他交通模式的渗入，以防止驾车员将住宅区作为便捷路径，并提高自行车网络的可用性。

最常见的过滤渗透性元素是分流器和安全岛，可以运用永久性材料、临时元素（如混凝土屏障和花盆）和行车道中的混凝土来创建。

单向街道上的短距离反向自行车道也可用于过滤车辆交通。采用这一策略可以降低车速，提高自行车网络的安全性。

瑞典斯德哥尔摩

碰撞区标志

在自行车交叉路口，如十字路口、转车道或车道前方，应做标志，以提示驾驶员和自行车骑行者可能发生碰撞的地区，并引导自行车骑行者穿过交叉路口。

具体标志因位置而异，但这些区域在视觉上应与标准的车道标志有所区分。如果自行车道经油漆涂饰，应使用虚线标志；如果自行车道未涂漆，则使用实心标志。

碰撞区标志可以增加驾驶员的避让行为，强调自行车骑行者在街道上的平等地位。标志应贯穿碰撞区，并沿着廊道的每个碰撞区做标志。

澳大利亚悉尼

6.4.5 | 共享自行车

在世界各地，共享自行车计划正在为不同收入的人群提供新的交通选择。这一计划需要扩大现有公共交通系统的覆盖范围，消除自行车骑行的一些障碍，例如，自行车所有权、存储空间的可用性、成本维护，以及对盗窃的担忧等。

当共享自行车拥有良好的系统规划，并成为大城市战略的一部分时，其可以促进城市自行车骑行的全面发展。

只有配以完备的基础设施、综合的自行车网络、受保护的自行车道和合适的车站密度，这一策略才是可行的。

共享自行车行程通常很短，平均行程约为12 min，对于任何一个共享自行车项目，用户便利性都是最重要的考虑因素。[9]

项目覆盖范围

共享自行车系统若要成为极具吸引力的交通选择，则应覆盖大型且连续的地区，包括社区、就业中心、文化娱乐场所和高密度地区。仔细选择初期覆盖区域，并在战略上逐步扩展，并保持整个系统中主要站点的密度和间距。

项目密度和车站间距

共享自行车的使用在很大程度上取决于其便利性，因此，应提供多种选择，以增加总体的使用量。到达公交车辆停靠站可以接受的适宜步行距离为400 m，而事实证明，行人更愿意走去骑自行车，来缩短行程距离（约300 m或5 min的步行路程）。

无论临近的社区类型如何，该距离均保持不变，调整的只是站点的大小，而非间距。保证用户能轻松地前往最近的车站归还或借用自行车。在城市中，应确保在整个项目区域内，站点的间距不超过300 m，这就意味着总体密度应为11个站点/km^2。

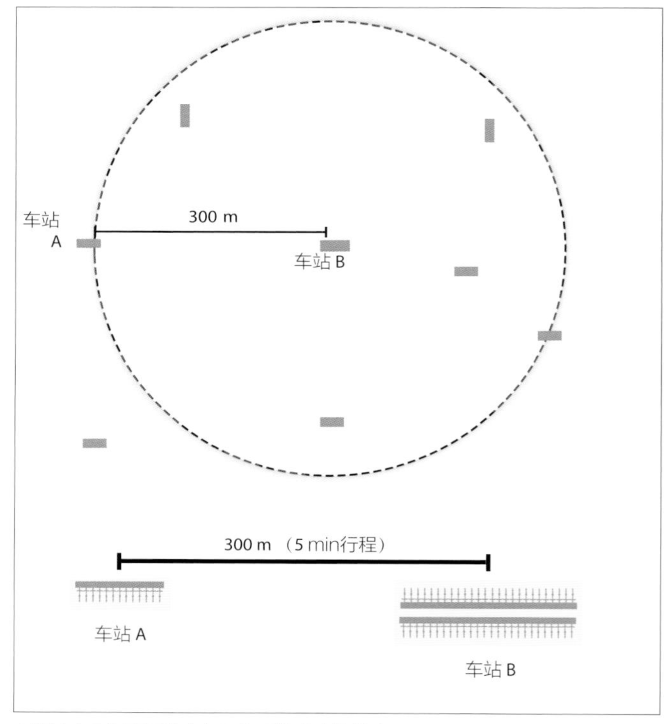

合适的车站距离是共享自行车系统成功的基础。
车站距离不应超过 300 m

哥本哈根：电动共享自行车系统

电动共享自行车系统提供电动助力车，车上一般会设有一个小型电动机辅助蹬车。这类自行车有助于老年人出行，并保证人们在多山地的城市中安全地骑行。电动助踩可以节省力气、缩短行人到达目的地的时间，并扩大目的地范围。在某些情况下，该电动自行车还配有数字寻路屏幕。

丹麦哥本哈根，共享系统提供内置寻路屏幕的踏板辅助电动自行车

车站部署

部署共享自行车站时应考虑重点目的地，例如，公交车站、学校、办公区、商业区、旅游景点等。

路旁共享自行车站可以设置在停车位上，可以界定行人和自行车空间，提高交叉路口的可见度，有助于交通减速和街道安全。

理想情况下，车站应设置在自行车道附近，且不妨碍行人的畅通行走。可以寻找以下区域：

- 靠近人行道的停车位
- 靠近自行车道的停车位
- 宽阔的人行道
- 靠近公共空间、公园或公共事业用地外的目的地

车站的尺寸和类型

共享自行车站通常不少于15个停车位，在需求量较高的地方，建议不少于100个。有些城市会使用固定车站，需要重新挖沟。固定车站外观虽好，但需要更多的施工时间。可替代式系统则安装在板上，较便宜，且便于安装。

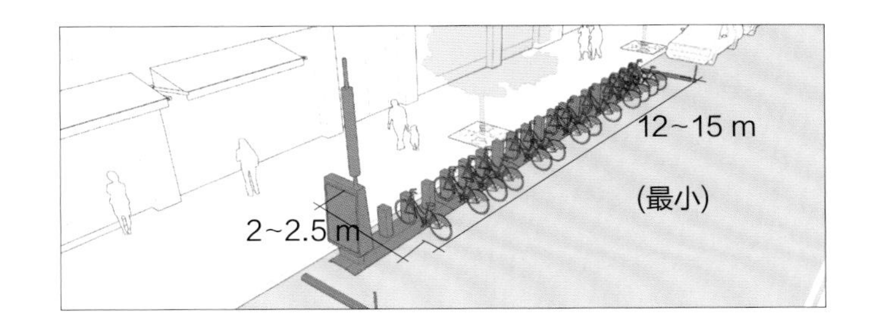

共享自行车站配置

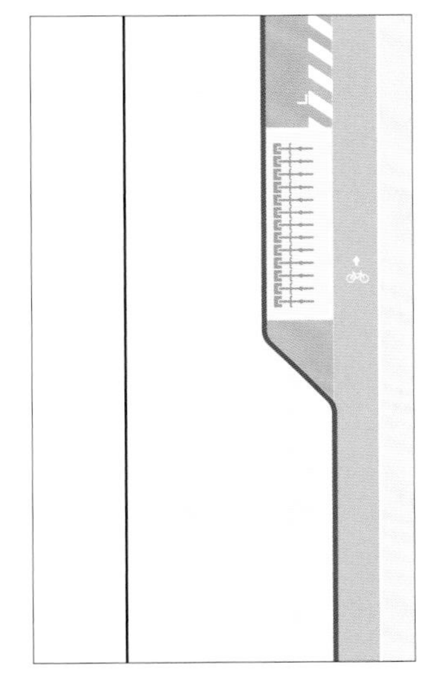

配置 1：靠近人行道的停车位

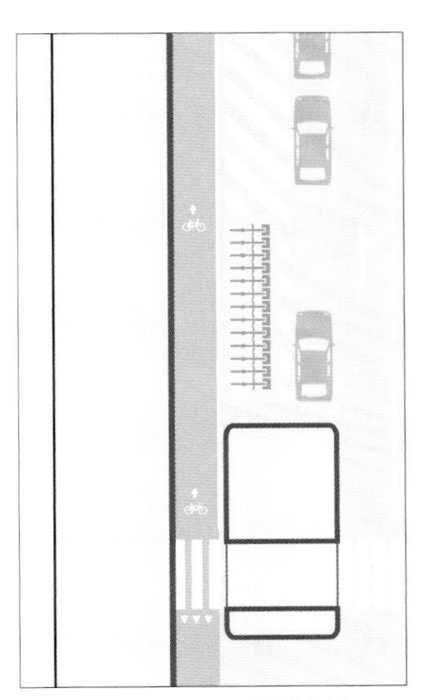

配置 2：靠近自行车道的停车位

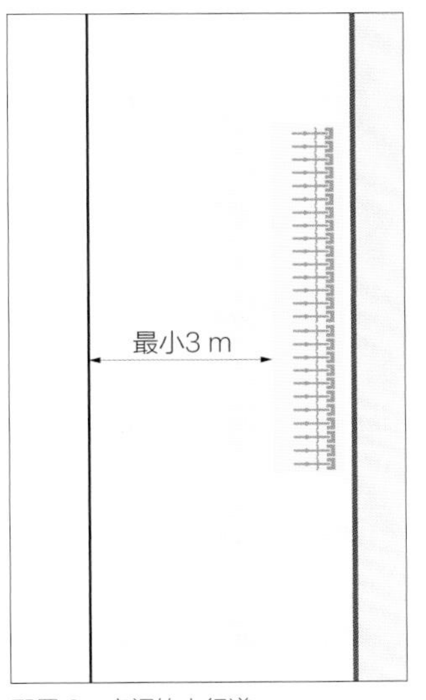

配置 3：宽阔的人行道

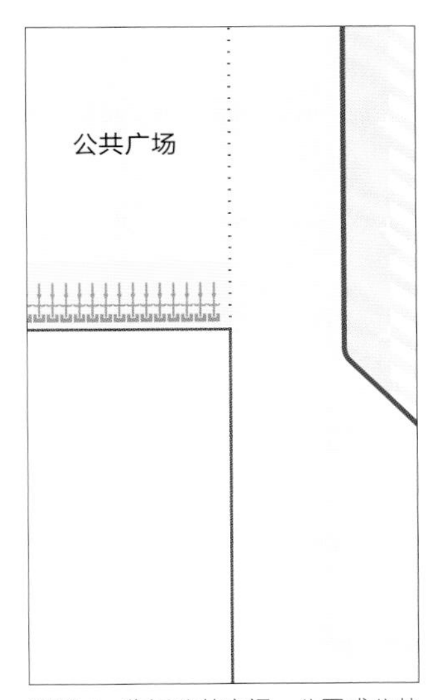

配置 4：靠近公共空间、公园或公共事业用地外的目的地

中国杭州：共享自行车

杭州市于2008年启动了一个共享自行车计划，现已成为世界上最大的共享系统，共有66 500辆自行车在2700个车站之间运转。共享自行车站位于公交车站和水上公交站附近，如果在公交车和地铁之间换乘，前90 min可免费使用。当地居民认为该系统是补充公共交通的最佳方式。

宽阔且受保护的自行车道网络上的大量自行车和车站对系统的成功起到关键作用。

中国杭州的共享自行车系统

6.5 | 为公共交通使用者设计街道

6.5.1 | 概述

从小型公共车辆到路线固定的公交车和铁路服务，公共交通为城市居民出行提供了一种可持续而高效的方式。公共交通是步行和自行车的补充，在没有大量私家车的情况下，能够完成更长的行程。

公交系统与土地利用和密度有关，因环境和地方财政投入有所不同，公交系统的创建或改进所面临的具体挑战也存在较大差异。

虽然提供公平的公共交通并非易事，但它对城市的可持续发展至关重要。

为公共交通设置一定的空间，以提供安全、可靠、集中的服务。公交专用车道可以减少交通混合运营而造成的延误，能提高系统的整体效率和能力。这种做法的成本效益极为可观，特别是与高架或地下设施相比。

改善街道公共交通基础设施，需要补充充足的、不断更新的公交车辆。

公共交通服务可增加可靠性和乘客量，吸引更多的活动，并提高街道活力。因此，需要进行仔细的设计和运营决策，以保持公共交通在安全、可靠的行人友好型环境中运行，并为所有用户服务。

在街道内提供专用空间，有助于公共交通网络为乘客提供可靠、便捷的服务，减少混合交通带来的延误，同时提高城市的流动性，确保环境的可持续发展。

速度

公共交通的行程时间受到公交设施类型的影响，包括独享、专用和混合设施、行车道宽度、执法、信号优先等级以及服务和车辆类型等。根据所处的环境、用途和街道宽度，同一服务沿着同一廊道可能设有不同的公交设施。

公交车辆的最大速度应根据安全需要和街道情况而定，在城市街道上，速度不应超过40 km/h，而在行人众多的城市中心或社区街道，最高车速应为15~20 km/h。专用设施可以避免混合交通所造成的交通拥堵，有效保证公交速度。在共享公交街道中，公交车辆与行人在同一条路上行进时，速度应控制在10 km/h。

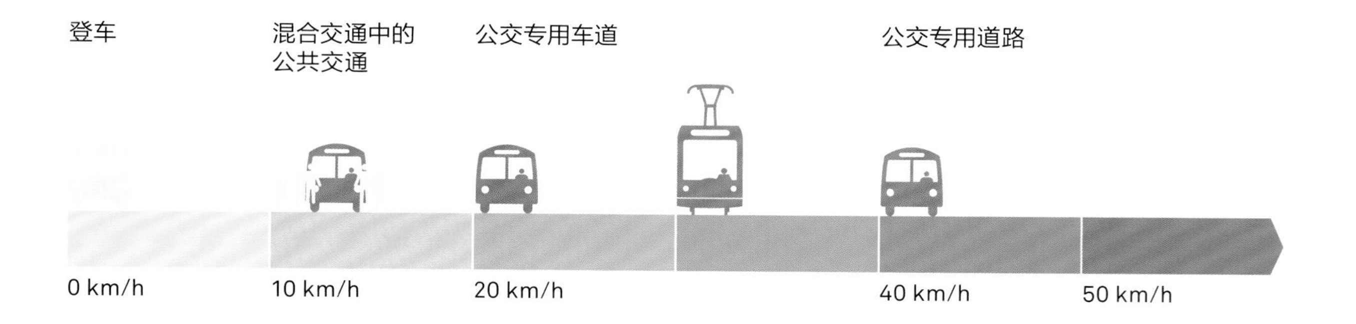

变量

虽然用于公共交通的车辆在容量、舒适度、速度和成本方面有所不同，但均有助于创建综合网络。车辆的选择将影响指定路线上的碳排放量、空气质量、乘客乘坐的舒适度和噪声水平。选择车辆应考虑这些因素，以及乘客量、运营成本和可持续性。

小型公共交通服务

小型公共交通车辆是低成本交通的常见形式，通常使用小型车辆来进行共享客运。小型公共交通在服务形式上有所不同，与需求紧密相关。在没有大众公交的情况下，这些服务通常对人们的出行起到帮助。虽然这些小型车辆没有专用的行车道，但街道上应设置停靠站点、停靠站和换乘站。

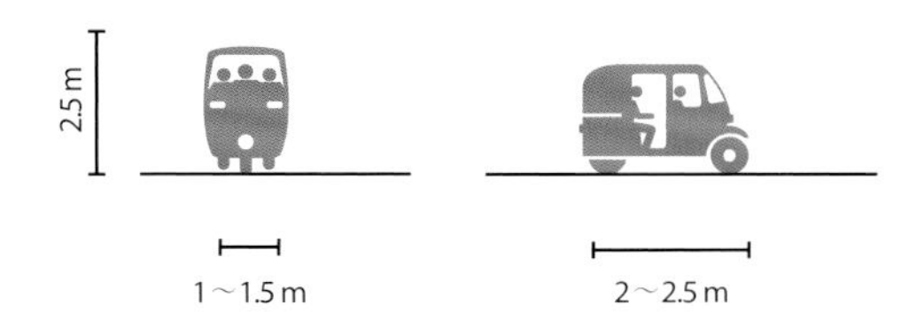

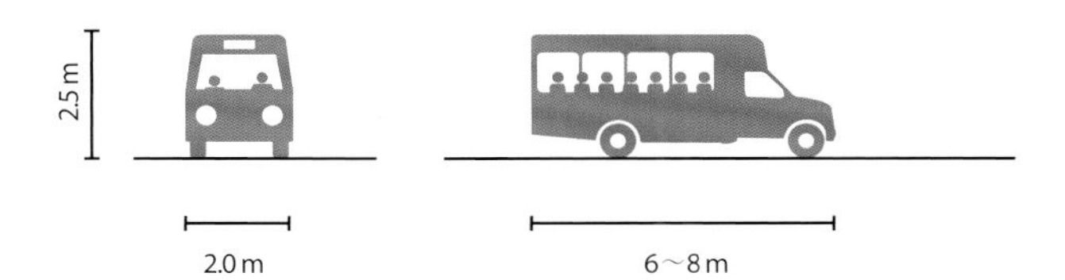

公交服务

路线固定的公交车是城市公共交通的基础。在拥有非正规交通运输部门的城市中，它是缺失最频繁的模式。公共交通车辆的种类繁多，包括标准公交车和大型公交车。快速公交（BRT）是一种高容量的特殊公交服务，停靠站点有限，在独享的基础设施上运行。BRT包括车站和车外检票处，停靠车站的间距比当地公交车更长，通常采用大容量车辆，如铰接式或双铰接式公交车。

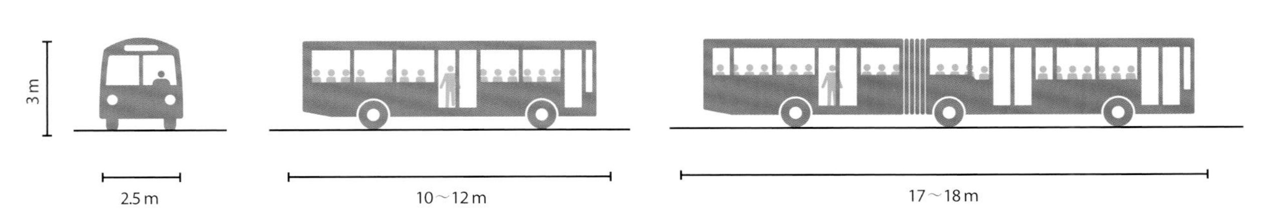

城市轨道交通服务

像公交车一样，可以在整个城市中提供轨道交通服务，如有轨电车和地面电车等城市轨道交通工具，可以在地面上运行，也可以在混合交通车道、单独的车道上行驶。轻轨交通（轻轨）和现代有轨电车用于高容量公交，并需要配备专用设施。虽然有轨交通的运行速度较慢，但它们能够提高公共空间的质量，并可以在不同的环境下运行，是交通网络的重要组成部分。

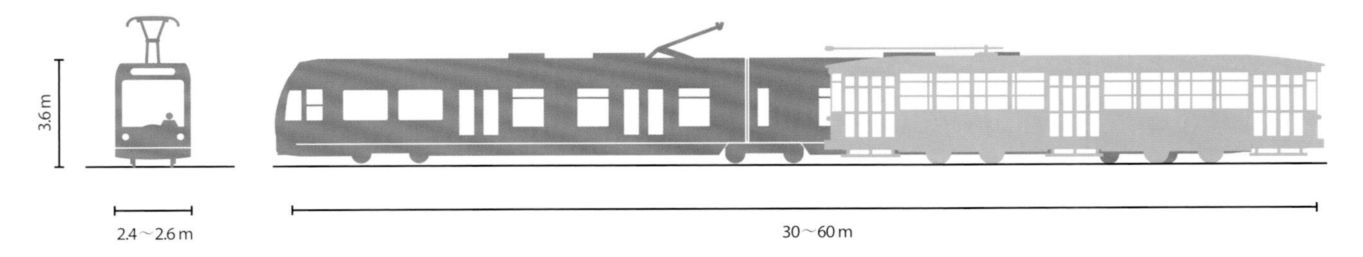

6.5.2 | 公共交通网络

公共交通网络规划直接影响街道设计，街道应优先为服务需求量大的主要路线分配空间。公共交通可以根据街道地理环境和优先事宜提供方便、可靠的服务。

公共交通网络的地理覆盖与公平和效率有关，也与土地利用和密度决策的综合规划有着内在的联系，应仔细协调。公共交通网络可以在战略上吸引新的开发项目，为当地商业带来经济收益。

优先发展公共交通，并配以专用的街道设施，有助于形成快速、高效的城市交通机动系统。街道内的其他空间可以供其用户使用，有利于实现可持续发展目标。

停靠站和车站的优质步行环境，以及易于使用的自行车基础设施（如共享自行车、自行车道和自行车安全停车位）对于构建全面、综合的交通系统至关重要。

多个公共交通系统可以在城市街道上同时运行，以构建一个全面、可靠的公共交通网络。通过街道设计来改善公共交通网络时，可以考虑以下变量。

网络类型

网络类型是街道设计的背景，现有或规划中的网络会影响公共交通系统的效率。连接大型就业活动中心的主要街道所形成的网络是城市最具竞争力的表现形式，人们可以在各线路之间方便换乘，并达到城市的任意地方。

服务类型

服务频率、容量、停靠站间隔和目的地密度是街道设计的主要影响因素。大运量交通可以提供更快的速度，服务于更长的距离，而区间路线可以弥补短距离空白，但速度和容量都较低。有效的公共交通网络可以根据环境和需求提供各类服务。

网络的直接性和易辨识性

确定重要的交通和通勤廊道，提供直接而密集的服务，并服务于利用非正式的公共交通弥补最后1 km空白的地方。公共交通系统必须适用于普通用户和首次乘坐者，并提供可预测且清晰的服务。

车站规划

围绕公交车辆停靠站，提供优质的服务，以增加公共交通乘客量。提供高品质的公共场所、步行友好型街道、舒适的车站设计，以及互补的换乘模式，进一步吸引乘客，让公共交通带给市民更多益处。小型公共交通的运营通常比较灵活，不一定要修建正式的车站。为这类服务规划车站对公共交通和小型公共交通都是有益的。

网络集成

综合公共交通服务可以延长网络的连接性，增加公共交通的覆盖面积，鼓励交通模式的转变。设计优质的换乘点，促进人们在不同类型的公共交通之间进行换乘，如BRT和当地公共交通。

性能

根据用户方便到达目的地的能力和成本来衡量公共交通网络的性能，固定的公交路线应有广泛的覆盖面，并提供密集的车辆，为乘客提供良好的服务。采用单个指标是不够的，应确定整个系统的指标，如普通居民可以在30 min、45 min或60 min内到达目的地的数量。详见第一部分3：监测和评估街道。

公共交通地图
肯尼亚内罗比

肯尼亚内罗比近三分之一的公民使用了该市的小型私人公交系统，但直到最近政府部门才正式绘制了交通地图。内罗比大学、哥伦比亚大学可持续城市发展中心、麻省理工学院公民数据设计实验室和Grouphot、Matatus数字化合作项目一直在通过手机采集大众数据，运用标准化的内罗比Matatus公共交通数据，使地图首次面向公众。

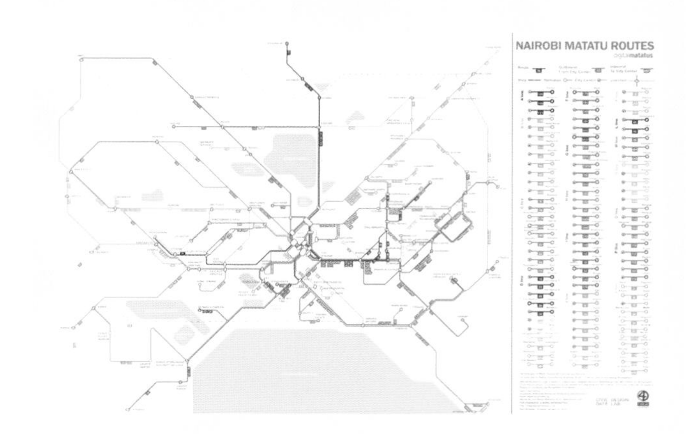

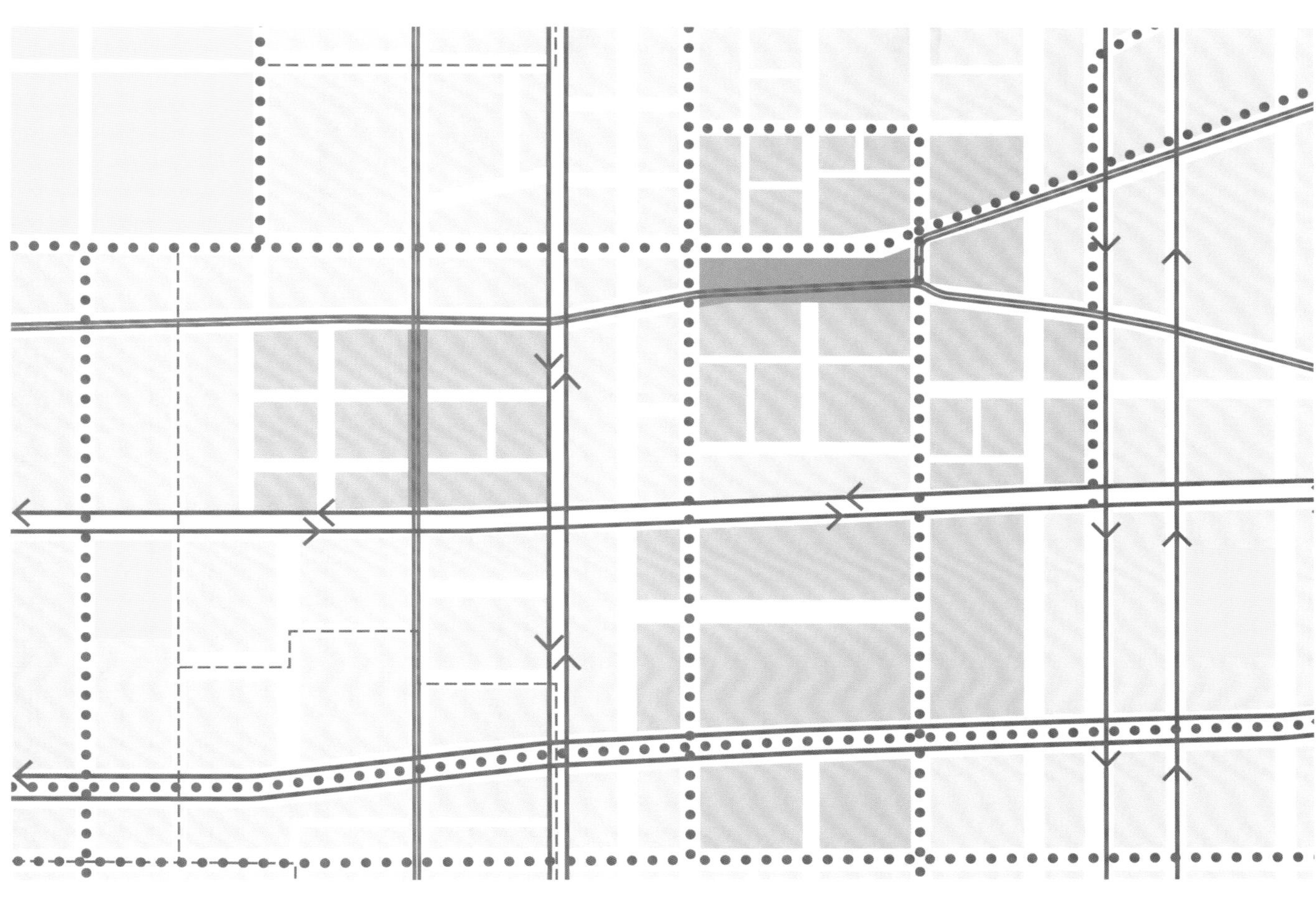

公共交通网络：大型公共交通网络提供了一个多层次的服务结构，方便长途和短途、跨区域和本地出行。对拥堵和人流量高的廊道进行集中投资，同时确保地理覆盖面，以公平地为所有社区服务。公共网络的规划应具有易读性，能使乘客了解如何使用该系统，公共交通模式的重要性低于服务频率和目的地可及性

公共交通街道

公共交通快速通道

公共交通专用道

公共交通路线（混合交通）

本地路线或拨号叫车服务

中国广州，这个 BRT 于 2010 年开放，并在专用的公共交通路线上运行

芬兰赫尔辛基，公共交通街道拥有世界上最古老的电气化电车系统

巴西圣保罗，带公共交通候车亭的公交廊道，拥有较大的公共交通乘客量

6.5.3 | 公共交通工具箱

有效的公共交通系统依赖于街道中关键基础设施元素的支持，以实现普遍可及性，提高效率，提升可读性和舒适度。

公交专用车道

街道上的公交专用车道可以缩短行车时间，并为公共交通车辆分配专用空间，以减轻交通拥堵。公交专用车道可以由标志和路面标线划定。根据公共交通服务和运营的需求，仅在高峰时段运营，也可以全天候运营。在路面上着色，以突出指定的公交专用车道，并提高驾驶员对车道限制的顺从性。

快速公交通道

快速公交通道是通过垂直元素（如植物、混凝土路缘石、护柱或半圆顶）进行物理隔离的公共交通专用车道，通常与BRT、轻轨一起使用，并提供公共交通优先线路，以提供优质的服务。

公共交通站

公共交通站是有清晰标志的区域，指明给定公交线路的站点，供乘客使用。公共交通站提供标志、路线编码和名称，以及目的地、时间表和地图的寻路信息。公共交通站应为候车的乘客提供座位和通行区，便于乘客行走。停靠站应允许车辆从公交专用车道移动到人行道或安全岛，方便乘客上下车，且不妨碍交通。

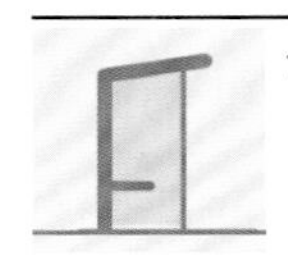

公共交通候车亭

应设置公共交通候车亭，为候车的乘客提供座位，也为携带婴儿车和轮椅的乘客提供空间。在人行道允许，并保证通行区畅通的情况下，使用顶棚保护和垂直隔板使乘客免受天气影响。垂直隔板应透明，以保证候车乘客的安全。

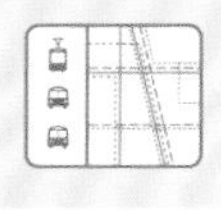

寻路

公共交通系统应易于理解和使用。路线和时间表应标示在所有停靠站和车站的地图上，同时标示目的地、行程时间、频率和换乘点等信息。使用多种语言和视觉符号，以覆盖更广泛的受众群体，并将停靠站寻路信息与移动应用程序绑定在一起。

实时到达信息

实时到达信息能够提升行人的可读性，缩短行程时间，实现复杂的行程规划，并提高乘客满意度。在具有多条路线的车站提供实时信息，以说明服务和目的地。到站信息可以显示在全彩色或LED标志上，或通过电话、短信或网络查询。免费提供这些信息，以便开发电脑和移动在线行程规划工具。

公共交通信号

公共交通信号优先等级可以通过减少在交通信号灯处等待的时间，来提高公共交通的效率。驶来的公交车可以激活信号，以缩短红灯或延长绿灯相位。公共交通友好型信号可以应用于繁忙的廊道，信号时间可以与实际公共交通速度相适应，降低对机动车延迟的影响，低速演进也有利于自行车骑行者。

公交车站

公交车站是较宽街道或中央分离带中的较大构筑物，设置在乘客数量多的路线上，或多条路线的相交处。公交车站的设计应反映乘客的数量和可能的行程路线，提供商业活动或服务的空间，以丰富乘客的体验，车站应连接街道两侧。

无障碍上车区

公共交通站必须提供上车区，让使用轮椅的乘客也能够登上公共交通车辆。如果一般车门不能为全部乘客使用，应在上车区清晰地标记特定的车门上车位置。

座位

提供座位，以增加公共交通系统对老年人和有身体障碍者的可及性，可在公共交通候车亭内设置座位，也可作为独立的元素，将其设置在人行道便利设施区。座位应有完整或部分靠背。座位的放置应整洁有序，保证人行道和上车区畅通无阻。在需求量大或有大量老年人或残疾人的地方，应提供更多座位。

售票机

提供售票机，方便乘客在车辆到达之前购买车票，并尽快上车，提高整体效率。应为行人设置通往售票机的通行区，并标示购票流程的明确信息；使用多种语言和视觉符号，以覆盖更广泛的受众群体。

自行车停车场

将自行车与公共交通服务相结合，填补最后1 km的空白。在所有公交车辆停靠站旁边的区域，提供专用、安全的自行车停车架。如果有大量的自行车骑行者，则需要设置密集的车站、候车亭或建筑。在公共交通站附近设置共享自行车站，以连接最后1 km的行程。

公交车上的自行车

可以在车辆内或车辆前方设置自行车架，以摆放自行车。如果将车内的特定区域分配给自行车，应在车门和上车区域明确标示。如果条件有限，允许长途公交车摆放自行车，对自行车骑行者尤为重要。

垃圾箱

公交车辆停靠站和车站可以吸引大量人流。在候车时，人们常在那里吃饭、喝水、读书或参与其他活动。应设置专门的废物处理处，以减低总维护成本，保持空间干净整洁。

6.5.4 | 公共交通设施

公共交通设施可以在公共事业用地设置专用空间，例如，快速公交通道等专用设施，或公共交通街道等共享设施。随着廊道人流量的增加，首选独立的公共交通设施，以使公共交通更安全、更便捷。

使用何种公共交通设施，应根据设施的情况和公共交通服务的预期乘客量来决定。人流量大且连续的廊道，应首选快速公交通道；拥有中等乘客的核心廊道，应采用公交专用车道；拥有大量行人的地区，应采用共享公共交通街道。

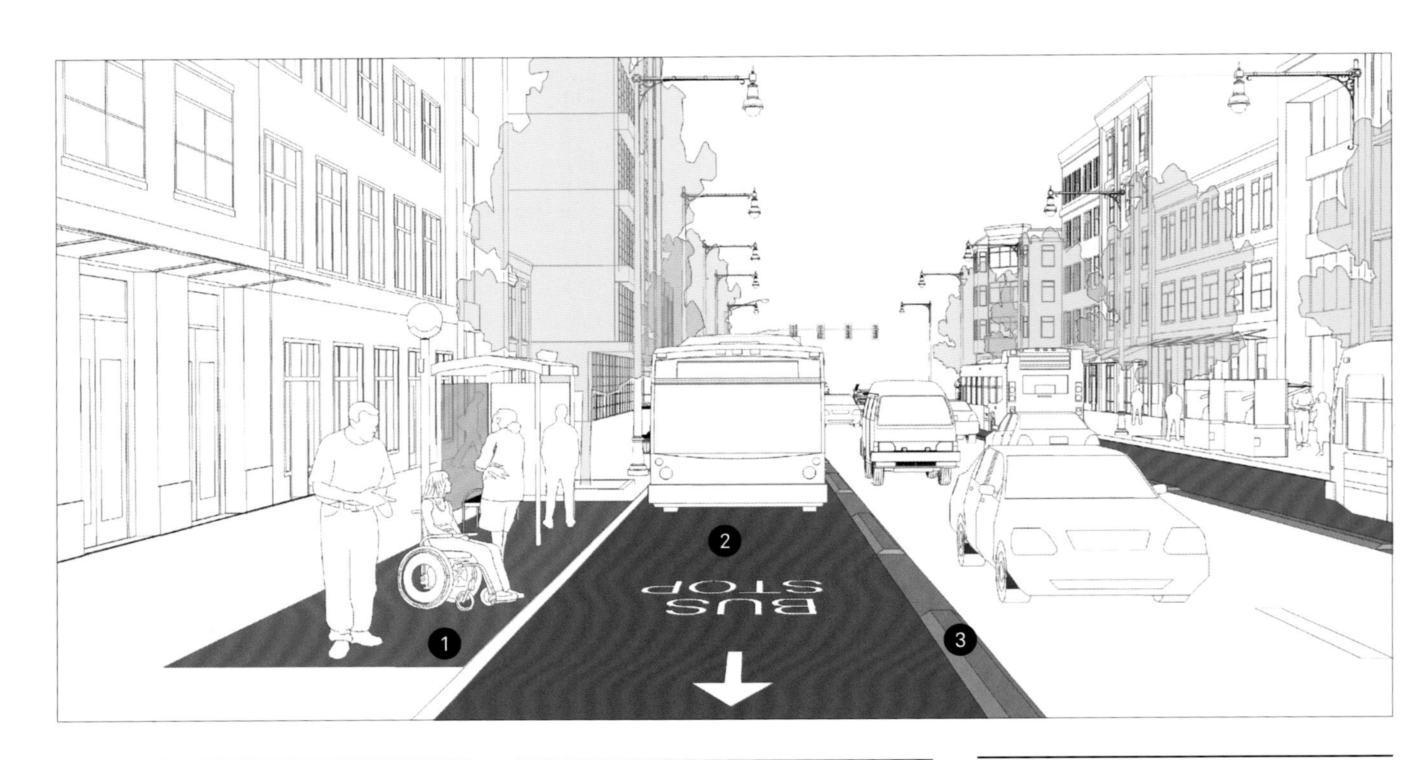

停车区

❶ 停车区是供公共交通乘客候车和登车的指定空间，可整合到人行道、中央分离带和专用的登车岛。若设置在路边，停车区与行人通道相邻。设置候车亭、座位、标志和公共交通信息，以免妨碍行人的可及性。停车区也可以设置在停车道、自行车道，并设置绿色基础设施，或在非停车区设置其他路边设施。

公共交通运行通道

❷ 大多数公共交通车辆的宽度为2.4~2.8 m（不包括后视镜）。设置一个与公共交通运行通道相邻的缓冲空间（如停车道、自行车设施或缓冲区），3 m的宽度就可以满足使用需求。如果沿着路缘或双向公共交通配置运行，3.3 ~ 3.5 m的宽度可实现舒适运行，以免后视镜被卡或侧擦。应指定具有路面标志的专用公共交通运行通道。

缓冲区

❸ 缓冲区一般是分配给公交专用车道的额外区域，或者是其他明确界定的区域，例如，中央分离带或结构性缓冲区，垂直功能不得干扰公共交通运行的安全性。

设施类型

公交专用车道

公交专用车道是街道的一部分，指定为公共交通车辆优先使用或专用，有时也允许其他车辆在特定条件下使用。通常是从一般的交通车道改造而来，通过条纹、标志和路面标志划定的特定区域。公交专用车道允许公共交通车辆轻松出入。

巴西圣保罗

圣保罗的公交车专线是一个长达320 km的网络，贯穿整个城市。由于公交车的行车速度从平均13.8 km/h提升至16.8 km/h，乘客的行程时间缩短了18.4%。从2005年开始，这些车道经过不断发展，已能够承载城市77%以上的公共交通用户。它们缓解了交通拥堵，也使城市的二氧化碳排放量每天减少了1.9 t。

快速公交通道

街道上的快速公交通道是公共交通专用的设施，通过中央分离带或其他垂直元素将其与混合交通道在物理上相分离。这类通道经常用于确保高频率、大容量公共交通服务的可靠性，如BRT、轻轨或现代有轨电车。

哥伦比亚波哥大

波哥大拥有世界上最繁忙的BRT，共有12条线路、144个车站以及超过100 km的专用快速公交通道。每天有400万次的行程，约占城市交通模式份额的64%。BRT的成功得益于政府部门和私人机构之间的合作，城市规划部门设计并建设了该系统，并继续对其进行管理；而公交车则由私营企业负责经营。

公共交通街道

公共交通街道优先服务于行人和公共交通，并禁止超出限制性运载和通行权的车辆交通。人行道之间设有专用的公共交通空间，可以将街道设计为没有人行道或其他分界线的共享空间（共享公共交通街道）。允许公共交通缓慢通过行人空间，最高速度不得超过20 km/h。

佳发街
以色列耶路撒冷

2011年，耶路撒冷在佳发街上开通了轻轨廊道，街道仅限行人和公共交通使用，长度为2.5 km，延伸至老城区的中心，并辅以公共交通街道和步行街。沿线有商店，此街道曾经是耶路撒冷污染最严重的街道。街道的重建有助于振兴该地区的经济，物业价值已明显提升。

几何结构

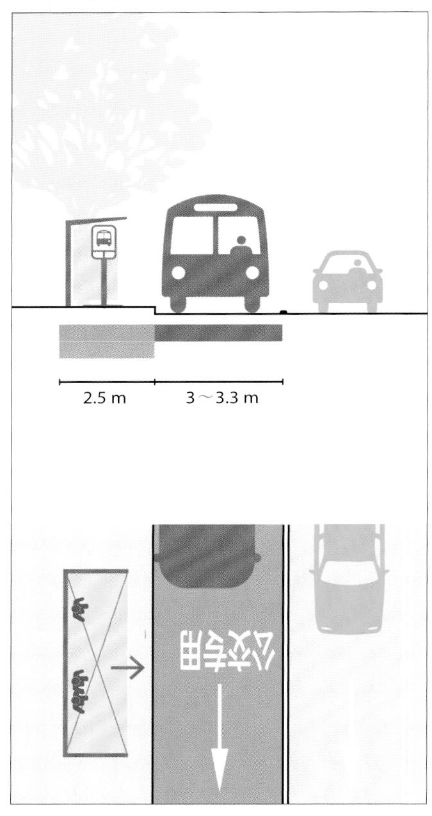

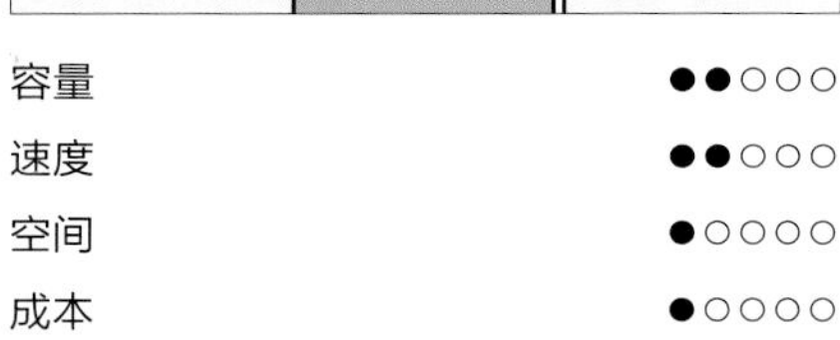

容量 ●●○○○
速度 ●●○○○
空间 ●○○○○
成本 ●○○○○

路边公交专用车道

路边公交专用车道的宽度建议为3~3.3 m。与街道快速公交通道有所不同，公交车道并没有与其他交通车道在物理空间中分隔开来。较低容量的系统允许在附近设置停车和装卸车道，配以路缘延伸公交车辆停靠站，以便人们在车道内上车。

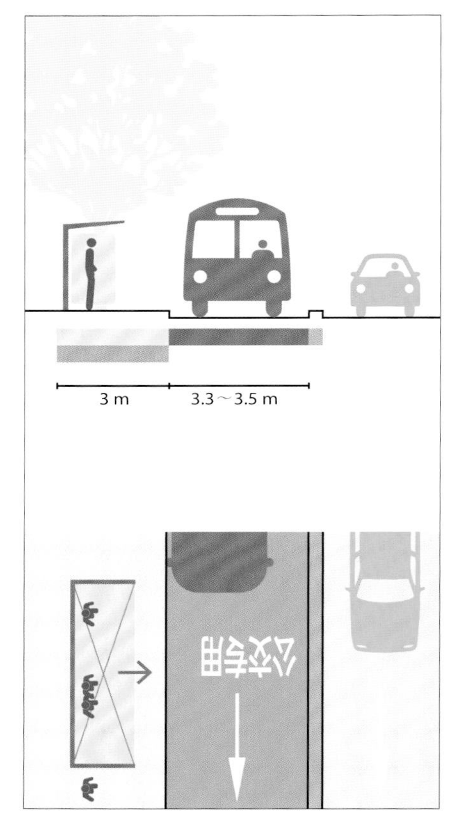

容量 ●●●○○
速度 ●●●○○
空间 ●●○○○
成本 ●●○○○

路边快速公交通道

在专用空间内设置快速公交通道，并使用垂直元素（如中央分离带）将其分隔开来，通过减少与停泊的汽车、自行车和转弯行驶的冲突来缩短行程时间，加强对行程的预判。路边快速公交通道可以提供高频率的公共交通服务，特别是双向交通服务，在这些地方转弯，或沿路缘坡道穿过快速公交通道时会受到限制。为了避免与公共交通车辆发生碰撞，必须禁止左转和右转，或者使用具有专用信号相位的转弯车道，以允许车辆转弯。建议宽度为3.3~3.5 m，并配置一些补充性元素，如全门登车、公共交通信号优先和水平登车。

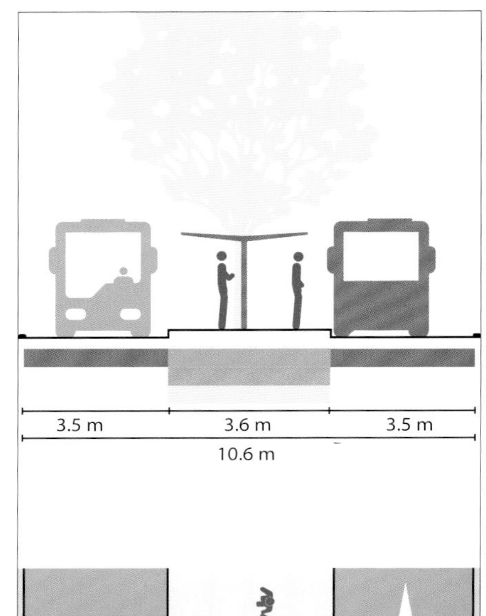

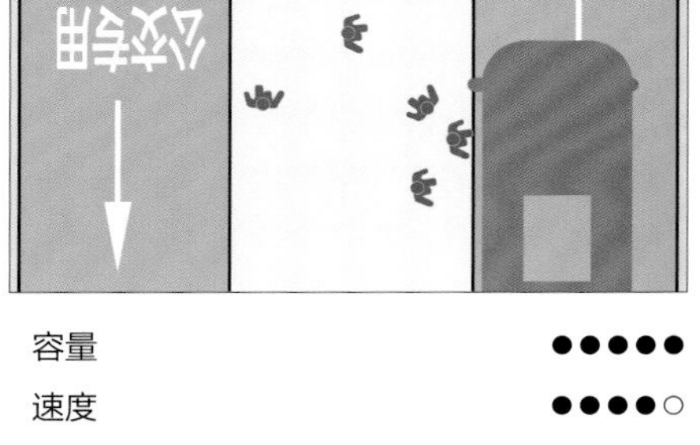

容量 ●●●●●
速度 ●●●●○
空间 ●●●○○
成本 ●●●○○

带有中部上车区的路中快速公交通道

路中运行的快速公交通道可以服务于BRT和轻轨，具有非常高的容量。使用路中车站，双向行驶的车辆可以使用同一平台，从而降低施工成本。车站的建议宽度为3.6 m，或更宽。路中车道可减少与路边装卸、停车和下客区发生碰撞的风险，并要求乘车的位置与公交车驾驶员位于同一侧。为了避免发生碰撞，禁止在快速公交通道上转弯，或者使用转弯车道和信号相位协助转弯。车道的宽度为3.3~3.5 m，并提供密集的水平人行横道，以确保街道两侧的乘客都能享受到公交服务。

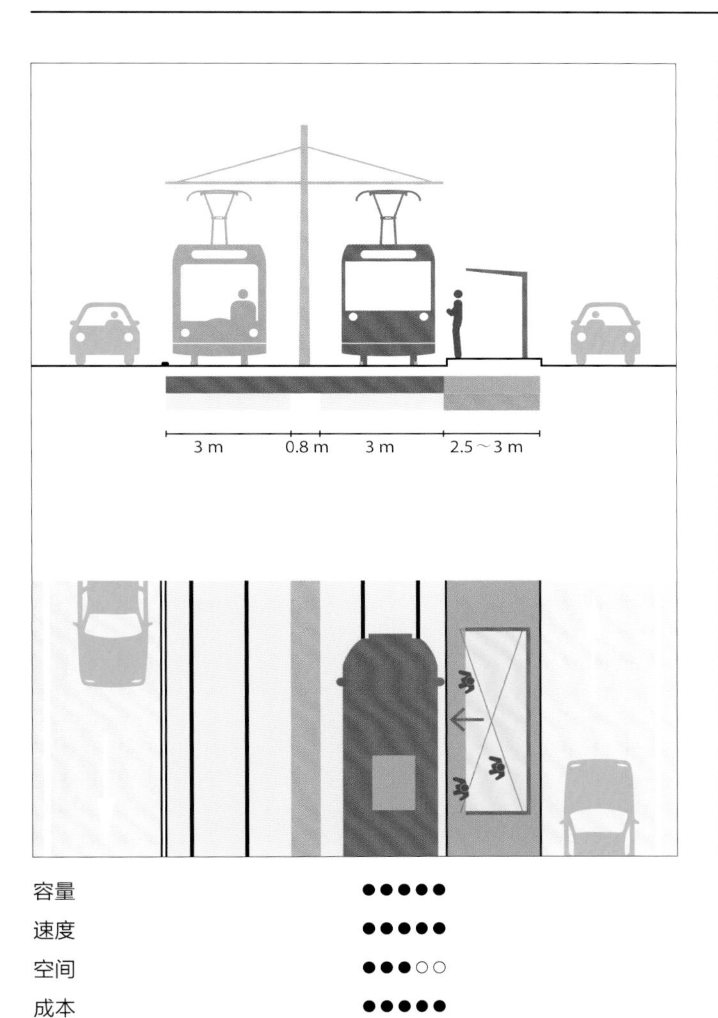

容量 ●●●●●

速度 ●●●●●

空间 ●●●○○

成本 ●●●●●

带有侧面登车区的路中快速公交通道

路中快速公交通道通过中央分离带与其他车辆交通分隔开来，而侧面上车区可以容纳右侧登车的公交车。路中快速公交通道可以提供高品质和可靠的服务，建议宽度为9.3~9.8 m，具体取决于车站交错方式。建造方式应与土地利用变化相协调，最大限度地发挥以公共交通为导向的潜力。

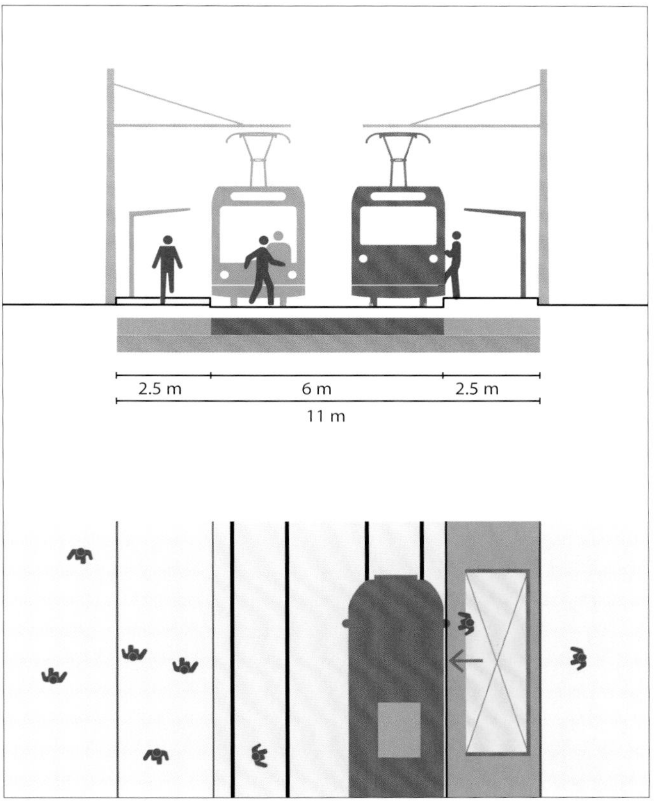

容量 ●●●●●

速度 ●●○○○

空间 ●●●●○

成本 ●●●●○

共享公共交通街道

共享公共交通街道的优先权介于公共交通和行人之间，在无汽车街道上行驶。通常用于繁忙的商业街或邻里廊道，在特定时间内限制车辆通行和货运，通常设有轻轨或电车系统，也可以容纳公交车和BRT。公交车在可预测的专用道路运行，与相邻的人行道在同一平面上，只在公共交通车站设置抬高的平台，以加快登车速度。车速一般在10~20 km/h，以方便行人在整条街道上行走，并开发优质的公共空间。

6.5.5 | 公交车辆停靠站

停靠站类型

公交车辆停靠站的配置应取决于公共运输的类型、车辆尺寸、容量、乘客和频率。下文介绍了六种常见的公交车辆停靠站配置，每一种都与当地情况相关联，并适用于各种类型的车辆。

车道内停靠站

这些停靠站内的公交车不离开车道即可搭载乘客，缩短公交车停留时间。车道内停靠站适用于公交专用车道，这些地方的机动车流量较大，公交车难以从停车站重新驶出，或车行速度较慢。车道内停靠站可以为公共交通提供优先级服务。

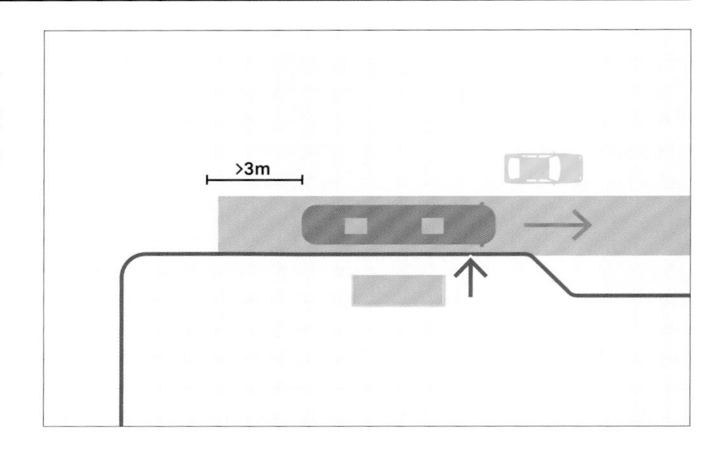

安全岛停靠点

位于车行道两侧的平台，允许公交车在中心车道上运行，在中心车道上，公交车与其他街道使用者发生碰撞的概率较低。该专用的候车空间需位于人行横道附近，以方便乘客过街。每个行驶方向都需要设置单独的停靠站。停靠站可交错布置，为转弯车道合理地分配空间，有利于远侧停靠站服务于两个行驶方向上的公共交通线路。[10]

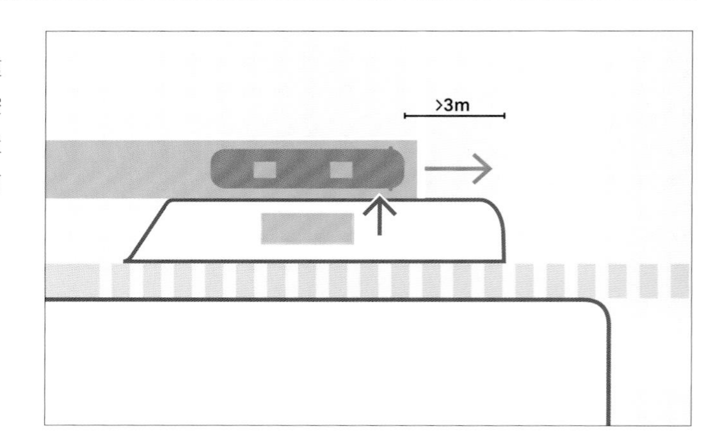

中央分离带停靠站

这些停靠站位于街道中心，在平台两侧服务于两个行进方向上的公共交通线路。这就要求公交车的车门与驾驶员在同一侧，并设置在地面上的人行横道，方便行人进、出停靠站。

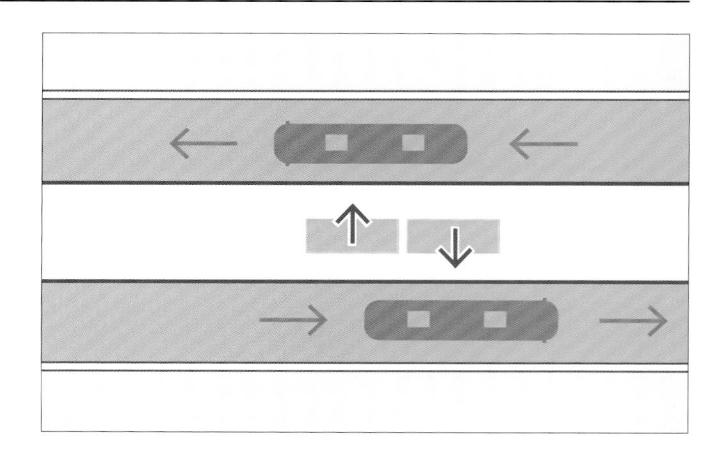

港湾式停靠站

这些停靠站为公交车提供一个停车位，以便其进入路缘、方便乘客上下车，同时允许其他车辆通过。在公交专用车道的街道上，港湾式停靠站只能用于让快速服务车辆超越本地服务车辆，或使公交车能够绕过在交叉路口排队的车辆。如果公交车必须停下，或者需要等待一段时间，例如，终点站或高流量换乘站，亦可设置港湾式停靠站。

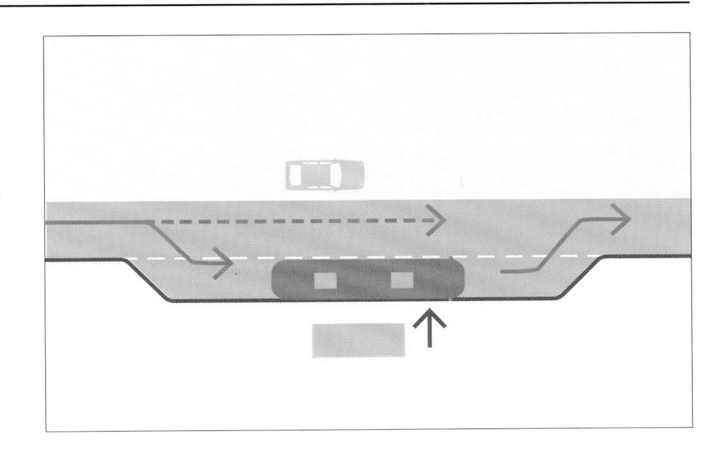

登车车道和公交车站

在特定位置（如转运点、交通枢纽或关键目的地）提供登车车道，为特定路线提供指定位置，以提高效率。良好的设计和实施可减少碰撞的发生，增强这些地点的安全性，特别是在拥挤的环境中，小型公交车的建议车道宽度为3 m。

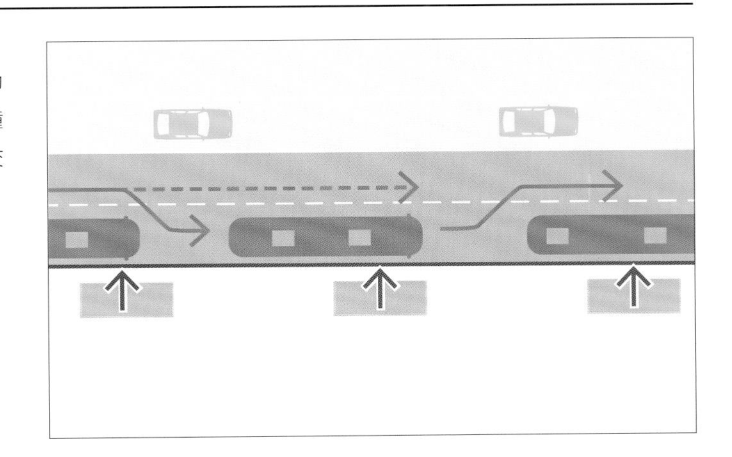

共享停靠站或易于使用的停靠点

这些停靠站的上下客区域与行车道共用。行人在人行道上等候，当公交车到达时，汽车、自行车等停靠在公交车后方抬高的行车道上，行人即可上车。一旦公交车离开停靠站、下车的乘客离开共享空间后，其他车辆和自行车就可以继续行进。该类型的停靠站高度依赖于当地环境、合规性和执行力。

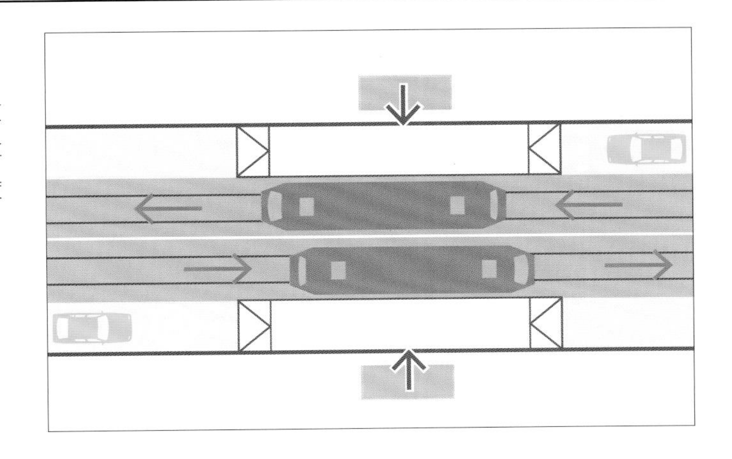

停靠站的部署

可能位于交叉路口的近侧或远侧，或者位于街区中段。停靠站的位置可以影响公共交通的速度、容量、安全性、换乘、步行距离以及与其他街道使用者的碰撞。因此，部署每一个停靠站时，均应充分考虑当地的实际情况。

近侧停靠站

近侧停靠站位于进入交叉路口之前，可以让乘客在靠近人行横道的地方上下车。近侧停靠站适合交叉路口远侧存在限制因素的地方。使用这种配置，乘客在公交车辆等红灯时上车，但会降低交叉路口处用户之间的可见度。

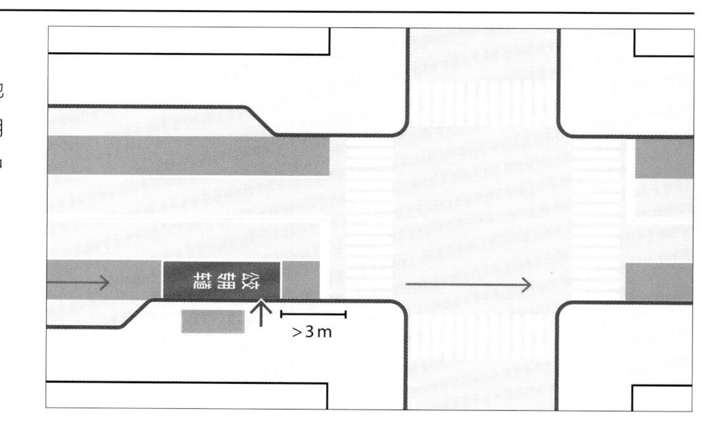

远侧停靠站

远侧停靠站位于过交叉路口处，公交车辆在通过交叉路口时减速，然后停在停靠站。远侧停靠站可最大限度地减少与转弯车辆的碰撞，并优先采用公共交通信号。在交通拥堵严重的交叉路口，适合采用远侧停靠点。在这些地方，近侧车流量较大，交叉路口复杂，应设置多相位信号。

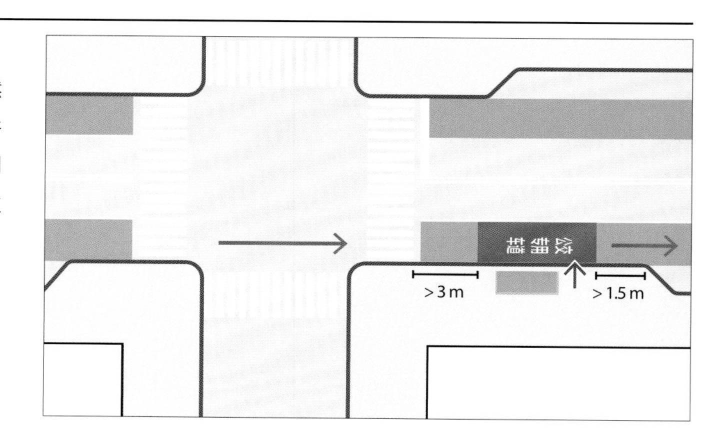

街区中段停靠站

在有大量公共交通乘客的地方，或交叉路口附近空间不足的地方，可以使用街区中段停靠站。中段停靠站可以减少与转弯车辆的碰撞，如果没有提供中段人行横道，则会导致乘客的步行距离增加。在为高容量地区设计中段停靠站时，应提供安全的人行横道。路边有停车区时，应提供路缘扩展带，如交通站台，为候车乘客提供额外的空间。

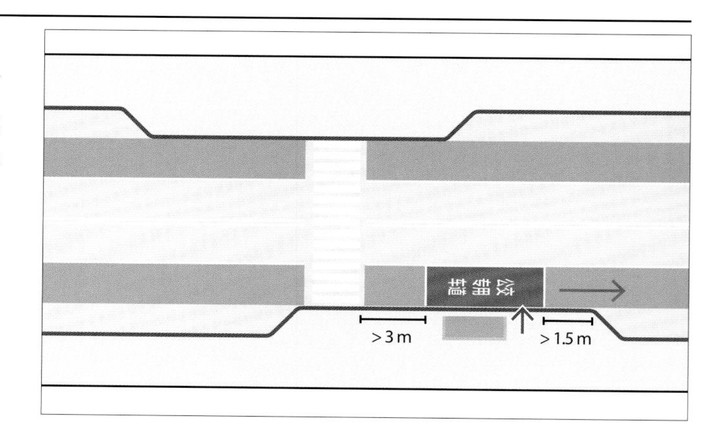

6.5.6 | 附加指导

公交车、自行车共享车道

公交车和自行车经常在路边竞争同一空间，在没有自行车基础设施的街道上，路边的公交车道经常吸引自行车，这使得一些城市允许自行车在公交车道上行驶。公交车、自行车共享车道可以安全地服务于这两种模式，要求车辆低速行驶，公交车间隔时间适中，不鼓励公交车超过自行车。自行车只能在停靠站超越公交车。

公交车道的宽度不得超过4 m，公交车、自行车共享车道并非高舒适性自行车网络的一部分，但其优于混合交通。在空间允许的地方，应提供自行车专用设施。

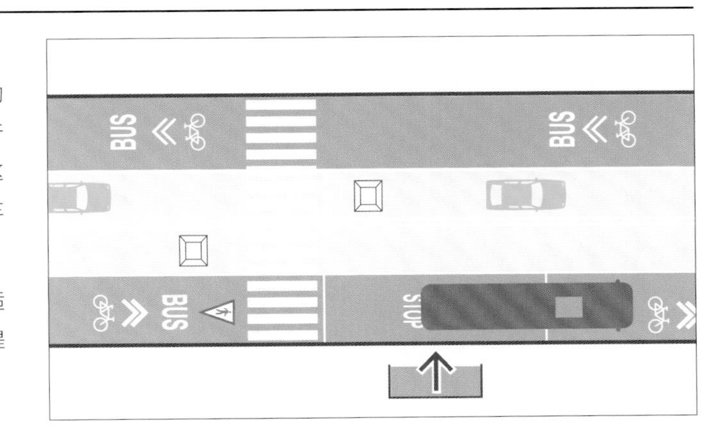

单向街道上的反向车道

反向车道可以增加公交线路的连通性，缩短行车时间，通常应用于公交车路线，以建立战略性连接，可以沿着长长的廊道使用。反向车道可以实现更有效的交通运营，单行街网络会使运输路线复杂化，而公交车在同一街道上双向运行，可提高乘客对路线的可读性，并为主要目的地提供更好的服务。

将反向车道设计为双向通行，要特别提醒行人注意来自其他方向的公交车。良好的信号是减少碰撞的关键，必须限制或管理车辆在反向车道上进行转弯，转弯限制可以创造无冲突自行车轨道，并由公交车道为其提供保护。反向车道的宽度应为3.5~4 m，以便在迎面而来的交通流之间形成足够的缓冲。

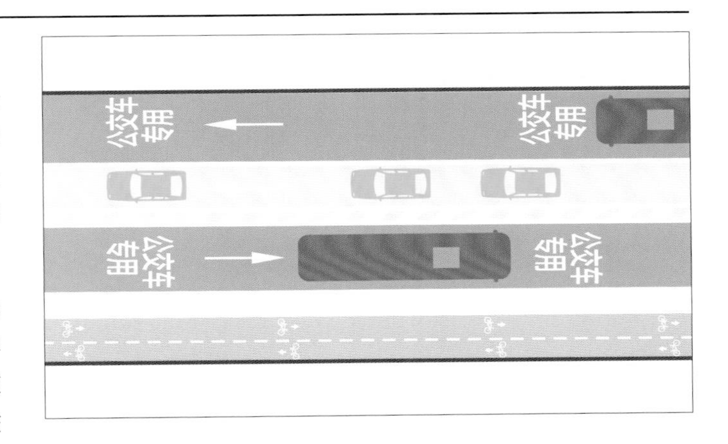

休息区

休息区是公交车驾驶员专用的座位区，位于指定的停车场附近，或停放迷你公交车或自行车的地方。提供专用的停车位和休息区，以提高驾驶员的舒适度，同时避免占用其他用户的空间。应根据当地的气候为休息区提供遮阳、雨棚，休息区可以设置在宽阔的人行道、路缘扩展带，并且不应妨碍行人通行区。

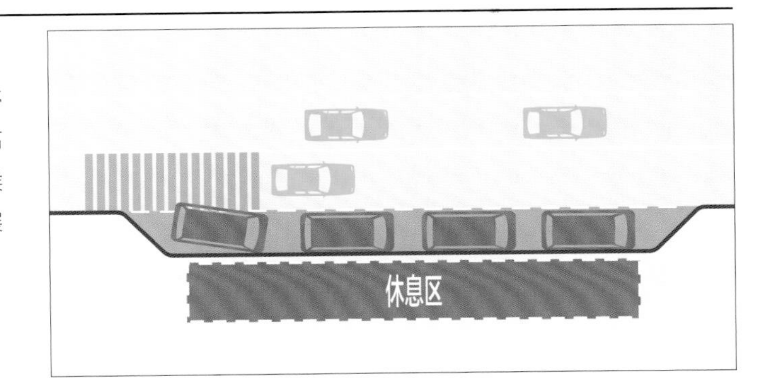

6.6 | 为驾驶员设计街道

6.6.1 | 概述

驾驶员驾驶汽车和摩托车在城市内穿行，这些车辆可以是出租车、共享车辆或私家车。虽然这些车辆对路缘有不同的需求，但它们具有相似的几何需求，下文将详细介绍。

传统上，私家车，特别是汽车，是街道空间的主要使用者。在行车道上行驶或停泊在路边时，车辆会占用空间。如果不对街道进行收费或加以限制，就会加剧交通拥堵，增加行程时间和污染，减少其他用途的空间，并对附近居民造成不利影响。

驾驶员使用的行车道通常是汽车、公交车和自行车共用的混合设施，此外还设有路边停车位、路缘区设施（如停车场计时器）、交叉路口元素（如停车线和交通信号灯），以及沿着街道设置的寻路和速度标志，为驾驶员提供导航。

街道常常会限制私家车，如行人区和公共交通街道，有时共享街道也会限制私家车。

如果不对街道进行收费或加以限制，就会加剧交通拥堵，增加行程时间和污染，减少其他用途的空间，并对附近居民造成不利影响。

速度

移动车辆的速度直接关系到街道和其他用户的安全。虽然公路上的汽车能够以更高的速度行驶，且风险较低，但在城市中不利于居民和行人。

城市街道应设计最多支持40 km/h的速度，在最密集的城市地区，且与自行车共用车道时，车速应保持30 km/h或更低。当与行人共用通道时，需要将速度限制在15 km/h或更低的范围内。详见第二部分“9.1 设计速度”。

停泊车辆 共享空间 社区街道 一般的城市街道 信号化、多通道的街道，有独立的自行车道 公路

0 km/h 10～15 km/h 30 km/h 40 km/h 50 km/h 60 km/h

变量

世界各地车辆的大小和车队特征有所不同，旨在适应街道设计、停车场、监管方式。在许多城市，车辆经常行驶于狭窄或历史悠久的街道中，停车场有限，使用较小的普通车辆和机动两轮车会更加合适。在相对较大的城市街道，特别是车道比较宽的地方，将大型汽车和轻型卡车用作私家车是很常见的。确保各类车辆符合全球安全标准，以保证车辆乘客和其他街道用户的安全。

电动两轮车和三轮车

电动车的尺寸各异，但长度一般为1.5~2.3 m、宽度为0.5~1 m。小型摩托车和轻便摩托车比普通摩托车要小，动力更小，最高速度也更低。由于成本和便利性的原因，人们通常将其用作汽车的替代品，特别是在公共交通有限的情况下。

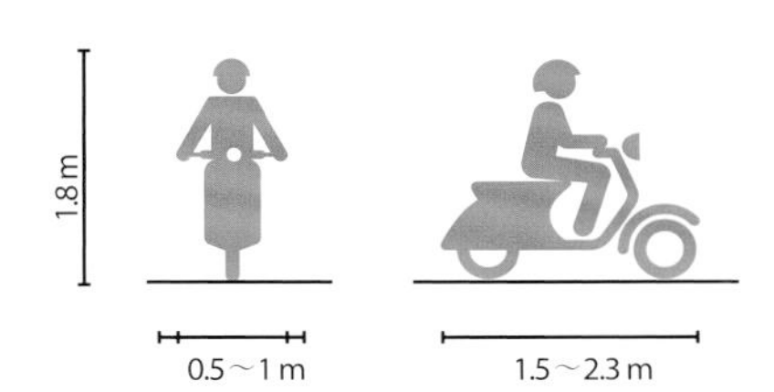

汽车

根据类型和环境，汽车有许多不同的尺寸。电动汽车使用可持续能源，有时用于汽车共享系统，可以在对个人和社会影响较小的情况下使用电动汽车。无障碍车辆是专门为残疾人设计的，是公共交通的有益补充。出租车是用作租用服务的汽车。

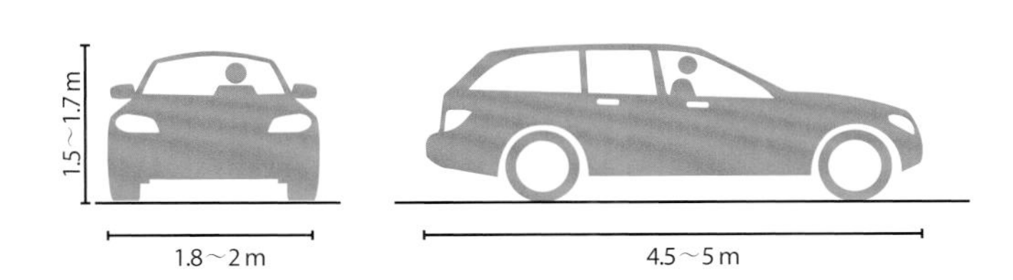

城市汽车和微型汽车

城市汽车和微型汽车的功能比较单一，通常只有两个座位，且具有一定的货运能力。这些车辆通常用于汽车共享系统，比标准尺寸汽车的停车影响低，排放量和技能要求也比摩托车低。

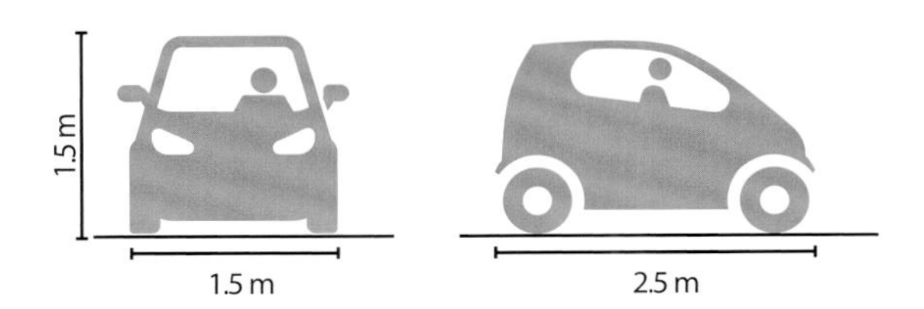

6.6.2 | 车辆网络

车辆网络设计的主要目标是促使个人机动车使用城市空间，而不扰乱其他交通方式和城市生活。城市汽车行程包括行程两端的步行时间和停车时间。与公共交通一样，行驶时间是总行程时间的一小部分。相对于最高运行速度，交叉路口的等待时间和寻找车位的停车时间对城市汽车行程时间影响更大，可通过收取停车费和车辆入境费，来减少网络内不必要的车辆使用。详见第二部分8：运营和管理策略。

将街道严格划分为主干道、连接地段和支路，可能对行人产生误导，因为只将单一用户需求纳入考虑范围，可能导致设计师忽略非机动功能和其他用户的可及性。

与城市车辆网络管理相关的基本任务：

- 确定要接入的地点、时间以及车辆类型。
- 创建基本网络连接。
- 防止过境交通对城市街道造成过度拥挤。
- 限制高密度地区的车流量。

对于全市范围内的个人机动车通道，网络的连通性比每个路段的速度更重要。对于机动车来说，街道分类系统应基于车辆的运行环境和直行车流的可能性，而非预期的行程长度。

网格系统提供相互连接的网络，交通策略管制频繁的交叉路口和较短的分支道，平行街道在网格中可以提供不同的功能，并支持不同的环境。在网络的某些部分，大多数街道具有直通功能，以在一定区域内分散交通流量，并盘活区域。而在某些地区，这对于大多数被过滤的街道来说是有利的，车流被引导到主要街道上，为其他街道提供了更优质的环境。

过滤渗透率和区域计量策略可用于防止所有街道都变成过境街道，鼓励过境车辆在连续的节点从街道分流，为机动车营造良好的环境，不允许在街道的敏感地带出现较大的车流量。使用街道转向和分流来阻止一些过境车辆，并鼓励它们通过寻路和不敏感的路线，创建具有社区规模的共享街道网络和慢速区。

在全市范围内，网络规划可以实现社区之间的连通性，避免车辆进入高密度区域。应限制使用个人机动车前往集中的目的地，而鼓励采用公共交通前往限制车辆通行或仅授权货运车辆通行的区域。

城市中心和其他目的地可以提供大型公共空间，并减小对汽车的依赖，有助于提升公共交通的运输能力，并确保整个行程更加高效。

低速区

社区低速区是社区或城市的主导项目，旨在加强速度限制，以减少交通事故。低速区可以使街道更安全，有利于提高居民的生活质量。地方政府和社区应在当地住宅街道、社区街道、学校和重点目的地周边地区指定低速区。详见第二部分“6.6.7 交通减速策略”。

限制交通区

限制交通区是限制机动交通，只允许特定用户和车辆进入的区域，环境友好型车辆、装卸车辆、公共事业车辆和应急车辆可在特定时间内进入。可以完全限制车辆进入限制交通区，也可以允许在特定时间内进入，或者在收取使用费的情况下进入，通过使用固定或可伸缩的护柱来对交通车辆进行物理限制。详见第二部分“8.8 标志和信号”。

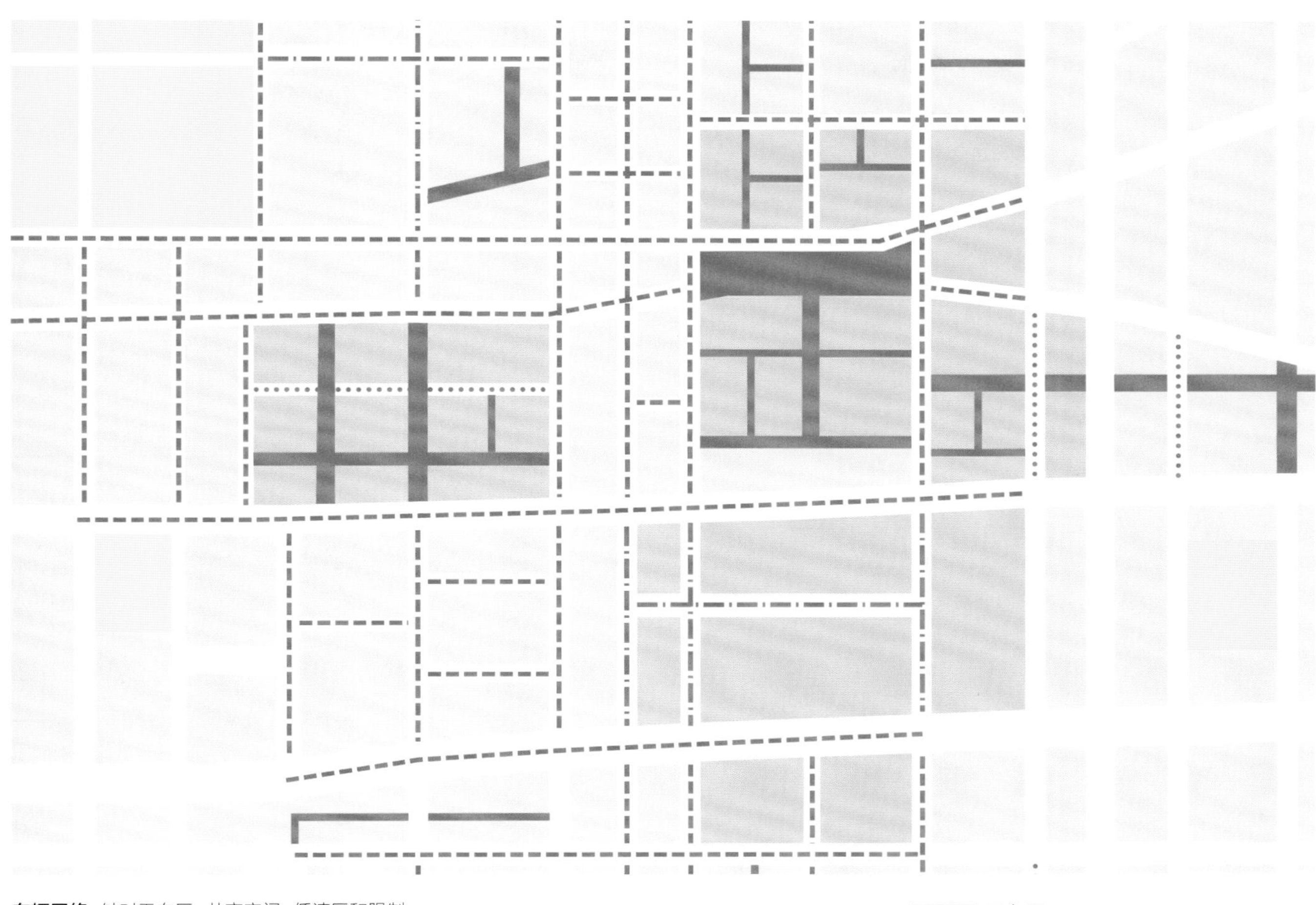

车辆网络：针对无车区、共享空间、低速区和限制交通区，采取各种策略，以允许个人机动车进入城市，而不妨碍其他交通模式的安全性和流动性

葡萄牙波尔图，由护柱划定的限制交通区

丹麦哥本哈根，城市居民区周边的低速街道

印度尼西亚万隆，电动两轮车停车场

6.6.3 | 机动车驾驶工具箱

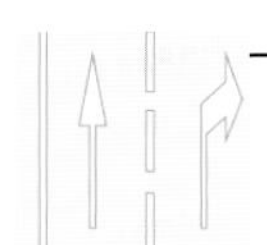

行车道

行车道通常与其他街道用户共享，混合车道宽度不应大于3 m。当行驶速度为30 km/h或更低时，车道应越窄越好。在指定的卡车和公交线路上，城市可以选择使用宽度为3.3 m的车道。

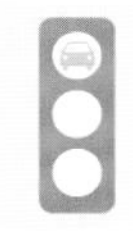

交通信号

交叉路口和街区中段人行横道的交通信号可以通过避免冲突来管理交通流量，以提升通行能力。交通信号在降低城市速度的同时，也可以改善交通流。详见第二部分“8　运营和管理策略”。

标牌

标牌可显示监管信息，例如，速度限制、转弯限制和访问允许。寻路标牌可提供前方目的地的信息和街道名称，但不能作为几何设计的替代品。

路面标志

路面标志用于提供所要求的驾驶行为信息，标记指示车道分区和速度限制，并通过方向箭头指示直行交通和转弯车道。使用相同的标志，来实现快速直观的沟通；使用独特的标志来提醒人们注意特殊情况。

停车线

停车线位于停车标志或交通信号灯生效的地方，应安装在车流量最低的街道外。停车线通常20 cm或更宽，距离人行横道至少1.5 m，指示驾驶员应停在哪里。停车线应与停车管制交叉路口处的停止标志对齐。在有卡车和公交车的地方，应将停车线安装在距离人行横道至少3 m处，以保证大型车辆的操作人员和行人之间的可视性。

照明

通常设置在电线杆或路缘边上，电网供电的路灯应连接到地下，当电力供应不稳定时，应考虑太阳能发电。可以设置只在夜间某些时段工作的路灯，或者使用光电池自动激活，应与行人照明相协调。详见第二部分“7.3.1　照明设计指导”。

沿街停车位

沿街停车位大多位于路边（除非是由自行车道或服务车道隔开），用于停放机动车。停车空间不应超过2.5 m宽，尽管与城市服务和货运车辆共享，也允许3 m的宽度。路边停车空间不必连续，可以与微公园、绿化和共享自行车站等设施相结合。

停车计时器

停车计时器是路边停车场的支付装置，通常位于人行道边缘的缓冲区。可以接受现金、信用卡或移动支付，应指明允许的停车时间长度。多车位停车计时器有助于缓解人行道上的杂乱现象。

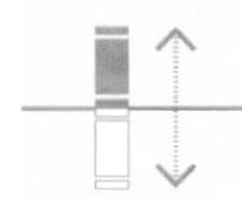

出入口管理

出入口管理包括制定政策并设置物理基础设施，可以限制车辆进行入城市的特定区域。物理构件包括可移动或可压缩的护柱，以限制车辆在某些时段的通行。在特定的环境下，可以为居民或特殊用户安装感应器。

护柱

护柱通过提供物理障碍来限制车辆进入街道的某些区域。通常采用垂直柱，可以与花钵、照明设施、座椅以及其他街道设施结合使用。作为一种临时性的解决方案，可以使用灵活的护柱（可伸缩的护柱），以允许授权车辆（如应急车辆）进入汽车限制区域。

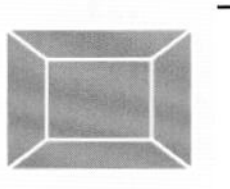

交通减速策略

运用各种减速技术（改变路面的物理结构），降低交通速度。典型的策略包括：通过设置夹点、减速弯道或减速台来改变街道的几何形状；增加街道树木，并尽量减少建筑退界，以改变人们对街道的感知程度。

电动汽车充电站

与停车场相邻的街道充电站促进了私家和共享电动汽车的发展。这些停车位应留给电动车辆，并做相应的标记。

无障碍停车位

无障碍停车位应分散在路边停车场附近，特别是在商业区和市政设施附近，应提供通往行人路缘坡道和人行道的通行区。提供清晰的标牌，并说明无许可证的驾驶员不得在此停车，停车位应尽可能靠近公共和私人设施入口。

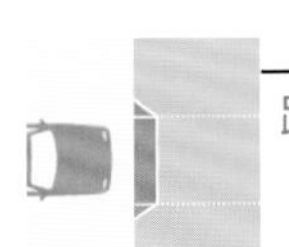

路缘坡道

路缘坡道在路缘处为车辆提供了一个缺口，以允许进入车道。路缘斜坡道的设计应尽量减少与行人、自行车道的碰撞，并保持连续的步行通道。路缘坡道限制了街道树木的数量，影响了活跃而具有吸引力的底层，经常通过最小间距和最大宽度规则来禁止或限制其发展。

交通执法摄像机

也称道路安全摄像机，可以安装在行车道旁边或上方，以协助违规检测。为驾驶员超速、闯红灯或使用公交专用车道等行为自动开具罚单，或通过车牌识别系统对进入限制车辆区的车辆收取费用。

6.6.4 | 行车道

在城市中，以公路车道宽度作为标准的过宽车道，会导致一天中的大部分时间内都会出现交通违章行为，如在非高峰时段超速行驶，或在高峰时段进行车辆加塞。将车道宽度降低到3 m或3 m以下，可以确保城市街道环境中的安全驾驶。

行车道的宽度

在一些城市，人们青睐于宽阔的行车道，为驾驶员营造一个更宽松的行车环境。尤其在高速环境中，狭窄的车道会让人感到不舒服，并增加擦边撞击的可能性。

人们认为，宽度窄于3.5 m的车道会减小交通流量和容量，但是新的研究结果驳斥了这一观点。[11]

在城市中，3 m宽的道路比较适宜，对街道安全有积极影响，且不影响交通运营。对于指定的卡车或公共交通路线，可双向各提供一条3.3 m宽的行车道。在特殊情况下，2.7~3 m较窄的行车道可以作为直行车道，与转弯车道结合使用。[12]不建议设置超过3 m宽的车道，这会导致无意识的超速和双排停车，并占用其他车道的宝贵空间。

宽阔的行车道限制性策略在寸土寸金的城市空间没有用武之地。研究表明，较窄的车道可以有效管理速度，而不会降低安全性，宽阔的车道与更安全的街道之间并不具有相关性。[13]此外，宽阔的行车道会增加行人与交通车辆的接触概率和人行横道距离，[14]应基于街道整体配置设置车道宽度。

多车道道路

在公共交通或货运车辆行驶的多车道道路上，可以设置一个较宽的行车道。较宽的车道应位于外侧车道、路边或停车道旁，内侧车道的宽度应保持在3 m或3 m以下。

停车道宽度

停车道的建议宽度为1.8~2.5 m，鼓励城市划定专门的停车带，以便驾驶员了解与停车区域的距离。

几何结构

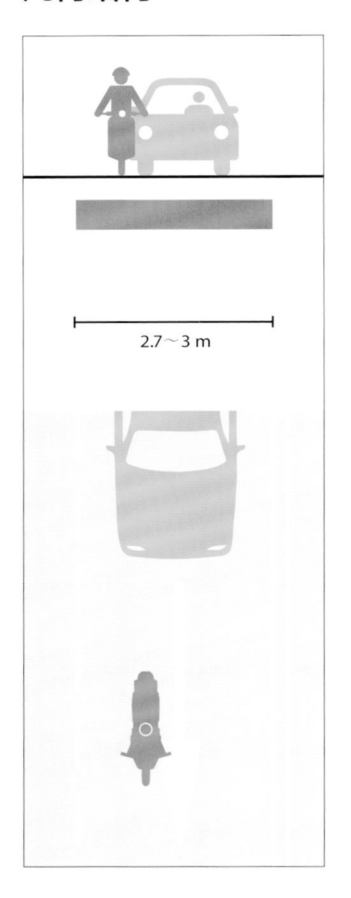

行车道

汽车、两轮摩托车和其他标准尺寸的公交车共用的行车道的建议宽度为3 m。这一宽度适用于所有车辆，并能防止超速行驶。2.7 m宽的车道可以用于速度不大于30 km/h的街道。

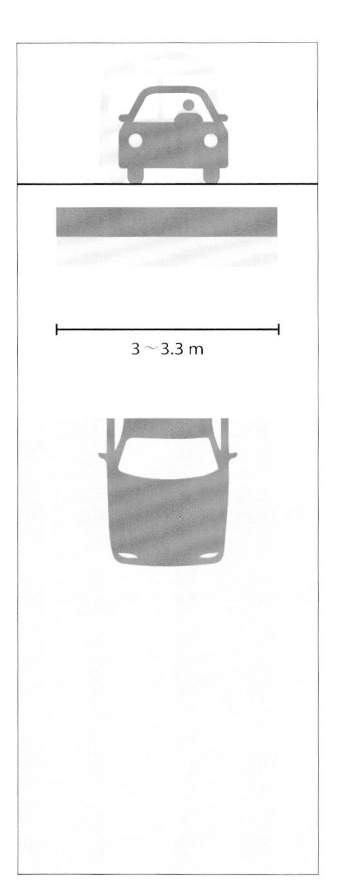

大型车辆车道

卡车和公交车共享的混合交通直行车道的宽度可以设置为3~3.3 m。路边行车通道也可能是3.3 m宽，剩余宽度不应加入行车道。

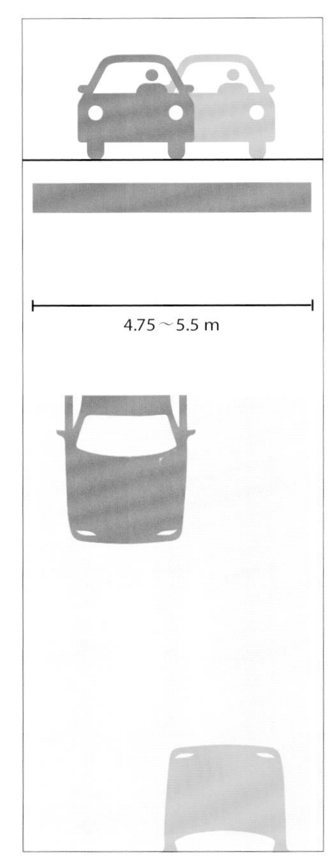

双向行车道

双向车道的建议宽度为4.75~5.5 m。在没有公共交通路线的小容量街道上，当车辆与相反方向行进的车辆相遇时，可以为对方让道。

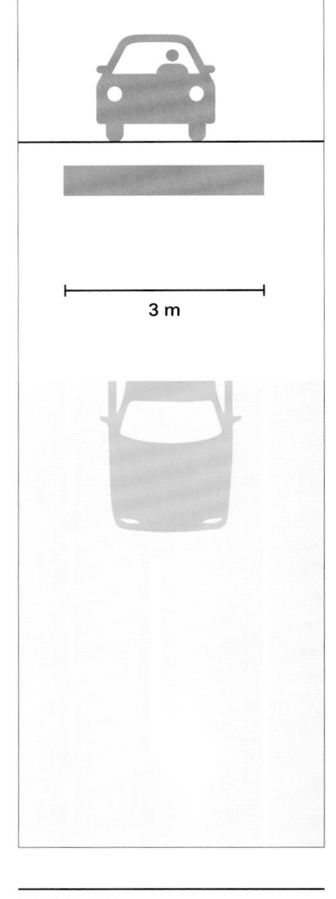

转弯车道

转弯车道和待行区的建议宽度为3 m，如果车流量较小，车道可以更窄。如果需要设置更宽的转弯半径，使用后退停车线或路缘扩展带比宽阔的路边转弯车道效果更佳。如果需要设置较大的有效转弯半径，在可以在接收侧使用后退停车线。详见第二部分“9.2 设计车辆和控制车辆”。

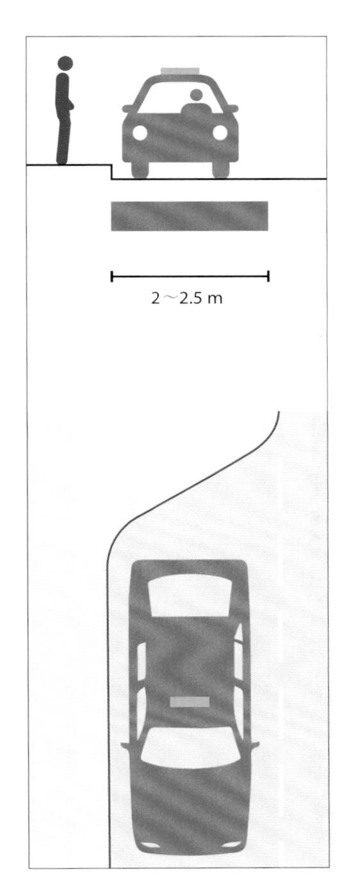

出租车站

出租车站或出租车上客区是供出租车排队等待乘客的车道。在机场、火车站和公共交通枢纽等人流密集区附近的街道上可以设置出租车站。

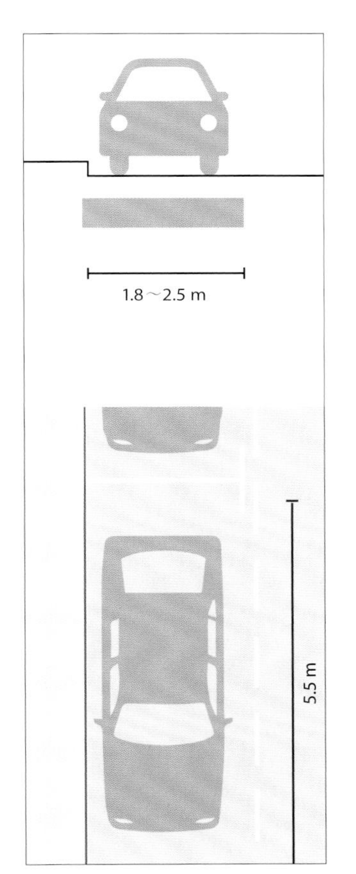

停车带（平行式）

停车道通常宽1.8~2.5 m。在高容量街道或停车道旁边运行公共交通车辆的地方，建议使用2.5 m宽的停车道。停车场应始终做有标志，以便告知人们停车地点，并能容纳共享车辆。

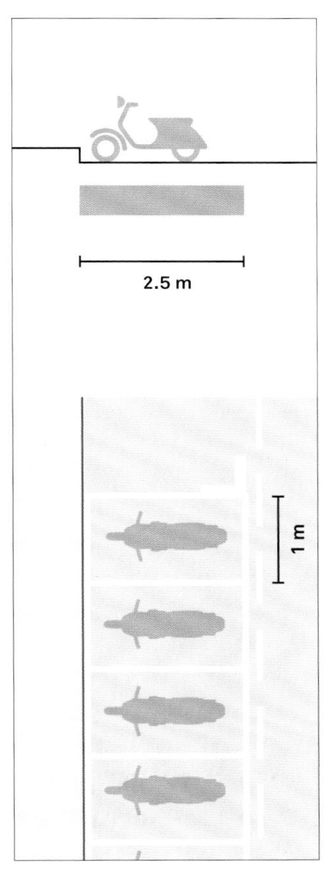

摩托车停车场

停车场的建议长度为2~2.5 m，宽度至少为1 m。在经常使用摩托车的地方应设置此类停车场，尺寸与平行停车带相似，也可以与汽车停车带结合使用。为摩托车提供专用的空间，可确保人行道畅通和行人安全。

6.6.5 | 拐角半径

拐角半径直接影响车辆转弯速度和人行横道的长度，将转弯半径最小化，对于创建具有安全转弯速度的紧凑型交叉路口至关重要。在城市中，虽然标准的转弯半径为3~5 m，但应尽量选择1.5 m的转弯半径，超过5 m的转弯半径属于少数情况。

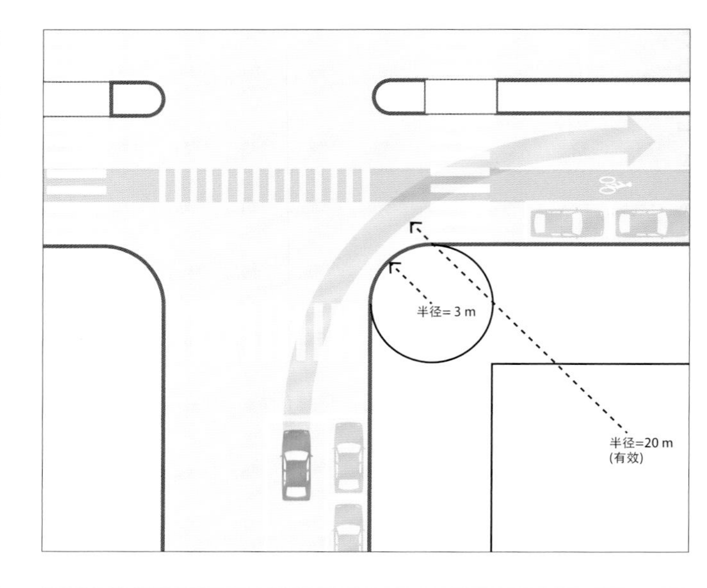

概述

拐角的大小与人行横道的长短直接相关。人们需要花费更多的时间通过较长的人行横道，会增加行人暴露在公共交通中的风险，并降低安全性。

较小的拐角半径可以扩大行人专用区域，更好地与行人斜坡对齐。

拐角半径与有效转弯半径之间的区别较大，却往往被忽视。拐角半径可能是简单或复杂的曲线，这取决于路边停车场、自行车道、行车道数量、中央分离带和交通管制设备。道路转弯半径通常仅取决于交叉路口的几何结构，而忽略有效半径。当绿色亮时，驾驶员通常不愿意转向最近的接收车道，而是尽可能地“转大弯”，以保持行驶速度。

较小的转弯半径可以降低车辆的转弯速度，扩大步行面积，为所有用户营造更安全的环境。

设计指导

转弯速度应限制在10 km/h以内，降低转弯速度关乎行人的安全，因为拐角处是驾驶员与人行横道相遇的地方。

可以通过禁止大型车辆进入、限制较小车辆转弯速度的方法，以避免拓宽不必要的交叉路口。如果条件允许，可以采用以下一种或多种技术，尽可能减小有效转弯半径：

- 选择尽可能小的车辆。
- 为卡车和公交车指定专用车道。
- 当红灯亮时，限制右转，使车辆不会转向最近的接收车道。
- 为较大的车辆配备道路人员，以便在转弯困难的地方指挥交通。
- 确保应急车辆可以利用交叉路口的整个区域实现转弯。

如果给定交叉路口的路缘半径导致人行横道不便使用，但又没有资金立即重建路缘，城市可以使用临时材料构建适当的路缘半径，例如，环氧砾石、花盆和护柱。这只是一个临时选择，直到获得资金以进行永久性的整治。

带有路边行车通道的狭窄街道可能需要设置更大的拐角半径，因为有效转弯半径反映的是实际的拐角半径，对具有路边延伸的街道也如此。如果预计在将来的某个时候会将整条道路用于车辆交通，街道就不应设置较大的拐角半径。

6.6.6 | 可视性和视距

交叉路口的设计应有助于街道用户进行视线接触，确保驾车员、自行车骑行者、行人和公共交通车辆能够直观地将十字路口视为共用空间。采取各种设计策略，以实现可视性，包括交叉路口“采光”、低速交叉路口设计，以及交通管制设备、树木、绿化和路边设施的协调配置，以免妨碍用户到达目的地，或影响其视距。

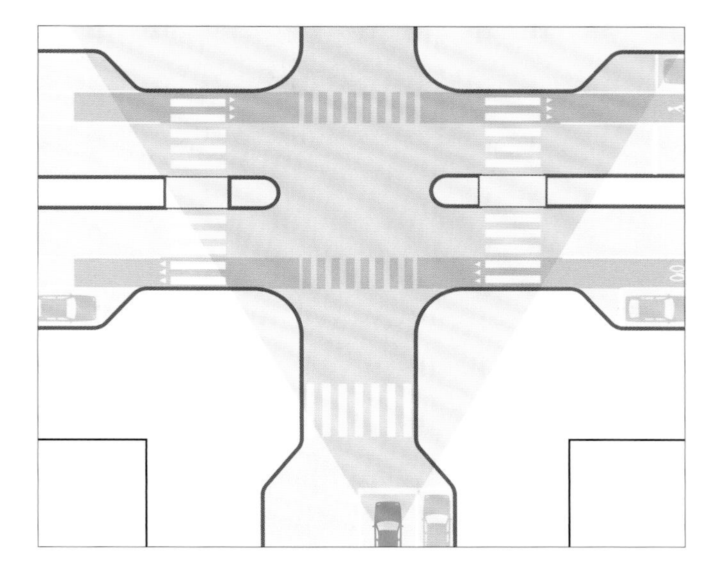

交叉路口的视线标准应由目标速度决定，而非85%的设计速度。

概述

可视性受道路设计和运行速度的影响，根据现有或85%的设计速度来确定视线是不够的。设计人员需要主动降低冲突点附近的速度，以确保视线充足，以及运动的可预测性，而非加宽交叉路口或消除视线障碍。详见第二部分“9.1 设计速度”。

视距三角形一般是为保证在任何方向上都无控制的交叉路口的安全且可靠。这种情况在城市中很少发生，只有在低速度、低容量的交界处才会发生。在不受控制的地方，容量和速度存在安全问题，应在交叉路口上设置交通管制设备或交通减速装置。

在城市地区，拐角经常是行人和商业的聚集地，也是公交车站、自行车停车场以及其他元素的所在地。设计应有助于这些用户进行视线接触，而非只专注于为机动交通系统创造清晰的视线。

具有大视角三角形的宽阔拐角可能有比较好的可见度，但同时也导致汽车在通过交叉路口时加速，从而使其失去在更慢的速度行驶时所具有的周边视觉。

道路上或人行道上的固定物体，如树木、建筑、标志和街道设施，都可能阻碍车辆的视线。如果没有事先考虑可替代的安全缓解措施，如路缘扩展带、几何设计策略，或使用额外的警告标牌，则不应移除这些物体。

设计指导

在交叉路口的6~8 m范围内拆除停车场，保证交叉路口的采光。

街道树木应距离交叉路口至少3 m，将交叉路口近侧的街道树木与相邻建筑的拐角对齐。街道树木应距离路缘0.8 m，距离最近的停车标志2.5 m。

照明对行人、自行车骑行者和行驶车辆的能见度至关重要。主要交叉路口和行人安全岛应有充分的照明，以确保可见度。路面上的闪光灯可以提高人行横道在夜间的可见度，但应由维护良好的反光标志予以加强。详见第二部分“7.3.1 照明设计指导”。

在确定给定交叉路口的视距三角形时，使用该交叉路口的目标速度而非设计速度。

交叉路口的交通管制设备不得有树荫覆盖和视觉上的杂物。

提供其他标志来提高交叉路口的可见度，但不应取代几何设计策略。

6.6.7 | 交通减速策略

车道缩窄

狭窄的车道可以促使驾驶员对交通和邻近用户保持警惕，降低城市街道的交通速度，减少交通事故。将额外空间用于行人空间、自行车设施和绿色基础设施。详见第二部分“6.3.7 人行道延伸部分”和第二部分“8.7 速度管理”。

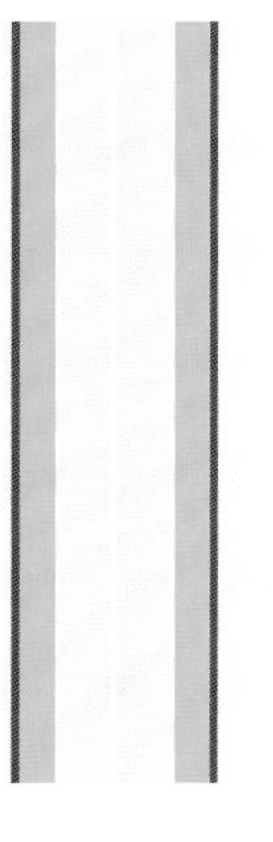

拐角半径

缩小拐角半径可以降低车辆转弯速度，并缩短人行横道的长度。将转弯半径最小化，对于创建安全的紧凑型交叉路口至关重要。详见第二部分“6.6.5 拐角半径”。

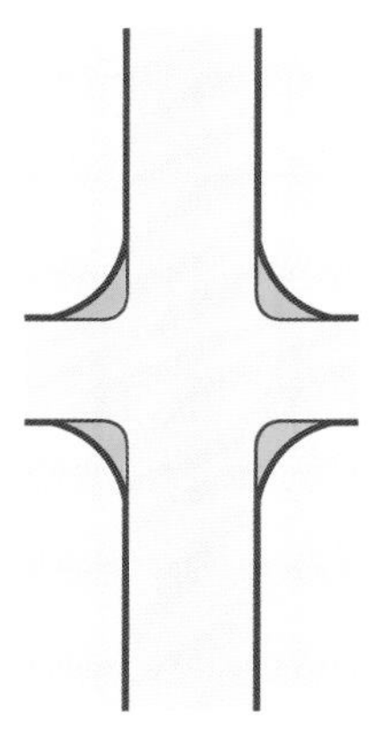

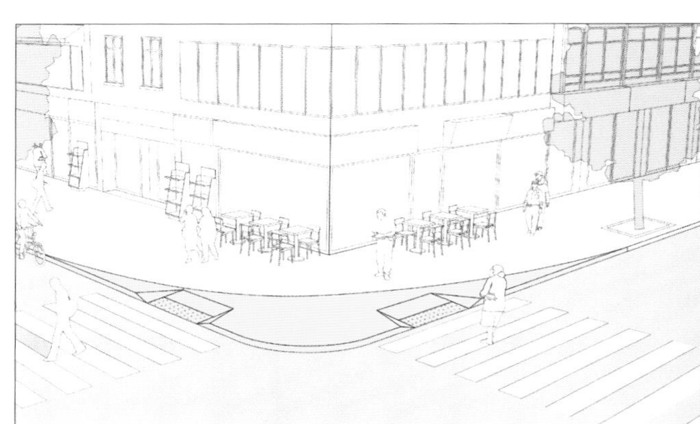

建筑和树木

街边连贯的正面和窗户的建筑，表示街道处于城市环境而非高速公路中。详见第二部分“5 为空间设计街道”。

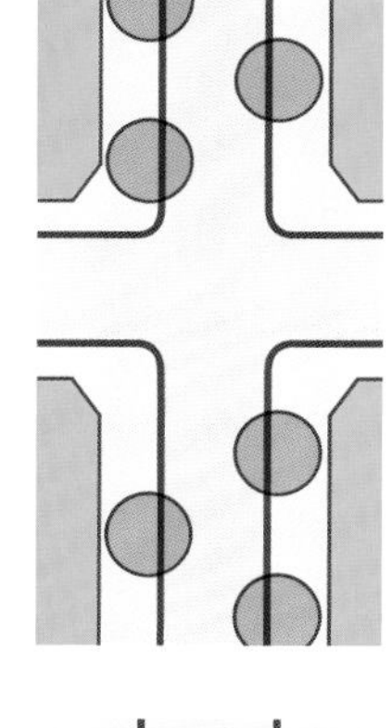

出入口设施

出入口设施能够警告驾驶员正在进入低速地区，这些设施包括标牌、入口、减速台、抬高的人行横道和路缘扩展带。

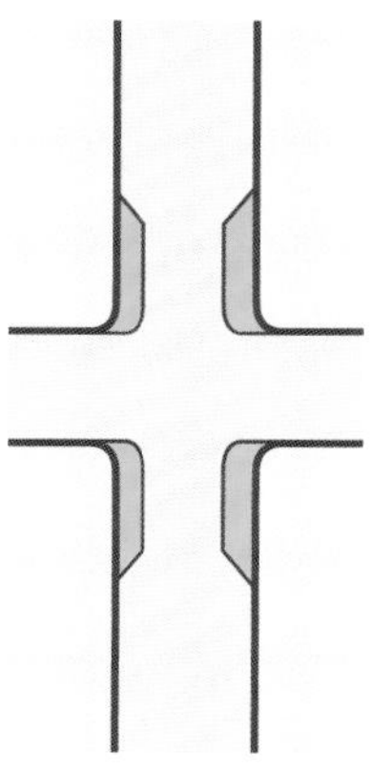

窄点

窄点一般是在街区中段缩窄道路，可以与减速台结合使用，以打造高质量的人行横道，也可以用在低容量的双向街道上，确保与对面行驶的驾驶员相互避让。详见第二部分“6.3.7 人行道延伸部分”。

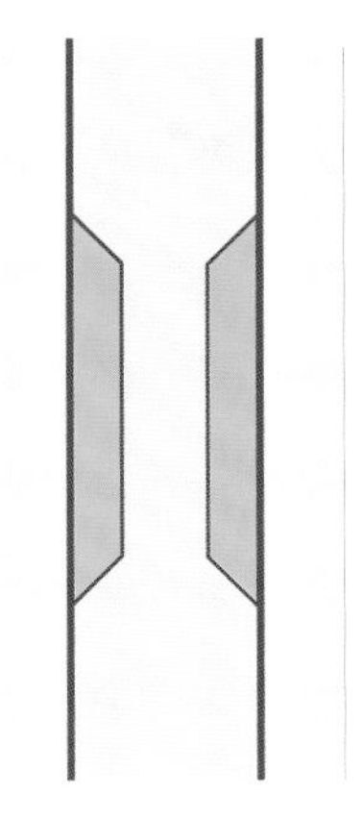

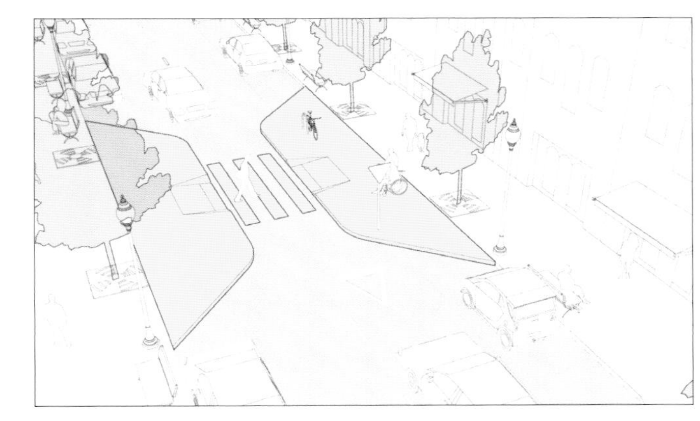

减速弯道和车道变换

减速弯道和车道变化是使用交替的停车场、路缘扩展带、边缘安全岛，形成S形行车道，可以降低车辆速度。详见第二部分“6.3.7 人行道延伸部分”。

中央隔离带和安全岛

抬高的中央隔离带和行人安全岛可以缩窄行车道的宽度，即使是相对狭窄的街道也如此。也可用于组织交叉路口的交通，或在重要节点限制通行。详见第二部分“6.3.6 行人安全岛”。

迷你环形交叉路口

迷你环形交叉路口是交叉路口处的圆形岛，既可降低速度，又可组织交通，车辆需围绕小岛行驶，不应直接穿过十字路口。详见第二部分“11.4 迷你环形交叉路口”。

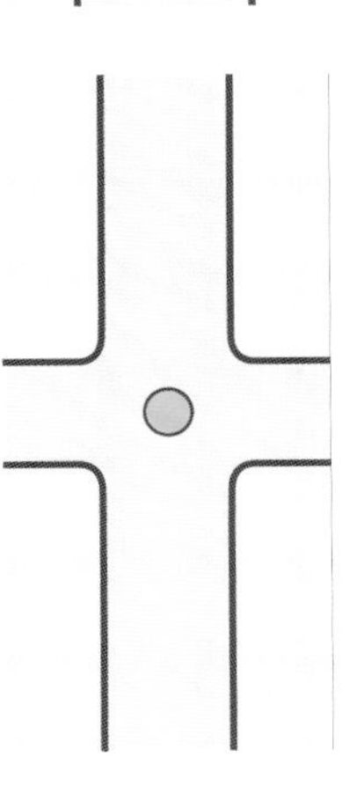

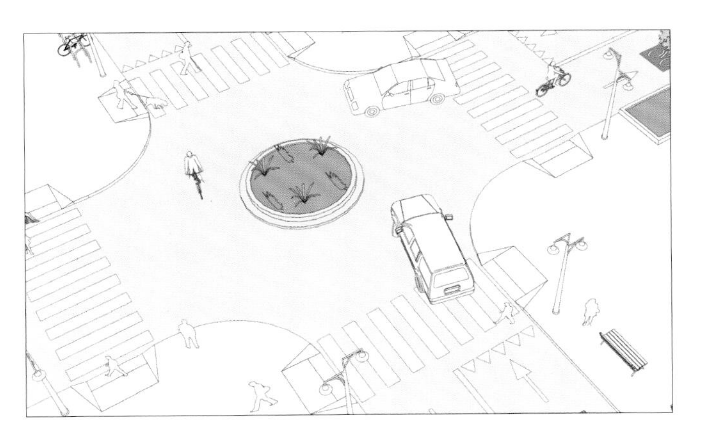

减速带

将道路一部分以正弦形抬高，可以形成减速带，通常为10~15 cm高、4~6 m长，尺寸可根据街道的目标速度进行调整。减速带通常由与道路相同的材料构成，也可使用其他材料。

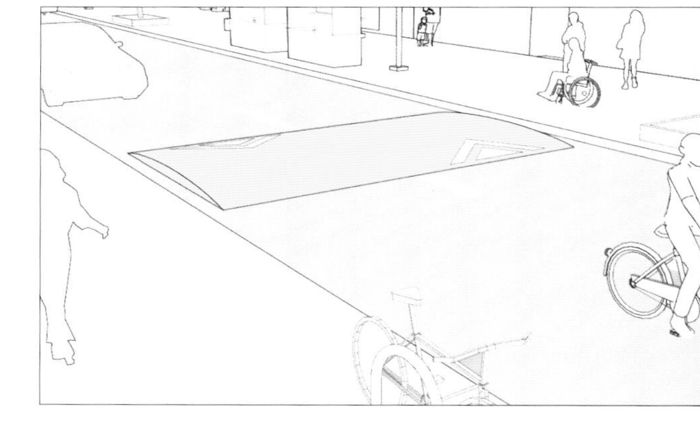

减速缓冲垫

减速缓冲垫与减速带类似，但具有切口，允许大型车辆通过，如公交车，且不影响速度，但可以降低汽车的速度。

减速台

减速台与减速带类似，但有一个平顶，通常长度为6~9 m。当减速台与人行横道、交叉路口或道路中段相交时，可称为抬高的人行横道。详见第二部分“6.3.5 人行横道”。

路面材料和外观

通过可增加视觉效果的特殊处理方式，路面外观会有所改观，如彩色或图案冲压的沥青、混凝土或混凝土铺路石，让驾驶员更容易进行减速处理。也可以对人行横道和交叉路口进行喷涂，突出交叉区域。

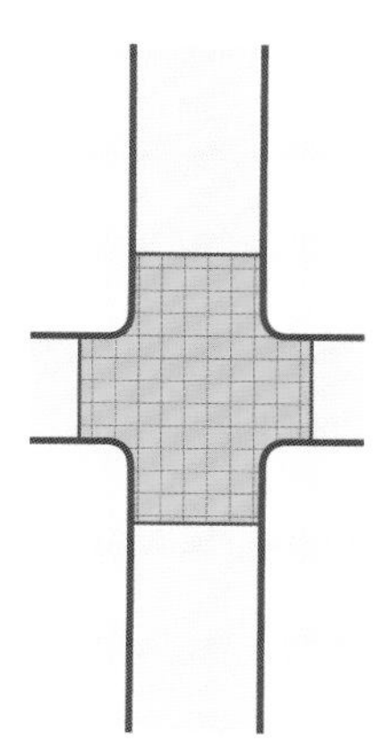

双向街道

双向街道，特别是轮廓狭窄的街道，可以促使驾驶员对迎面而来的车辆提高警惕。详见第二部分“10.6.2 中央双向街道”。

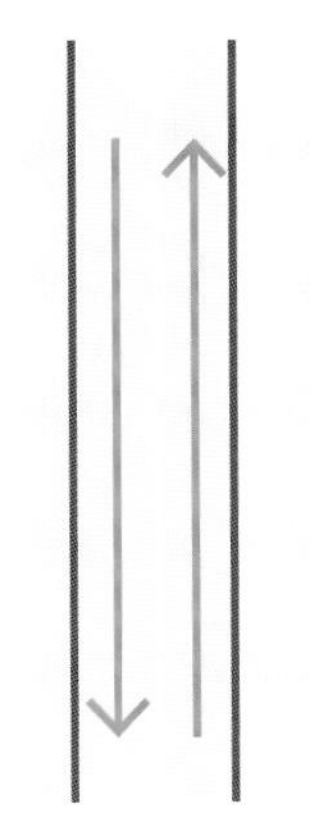

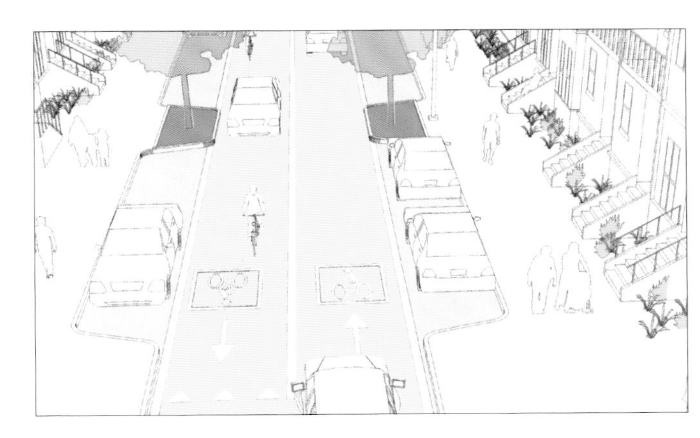

信号灯的实时配时算法

在一定时间周期内，信号灯的实时配时算法有利于更好地调控骑行和车行速度，保障街道交通的安全。详见第二部分“8.7 速度管理”和第二部分“8.8 标志和信号”。

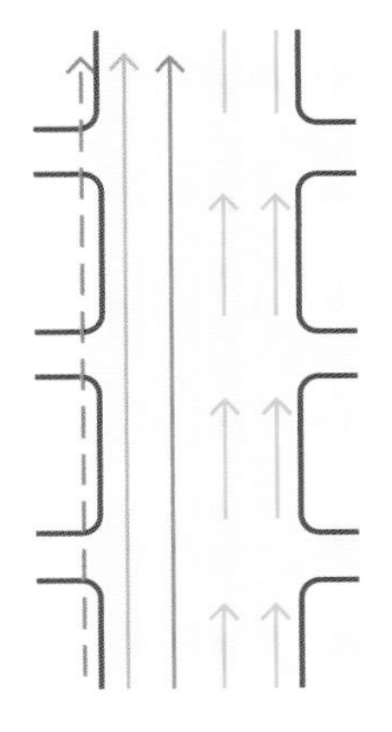

分流器

运用分流器，或采用其他策略进行流量管理，如限制行驶和限制访问，有助于降低机动车的速度。减少交通流量，可以显著提升自行车骑行者的舒适度。详见第二部分“8.5 流量和访问管理”。

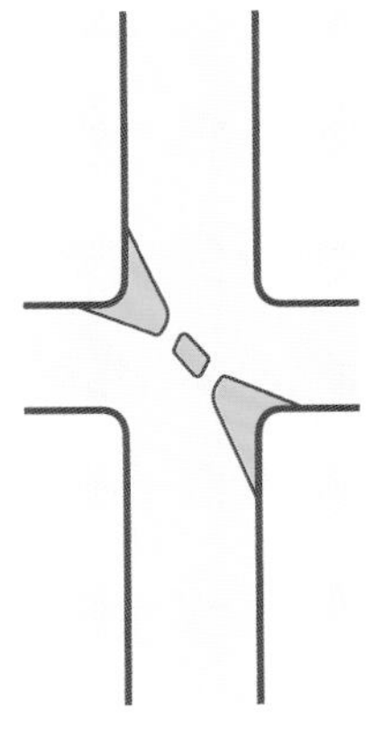

共享街道

移除行人、自行车和机动车之间的物理间隔。共享街道措施会迫使所有用户共同使用街道，增强用户的安全意识，并降低车辆速度。详见第三部分“10.4 共享街道”。

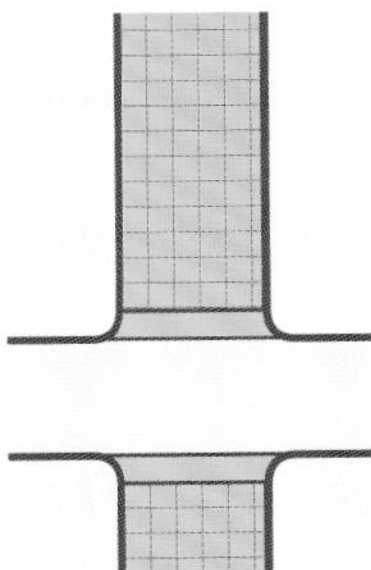

6.7 | 为货运和服务运营商设计街道

6.7.1 | 概述

城市街道上的大量交通是由运送货物到当地商店、工厂、酒店等商业场所而产生的。这些车辆比普通汽车要大，且需要专门的空间来装卸货物。

虽然高效、可靠的货物运输对城市的发展作至关重要，但必须将其与其他用途和需求的交通模式进行平衡。

货运车辆通常需要较大路边空间和较复杂的操作，可以将其引导至指定的卡车路线和廊道，或远程货运配送中心。

假设大型货运车辆是街道非经常用户，设计行车道和交叉路口，应以尽量减少对其他街道用户的影响。

具有战略意义的可用道路和卡车路线可以最大限度地降低对当地社区的影响。推荐使用清洁货车，以减少二氧化碳排放，并为毗邻住宅区的卡车路线提供噪声和空气质量缓冲。

在高密度城市地区，应提供手推车的运行空间，限制在路缘坡道以及人流量较大的商业活动廊道设置装货区。与当地企业进行合作，以便在制订全市战略过程中了解具体需求。

可以将货运和城市服务的运营时间限定于清晨或夜晚，以避免与白天交通，以及其他可持续交通模式产生冲突。

速度

由于大型车辆和卡车的质量较大，应将其在城市街道中的速度限制在30 km/h，不能超过40 km/h。城市街道的设计应最多支持40 km/h的车速，转弯半径应能够迫使车辆缓慢转弯。详见第二部分“6.6.5　拐角半径”。当小型商用车、轻型卡车与行人共享街道时，速度不应超过10~15 km/h。详见第二部分“9　设计控制参数”。

装卸车辆　　共享空间　　城市街道　　仅在非高峰时段，信号化的多车道街道

0 km/h　　10~15 km/h　　30 km/h　　40 km/h

变量

运输货物的车辆种类繁多，包括大型卡车、多用途运载车，以及用于本地配送的手推车和手板车。因环境不同，城市服务车辆会存在较大差异，包括消防车、废物收集车和街道清洁车等。城市大多数街道的设计不应容纳大型卡车，在大型卡车必须行驶的地方，街道设计应允许车辆进入多个行车道，以适应车辆的转弯半径。城市街道应只允许平头卡车和低驾驶舱卡车通过，因其可见度和安全性更高。

商用车和轻型卡车

这类卡车过去通常用于将货物从城市物流中心运送至城市中。尺寸比个人机动车要大，但不需要更宽的拐角半径和车道。

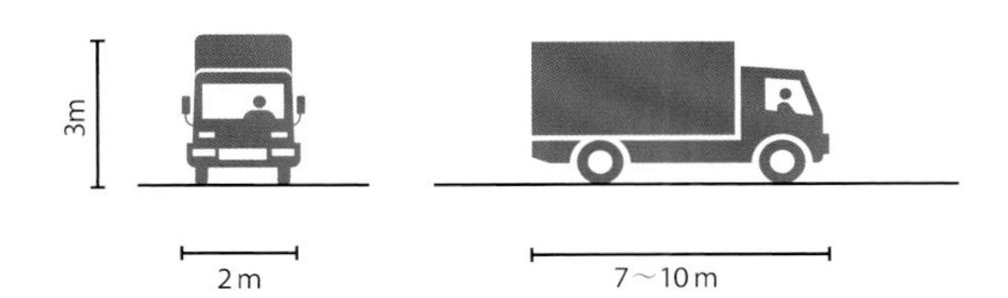

城市服务车辆

城市服务车辆（如垃圾车和应急车辆）的尺寸应适应当地环境，尽可能为环境所包容。

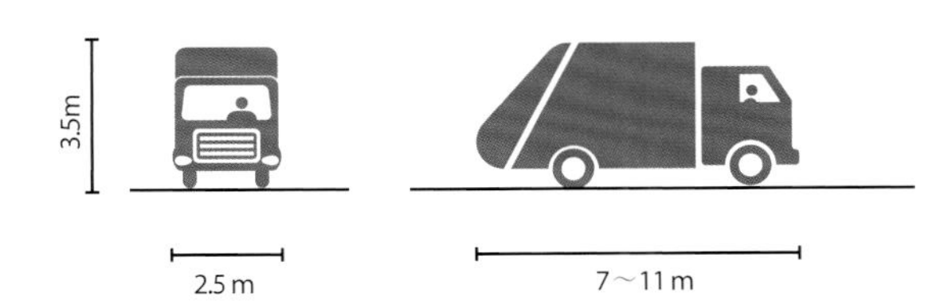

指定路线上的大型卡车

在指定街道的信号化交叉路口进行转弯时，允许大型卡车占用完整的交叉路口（侵入对面车道），在这种情况下，路缘半径应保持尽可能小的尺寸。

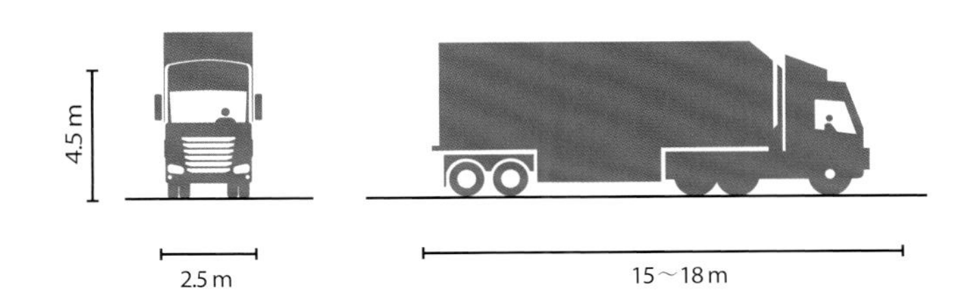

6.7.2 | 货运网络

街道网络必须为不同的用户提供多功能的服务，但并非每条街道都应允许运输货物的大型车辆通行。促进可靠的运输和货运对于经济增长至关重要，但必须适应拥堵的街道环境，并不以牺牲充满活力的街道环境为代价。

创建一个容纳货运车辆的网络，可有效提高城市的交通效率、减少空气和噪声污染。设计应满足较小车辆的使用需求，偶尔允许大型卡车进入。

可用路线

运输货物的大型车辆通常从接入点进入区域公路，大量卡车运输带来的排放和噪声污染与公共卫生问题相关，如高哮喘发病率和压力等。这些路线规划应绕过住宅区以及行人和自行车流量大的地区。

配送网络

在城市商业区，货运和接送业务比较频繁，大量人流和大型货车之间存在一定的冲突。可指定一些特定区域，将货物从大型车辆转移到适合城市街道规模的小型车辆中。

限制进入

将商业运输限制在非高峰或夜间，即街道不太繁忙的时段，并绕开夜间行人活动密集的地方。

装卸区

提供专门的装货区，以防止货运车辆堵塞人行道或自行车道。装卸区应设置在需要货物运输的街区中，并设置时间限制或许可限制。

最大限度地减少碰撞

大型车辆会对弱势用户造成安全威胁，如自行车骑行者和行人，特别是老年人、儿童和残疾人。在城市地区，大型车辆的速度应低于30 km/h。限制车辆在人流密集区转弯，尽可能减少碰撞的发生，在可能的情况下，避免卡车与自行车共享线路。

在确定进入街道网络的车辆尺寸时，应首先考虑安全性，街道设计应服务于弱势群体，而非“大块头”的机动车。

街道清洁车辆

保持街道清洁是营造社区环境和进行社区管理的前提，定期清扫街道可以减少进入集水区的污染物和碎屑。清洁车辆的尺寸也有严格的要求，但车辆尺寸不应主导街道设计。如果标准尺寸的车辆无法确保的自行车道的安全性，建议使用较小规格的替代品。

消防车和应急车辆

大型车辆可以在拥堵的地方进入专用的公交车道，并设置转弯半径，以穿越多条行车道进行转弯。凡是设有消防栓的地方，应确保有适当的无障碍空间，以便使用消防栓。

超大型车辆

在某些路线上允许载有大件物品的超大型车辆通行。如果这种类型的负载较少出现，可使用多个行车道、低街道设施和中央分离带。

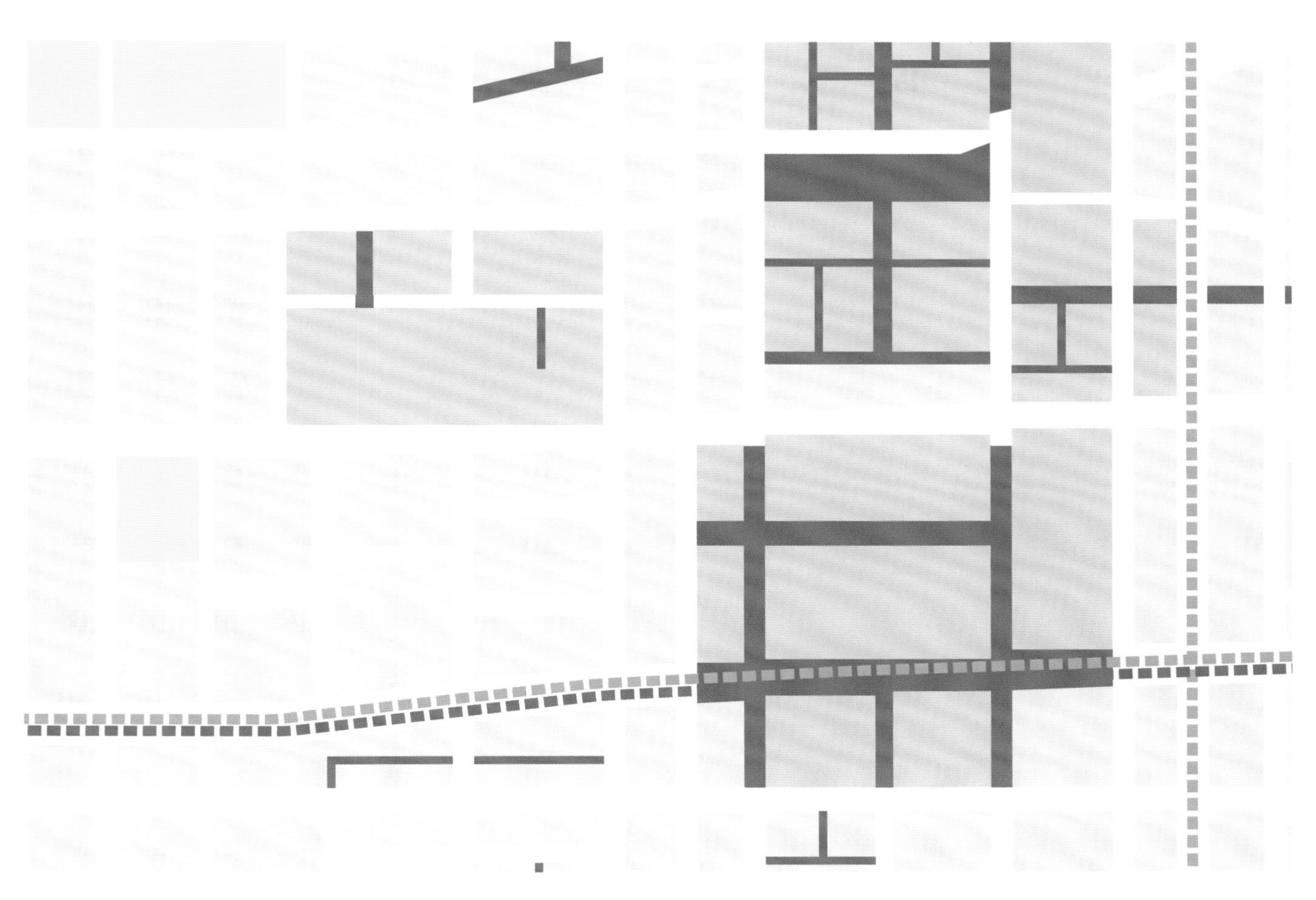

货运网络： 城市街道应提供安全、高效、可持续的网络，以满足货运和城市服务需求。卡车的通行路线应尽可能避免对当地居民产生负面影响，街道设计应降低大型车辆之间发生碰撞的风险。限制货运时间可以最大限度地减少拥堵，同时应平衡装卸货物与其他街道用途对路缘的使用

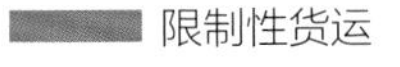 限制性货运卡车路线

■■■■ 超大车道

●●●● 服务车道

土耳其伊斯坦布尔，限制性区域只允许一些车辆进入某些区域

巴西圣保罗，带有装卸区的共享街道

瑞典斯德哥尔摩，标牌指示装货区和运送时间

6.7.3 | 货运工具箱

标牌

应标明卡车和大型车辆的指定路线，尽量减少对邻里街道的影响。标牌信息可能包括重量、高度和宽度限制。

专用停车场

大型车辆专用停车场可以有效避免与其他用户发生碰撞，应选择耐用的材料，以支撑重负荷。

转弯车道

在宽阔的街道上，中央车道或中央分离带可以作为大型车辆的转弯车道。当大型车辆转弯进入或离开较小的街道时，更大的车辆转弯半径使其需要使用两条车道。后退的停车线或采光交叉路口可以克服转弯困难，并确保所有用户的可视性。

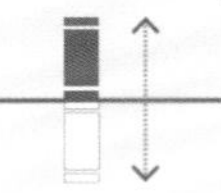

可伸缩、可移动的护柱

当装卸车辆和城市服务车辆需要进入限制常规车辆的地区时，应使用可伸缩、可移动的护柱，以方便车辆进入。

路缘坡道

允许大型车辆进入装卸区的路缘坡道，应尽可能与其他用途相协调。调整多个路缘坡道之间的最小间距，并限制其整体宽度，最大限度地减小单调的车库门对街景的影响。平衡货物装卸与活跃的底层、树木以及其他用途之间的需求。限制人流量大的街道上的路缘坡道，并将某些街道指定为服务廊道。

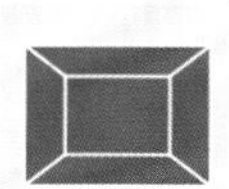

减速垫和减速台

减速垫和减速台有助于降低卡车的速度。在狭窄的街道上，减速垫和减速台抬高了水平面，因为公交车和应急车辆的车轮基座更宽，不会对其产生影响。

铺路材料

大型车辆对街道造成的压力更大，特别是在启动、停车和转弯时。对于指定的装卸区，应首选耐用的铺路材料，如混凝土板或块状铺路材料，而非容易弯曲的沥青。

时间限制

货运车辆应在非高峰期进入密集的城市地区，如清晨或夜晚。时间限制可以减少货运车辆与其他街道用户发生的碰撞，减少拥堵，同时促进更好的货运操作，并提高效率。

6.7.4 | 几何结构

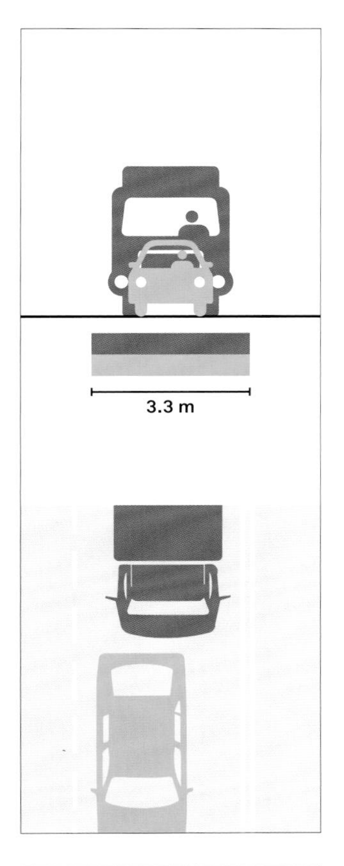

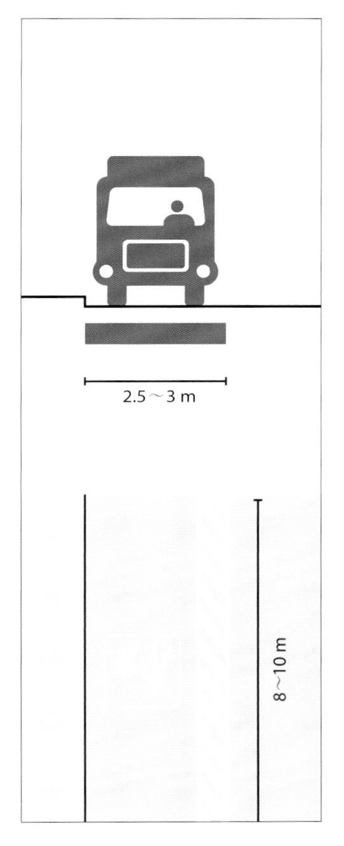

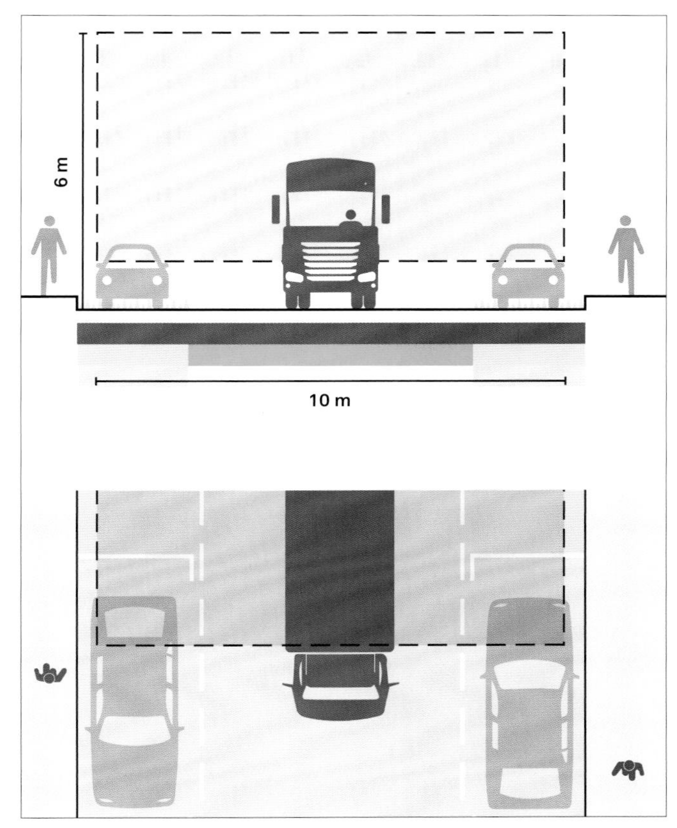

行车道

对于允许卡车和大型车辆行驶的行车道，建议宽度为3.3 m，明确标示允许卡车通行的线路或限制。使用货运车辆作为设计车辆，仅用其设置主要货运通道的宽度和拐角半径。在有货运需求的较小的线路上，可以将较小的车辆作为控制车辆。

装卸区

装卸区应远离交叉路口，以减少冲突，并设置在不会阻挡人行道或自行车道的地区。应战略性地部署装卸区的位置，以补充其他城市街道活动。限制装卸区的使用时间，时间限制应适用于人流量大的地区。

超大车道

允许高负荷的超大型车辆（如预制材料、大型施工机械）通行的线路应设置在10 m宽、6 m高。应战略性地选址，将货物从转运站运送到更窄的街道，将其限定于非高峰时段，并注意对花盆和路缘扩展带等低街景元素的影响，以确保道路畅通。

6.7.5 | 货运管理与安全

战略规划

城市可以制订综合交通规划，以管理货物运输，提高效率，减少对高密度城市地区的影响。全市规划应包括时间限制，包括限制允许装卸货物的时间段。综合交通规划应确定卡车的优先路线，满足本地需求、区域吞吐量、超大车辆。分析如何为街区提供装卸空间，并确定地区收费或拥堵定价策略。

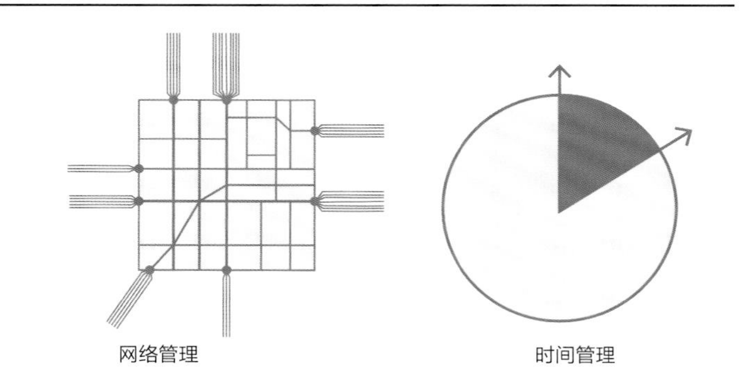

整合配送中心

在高密度城市中心周边，仓库设施可以整合入境货物，再由小型车辆进行配送，包括小卡车、手推车、货运自行车，有时也可以是货船。整合配送中心可以减少发生交通拥堵和冲突的风险，同时应使用低排放车辆。

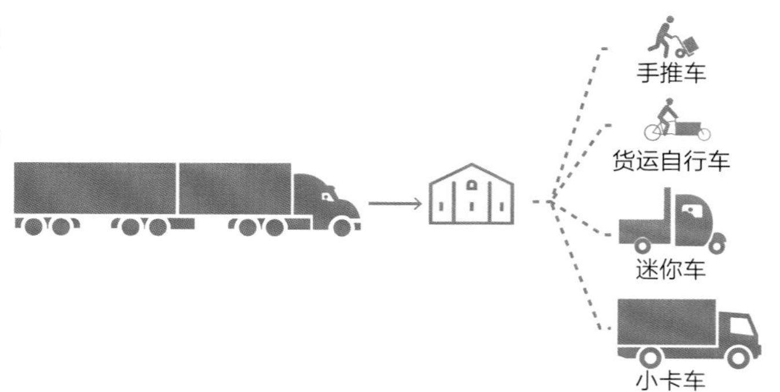

服务街道和小巷

一些城市已经建造了小巷、小型服务道路或车道网络，将货物搬运到小巷和服务道路，可以实现更直接的访问，并减少交通拥堵。设计容量和可及性时，应结合潜在的车辆尺寸，并设计供大型车辆低速行驶的道路宽度和转弯半径。在出入口设置抬高的人行横道，以营造舒适的行人环境。

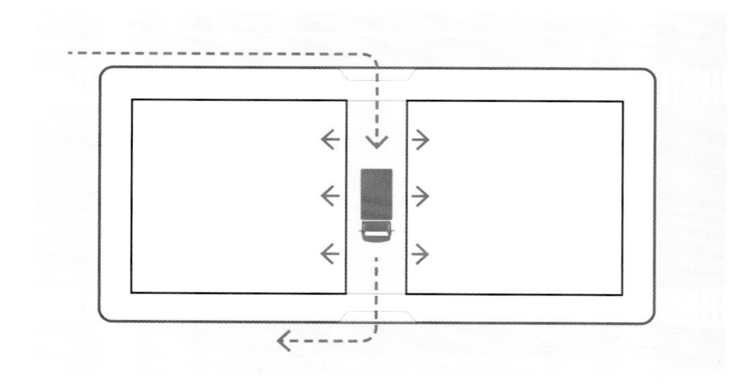

安全的车辆设计

在城市街道上行驶的货车车辆，特别是大型卡车，应配有安全设备，如侧挡板和后视镜。这些设备可以降低大型货运车辆转弯时与行人、自行车骑行者发生碰撞的概率。在为卡车配备侧挡板以后，英国行人和自行车骑行者的死亡率分别下降了20%和61%。高密度城市区域应只允许平头卡车和低驾驶舱卡车通过。事实证明，这样一来，可见度和安全性更高。

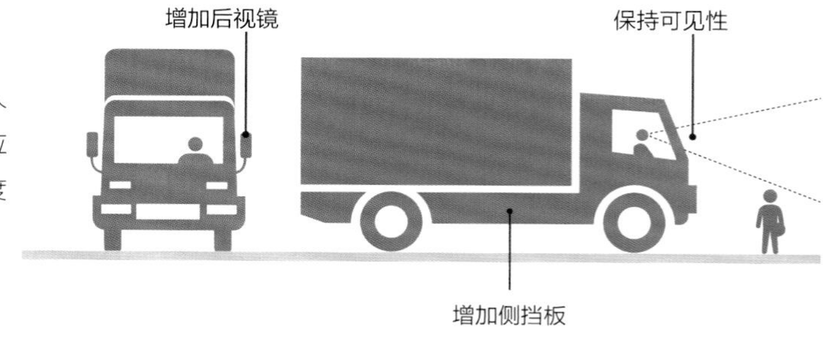

联合运载系统
日本横滨，本町区

为了更好地协调横滨繁华商业区的装卸活动，当地企业主与城市有关部门、购物街协会合作开发了联合运载系统，以解决交通拥堵、改善街景质量。在没有市政府任何补贴的情况下，企业聚集在一起，制订了一个试点计划，收集、分类并配送该地区500个商店、850个私人住宅85%的货物。该系统使本地的运输车辆减少了50%，并将压缩天然气（CNG）车辆取代柴油车辆，以减少碳排放。

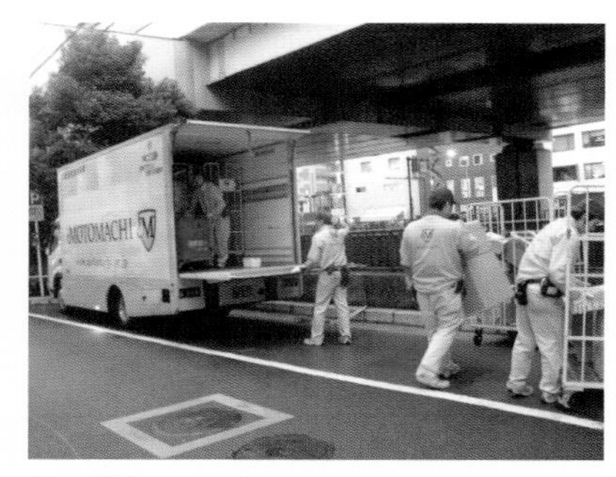

日本横滨

非机动车运输
印度新德里

在印度新德里，人力三轮车广泛用于乘客运输，但在货物运输方面利用不足。非机动化货运正因其经济和空间效益而变得合法化。机动车会对其他道路使用者的安全造成威胁，也产生了更多的有害气体排放。规划人员和研究人员特意将非机动货运车辆放置在独立的街道设施中，以增强街道的安全性，减少环境污染，提高货物的流动性。

印度新德里

“4R”货运政策
英国伦敦

为了解决货物的运输问题，确保弱势群体的安全，2011年，伦敦交通局在货运论坛中召集了一大批利益相关者，以讨论并制订改善货物运输和大型车辆安全的策略。伦敦交通局制订了“4R”货运政策：减少出货次数（加大出货量，以减少出货次数）、限制时间（在夜间或非高峰时段进行货运）、重新确定路线（改变卡车路线、交货顺序和仓库位置，以缩短距离里程）和改变模式（采用步行或自行车来实现最后1 km的配送）。

2012年奥运会期间，通过协调储存和整合货物，伦敦市的白天货运量下降了20%，货运活动减少了10%。

英国伦敦

配送中心和环境的适应性
荷兰乌特勒支

乌特勒支市是荷兰重要的货运集散地。为了应对货运活动造成的中心城市交通堵塞，以及对中世纪街道基础设施的损坏，城市开展了广泛工作，以减少拥堵和尾气排放，并提高货运效率。该市与私营公司合作，在市中心外设置了配送中心。私营公司负责完成距市中心最后1 km的配送工作。该市倡导使用创新型货运车辆，如电动船和底卸式货车，以及可拉动多个拖车的小型电动车（这种车辆可以在狭窄的城市街道中行驶）。

荷兰乌特勒支

6.8 | 为商贩设计街道

6.8.1 | 概述

许多人利用街道开展日常商业活动，店铺的前门处于街边，货物和服务延伸到人行道上，在街道上摆放摊位，或在城市中推着手推车。商贩在塑造充满活力的街道方面发挥着关键作用。

街道商业活动一般是流动的，有时也是固定的，是每个大城市的重要组成部分，能够满足人们对商品和服务的需求。这些商品和服务非常具体，且随时间和地点的变化而变化。街道商贩、售货亭业主、水果摊位、食品车及商业机构的延伸，能为乘客、行人和附近居民提供便捷的服务。应将商业活动空间纳入街道设计之中。

在商品买卖和运输服务需求量较大的地方，例如，中心市场、旅游景点和换乘站等，可以在扩展的人行道或停车场设置专用空间。

灵活处理单调的建筑边缘，如果位于停车道中段，可在行人和相邻的移动交通之间提供很好的缓冲。

商业是城市的重要组成部分，街道设计应满足正式和非正式的商业活动需求。

商业活动应限定在给定的位置，并能满足不同用户的需求，始终有利于营造安全且充满活力的街道环境。有以下注意事项：

- 针对当地情况进行选址和定位。
- 保持适当的距离，以确保行人线路和人行横道的畅通。
- 使用停车道或人行道沿线的设施区。
- 任何固定、移动结构的尺度和设计。
- 许可流程和本地执法。
- 使用时间和季节。
- 充分了解法律法规。
- 持续维护，包括定期清洁和废物管理。
- 涉及食品和饮料的健康和安全标准。
- 电力和水等公共事业设施的可用性。

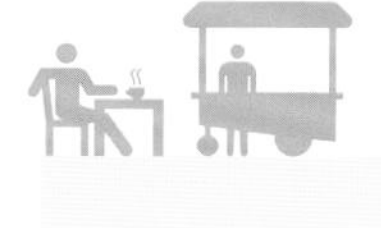

0 km/h　5 km/h　10 km/h　15 km/h

变量

商业用途可以为街道带来生机和活力，有利于当地经济的发展，让街道更宜居，更具吸引力。许多类型的商业活动会提供便利的设施，并为街道增添特色，包括人行道上的咖啡馆、市场摊位、食品车和手推车等。

意大利米兰，人行道上的咖啡馆位于历史悠久的城市中心，活跃了以行人为主的街道

人行道咖啡馆

人行道咖啡馆在活跃街道氛围和创建社区目的地等方面发挥着重要作用。在狭窄的座位区，0.5 m宽即可；对于较大的座位区，则需要1.5~1.8 m宽。

预留的区域不应干扰行人通道，根据人流量，行人通行区的最小宽度为2.4~3 m。可移动的椅子、小桌子方便拆卸，灵活性强。利用路边设施和花盆清晰地划分地带，方便有视力障碍的人使用。人行道咖啡馆的设计应具有普遍可及性。

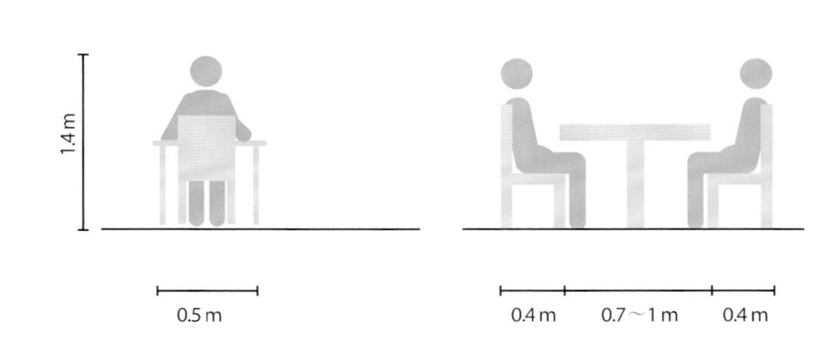

店面外溢和摊位

底层业务往往希望通过在其正面附近设置展示区来扩展店面，以吸引游客，或提高其关注度。这些区域只能超过店面的长度，除非覆盖空白的墙壁或围墙，宽度不得超过1.5~2 m。应保持人行道的畅通和商业的普遍可及性；制订本地指南，以明确展示区是否必须每天或每季拆卸。

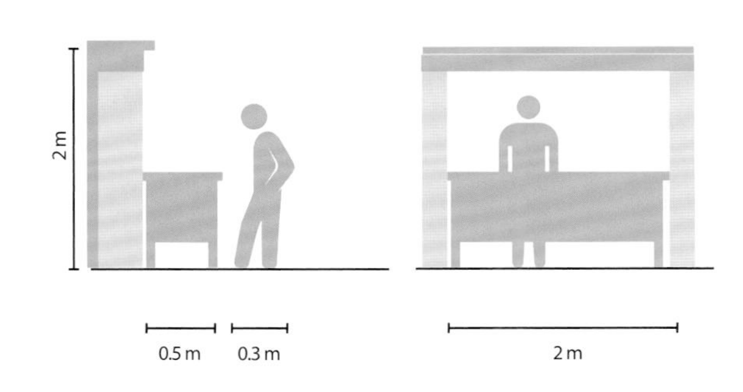

街道摊位和报刊亭

手推车、市场摊位和报刊亭有多种尺寸，可以是特定街景的偶尔性或常规性特征。可以将这些重要的街道用户设置在1 m宽的狭窄空间内，或者在繁忙的商业、市场环境中，设置3 m宽区域。

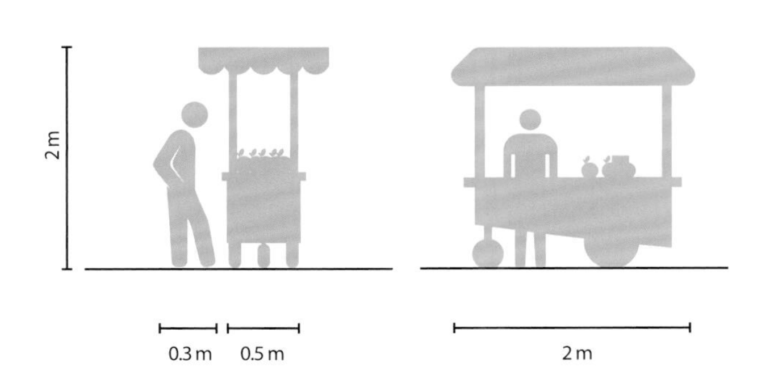

6.8.2 | 商贩工具箱

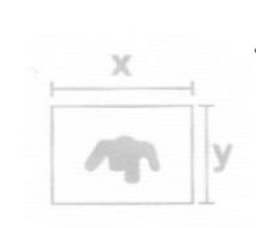

选址指导

在对商品和服务有潜在需求的地方，例如，主要交叉路口、公共交通枢纽、公园和广场附近，可设置街道摊位。城市可以制订规划和指导方针，以便在相关地点容纳街道摊位，并避免与其他用户和商业活动发生冲突。

专用空间

为街道商贩创建专用空间，便于其安全、舒适地开展业务。避免在拥挤、狭窄的人行道上干扰行人，确保通行区的整洁。可以为人行道、停车道或扩张区分配专用空间。

座位

在商贩高度集中的地方提供座位，同时确保人行道的畅通。为行人提供临时的专用空间，使用可活动的椅子、桌子将具有非常高的成本效益。

存储

为街道商贩提供储存空间，可以提高其舒适度，改善工作条件，同时允许商贩将未出售的商品存放在指定区域。在特定地区，如广场和游戏场，街道上的固定摊位也可强化空间特征。

电力

如果在冬季销售食品，需要为商贩提供电气和取暖设备。特别是在密闭的空间中，使用电气设备比天然气、木材更安全。

水和废物

获取淡水是确保食品商贩提供健康、卫生食品的最低标准。在商贩密集区，应提供适当的垃圾容器和有效的废物收集处理，以保持该地区的清洁。提供单独的容器，分别用于收集可降解的材料（如食品和其他有机废物）和可回收物品。

照明

确保专门的售货区有充足的照明，为客户和商贩运营提供安全的环境。为区域提供照明，有助于鼓励人们在此停留更多的时间，并活跃空间氛围，照明也能吸引街道用户的注意。

营业时间

城市可能规定街道商贩在特定地点或日期内营业。在周末或午餐时，将街道临时作为行人专用，可以增加中等人流量地区的街道活动，或在其他拥挤的地区容纳更多的供应商。

6.8.3 | 几何结构

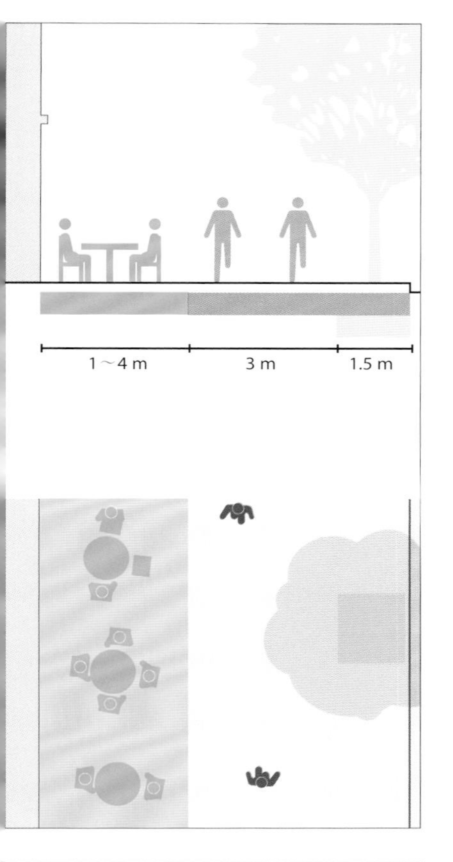

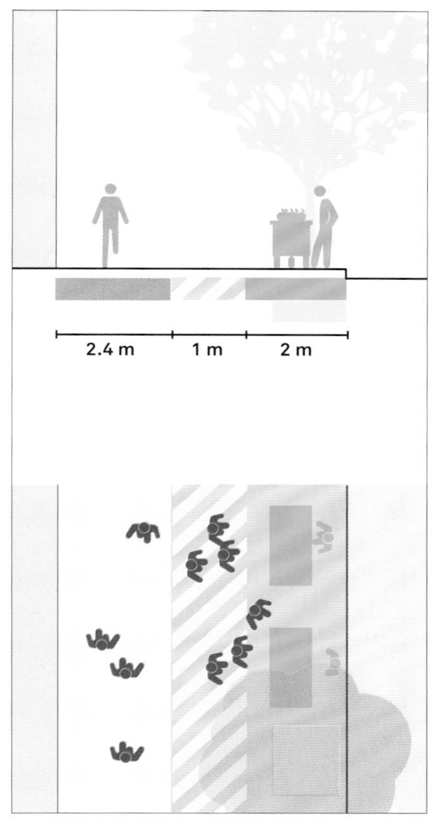

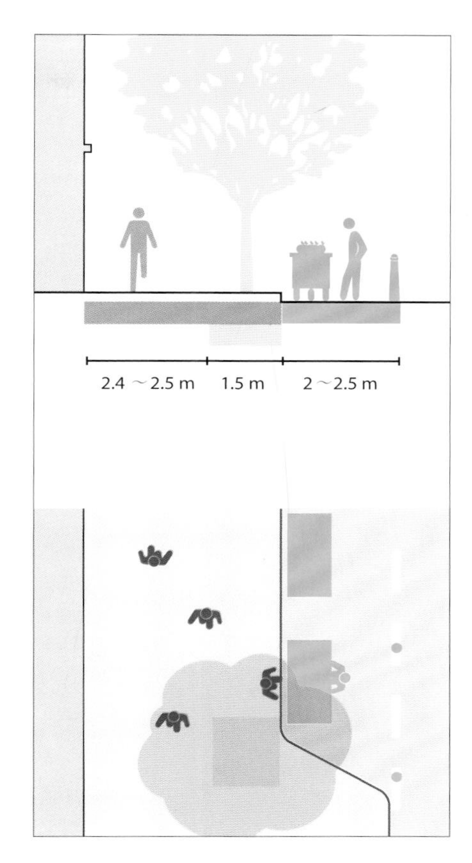

商业用途的扩展

底层扩展在活跃街景方面起着关键作用，应使其在视觉上有吸引力，并为当地商业提供宝贵的额外区域。规划和设计户外用途，如展示商品的摊位、衣服、书籍、鲜花或水果等。户外用餐空间可以设置几个桌子。如果要保留畅通的人行道，则需要1~4 m的宽度。践行本地许可证制度，有助于规范尺寸、通行区和运营时间。

人行道上的摊位

如果人行道足够宽，可以将摊位设置在街道设施中，为行人的移动或车辆的停泊提供缓冲。应为摊位提供至少1 m宽的空间，以及至少1.8 m宽的通行区。当空白的建筑立面、退界、空置地段或停车场位于人行道边缘时，当地商业活动有利于活跃街道，使其更具活力和吸引力。

扩张区摊位

扩展区摊位通常为2~2.5 m宽，路边停车场可以供商贩使用。摊位可以与座位、停泊的汽车、装卸区和其他用途相交替，以活跃人行道边缘地带，并保留通行区。可以宜用栏杆、花盆、反光标牌等进行垂直保护，以确保行人的安全。

6.8.4 | 选址指导

不少城市已经制定了许可制度和选址政策，确保街道可以容纳安全、便利的商业活动场所，以保持人行道畅通，避免将行人挤入行车道。与企业和商贩进行沟通，制定适合当地情况的政策。

定位

应分析街道网络、环境、大小和特点，以确定适合商业活动的区域。商业活动只能在宽度至少为4 m的人行道上开展，任何时候都不允许其阻碍通行区。在街道上，一般的商业活动场所包括：

- 作为底层用途延伸的建筑边缘附近。
- 人行道设施区域。
- 人行道延伸部分或停车场。

间隔距离

当位于人行道设施区时，摊位应至少：

- 距离路缘边缘0.5 m。
- 距离街道设施2 m，如长凳和消防栓。
- 距离树木和花盆1.5 m。
- 距公共交通站、上车区和装卸区2.5 m。
- 距人行横道3 m。
- 距建筑入口6 m。

划界

使用嵌入地面的标志、油漆、粉笔线、护柱或其他材料，在视觉上指示允许进行商业活动的区域。

选址指导的沟通

确保将街道商业活动的当地指导通过视觉传达给受众群体，可采用印刷和在线形式，并提供采用多种语言。

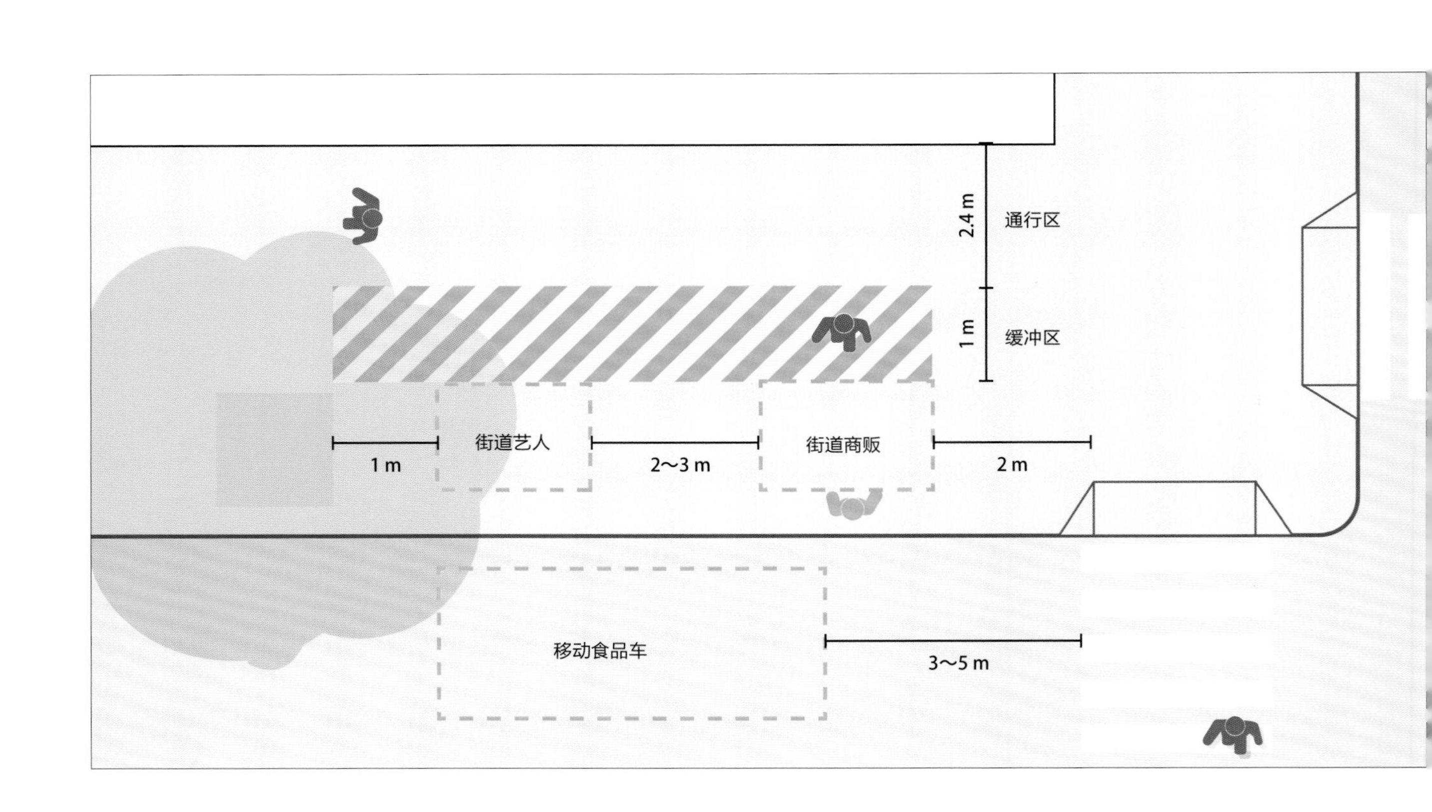

新加坡：组织商贩

新加坡拥有超过100个专门的食品街道和小贩食品市场，这些“露天美食街”具有组织完善的摊位和临近座位设施。艾伯特购物中心和滑铁卢街是典型的行人专用街道，可容纳大量行人和街道商贩。

从1992年开始，新加坡大约用了六年时间来完成这些工程。完工以来，它们就成了城市零售区域的范例。在寺庙和其他景点附近，众多商贩有序地销售各种文化用品和食品。商贩由新加坡都市重建局组织，并将其作为国家艺术理事会街道项目的一部分。

新加坡街道商贩

街道商贩政策
泰国曼谷

截至2010年，曼谷大都会区确定了40 000多个官方街道商贩，其中50%的商贩被授权在指定的空间内销售物品。曼谷变得更加宽容，能够接纳甚至支持某些地方的商贩活动，因其认识到街道商贩对城市的文化、经济，以及数百万居民生活的重要性。曼谷市政府制定了有关街道贩卖环境、卫生和扶贫的标准。

曼谷的街道商贩政策：1973至2013年，允许商贩在政府安排的空间内进行贩卖活动，不必缴纳任何费用（除了用于清理摊位所在人行道的少量费用）。这些政策有利于政府承认先前非正规的市场，改善街道的卫生条件，并促进当地商业的发展。

泰国曼谷

《街道商贩指南》
美国纽约

《街道商贩指南》是由城市教育学中心和艺术家坎迪·常（Candy Chang）于2009年联合制定的。这份简短的文件旨在帮助城市中10 000多个街道商贩了解自己的权利和义务。它是街道商贩行为规范的指南，已有十余种版本，包括英语、孟加拉语、中文、西班牙语和阿拉伯语。内容涉及街道商贩的历史、商贩的个人故事以及相关的政策等。《街道商贩指南》已成为一个强大的工具，方便商贩更好地开展业务，并促进其与当地政府、执法部门进行更好地沟通。

美国纽约，街道商贩在阅读《街道商贩指南》

Ridge St
GIVE WAY TO PEDESTRIANS
STOP
40

7

公共设施和基础设施

公共设施能够显著改善社区居民的生活质量、促进社会和经济的发展，但公共设施的不当规划和维护会限制地区的经济发展。公共设施和基础设施的规划与维护涉及大量机构和利益相关者，因此，机构之间的协调至关重要，特别是当涉及街道工作时。常见的问题包括成本高、成本确定性差、监管过程复杂、缺乏协调，以及受现有公共设施规划状况和空间影响。

必须进行综合规划，景观美化、绿色基础设施、项目愿景必须与公共设施和基础设施的规划协调一致。

综合规划的必要性可以在绿色基础设施中得到体现，这是管理雨水和自然资源的好方法。有效的技术和照明有利于改善街道的使用状况，缓解各用户之间的冲突，并保障用户的安全感。这些技术常用于辅助安全措施和设备监控，并通过导航系统、信息发布和用户激活等来增强用户体验。

澳大利亚悉尼

7.1 | 公共设施

街道设计应与基础设施相协调，如水、风暴、下水道、电力、通信、煤气和照明。采用节能、高效的公共设施和绿色基础设施，如透水条、多孔路面、再生水系统、区域冷却，以及废物自动收集系统。

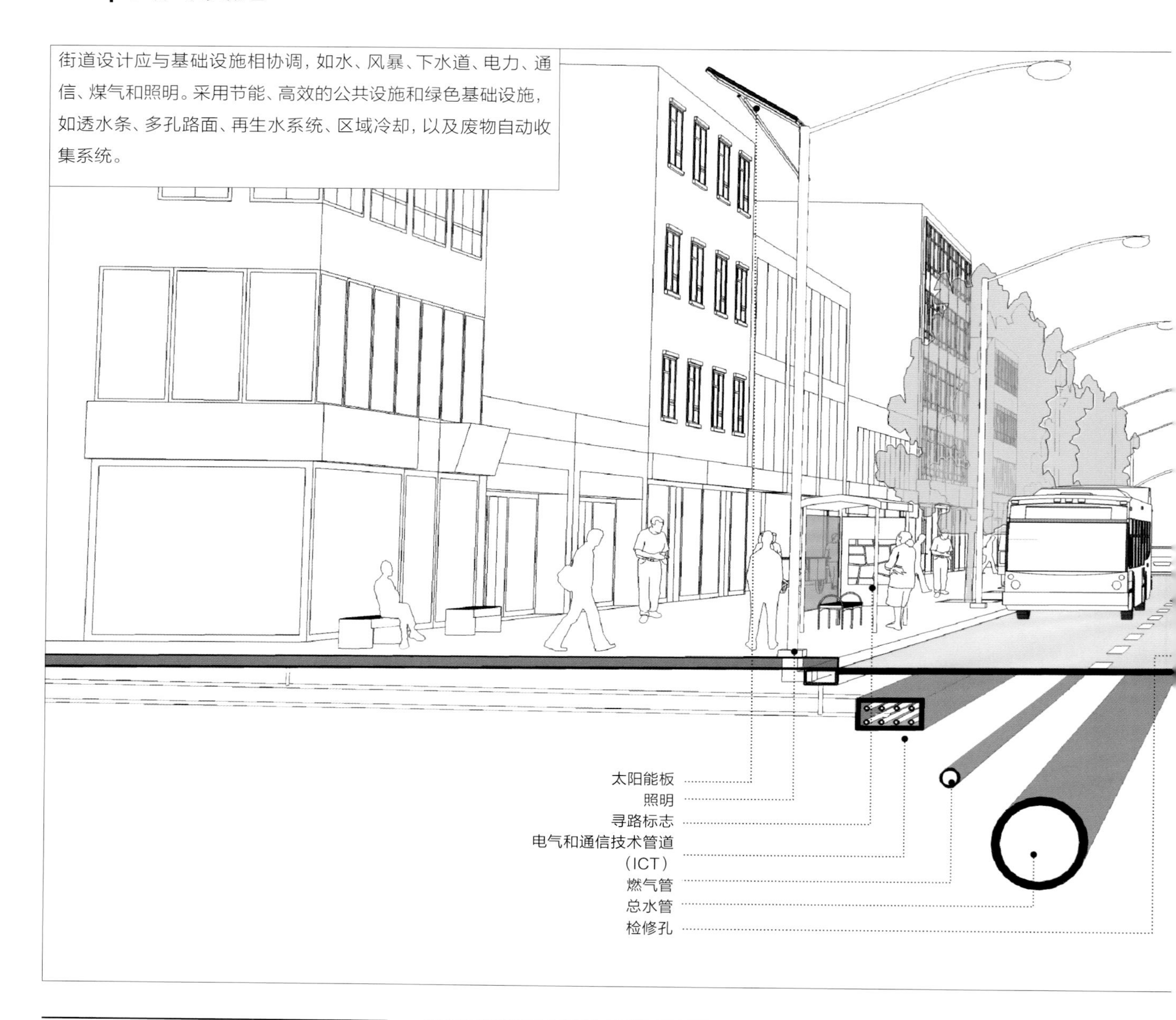

雨水和污水处理

雨水和污水处理设施有利于保持公共健康和卫生，降低下水道溢流和水污染等环境风险。雨水系统可收集降水和溢流出来的水，污水管道将家庭和建筑的废水沿街道连接到污水处理设施的总管道。在某些情况下，是独立的系统，有些时候亦可结合使用。

电力和通信

电力和通信基础设施对整条街道和城市至关重要。电力和通信电缆可以为街道提供照明和信号，并为沿街的家庭和企业服务，是支持当地社会和经济投资的关键服务。街道可以设置基础设施，服务于可持续发展的社区，如太阳能板和公共Wi-Fi热点。

供水和消防

清洁的饮用水应通过一个综合供水管网输送至整个城市，这些管道的运行按照重力原理，并应与街道网络相一致。消防用水可通过与消防栓相连的专用或共用管道予以输送。

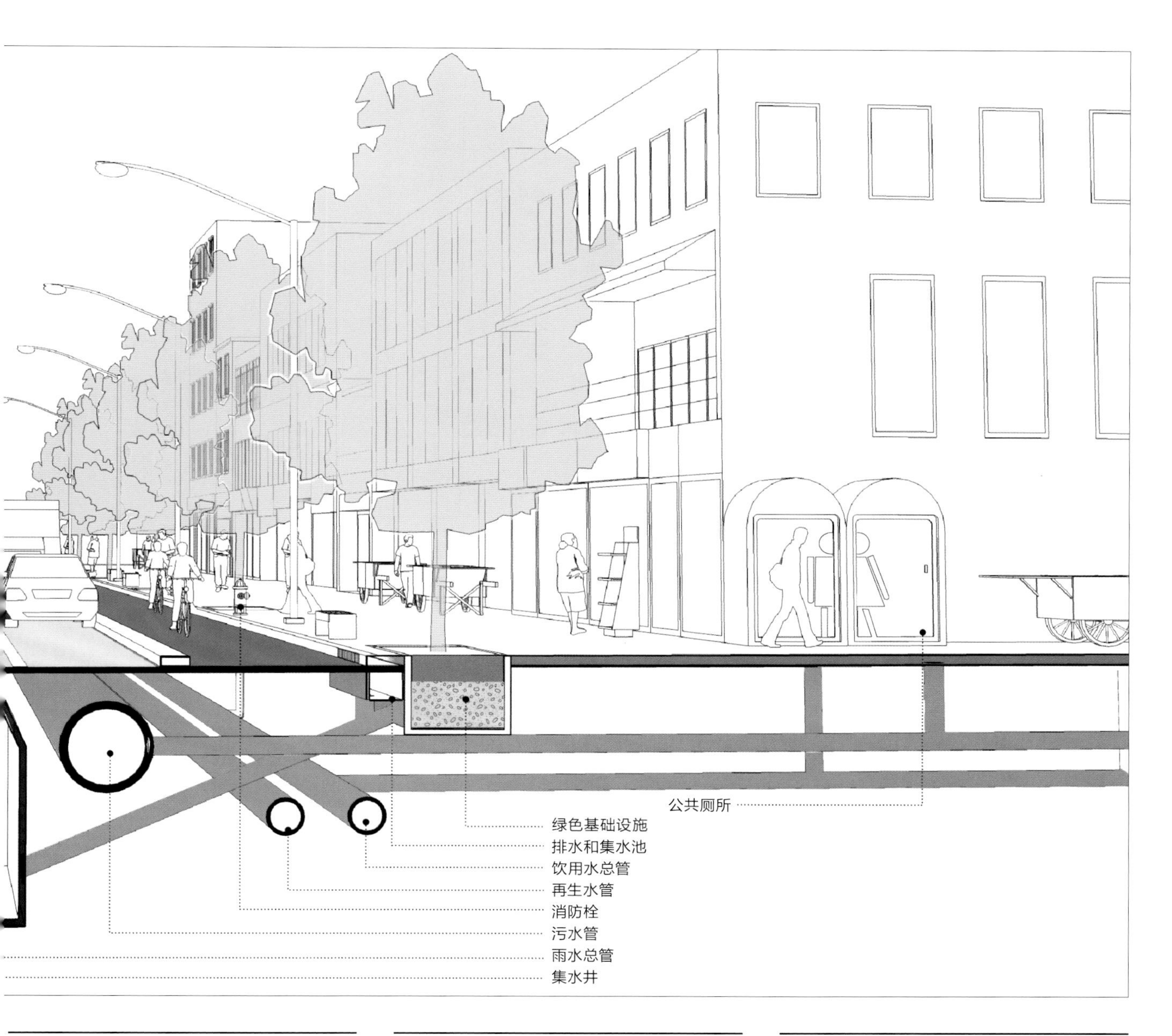

绿色基础设施

绿色基础设施是雨水和污水基础设施的补充。通过渗透或蒸发，绿色基础设施可以降低雨水系统的压力，从而提高街道环境的质量。详见第二部分“7.2 绿色基础设施”。

照明

保障所有用户的安全，尤其是在步行区和易发生冲突的地区，如行人、自行车横道和交叉路口，可以通过地下电缆、内置太阳能板为路灯供电。详见第二部分“7.3 照明与技术”。

公共厕所

沿主要街道廊道，或在物资匮乏的地区，提供公共厕所基础设施，通过人人可用的卫生设施，提高生活质量。

7.1.1 | 地下公共设施设计指导

菲律宾马尼拉
暴露在外的气阀管和仪表

巴西圣保罗
街道修复工程中，正在建设的下水道

注意事项

公共设施的安装、维护和维修通常涉及大量公共和私人机构，需要统一协调和综合规划。

机构之间应预先沟通和协调相关的维护工作，这是减少常见问题，并确保工作顺利开展有效手段。

在安装新的地下公共设施时，应与相关机构协调其他公共设施的位置。公共设施规划、设计和维护决策在很大程度上取决于整个系统的运行。

综合考虑每条街道的土壤类型和渗透率、基岩位置、植被、地下水深度、水质、降雨量、局部气候和温度极限（如霜冻和高温）。

设计指导

根据市政当局和公共设施的要求，提供退界、间距和覆盖深度指南。覆盖深度是指从管道或渠道顶部到道路面层。

在新路面和人行道表面竣工之前，安装公共设施。在人行道、中央分离带、停车场、缓冲区或行车道沿线部署公共设施时，应在其上层街道重建和最后修整之前安装，所有与建筑连接均应安装到建筑红线上。

将优先公共设施安装在易于使用的区域，以避免频繁的交通干扰，特别是高容量车道。优先考虑使用频率最高的公共设施：

- 电气和通信技术总管
- 冷冻水总管
- 燃气管
- 污水管
- 雨水管

在重力管道上方安装灵活密封的公共设施，如水管和气管。针对特定地点和当地法规要求，选用公共设施材料，并考虑上层的预期负荷。

检查当地的土壤条件和地下水位，以确定地下公共设施的最小深度。如果无法达到最小深度要求，可以将其包裹在混凝土中，以保护道路下方的公共事业线路。

将公共设施平行于人行道或其他道路，如检修孔盖和服务箱应与表面齐平。表面元素的设计应能够支撑大型货运车辆的重量。

在树坑中使用根障，引导根茎向下生长，充分压实树坑周围的路面，以防止根部破坏路面。

7.1.2 | 地下公共设施安装指导

方案1
在道路下安装公共设施

优点

- 减少施工时间。
- 节省用地。
- 有利于构建紧凑的步行友好型街道。

缺点

- 维修时可能导致公共交通、自行车道中断和交通事故。
- 由于持续性的交通负载，可能需要额外的保护。

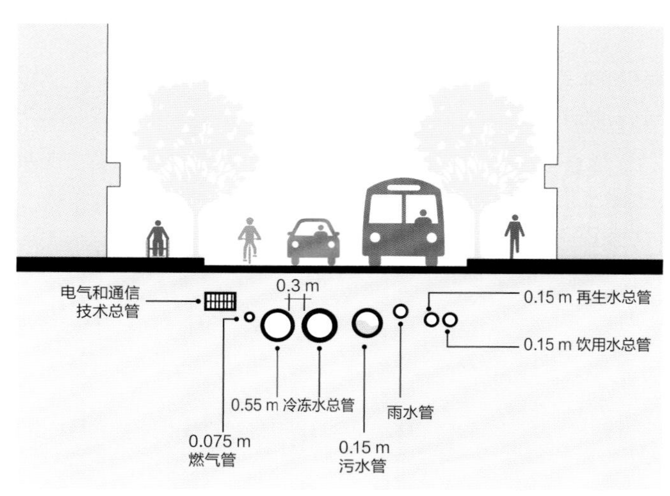

在道路下安装的公共设施

方案 2
在道路附近安装公共设施

优点

- 施工和维修期间不必封闭交通车道。
- 由于交通量降低，所需保护较少。
- 减少对未来道路扩张征地的需求。

缺点

- 需要更大的空间。
- 维修和维护期间，无法使用行人专区。

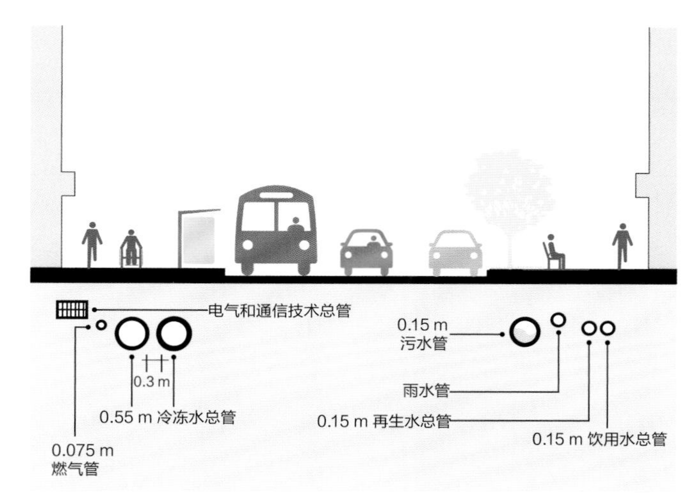

在道路附近安装的公共设施

方案3
在地下廊道内安装公共设施

优点

- 易于维修。
- 维护期间不影响交通。
- 降低维护成本。

缺点

- 需要投入大量成本。
- 施工时间较长。
- 必须考虑公共设施之间的兼容性。
- 需要采取防洪措施。
- 需要通风竖井。
- 潮湿的公共设施应与干燥的公共设施区分开来。

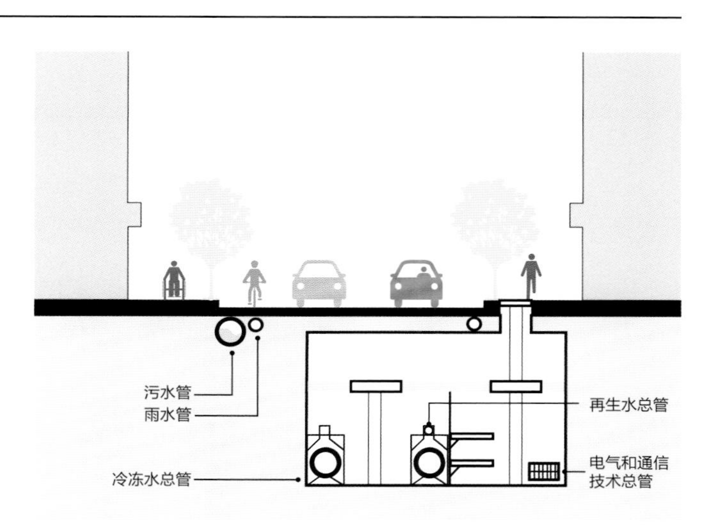

在地下廊道内安装的公共设施

7.2 | 绿色基础设施

城市街道的绿色基础设施是对传统排水系统的补充，植被、土壤和自然作用可以在水进入管道系统之前将其吸收、渗透或蒸发。绿色基础设施可以通过吸收和过滤雨水来减少水污染，同时为建筑环境提供自然减压，丰富街道美学，为社区居民带来种种益处。必须认真协调绿色基础设施，以避免与公共设施的部署、高地下水位和地下条件（如基岩位置）相冲突。充分考虑土壤条件，这对于绿色基础设施的战略规划至关重要。绿色基础设施所涉及的内容非常庞大，包括以下几大方面。

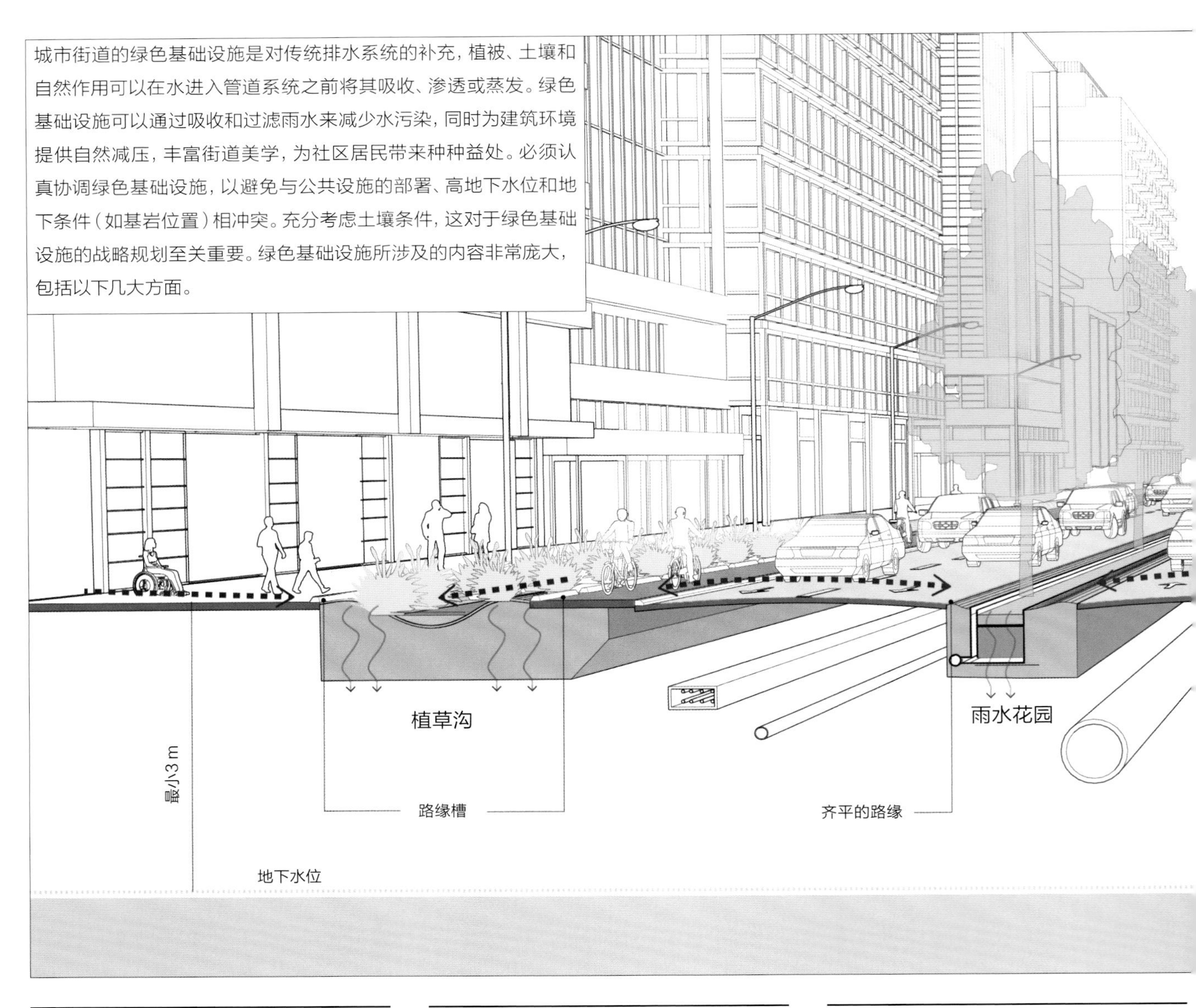

植草沟

植草沟可以像管道一样输送水，可设计为深度较浅的露天渠道，以输送径流和清除污染物。在空间和地平面允许的情况下，可以作为管道排水系统的替代方案。水沿着表面或地下层水平移动，植草沟可以降低水流速度，并滞留沉积物，以改善水质。

雨水花园

雨水花园中有一种特殊的土壤过滤介质，可以从道路径流中清除污染物。将植物和土壤过滤系统作为园圃或街道树坑，用于处理雨水径流。雨水花园也称生物滞留系统，包括平面生物槽、溢流花盆和渗透带。有些设计允许水渗透到下方的土壤中，而有些设计则用于收集处理过的水，并将清洁水输送到下游。

渗透性路面

渗透性路面允许雨水通过路面渗透到下方的土壤中，并向附近的景观区域提供水。将路表替换为渗透性路面，可以减少雨水径流，补充地下水位。可以采用块状铺路材料，在铺路材料之间预留渗透缝隙，或者采用含有渗透缝隙的多孔材料。

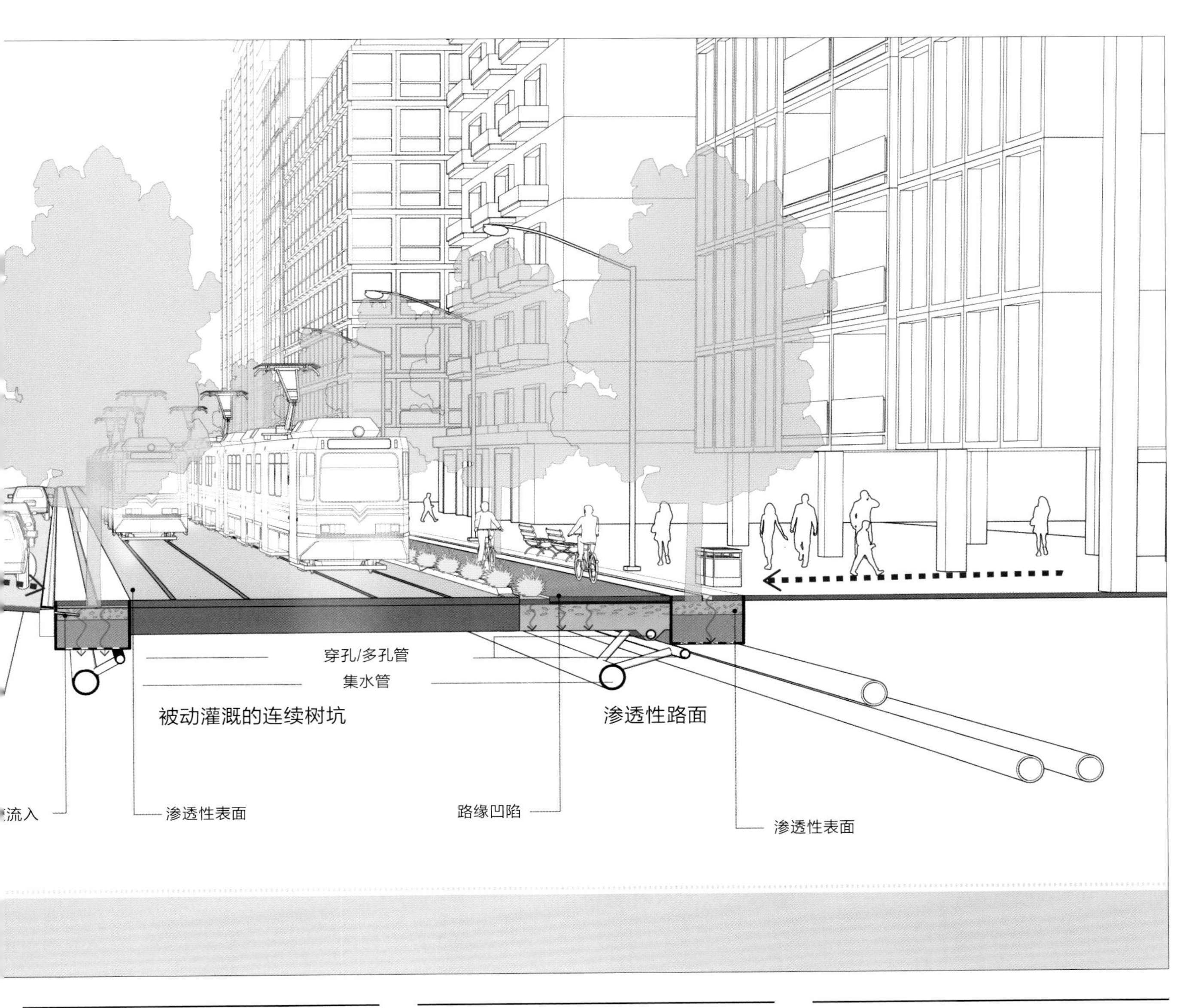

街道树木和植物

树木能够提供阴凉，降低温度，方便人们舒适地使用街道。设计时，在街景中寻找可以种植植物和树木的地方，以减少坚硬且不具渗透性的表面。在开发的早期阶段，预留足够的植树空间，以取得更好的效果。在绿化带、停车场和雨花水园里种植树木，优质的植物和适当的种植技术有利于提高植物的成活率。

树坑和土壤容积

连续的树坑能够增加可种植面积，为树根提供更多的空间，以确保足够的生长面积、土壤容积和水分。植树时，应与其他基础设施相协调，特别是交通运输和公共设施。在空间有限的情况下，采用渗透性路面、层状单元、结构性土壤和被动灌溉来改善土壤条件。

被动灌溉

将雨水引至景观区和树坑的表面，以灌溉植物，减少流到下水道和全市系统中的雨水。被动灌溉是采用水敏设计较便利的方法。

7.2.1 | 绿色基础设施的设计指导

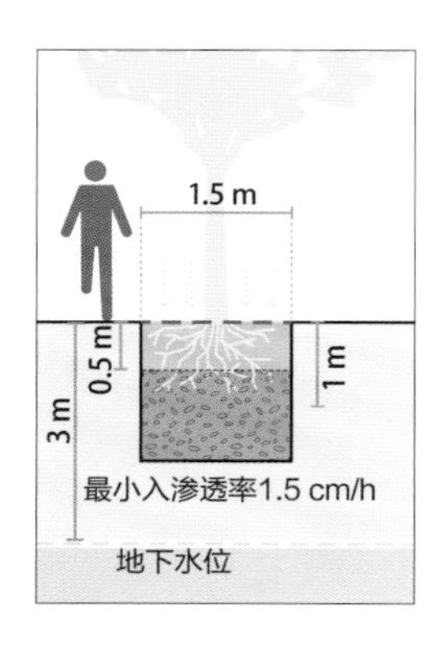

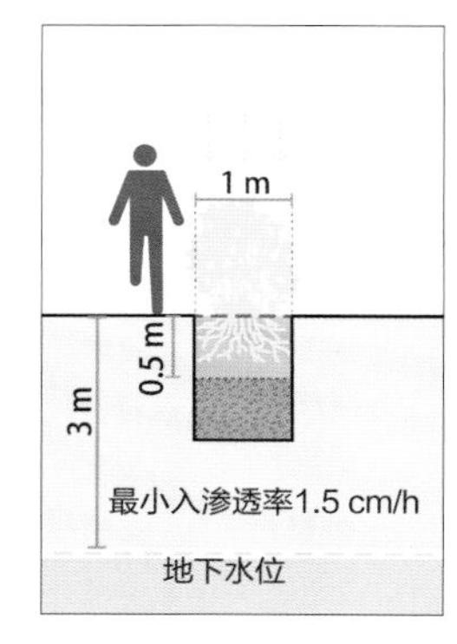

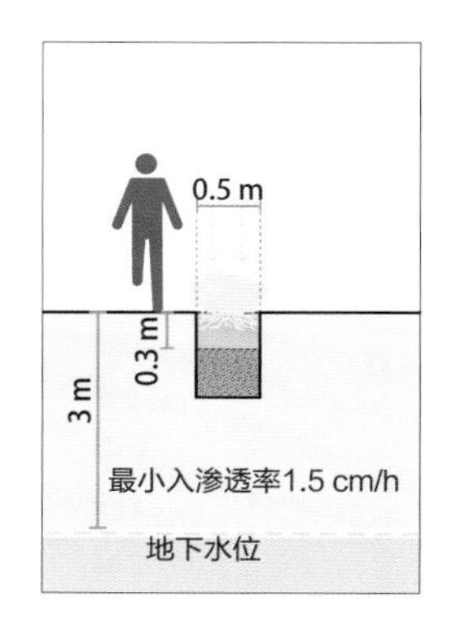

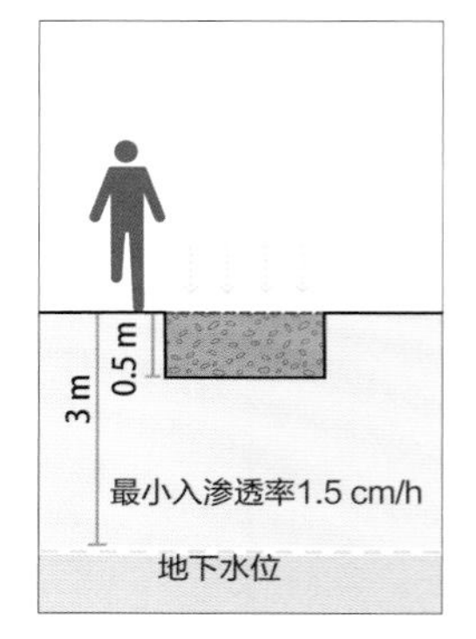

图中显示了各种树坑所需的最小宽度、深度和渗透率

设计的注意事项

结合区域系统规划绿色基础设施时，应考虑地下水位、地形和当地气候等条件。请考虑以下设计标准：

地下水位：对于所有的绿色基础设施，地下水位（从地表到地下水位的顶部）应保持至少3 m，即下水道以下1 m。

土壤渗透性：绿色基础设施需要至少1.5 cm/h的渗透率。若渗透率较低，请使用地下储罐来容纳多余的水分。

地下排水：建立适当的地下排水系统，以便处理后的雨水能从雨水花园下渗。

植草沟的设计和坡度：仔细设计植草沟的尺寸、坡度和位置，避免发生局部淹水。平面应为2%~5%。如果植草沟的坡度小于2%，底部可能被堵塞。如果坡度大于5%，可能会造成侵蚀和植被损害的问题。

植被：使用耐旱和耐水淹的植被，通常是本地的草、莎草、灌木和树木。植物可以吸收土壤中的养分，支持生物生长，保持土壤疏松，并防止过滤介质的表面发生堵塞。

气候的注意事项

高降雨量：使流入和流出彼此靠近，或者将系统设计成从后面流入，并允许高流量从系统中分流出去。避免使用疏松的路面材料，被动灌溉可适用于所有气候地区，在雨量正常的情况下最为有效。

较大的水流量不能侵蚀植被或植草沟表面。确保植草沟有足够的宽度，以应对集水区的需求和预期的水速。

干旱气候：确保过滤介质保持土壤水分，并保留适当的介质类型，以维持植被生长。在降雨间隔时间较长的地区，饱和区生物滞留系统是保持植物健康的有效方式，应选择耐旱植被。

寒冷气候：在街道上适量使用盐、沙和煤渣，减少下雪天气对底土的污染。仔细耕作，并避免使用沙或煤渣等磨蚀材料，以确保系统的完整性。

配置的注意事项

确保人行道内有足够的行人通道和紧急出口。

人行道内的路边地带：沿着人行道设置绿色基础设施，使其成为连续或不连续的带状区域，同时保持人行道的畅通。这些带状区域可以由各种绿色元素组成，如树坑、植草沟、雨水花园和渗透性路面。

路缘扩展带：使用路缘扩展带来布置范围较小的绿色基础设施。在交叉路口的入口、公交车站或路边停车场之间设置雨水花园和树坑。

侧面或中央分离带：根据街道的坡度和地下条件，在侧面或中央分离带内构建绿色基础设施。中央分离带有助于管理来自周围非渗透性表面的水流。

树种的选择

绿色基础设施战略的核心是设定弹性化的目标。气候变化和其他环境可能对城市森林和绿色基础设施构成一定的威胁，其生命力最终取决于持久性和适应性。传统上，许多城市都集中种植少数的树种，避免受到病虫害和极端天气的侵害。树种的选择和多样性的增加是催生韧性的关键手段。

应确保树种能够适应当前的气候条件，并应对未来的变化。在城市环境中，应考虑以下标准：

- 耐旱性
- 耐结实性
- 耐热性
- 抗风
- 寿命长
- 抗污染
- 病虫害敏感度
- 潜在过敏源
- 耐阳光
- 耐阴凉
- 维护可预测性
- 蚊虫滋生

7.2.2 | 绿色基础设施所带来的益处

新西兰奥克兰

葡萄牙里斯本

美国波特兰

环境效应

栖息地和生物的多样性：绿色街景可以增加城市生物的多样性，为鸟类、昆虫和其他物种提供栖息地。本地植被更适合当地的降水条件，生物多样性的增加可以提高城市居民的环保意识。

水质：减少沉积物、不需要的矿物质和其他非渗透性表面径流带来的污染物、绿色基础设施可以改善雨水质量。

流量管理：将径流滞留在景观区域，降低集水区的水流速度，从而降低土床侵蚀的风险，减缓水流速度，减轻下游水道的压力。

自然水文：在土壤条件允许的地方，建造雨水花园，在雨水渗透到地下水之前进行雨水治理。

被动灌溉：引导雨水灌溉植物，减少人工浇水，增加土壤水分。

社会效应

舒适性与景观设计：景观设计有助于彰显城市的特征。植物可以作为建筑环境的补充，软化坚硬表面，并提供视觉屏障。

降低城市温度：树木和绿色基础设施可以降低城市温度，具有良好土壤水分的大型树木可以通过遮阴和蒸发，降低当地温度。树木能够将公园和绿地中的温度降低2℃~8℃，并防止炎热气候时遭受不必要的生命损失。[1]

鼓励户外活动：完备的绿色基础设施会鼓励人们进行户外活动，包括步行、骑自行车和其他娱乐活动。

空气质量：植被可以改善空气质量，减少温室气体的排放。树木从大气中吸收二氧化碳、一氧化二氮、二氧化硫、一氧化碳和臭氧。叶片表面积大、蒸腾速度高的树木最能吸收污染物。

经济效应

能源：通过降低当地温度和遮蔽建筑表面，绿色基础设施能降低建筑对冷却的需求，从而减少能源需求。

基础设施的使用寿命：绿色基础设施是灰色基础设施的补充，如集水井和排水管道，从而延长灰色基础设施的使用寿命。

排水系统：对排水系统和管理水道侵蚀的成本影响较大。配有绿色基础设施的街道可以降低径流速度，减轻对这些系统的压力，并降低维护成本。

房产价值和市场化：街道树木和绿色基础设施可以丰富街道的美学特征，并提升街区的舒适度。绿树成荫的街道上的房产价值比没有树木的高出30%。[2]

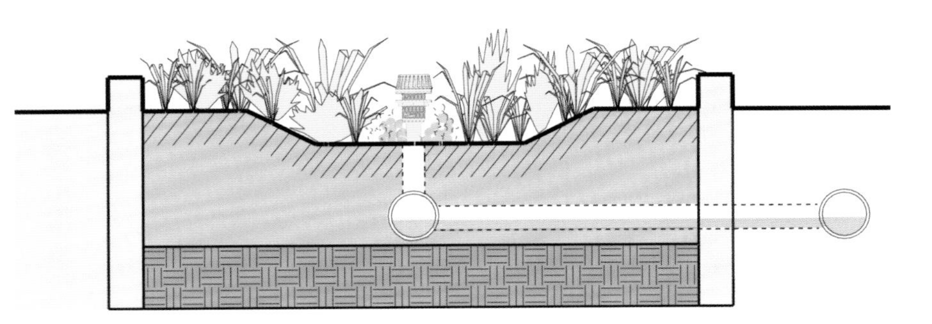

左图显示了植草沟的横截面，它连接较大雨水收集系统的排水管。工程土壤混合物应包含5%的黏土，生物植草沟底部至地下水位应至少保持1.5 m的间隙。将溢流/分流排水系统抬高到土壤表面，以管理非正常时期（如洪水泛滥期间）的水量，并建造低矮路缘或强大的植被覆盖地面，阻止行人践踏

7.3 | 照明与技术

照明可以营造宜人、安全且气氛活跃的街道环境，提高居民的生活质量。如果设计良好，照明可以减少能源消耗、光污染，增强街道的归属感，并彰显其特征。

技术在街道的运营和管理中发挥着关键作用，技术的运用不应以牺牲良好的几何设计为代价。新技术有助于简化某些街道设施，整合物理元素，并将过时的元素予以重新利用。

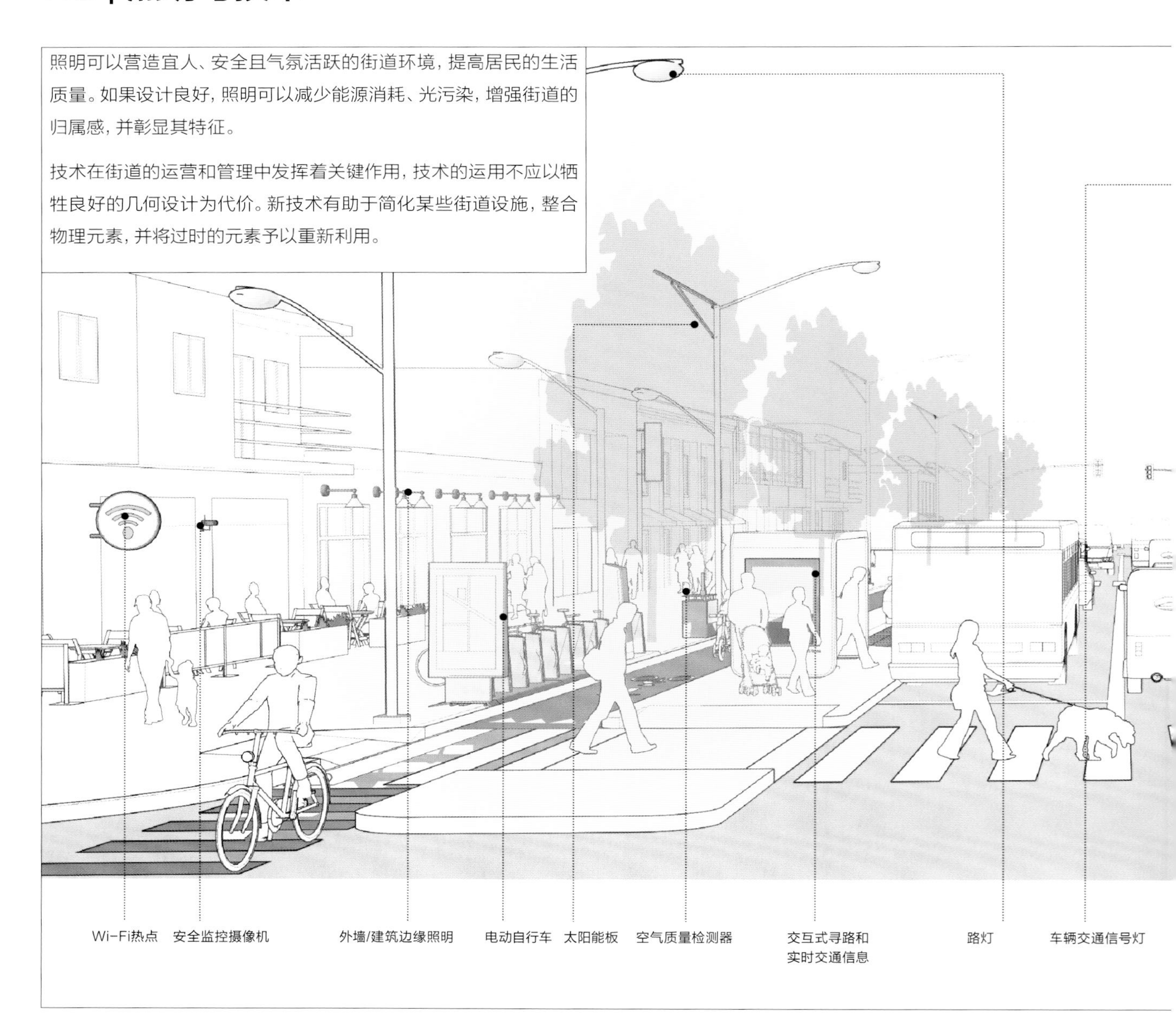

照明

为街道提供均匀的照明，使行人、自行车骑行者和驾驶员能够在夜间安全出行，并确保舒适度。沿着公共事业用地提供照明，特别是交叉路口、人行横道和自行车道等易发生碰撞的地区，人行道、广场和地下通道等行人设施，以及公共交通设施（如公交车站和公共交通枢纽，以及狭窄的巷道和小巷）。

寻路和标牌

通过导航系统和标牌来增强用户体验，交互式的寻路技术和实时的公共交通信息系统可以提高道路的可及性，并为所有用户使用。使用标牌来限制速度、指示停车区，采取策略来宣传法规。将这些标志和导航设施设置在街道的多个平面上，确保所有街道用户都能阅读。

传感器和信号

传感器控制的照明有助于降低能源消耗，并为行人夜间出行创造更安全的空间。在适当的地方采用信号检测和触动式信号，可以改善用户体验，提高能源利用率和安全性。多用户信号协调有助于街道网络平稳地运行，并满足高峰时段的日常需求。详见第二部分“8.8 标志和信号”。

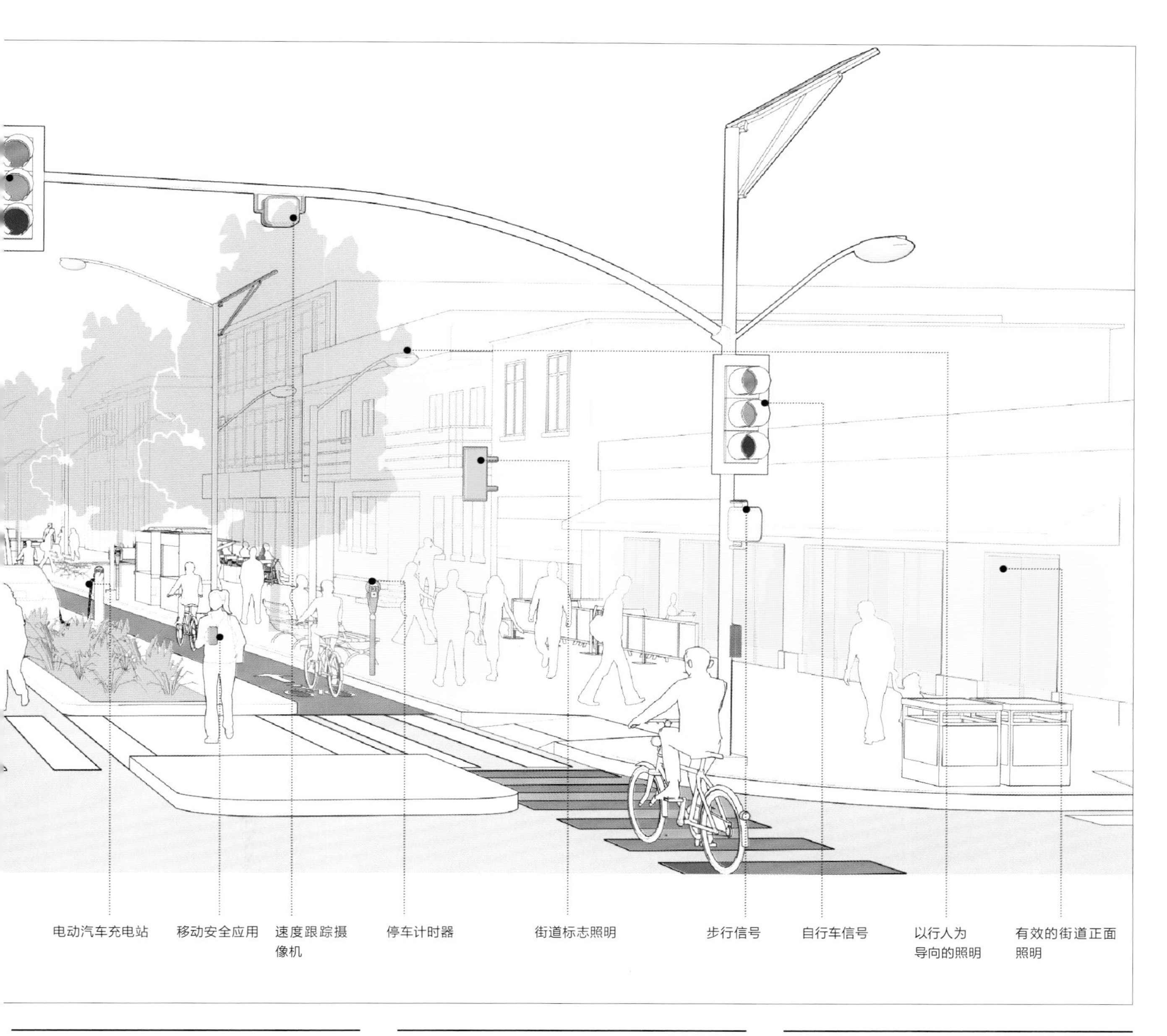

执法和安全

在街道上安装监控设备，有助于驾驶员保持警惕，并确保行人的安全。公共机构或私人业主安装的安全摄像机可以监测社区人流量、每小时的超速车辆、犯罪行为和其他有害活动。交通安全摄像机和其他设备有助于实施速度限制和停车规定，节省人力，减少人为错误。

实时数据收集

收集有用的数据可以提高街道的管理水平。安装实时数据采集设备，如空气质量检测器、自行车骑行者或行人计数器，非车载自动售票机、自动售货机和共享自行车站也可以提供实时数据。收集数据时，可通过开放数据平台向研究人员和组织提供相关信息，以便他们利用这些数据创建资源库，如公交地图，并为未来的设计项目提供信息。

信息技术

综合利用Wi-Fi接入点、手机应用、实时公共交通信息以及公共交通、自行车和汽车共享设施等，在街道上构建智能生态系统。这些系统不仅使街道的运行更高效，还可以吸引更多的街道活动。智能系统可以提供引导未来需求和街道设计的数据。

7.3.1 | 照明设计指导

尺寸和间距

空间照明设备可以为行车道和人行道提供均匀的照明，应注意树木或广告牌等障碍物的位置。

高度： 人行道和自行车设施的标准灯杆高度为4.5~6 m，根据街道类型和土地利用情况而有所不同。在大多数情况下，住宅区、商业区和历史街区中狭窄街道的标准灯杆高度为8~10 m。10~12 m较高的灯杆适用于商业或工业区中的宽阔街道。

间距： 两个灯杆之间的间距大约是灯杆高度的2.5~3倍，短灯杆之间的安装距离更短。廊道沿线的密度、车辆行驶速度和光源类型也决定了理想的灯杆高度和间距。

光锥： 光锥的直径与固定装置的高度大致相同，高度决定两个灯杆之间的最大建议距离，以避免出现暗区。

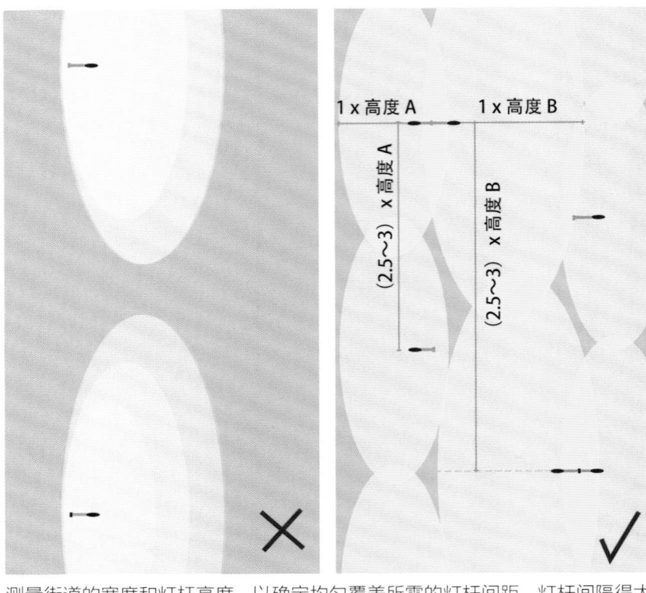

测量街道的宽度和灯杆高度，以确定均匀覆盖所需的灯杆间距。灯杆间隔得太远易导致形成黑暗的区域，让用户感到不安全

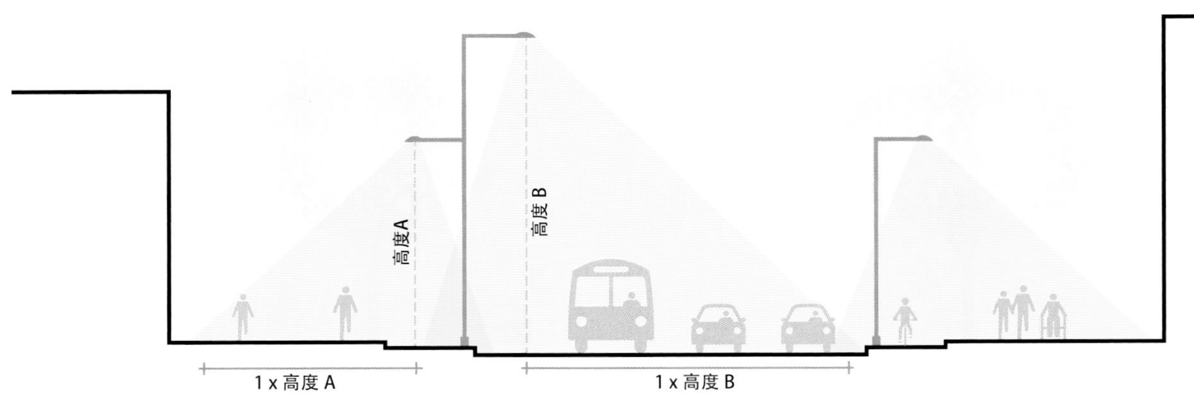

灯杆之间的距离通常为固定装置高度的 2.5 ~ 3 倍。对于狭窄的街道，一排灯杆就足够，而宽阔的街道则需要多排灯杆

各种光源

各种不同的光源共同为公共领域提供整体照明。精心设计的方案应结合不同类型的光源，包括常规和装饰性灯具、杆装式灯、悬挂式吊灯，以及标牌和广告照明等。借助由店面或室内发散的光线、建筑外部的灯光（如灯笼和立面照明）以及汽车灯光，可以增强特定时间的街道照明。但借用的照明可能不持续、不均匀，或让人感觉不舒服。

葡萄牙里斯本
安装在历史街区中的路灯

英国伦敦市中心
照亮狭窄胡同的吊灯

光污染

将灯杆和固定装置的照明直接聚焦到街道上，以减少对野生动物和居民健康产生不利影响。

使用更具成本效益的节能灯泡，将光引导至地面，可以减少能源消耗和光污染。

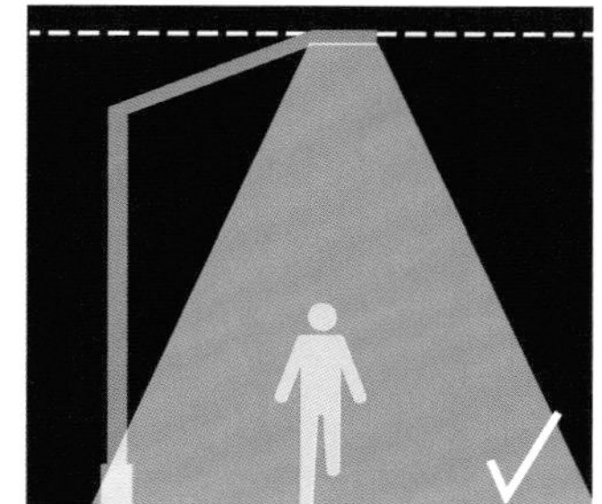

全挡板装置

全屏蔽装置

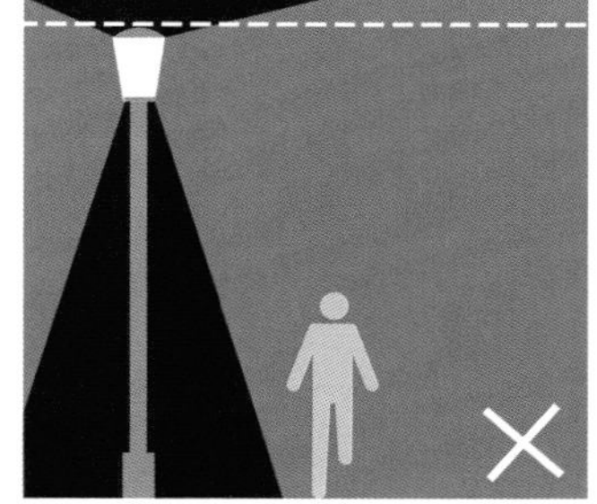

非屏蔽装置

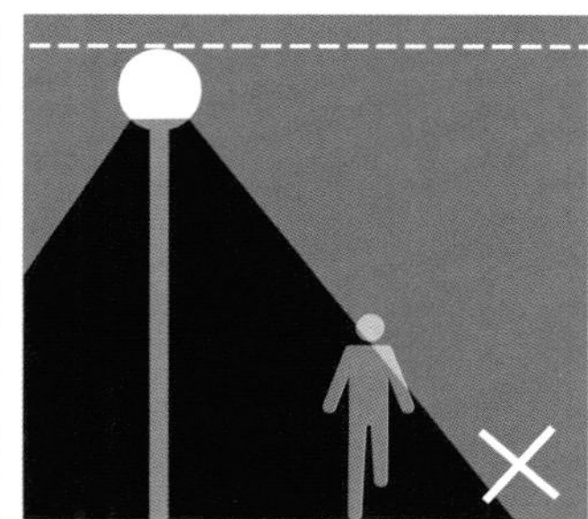

直立灯杆

建议灯杆上的夹具与地面平行。当稍微旋转时，夹具应完全被屏蔽。避免使用未正确屏蔽的夹具和直立灯杆，它们会把光线射向天空

能源效率

低能源方案可以最大限度地减少能源消耗和光污染，例如，发光二极管（LED）。如果不在高温条件下工作，LED灯的寿命长达50 000~70 000h。

可以使用应急电源（如备用发电机）为主要廊道沿线提供照明，特别是在供电不稳定或因风暴导致无法供电的情况下。

太阳能电池板或电池供电照明等替代电源适用于无法获得电力供应的区域，如非正式开发的地区。

如果无法构建完整的街道照明网络，地方政府应采用临时照明方案，例如，配备便携式灯具等。某些地区的建筑可能需要在夜间进行展示或提供标志照明。

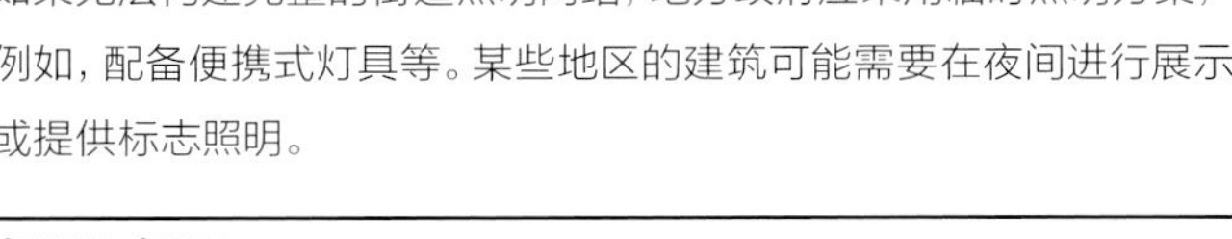

加纳阿克拉
太阳能路灯可以减少对能源的依赖

丹麦哥本哈根
将 LED 灯嵌入路面

色温和氛围

使用不同的色温来代表不同的用户和行程类型，在整个照明计划中应采用一致的色温。3000 K适用于行人路径，5000 K则适用于车道。

苏格兰爱丁堡
路灯和店面灯光共同营造了周边环境

10
CHEAPSKAT
SHARED
ZONE
P$
120
Pay and Display Zone
Extended to 8pm Friday
Begins
24 hour fitness

8

运营和管理策略

过去75年来，交通运输业开发了一整套运营技术，使道路网络服务于大量车辆，因而损害了其他用户和城市本身的利益。机动车的数量不断增加，导致交通事故、交通拥堵和空气污染也随之加剧。这些变化使步行、自行车骑行和公共交通的使用变得愈加困难，即使是步行能到达的地方，也需要使用机动车来实现。机动车优先化导致了严重的交通拥堵，拥堵和道路扩张继续将公共交通、步行和自行车挤到城市边缘。

为了应对日益增长的交通需求，城市需要为公共交通、自行车骑行和步行的创造高效、安全的街道环境。过去用于提高车辆容量的交通运营技术，也可以用于适应这一趋势。下文介绍了城市网络中关于车辆数量、需求和速度的有效策略，并为更多有效利用空间的交通模式创造安全的空间。

新西兰惠灵顿

8.1 | 概述

丹麦哥本哈根

运营技术是一套强大的工具，可通过优先考虑弱势群体的安全，运用可持续的交通模式，帮助城市实现目标。城市必须平衡区域和地方交通，以建立公平的交通网络，并转向更高效的交通模式，减少对私家车的依赖。街道的管理框架应基于安全性、用户特征、使用需求和广泛的政策目标，并为用户合理地分配道路空间。

这种积极的街道运营方式将交通政策、基础设施、经济和社会需求以及土地使用决策相结合，最大限度地实现可持续发展，并确保高效的运输模式。

这里讨论的策略通常具有较低的成本，并且可以运用基本的技术知识。可以根据反馈和绩效逐步修改和调整运营策略。长期以来，这些策略已被应用于监控公路和农村道路，但在城市环境中必须采用不同的方式。

确定一系列优先事宜，并设定目标。在此基础上采用下面的方法：

- 设计应“以人为本”，打造功能性步行和自行车骑行网络，将城市中的各个区域结合在一起，为每条街道提供安全的指导。
- 为城市和地区提供强大的公共交通服务，为交通的可持续发展奠定基础。
- 建立高效系统的同时，确保其安全性，降低城市环境中的设计速度；通过严格的开发管理，将高速廊道转换为城市街道，或将其限制在建筑区域之外。
- 创建高效利用街道空间的车辆网络，使行人、私家车和大型货车和平共处。采用不同的设计策略，在不同的廊道上区分优先等级的活动，从而激发街道的活力。

8.2 | 一般策略

英国伦敦

需求管理

通过减少对道路空间的需求来改善机动性，包括私家车用户的机动性。为了减少机动车的出行，可以增加出行费用，减少停车位，或者降低街道上的车辆容量，为可持续的交通方式提供空间。

丹麦哥本哈根

流量和访问管理

在物理空间内或运营方面重新配置街道空间，减少私家车的数量，让私家车使用城市街道，而不“统领”其他模式。为这些用户分配空间，确定有效利用空间的交通模式的优先级别。

瑞士马尔摩

速度管理

超速是导致交通事故的主要原因。采用速度管理策略可以降低车速，为所有道路用户提供安全的空间，并保证街道网络的高效运行。

土耳其伊斯坦布尔

网络管理

网络管理是全面、综合的管理策略，包括允许并限制机动车与其他交通方式、街道用户并存。所用手段包括限制货运车辆通行、将当地交通限制在特定的街道上等。

法国巴黎

停车和路边管理

停车和路边管理对街道经济甚至整个社会的发展至关重要。停车管理是一种强大的需求管理形式。在许多大城市，停车场的可用性是机动车需求的唯一制约因素，阻止机动车使用停车场，可减少交通流量。

巴西福塔雷萨

冲突管理

对不同的街道用户在十字路口和其他交叉路口处的互动进行管理，是交通工程设计的重要领域，对街道安全具有深远的影响。在交叉路口的运营上，可以将可持续交通模式的安全性放在首位，以支持城市街道的发展。

8.3 | 需求管理

改善机动性最可靠的方法是减少私家车的使用需求。推广以步行完成短途行程，使用自行车骑行和当地公共交通完成中长途行程，以及使用区域公共交通完成更长时间的行程。采用全市性的公共交通优先策略，有利于设计师编制可行的驾驶替代方案。准确的停车定价和车辆准入政策是鼓励街道用户转向其他交通模式的有效手段。土地利用和发展政策应与交通目标相结合，因其发展模式对交通运输体系影响最大。

巴西圣保罗

策略

活动模式

使用专用的自行车道，拓宽人行道，增加行人和自行车骑行者的路面空间比例。改善步行和自行车骑行的可及性，鼓励使用公共交通。

公共交通

优先考虑地面公共交通，特别是在拥挤的街道上，提高公共交通系统的容量、速度、可靠性以及整体服务质量。为公交车、电车提供专用的街道空间，并提高公交车站对行人和自行车骑行者的可及性。

发展

创建活跃的多功能社区，使人们通过步行、自行车骑行和乘坐公共交通可安全到达目的地，限制主要公共交通枢纽周边的其他业务发展。

货运管理

指定进行货物运输的非高峰时段，以减少货运车辆在一天中最繁忙的时间对交通拥堵造成影响。将大型货物整合到市中心之外，使用较小的车辆在市区配送货物。

定价

制订定价策略，包括停车定价、主要道路设施收费，以及进入城市密集区域的高峰期拥堵费，也可以使用车辆牌照费。

就业中心

与大型企业，特别是工业公司和卫星办公区合作，为员工提供公共交通、中型客运共乘和班车等选择。可将财政回报作为激励措施，例如，税前优惠、公共交通报销、停车场信用卡或乘车共享计划。

共享自行车

开发或支持健康的共享自行车系统，可以极大地延伸固定路线公共交通的覆盖范围，缩短汽车和出租车在城市中心的行程。

汽车共享服务

开发或支持全市性汽车共享服务，减少对汽车所有权以及社区停车的需求，并指定停车场。将市政车队转换为汽车共享车辆，减少对停车的需求，激励车辆共享。

8.4 | 网络管理

街道网络具有多种功能，可以容纳多种交通模式。通过网络管理框架进行街道设计，可以有效地利用时间和空间，为所有人提供安全的街道。让当地社区了解当前的问题，并为每个社区设定优先事宜和目标。如果街道网络无法提供高效的服务，那么车辆出行通常是不必要的。网络管理旨在使公共交通模式具有吸引力且足够安全，让车辆享受到交通模式所带来的种种益处。

新加坡

以网络为导向的策略

考虑环境

不同的活动和用户对应不同的治理方法。例如，商业街道比主要用于装卸货物的街道需要更多的行人、自行车和公共交通空间。

单向街道

单向街道适用于网格化街道。单向运营适合狭窄的街道和小巷，这些地方允许车辆通行，但又无法提供两条车道。在一个连通性良好的网络中，单向街道上的每条通道都具有较高的容量，为非交通行为留出空间。单向街道应与转弯、速度管理和交通减速措施相结合，例如，缩短街道和车道的宽度，或重新利用过宽的道路，将其专用于行人、自行车和公共交通设施。

双向街道

双向街道可以增加网络的连通性，特别是在街道网络不规则，或长距离连续行程有限的情况下。[1]双向街道可以提高街道的可用性，并通过提供更直接的车辆路线缩短行车距离。在道路狭窄、车流量小的地方，双向街道能降低速度。但在宽阔的街道或车流量较大的地区，因交叉路口情况复杂，以及占用对面行车道进行转弯，双向街道可能增加碰撞发生的频率。

连续性车道

连续性车道可以使车辆沿着廊道行驶，在必要的地方，应设置转弯车道。城市应根据具体需求来分配车道数量，而非道路宽度。如果有额外的宽度，则应重新加以利用，以服务于行人、自行车骑行者和公共交通设施。

隔离转弯运动

在大量行人和车辆转弯重合的地方隔离转弯运动，使用单独的转弯相位或转向车道，或将转弯的地方设置在人行横道较少的交叉路口。对有问题的转弯进行整合，并将其转移到可以转弯的地方。

路线计量

长长的等车队伍会阻碍行人过街，侵占步行环境，有可能造成交通拥堵，应使用信号和其他交通控制构件来缩减车辆队列。在街道狭窄的地方，或公路与街道相接的地方，可以使用信号将队列排在较大的街道或公路上，而不能使其蜂拥至较小的街道。当超负荷运营的线路沿线出现拥堵时，可以将瓶颈向上游移动，为公共交通、步行和自行车设施创造空间。

区域计量

减少进入区域的交通流量，缩短总行程，降低混合交通对公交车的延误。通过定价策略、路线计量、流量和访问管理来减少交通流量。

8.5 | 流量和访问管理

车辆交通较少的街道更健康、更安全，用途也更加灵活。管理交通流量对改变街道特征尤为重要，例如，将其转换为共享街道或公共交通街道。

尽量不要把街道作为直达干线，或完全阻止街道上的直线通行，可以减少街道上的私家车数量。只允许本地车辆通行，也可以大大减少车流量。

荷兰代尔夫特

限制通行策略

强迫转弯

要求驾驶员在交叉路口转弯，限制直线通行。可以通过监管标志来强制车辆转弯，只为获得授权的用户提供直线通行服务，例如，公共交通车辆或自行车。也可以通过安装中央分离带分流器或大型路缘石延伸来迫使车辆转弯。分流器可以有切口，以允许那些经授权的交通流直线通行。

禁止转弯

禁止从高流量街道转向低流量街道，可以使用带有直行箭头的监管标志，或移除现有的转弯车道。

连续性路缘式中央分隔带

阻止小街道上的车辆穿过主要街道，迫使其右转，并防止车辆从主要街道左转。人行横道、自行车交叉路口标志以及中央分离带的缺口，均有助于行人和自行车骑行者安全地穿过街道。

限制访问策略

本地通行和限制交通区域

仅允许本地货运或居民私人交通工具使用街道，打造一条主要的步行街，或公共交通、步行共享街道。本地通行证可以是临时的、周期性的，或永久的。

无车区

创建禁止车辆通行的区域，允许行人和自行车通行，特别是在市场或零售区域等步行需求极高的地区。货运配送应在非高峰时段或无车区附近的街道上进行。

临时封闭

由警务人员或经授权的当地团体临时封闭街道，通过这种简单的方式，为街道活动提供公共空间，如街道市场、居民聚会及其他社区活动。

8.6 | 停车和路边管理

在市中心和商业街，停车需求远远超过供应。不规范的停车会造成空间浪费，阻碍人行道、自行车道和直线车道，可以指定专门的空间用于货物装卸，并对一般车辆停车场进行收费，以营造管控有序的停车市场。综合应用专用区域、时间限制和定价等措施，以减少停车数量，并缩短装卸时间，提高所有用户的安全性，开辟出更多宝贵的共同空间从事其他活动。

意大利罗马

定价

计时停车

对路边停车进行收费。

多功能停车场计时器或电话付费停车场

与指定的固定路边空间相比，拓展了路边空间的容量。

按停车时间段定价

在一天或一周的最繁忙时段收取较高的费用，以减少停泊车辆的数量，并缩短驾驶员停车所花费的时间。

区域和指定空间

公交车辆停靠站

建造登车站台或登车岛，以缩短行人停留时间，并允许在小街道上使用更长的公交车，也可以建造高层车站。长途公交车的停留时间较长，需要占用更多的路边空间，设计时应提供更多的人行道空间，供乘客候车和上车。

装卸区域

允许出租车、货运车辆和其他私家车在指定空间装卸货物，而不阻碍自行车和公共交通。货物装卸区对一些地方非常重要，例如，大型商店、市场附近、社区大街和中央城市街道等商业活动街道，以及设有公共交通路线的街道。货物装卸区应专用于卡车和其他运输车辆，卡车停泊区通常位于工业区，卡车可以在路边停留数小时，甚至过夜。

出租车站

为出租车提供路缘空间，供其等候乘客。在主要目的地和公共交通站设置出租车站可方便乘客打车。

商贩区

允许商贩在指定空间和时间内使用食品车或零售摊位，可以是单个摊位，也可以在长长的廊道中间建立一条市场街道。

汽车共享区

鼓励使用共享汽车，以减少汽车持有量。

全区方案

市中心禁止停车区

市中心和就业区一般有良好的公共交通、步行和自行车服务设施，在此区域内禁止停车，以减少驶入该区域的车辆。

许可停车证

向当地居民提供停车许可证，限制社区街道上的停车需求，方便居民找到停车位，减少社区到社区的车辆出行。

8.7 | 速度管理

车速是衡量街道安全与否的最重要指标，速度越高，碰撞率越高，伤害程度也越高，因此，必须对车辆速度进行管理。在狭窄的街道上高速行驶，会导致严重的交通伤亡和伤害事故。虽然交通执法有助于速度管理，但并非每时每刻都有交通执法人员。速度管理应该通过设计来实现，并辅以交叉路口控制，在可能的情况下，争取获得交通执法部门的支持。

概述

速度管理可以降低严重或致命交通事故的可能性。对行人来说，速度管理为其营造了安全的环境，使其可以安全地穿过马路、沿着廊道步行，或与自行车、机动车交通共享空间。对于自行车骑行者来说，较低的速度可以减少超车事件的发生，提高可见度，延长反应时间，并大大降低事故的严重程度。较低且连贯的交通速度可以降低由加速和减速引起的噪声和空气污染。公路设计非常有限，但随着速度的降低，设计的范围也随之扩大。速度管理策略针对各种规模的街道、交通流量水平、环境和人类活动水平，运用具有成本效益且易于实施的技术。

运营技巧

几何交通减速策略

在街景中引入垂直构件（如减速带或抬升的人行横道）、水平构件（如路缘扩展带、行人安全岛、缩窄的通道等），可以减少超速行驶。综合使用视觉信息和其他感官输入信息，向驾驶员发出信号，使其知道正在进入多模式空间，而非一个交通专用空间。

低速区

低速区也称为限速区，可以设定在速度低于城市其他地区的地方，如学校或住宅区。应通过自动出入口和标志来界定低速区，以提醒驾驶员进行减速。详见第二部分“6.3 为行人设计街道”。

巷道和车道缩窄

缩窄车道、减少车辆可用的空间，可以减少超速的发生。在单向街道上，多余的道路宽度可用于行人、自行车和公共交通设施。在交通流量较小的地方，双向街道可以降低车速并引起驾驶员的注意，因为驾驶员需要避让迎面而来的交通车辆。

信号绿波

如果自行车和公共交通速度为20～25 km/h，那么信号绿波可以消除大部分超速动机。信号绿波可以应用于任何信号化的街道上，与街道大小无关，成本低且效率高。

根据人体极限设置速度

速度和碰撞相结合会造成致命的伤害。人体抗碰撞的极限是城市街道设计的关键参数。安全的步行和自行车骑行需要将机动车的速度设定在非致命水平。消除死亡的方法是消除高速运动，方式如下：

- 降低车辆最高运行速度。
- 消除潜在的致命碰撞。
- 将碰撞速度降至最低水平。

30 km/h以下的碰撞不会对行人造成致命的伤害。年龄较小或较大的用户在与大型车辆发生碰撞时，车速应更低。对于弱势群体和重型车辆，不存在非致命性碰撞速度。将人行横道处的转弯速度降低到10 km/h，如果自行车与机动车共用车道，将最高速度降低到30 km/h。如果人与机动车之间的互动局限在受控制的交叉路口，街道可以允许40 km/h的速度。目标速度应该设置得足够低，保证不合格的驾驶员也不会对行人造成伤害。

渗透性

街道设计应有利于所有用户安全地穿过马路。规划密集的人行横道，以节省行人的时间。在多车道的街道上，减少人行横道和行人安全岛之间的距离（车道数量），在缺乏交通管制的街道上应特别注意。

可读性和均匀性

安全的街道应具有用户可读性，几何结构、材料和道路标志可传达关键信息，包括适当的速度，以及预期与车辆相遇的地点。

降低速度可以扩大驾驶员的视线范围，使其更容易看到穿越人行横道的人。

组织大街道，共享小街道

大街道要求为每个用户分配专用空间，在低速的小街道和交叉路口，人们可以与车辆共用空间。适当的交通运营和几何设计，取决于街道的连通性和交通流量。

无障碍街道是安全的街道

街道必须提供无障碍的通行区，以满足所有用户的出行需求，尤其是使用轮椅者、视力障碍者以及推婴儿车的人。难以使用的街道会迫使弱势群体进入不安全的环境。

8.8 | 标志和信号

标志和信号可以对交叉路口和人行横道的控制起到辅助作用。这些交叉路口的控制技术旨在为人们提供安全的出行环境，包括步行、自行车骑行、使用公共交通和驾驶个人机动车，并致力于减少交通延误。信号直接影响交通系统的质量，城市交通系统的运行应直接体现城市整体交通政策的目标。

荷兰阿姆斯特丹

美国波特兰

标志

停止和避让控制标志

停止、全程停止、避让标志适用于交通流量较小的城市交叉路口。实施方式应始终有利于行人安全穿越人行横道。如果单独的标志不足以创建安全的人行横道，在人行横道信号化之前，应采用几何措施。

速度标志

限速标志适用于所有城市街道，以强调全市范围内的速度限制，以及共享空间、巷道或其他低速区的具体许可速度。

路边标志

路边标志传达与停车场、装卸区、限制访问以及其他路边管理策略有关的规定。在某些行政辖区，根据法律的规定应为自行车道、公车站或公交专用车道设置标志，在多车道街道上仅使用架空标志。

信号

将信号与几何设计结合使用，以创建一个功能强大的多模式街道，并配备安全的人行横道和交叉路口。信号时序影响延迟、速度和模式选择。

城市适合采用固定信号相位，以确保街道的可预测性和连贯性。触动式信号适用于人流量低、速度管理不足的地方，以营造安全的人行横道环境。

应在高峰期和非高峰期对信号配时进行不同管理，以适应一天中不同级别的模态活动和目标。详见第二部分“9.4 设计时段”。

不应将信号作为独立的因素考虑，而应将其视为交叉路口系统的一部分。在交通管理过程中，协调穿越廊道的时间虽然极具挑战性，但却非常有价值。

交通信号配时导致行人穿过街道的时间不足，或信号周期过长导致等待时间增加，这些都会造成不安全或令人感觉不愉快的街道环境，并可能阻止人们步行。重大延误可能导致街道用户忽略交通信号。

信号绿波

信号绿波决定了城市街道的节奏，协调的信号配时可以使车辆同步移动，并对行进速度进行管理。行进速度以实际的公共交通车辆和自行车行驶速度为基础，通常为20~30 km/h。可优化自行车和公共交通运动，并消除车辆加速的动机，根据街区长度，行进速度也可与步行速度同步，通常为1~1.5 m/s。

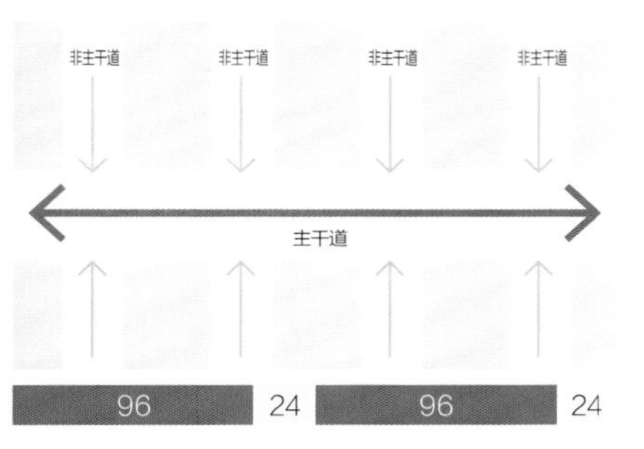

较长的周期（以秒为单位）：应在必要的情况下使用，因其会分隔社区，使行人不易或无法步行穿越街道

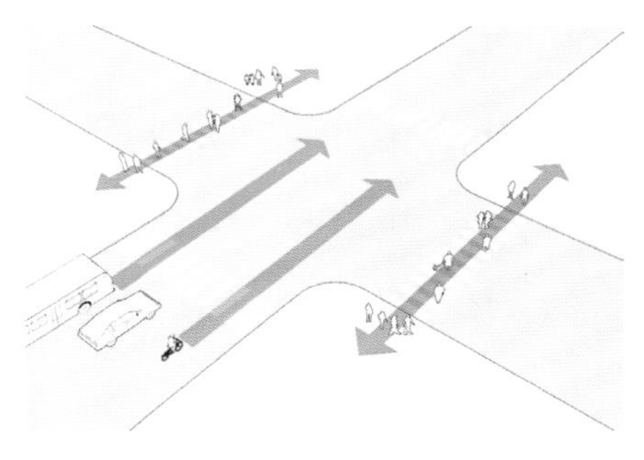

多模式先行，间隔 1：行人、公共交通和自行车在进入交叉路口时可先行，通常为 6 s 或以上

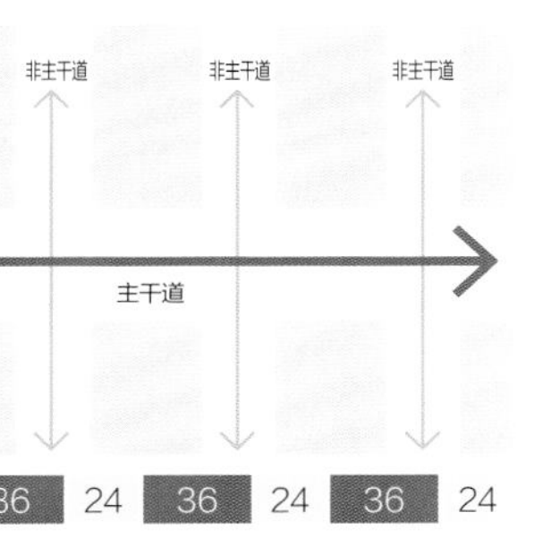

均衡的周期长度（以秒为单位）：可以缩短所有方向上的等待时间，以更短的时间穿过人行横道

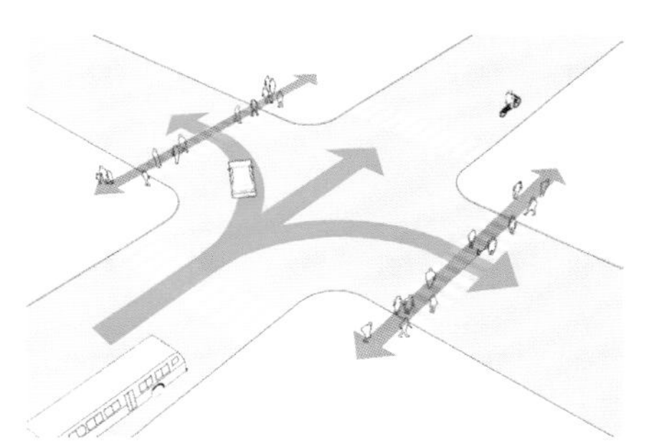

多模式先行，间隔 2：对直行和转弯的车辆亮绿灯，行人、自行车和公共交通车辆继续行进，转弯时要避让行人

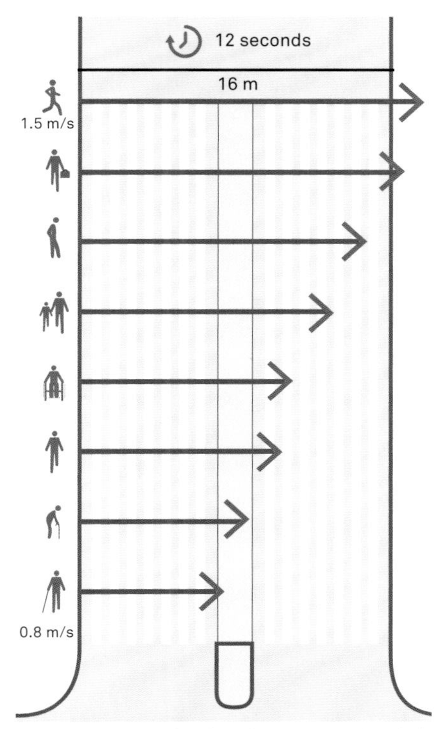

设置信号周期以适应所有用户：信号周期必须允许行人以不同的速度前行，使其安全地穿过街道或到达安全岛。上图显示了一条 16 m 宽的街道，人们可以在 12 s 的信号周期内穿过

信号周期长度

虽然人们很少认识到，但交通信号的长度对城市环境的质量有很大影响，并决定行人、自行车骑行者和公共交通车辆互动时是否安全。

短信号周期长度

对于大多数模式，短信号周期（通常为60~90 s）可以最大限度地减少复杂网络环境中的延迟。更短的信号周期可以缩短所有方向上的等待时间，并允许人们在较短的时间间隔内穿过人行横道。信号相位必须根据街道宽度和行人实际步行速度来设定时间。

长信号周期长度

超过90 s的信号周期可以使街道成为分隔社区的障碍物，并且使行人不易或无法穿越街道。必要时再使用长信号周期，以便为行人提供足够的时间穿过宽阔的街道。

信号相位

简单相位

两相位信号最适于简单的小型交叉路口，这些地方的几何设计转弯速度低。使用行人倒计时信号，并为速度慢的行人设置清道时段。

滞后左转相位

在多车道的双向街道上转弯会对所有用户造成不利影响。可以在直行车辆相位之后提供专门的左转弯相位，以消除左转碰撞的风险。

行人优先间隔（LPI）和自行车骑行者优先间隔

在车辆转弯之前，让行人和自行车骑行者先行，以提高其安全性和舒适度。行人优先间隔可以让速度为1.2 m/ s的行人沿着人行横道到达道路中心。使用自行车信号，为骑行者的优先行进提供时间间隔。

多模式先行

提高安全性、减少行人和直行车辆（包括专用车道中的公共交通车辆和自行车）的延迟，在直行相位开始之时，滞留转弯车辆，类似于行人优先间隔。转弯车辆会收到一个红色的箭头，然后是一个闪烁的黄色箭头，提示其转弯时需要避让。

行人/自行车骑行者专用相位

在几何结构复杂和转弯车辆较多的地方，或者带有转弯车道的单向街道，行人、自行车骑行者需要沿对角线穿过街道，行人专用相位可以提供专门的人行横道，但会延长等待时间，或导致一些用户不遵守规则。

公共交通优先相位

对于一些有效的公共交通信号优先技术，需要设置专用相位，包括公共交通专用直行或转弯相位。

3A Nordhavn St.
CAT

9

设计控制参数

设计控制参数决定街道的物理设计，是计划者可以使用的工具，以确保所有用户都能安全、便捷地使用街道。它们以基本的方式塑造街道并影响用户行为，包括速度和模式选择。

使用设计控制参数，主动管理多模式运营的街道，创建反映社区优先事宜的安全街道。

常用的设计控制参数包括设计速度、设计车辆、设计时段和设计年份。下文将介绍这些设置方法，以创建安全的城市街道，通常将其作为设计过程中的公式或模型输入。

通过设置这些控制措施，以营造宜人的街道环境。街道设计不应局限于“车速快、空间大”的目标，设计控制参数应基于更长远的政策目标和更周密的环境考虑。一旦确定了设计控制策略，就应将其应用于整个设计过程（极少数例外情况除外）。

丹麦哥本哈根

9.1 | 设计速度

设计速度是指驾驶员在街上行驶的目标速度，而非车辆的最大运行速度。重新设计街道会导致用户行为发生变化，街道设计必须通过对驾驶员设定明确的期望来管理速度。步行、骑车、活动水平，以及各模式之间混合或分离的程度是安全车速的决定性因素。降低车速可使街道顺利地运行，并且让用户感觉到好像身处城市，而非在高速公路上。不允许在城市使用高速公路的设计速度，必须主动限制车速，提供密集的人行横道，限制车道的数量和宽度，使用低速转弯半径，并引入树木和街道设施。

常规的做法是指定的设计速度高于已发布的速度限制，以应对驾驶员的失误。但这种做法只会鼓励车辆超速，并增加交通事故、死亡和受伤的可能性。

积极的做法是选择目标速度，并通过设计来实现该速度，通过身体和感知来提示驾驶员的行为。这些提示包括较窄的车道宽度和更小的路缘半径、信号绿波和其他速度管理技术。在街道设计中，使用较低的设计速度可降低车辆速度，为步行、自行车骑行、驾车和停车提供更安全的场所。

城市地区的设计速度不得超过40 km/h（特定街道除外）。要确定40 km/h以外合适的设计速度，需考虑安全、健康、机动性、经济和环境等多重因素。

速度、严重性和频率

降低车辆速度是减少街道交通死亡和严重伤害最有效的途径。[1]绝大多数死于交通事故的人都在街道上受过高速撞击，尽管这些街道在城市总体活动中的占比很小。

速度是影响撞击可能性和严重程度的主要因素。高速会导致驾驶员的反应时间延长，视距变窄，[2]停车距离更长，同时缩短其他人的反应时间。平均车速每增加1 km/h，发生交通事故的风险就会增加3%，死亡人数增加4%~5%。[3]

速度差也是影响安全性的关键因素。机动车转弯时，会占用行人或自行车道，且速度远高于行人或自行车，人们步行或骑自行车的风险就会加大。在自行车、汽车、卡车、公交车共享车道或街道的地方，保持较低的设计速度可降低严重伤害甚至死亡的可能性。假设模式分离的设计可能在用户期望变化时发生危险，安全的街道应将混合的程度与混合的愿望相匹配，并使用设计来设定具体条件。

目标速度和环境

10 km/h： 共享街道或类似环境，以非常低的速度（最高 15 km/h）将用户混合在一起，行人活动和几何结构都能够保持低速。

20 km/h： 住宅街道应允许行人进行休闲娱乐和社交活动。将 20 km/h 作为目标速度，来支持安全速度。如果存在更高的速度，则采用速度管理策略。

30 km/h： 在活动量大以及对人行横道需求量大的街道上运用速度管理技术，将速度限制在 30 km/h 或以下。这是混合交通中自行车骑行的安全速度，也能保证走在街道上的行人的安全。这种情况通常适用于社区大街和中央城市街道。

40 km / h： 在这个速度水平上，应设定密集的信号化人行横道，并基于整个网络设置自行车道。采用街道几何和速度管理策略，在物理空间内和视觉上向驾驶员发出信号，告诉其速度不应超过 40 km/h。

50 km/h： 一些大型街道上设有自行车道、大型人行道、中央分离带以及密集的信号化交叉路口和人行横道，可以接受 50km/h 的交通速度，利用信号绿波、树木、街道设施以及 3 m 宽的车道来防止超速行驶。

60 km/h： 60 km/h 或以上的速度在城市街道上是非常不安全的。必须谨慎地保护弱势群体，同时不破坏街道的社会和经济功能，或扰乱步行网络。

速度每提高1 km/h，死于交通事故的人数会增加4%~5%。城市街道的速度应限定在40 km/h。

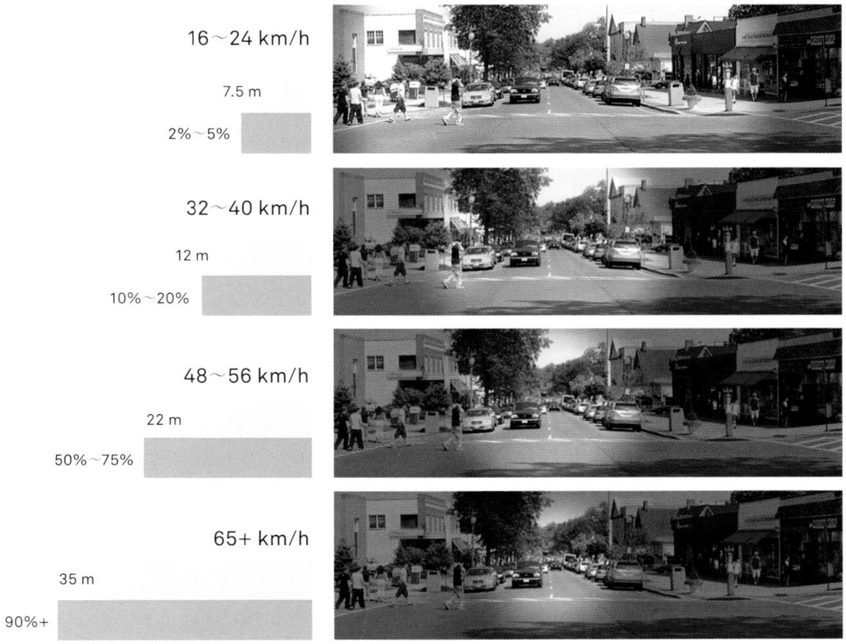

速度	停车距离	行人死亡的风险
16~24 km/h	7.5 m	2%~5%
32~40 km/h	12 m	10%~20%
48~56 km/h	22 m	50%~75%
65+ km/h	35 m	90%+

随着车速的增加，驾驶员的视线范围会严重缩小，影响停车距离，并加大行人死亡的风险。详见第一部分“1.5 安全的街道可以拯救生命”

重要指导

街道设计不应允许速度高于标牌规定的速度限制。

基于所有用户设定目标速度，而不仅仅是驾驶员。真实评估街道的使用方式，并考虑环境和市政安全目标。街道设计应建设性地引导驾驶员行为，防止速度高于目标速度，促进多种模式的安全融合。

如果可能，将目标速度设定为速度限制。如果法定速度限制高于城市安全速度，将设计速度设置在速度限制以下，通过设计和运营技术来防止车辆超速。

在任何情况下，街道的目标速度必须能够让人们沿着街道步行或穿过街道，而不会被车辆所伤。必须为驾驶员提供足够的时间和距离，以避免撞到过街的行人。

不要将目标速度设置为60 km/h或更高，这些速度将危及城市街道的安全，应将其预留给限制使用的（高速）公路。

建议指导

设置安全速度的街道段，来实现期望速度，将直行车道的总数保持在最低限度。在空间不足的街道区域设置较小的转弯半径，使用信号配时来促进低速行驶，并运用速度管理技术。详见第二部分“8.7 速度管理”。

在允许速度超过40 km/h的区域，将车辆和弱势群体（如行人和自行车骑行者）进行物理隔离，可以将停泊的车辆、中央分离带、缓冲区或其他垂直元素作为障碍物。为行人提供密集的人行横道，理想间隔为80~100 m，不超过200 m。

限制模式内部和模式之间的速度差，如果行人与汽车驾驶员共用同一空间，则采用10~15 km/h的速度。如果行人常规地穿过街道中段，远离正式人行横道，目标速度应设定为20 km/h或更慢。如果自行车骑行者与汽车驾驶员共用空间，但行人不占用相同的空间，可采用30 km/h或更低的速度，这些速度与公共交通速度相一致。

可以基于街道类型或区域来设置默认设计速度，如果速度超过40 km/h，建议运用一些具体的技术手段，如信号化和其他管理技术，为多模式交通创造基本条件。

如果速度普遍在60 km/h或以上，城市街道不可能安全地容纳行人和自行车骑行者。如果不能降低速度，应在同一平面上提供高质量的步行和自行车设施，使其具有强大的保护作用，如平行停车位、树木和中央分离带。不要运用妨碍行人活动，以及限制街道经济功能和社会活动的技术。

增强居民的安全防范意识，可借助标牌、标志、公众信息和速度限制规范来宣传。使用雷达车牌读卡器或速度相机进行全天候电子执法，并处以中度罚款，这比罚款金额高的人工执法更有效、更公平。

9.2 | 设计车辆和控制车辆

街道设计时，使用设计车辆和控制车辆设置行车道、公交快速通道、人行道和自行车道。为不常使用的大型卡车设计道路会导致道路过宽，或汽车转弯速度过高，并使其他经常性用户（如行人）失去更多的空间。选择街道上的常规用户，以及只偶尔使用街道的控制车辆，以防止过度设计。安全的设计意味着为弱势群体（而非体积最大的车辆）量身定制元素。

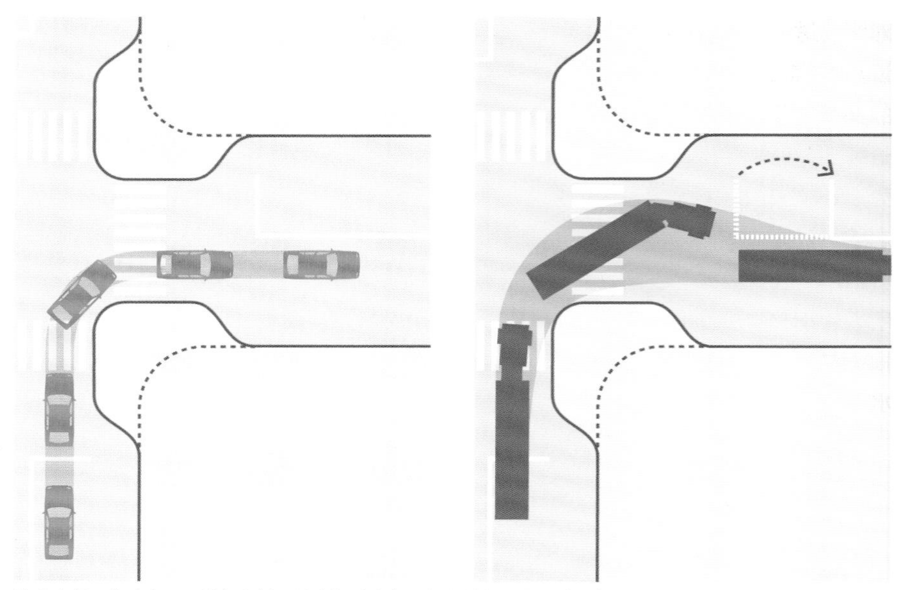

转弯半径： 为速度不同的经常性设计车辆（左）和偶尔性控制车辆（右）设置不同的转弯半径，可以运用几何技术（如提前停车线），这样不会增加设计车辆的转弯半径和速度

设计车辆是指经常使用街道的车辆，可以是轮椅上的行人、货车自行车上骑行者、卡车或公交车，这取决于设施的类型和用户数量。设计车辆的选择直接影响街道的设计和每个用户的安全性、舒适度，特别是交叉路口和车道转换的设计，都是为了设计车辆能够便捷使用。

控制车辆是指缺乏机动性的车辆，在规划中，并不允许其使用街道，但可能以非常低的速度通行，或进行多点转弯。

重要指导

使用设计车辆和控制车辆来确定交叉路口的转弯半径和车道宽度，控制车辆并不经常出现在街道上，可以采用临时干预措施，使道路容纳控制车辆，如标记或道路封闭，并且使用多个车道，利用可安装的街道元素帮助其转弯。[4]使用优先制动杆或其他元素来适应设计车辆的移动。不要扩大现有的交叉路口，以允许较大的车辆转弯。

对于人行道、坡道和人行横道等行人设施，重要的受众群体应包括使用轮椅的人、老年人和儿童。在某些情况下，应确保多人同时穿行，如一个班级中的孩子，将其作为一个控制车辆。

对于自行车设施，使用货运自行车，或者在有人力车情况下，使用人力车作为设计车辆，特别是在设计车道曲线、过渡、坡度变化和密闭区域时。

对于公共交通设施，包括快速公交通道、公交专用车道和混合交通车道，可以使用常规的公交车作为设计车辆。由于公共交通路线不会在每个交叉路口都转弯，可以使用线路外街道转弯，并与公共交通运营商协调，确定公共交通转弯的位置，设计这些转弯路段。

对于机动车，应选择适应常规、频繁使用的最小转弯半径和曲线。设计不超过10 km/h的较低转弯速度。交叉路口较小的拐角半径能够缩短人行横道的长度，节省信号时间。详见第二部分“6.6.5 拐角半径”。

建议指导

如果应急车辆比设计车辆大得多，可以在必要时利用公共事业用地区域进行转弯，包括可安装的角落岛、中央分离带尖端以及人行道的一部分。可以使用灵活的护柱、已安装的路缘和其他设备，以便应急行驶。与应急人员合作，减小新购应急车辆所需的尺寸或转弯半径。

根据环境或街道类型，某些道路会限制较大的车辆行驶，以允许较小的设计车辆通行。在城市中心地带或历史文化区，经常需要对大型车辆进行限制。新街道也可能限制大型车辆，以实现更安全、人性化的街道设计。在某些时间段可能允许较大的车辆使用街道，或者用手推车或货运自行车运送货物。运用这些方式，可以防止选择体积过大的设计车辆。详见第二部分8：运营和管理策略。

9.3 | 设计年份和模式容量

对城市进行投资时，必须考虑主要基础设施的寿命，以及未来的发展，但传统的交通预测大大高估了交通流量的增长率。即使所做的预测显示出相反的趋势，许多交通模式仍然假定需求呈上升之势，车辆的行驶距离变得越来越长。城市规划必须将每个模式的设计容量与所需的模式划分和街道活动相关联，应根据总人员来衡量容量，而非车辆服务水平，通过车辆容量来了解运营决策。

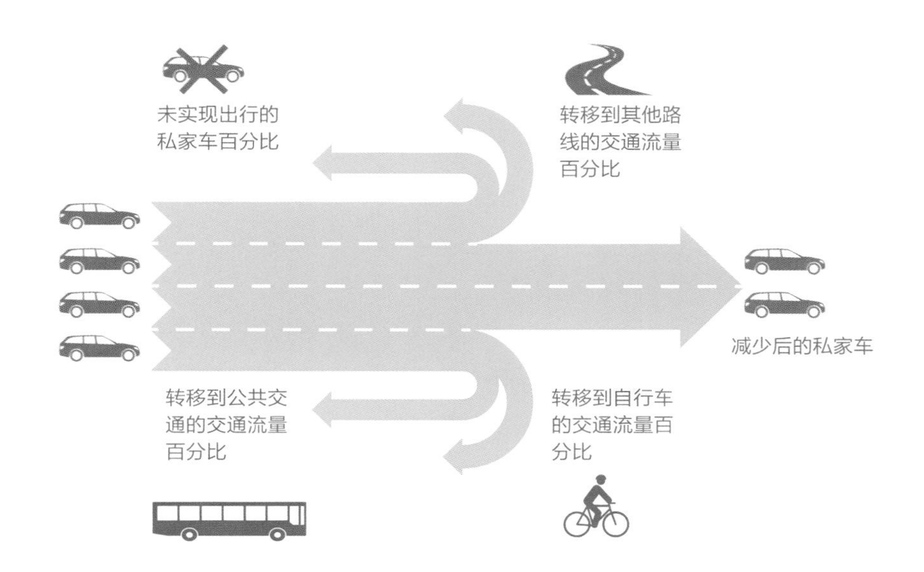

交通蒸发：研究表明，当道路容量转移到其他模式时，一些高峰期的交通流量会从网络中消失。驾驶员会切换到其他模式，选择其他时间出行，或改变目的地

街道设计应以目标为导向，以政策为驱动，以设计年份决策为支持。城市交通政策往往优先考虑步行、自行车骑行和公共交通。许多城市设定了明确的模式共享目标，以减少对单一车辆使用的依赖。为了实现这些积极的目标，需要转变基础设施投资和出行行为。

设计年份是项目未来应适应的条件，假设增加交通流量，将建立自动实现的流量增长规划。常规情况也可能与社区目标矛盾，如汽车数量年增长率为2%，意味着汽车数量在35年内会翻倍。[5]大多数城市和街区都无法承受这样的增长。

诱导需求和交通蒸发

诱导需求：在舒适度、成本、行程时间和便利性方面获得优势时，给定模式的行程将增加。车辆容量的增加会导致行程变长，并降低公共交通的使用频率。

交通蒸发：在城市地区，当道路的通行能力转向公共交通、自行车骑行和步行时，私家车数量会减少，这称为交通蒸发。研究表明，当道路通行能力转移到其他模式时，一些车辆交通被平行路线吸收，驾驶员也会转向其他模式，选择其他时间出行，或改变目的地。事实证明，交通流量正在以11%的速度消失。[6]

减少车辆行驶千米数（VKT）：为了减少车辆行驶千米数，街道建设应包括专用的公共交通设施、舒适的人行道、自行车设施和紧凑型区域的开发。专用的公共交通设施有助于将私家车和出租车交通转化为更高效率的公共交通，增强人们在街道上的通行能力，并减少车辆行驶千米数。

模式容量和模式划分

适当的模式容量有助于实现所需的模式划分，在新建的街道上，假设大多数行程（包括使用公共交通）都依靠步行或自行车。

在新建的街道上，采取改变车辆容量的运营措施，例如，信号配时和车道分配，而并非依赖于自主预测。

当提供高舒适度的设施时，自行车设施的使用需求通常会明显增长，应考虑到预期的增长需求。

容量与发展评估

如果制订了长期目标，那么容量与发展评估是街道设计的一个关键点。利用现有的公共交通容量，满足其增长需求，从而确定哪些地方需要进行新的开发。预估所需的人员和货运能力，根据公共交通的连通性和与邻近目的地的距离，设定理想和现实的模式划分，有助于确定均衡模式组合所需的各种设施。

9.4 | 设计时段

在一天的不同时间、一年的不同时段，以及更长的时间段内，街道的功能会有所不同。每个城市的生活节奏不同，对公共街道的使用亦不相同。街道对行人、车辆、摊位、咖啡馆、市场的容纳能力在一天和一周内会有所扩张或收缩。

街道设计应能够在一天的典型时间内（而不仅仅是高峰时段）提供舒适的容量。典型时间通常是高峰时段、深夜、中午和周末的活动水平平均值。这使得规划者能够平衡安全性和不同时间段内街道的需求和功能。

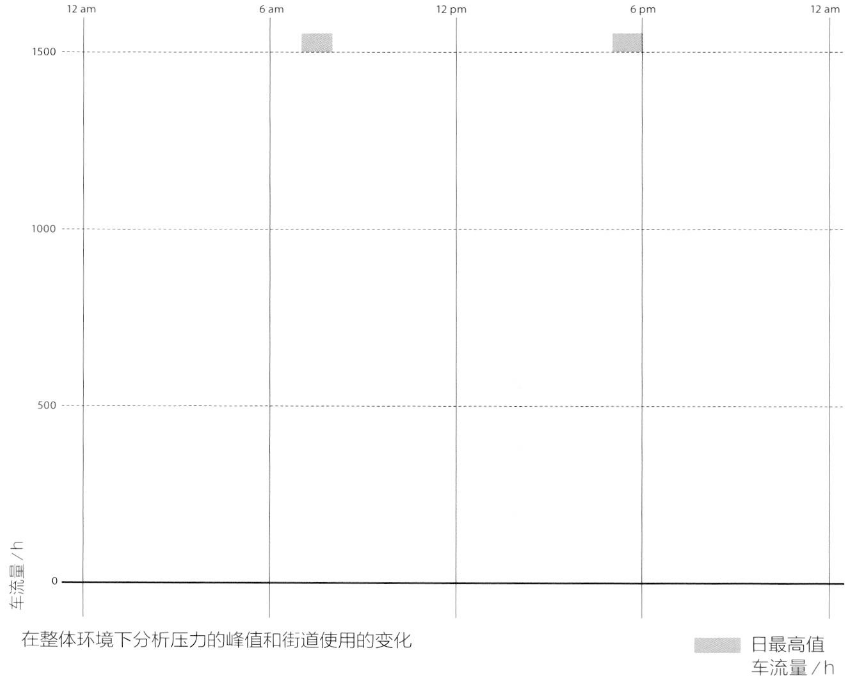

12 am 6 am 12 pm 6 pm 12 am

1500

1000

500

0

车流量 / h

在整体环境下分析压力的峰值和街道使用的变化

日最高值

车流量 / h

设计时段或一小时内的活动水平可以用于确定适当的街道尺寸。传统做法是使用单个高峰时段流量和预计流量增量，决定造价高昂的基础设施建设，而无须确定街道上需要的交通流量。

基础设施不应只满足每天几小时的需求，而应通过多小时分析来了解街道的平均活动水平，以便更清晰地获知需求。构建不必要的容量会导致造价高昂，由于土地所有权、地形和其他变量的差异，成本也有很大差异。

设计时段也可以用于指导街道可容纳的交通流量，以平衡不同用户的需求。

重要指导

在公正的量化基础上制定运营决策，考虑整体社区指标和街道必须具备的功能，包括安全性、对当地商业的支持、所提供的就业机会以及环境目标。详见第一部分3：监测和评估街道。

建议指南

展开设计时段分析，包括所有用户整周的各个高峰时段。分析可能包括早上高峰时段、中午高峰时段、下午高峰时段和周末高峰时段。研究这些高峰时段，能够细致地了解行程，从而使街道设计更加实用。

分析7×24 h的所有街道用途，涉及所有机动模式在高峰时段的通勤，包括夜间散步、周末市场、午餐餐饮和商业货运。分析这些静态、动态、现有和预期的活动，以最快的速度获取街道的实时信息，并将其应用于设计之中。

使用个人行程来确定街道容量，而非车辆行程。避免仅考虑车辆行程，或依赖郊区小型样本的出行生成手册。

运输需求管理描述了寻求改变出行模式的方案，通常鼓励人们乘坐公共交通、步行、骑自行车，或在不同的时间出行。这些方案比扩大容量能力更具成本效益。详见第二部分“8 运营和管理策略”。

上午高峰时段：调整信号以适应高峰时段上下班的交通流量；调整流量以防止交通拥堵。

中午高峰时段：午餐时段，市区街道上的行人数量会达到高峰值。

晚上高峰时段：交通流量在高峰时段后开始下降，但某些地区的行人数量会上升。

C

第三部分 街道改造

Langhans Galerie Praha
LANGHANS
KINO
LANGHANS GALERIE
PĚŠÍ ZÓNA
MHD
VOZIDLA SE SOUHLASEM
MČ PRAHA 1
ČSOB
CREAM & DREAM
24
8346

10

街道

每个城市的街道都是一个独特且不断演进的有机体，占据大面积的环境空间。伟大的街道设计需要巧妙地平衡一天中的诸多活动和需求。街道可以活跃社会和经济生活，为人类活动提供空间，可以是前院和客厅，公园或夜生活目的地，以及人们基本的循环系统。街道必须在各个层面上满足人们不同的需求，包括步行、自行车骑行、使用公共交通工具、进行货运、售卖商品，或者只是停下来呼吸。最重要的是，街道是人们活动的地方，街道设计若不能“以人为本”，城市则无法运行。

本指南摆脱了街道类型的传统功能分类方法，将焦点转向基于环境的设计方法。

丹麦哥本哈根

10.1 | 街道设计策略

使用以下街道设计策略来践行第二部分“4　为大城市设计街道”以及第三部分“11.1　交叉路口的设计策略”中所述的重要原则。

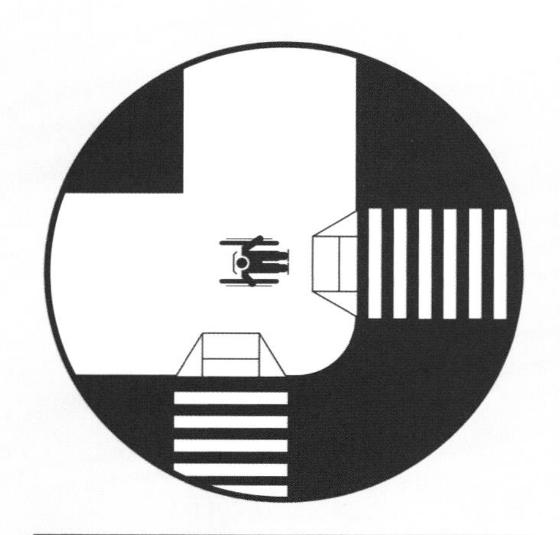

确保普遍可及性

确保街道服务于弱势群体，特别是老年人、儿童和残疾人，为其提供安全的街道环境、光线充足的专用设施。详见第二部分“6　为人设计街道”和第二部分“6.3.8　普遍可及性”。

安全的设计速度

通过狭窄的行车道、较小的拐角半径以及其他有助于避免弱势群体与车辆发生碰撞的减速措施，确保提供安全的设计速度。详见第二部分“6.6.7 交通减速策略”、第二部分“8 运营和管理策略”和第二部分“9 设计控制参数”。

重新配置空间

改变几何结构，优先考虑积极、可持续的机动方案。提供专用的设施，使其优先服务于行人、自行车骑行者和公共交通。详见第二部分“6　为人设计街道”。

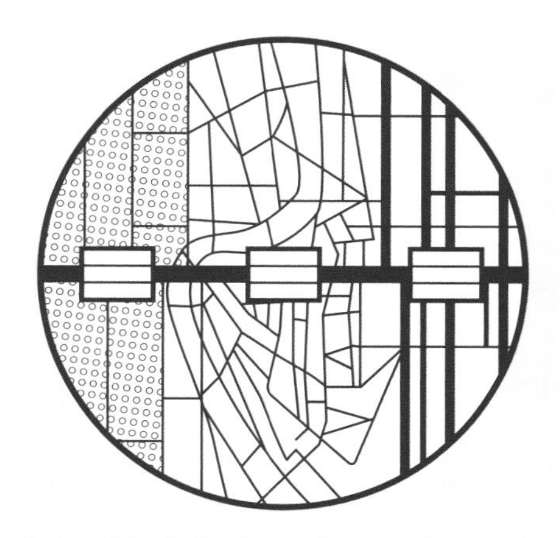

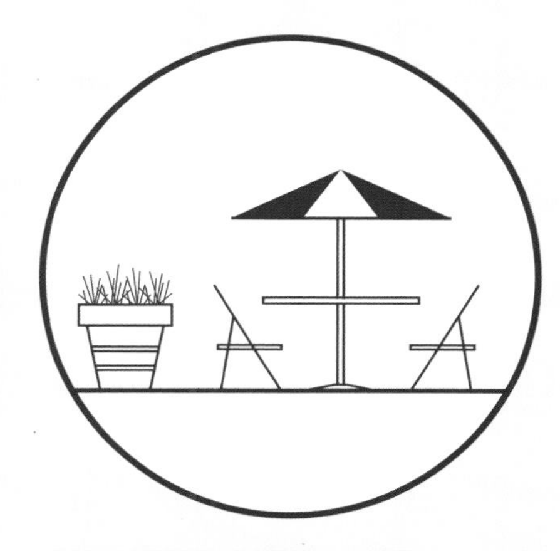

适应不同的用途

提供社会活动、聚会和商业用途空间，以确保街道的高效性和功能的多样性。如果条件允许，可以引入绿色基础设施战略。详见第二部分“6.8　为商贩设计街道”和第二部分“7.2　绿色基础设施”。

制定环境驱动型方案

街道设计应从网络中的地点、邻近的目的地、附近的土地利用和密度获取信息，并制定环境驱动型方案。详见第二部分“5 为空间设计街道”。

立即行动——从某个地方开始

移动路缘，改变路线，重新利用空间，并确定交通方向。采用阶段性方法进行重新设计，采用临时设计方案，并确定财政支持的领域。找到一个地方，并开始改造，马上行动吧！详见第二部分“2.7 阶段性和临时设计策略”。

10.2 | 街道的类型

每个城市都必须确定自身的街道类型，为了确保新的街道设计适合给定的环境，必须将现有街道作为综合公共空间网络的一部分进行记录和分析。

评估每个街道项目，以平衡特定环境和文化中不同交通模式的需求。确保设计能够服务于社会、环境和经济需求。

采用下文的建议来指导街道改造，这里所列举的例子都展示在右边的地图中，以说明不同的街道类型如何协调整合，从而形成一个综合的网络。

为您所在的城市创建类似的地图，并确定当前以及未来所需的类型。您的城市地图中可能包括如下街道类型：

1 步行街
2 巷道和小巷
3 微公园
4 行人广场
5 商业共享街道
6 住宅共享街道
7 住宅街道
8 社区大街
9 中央单向街道
10 中央双向街道
11 公共交通街道
12 带有公共交通的大型街道
13 大型街道
14 改造高架结构
15 拆除高架结构
16 将街道改造成河流
17 临时封闭街道
18 后工业振兴
19 滨水和园畔街道
20 历史街道
21 非正规地区的街道

参见附录C：类型概要图。

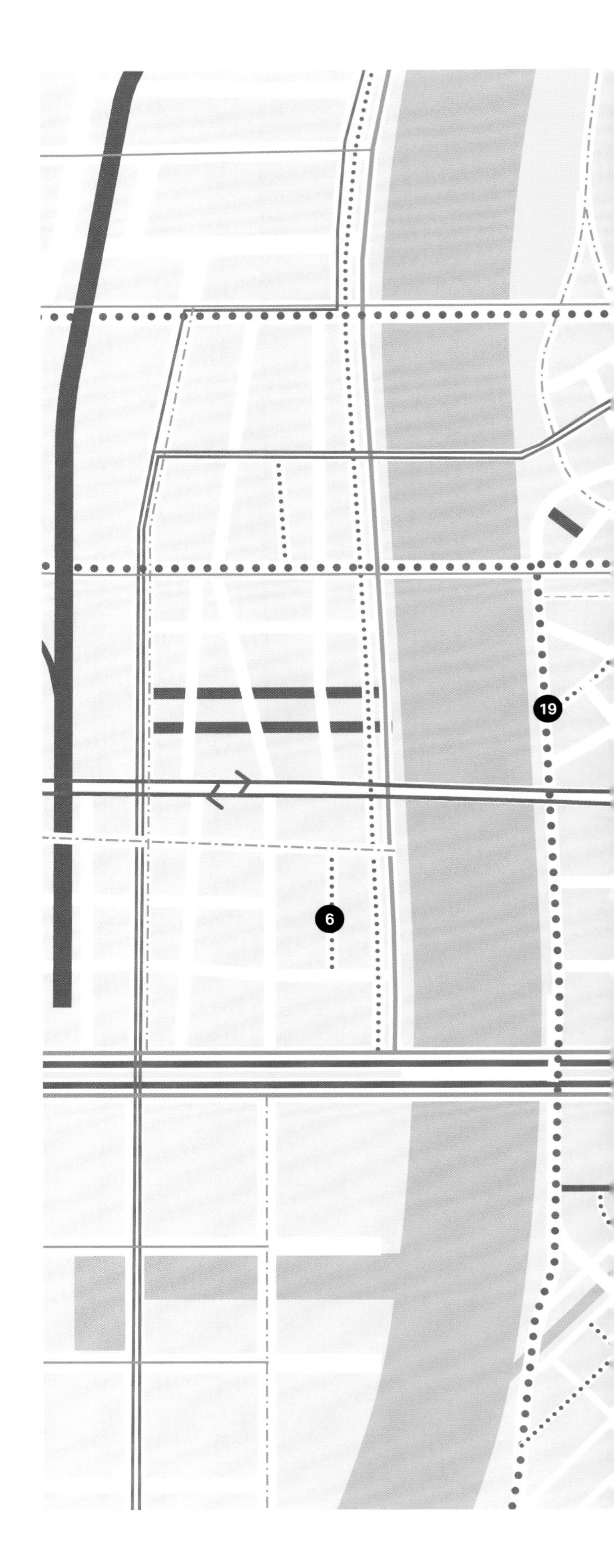

5
1
3
10
9
11
4
2
13
15
8
21

10.3 | 行人优先空间

行人优先空间在塑造步行友好型城市方面作用显著。它能够为不同年龄段的人提供可使用的城市空间，并且不需要与其他交通工具竞争。

这些空间鼓励人们按照自己的速度行动，并提供街道设施，以吸引人们停下脚步，并在此处多停留一些时间。在密集的城市地区为人们提供放松的空间，活跃未充分利用的空间，并促进经济的发展。

如果行人专用区沿线有商业活动，且人流密集，可以限定时间装卸和配送货物。在某些情况下，较小的车道或小巷可以允许当地车辆低速通行。

无论小广场、小型公园、狭窄的小巷，还是大型购物街，行人优先空间都是城市较大规模的街道、公园和公共场所网络的一部分，能够提供优质的公共开放空间。行人优先空间应公平地分布在城市的各个社区，确保人们的安全，并为其提供社交活动、休闲娱乐的场所以及高品质的生活。

越南胡志明市

10.3.1 | 步行街 | 示例1 18 m

步行街应优先考虑行人，通常适用于街道两侧都有商业活动的廊道。它们的规划设计具有战略意义，人流密集，车辆受到一定限制。这些街道可为多种活动创造条件，例如，购物、用餐、闲逛、散步或表演。如果选址、设计和维护良好，步行街可以成为旅游目的地，更能带来可观的经济收益。[1]

现有条件

交通拥堵、商业活动可能堵塞人行道，并占用行人空间。

街道两侧的目的地导致行人频繁地从道路中段横穿街道，产生多条交通需求线。

步行街可能是一条购物街，有密集的商业和混合用途活动，能够服务高密度的人流。

科索沃普里什蒂纳，特蕾莎修女大道是市中心的一条步行街，为人们提供散步、观光和游玩的空间

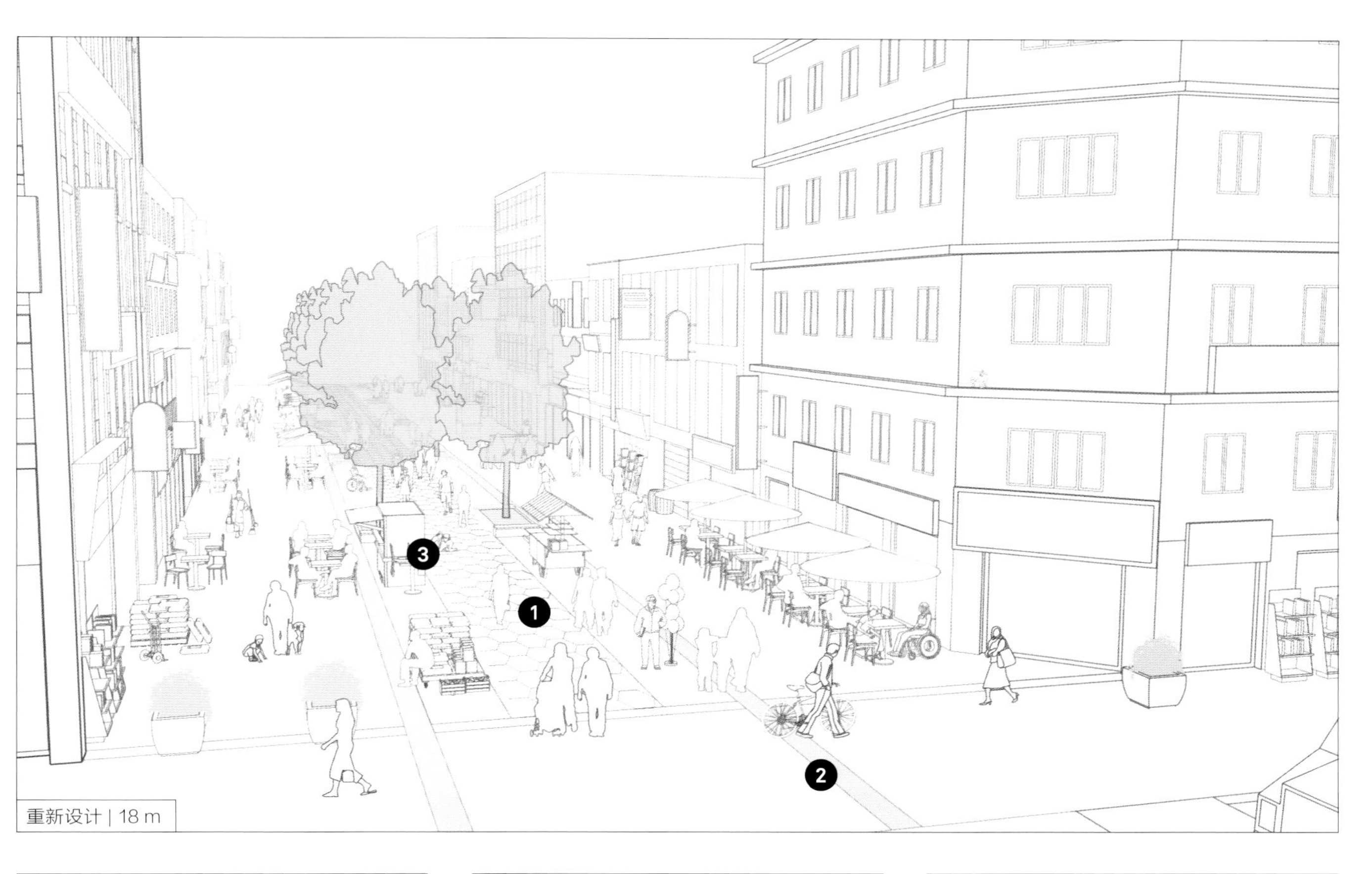

设计指导

当行人定期进入行车道时，应考虑设置行人专用区。

根据现有环境，选择可供行人专用的街道。行人量不足会使这些街道不安全并丧失吸引力。行人专用街道应位于行人密集的、多功能办公区或商业区。

步行街必须与公共交通、自行车路线和步行路线有良好的连接。从小巷或街道进出廊道应有多种选择，并保持空间的可渗透性。详见第二部分“6.3.2 行人网络”。

为车辆提供上下客点，为行走困难的乘客提供便利。

❶ 保持通行区的通畅，以便应急车辆通行。禁止停车和一切车辆通行，确保通行区畅通无阻。

提供平滑的路面，以提高步行的可及性。虽然通行区不必是直线，但其必须具有连续性和可用性。

❷ 使用耐用、防滑的材料，提供无障碍坡道和触觉性路面，以有利于视力障碍者通行。

❸ 增加街道设施、艺术品、桌子、长椅、树木、园林绿化、自行车架和饮水器，以赋予街道特色，支持一系列活动。

将装卸活动限制在特定时段，最好是非高峰时段，为当地企业和住户提供便利。

照明必须有利于营造安全的环境，可以使用立面照明、适于行人的灯杆和较矮的照明设备为空间提供均匀的照明。详见第二部分“7.3.1 照明设计指导”。

定期维护，以保持空间清洁。应提供垃圾桶，其数量应根据行人数量而定。

组织街道活动，特别是街道很长的情况下。建立临街区域和商贩空间，以组织街道活动。确保商贩区之间留有空隙，以保持可见度和渗透性。

步行街 | 示例2 22 m

其他注意事项

在某些情况下，完整的行人专用区可能只适用于行人最密集的几个街区。

占用步行廊道和路边空间，服务于商业或其他土地开发目的，会影响街道不同时间段的功能和特点。

可以使用护柱、标杆和分流器，构建临时行人专用区，收集比较数据，并确定永久性封闭街道所带来的影响。[2]

创建共享街道或其他行人优先街道，以补充步行街或公共交通。详见第三部分“10.4　共享街道”。

设置标志，方便自行车骑行者下车，或推着自行车步行，特别是在行人密集的廊道上。

根据行人密度和街道宽度，当自行车速度接近步行速度时，可允许其在街道上行驶。

土耳其伊斯坦布尔，克拉大道是该市最著名的大道，长 1.4 km，宽约 15 m，并在历史建筑中融合文化和商业用途。20 世纪 80 年代后期，这条大街成为步行街，现在市中心仍有一些历史悠久的电车

中国广州，六运小区

六运小区位于市中心商业区，是一个密集的混合型居住区，多层建筑形成小型楼群，限制了街道空间。由于街道空间有限，大部分空间都专门服务于行人，禁止汽车进入。停车场地非常有限，并被局限于周边地区。

过去，六运小区是一个封闭式、单一用途的住宅街区，也是 20 世纪 80 年代后期的典型居住区。自 2000 年以来，住户获得了公寓所有权后，业主开始将房屋转为商业用途，最开始用作当地商店，后来用作名牌服装店和咖啡馆。底层改造始于 2003 年，从天河广场附近开始，直到几乎所有底层都转变为商业用途，最终该地区变成了一个开放的混合型社区。为了迎接 2010 年的亚运会，市政府改造了公共设施和基础设施，对步行区和景观美化进行了投资，并增添了一些建筑装饰。

附近的 BRT 和地铁站为社区提供了良好的服务，提高了可及性，并成功地将居民和游客融入较大的公共交通网络中。

中国广州，六运小区

丹麦哥本哈根：斯托耶的行人专用区

位置：丹麦哥本哈根市中心

人口：50万

大都会区人口：190万

长度：1.15 km

街道宽度：10～12 m

功能：混合用途（住宅/商业）

维护：自1963年以来数次重建和升级

资金：众筹

概述

1962年之前，哥本哈根市中心的所有街道和广场均被广泛用于车辆交通和停车，并面临着快速增长的私家车所带来的压力。

哥本哈根的行人专用区始于城市的主要街道，即斯托耶，它是1962年进行的一项实验性改造。将一条1.15 km长的街道打造为一条步行街，这种做法史无前例，在街道改造之前引起了公众热议。有人认为，步行街在斯堪的纳维亚不可行。当地企业主说：“没有汽车就意味着没有客户，没有客户就意味着没有生意。”

事实证明，斯托耶的改造是成功的，企业主意识到有序的交通环境会带来更可观的经济收益。尼古拉教堂的广场马加辛·托夫和格拉布罗德·托夫是第一批被改造的广场。

改造前

改造后

图片来源：盖尔建筑师事务所

斯托耶的行人专用区挖掘了丹麦户外公共生活的潜力。

关键要素

清除街道上的所有车辆。

清除路缘和人行道，增建新的路面。

整合街道设施，以方便行人出行。

目标

- 改善市中心的连通性。
- 营造高质量且具有吸引力的环境。
- 建造空间，促进商业发展。
- 鼓励各行业的人在市中心活动。
- 复兴城市中被遗忘的小巷，将其变成充满活力的巷道。

参与方

哥本哈根市、Stadsarkitektens Direktorat、Stadsingeniorens Direktorat、Bjorn Norgard。

成功的关键

哥本哈根步行街的成功，归因于增量变化，让人放弃驾驶机动车，转而通过骑自行车和使用公共交通来到达城市的主要目的地。此外，人们也有时间来构想如何使用这种全新的公共空间。

经验总结

斯托耶的行人专用区挖掘了丹麦户外公共生活的潜力。因为丹麦人之前很少在公共场合开展公共活动。这个行人专区打造了活泼的公共空间，斯托耶的实践证明步行街可以增加当地零售商的收入。

评估

+35%

改造后的第一年，行人数量增加

+531%

行人空间增加，从1962年的15 800 m²增加到2005年的99 700 m²

+136%

户外咖啡馆座位，从1986年的2970个增加到2006年的7020个

+400%

从1968年到1996年，行人停留时间延长

+20%

步行时间平均每天增加15min

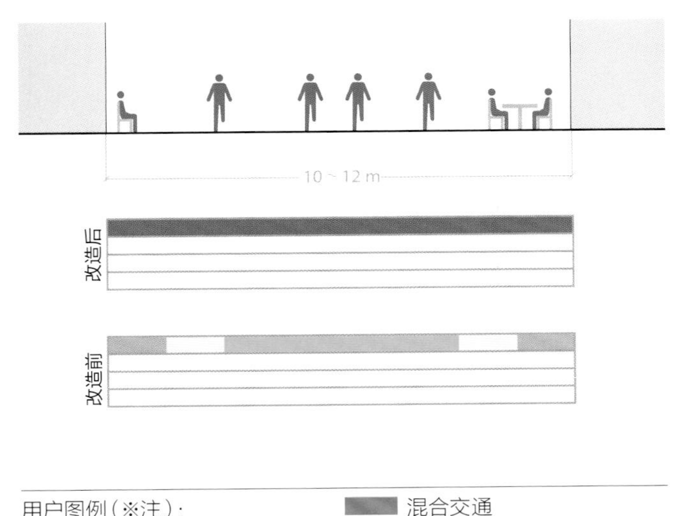

用户图例（※注）：

行人空间　混合交通　停车场

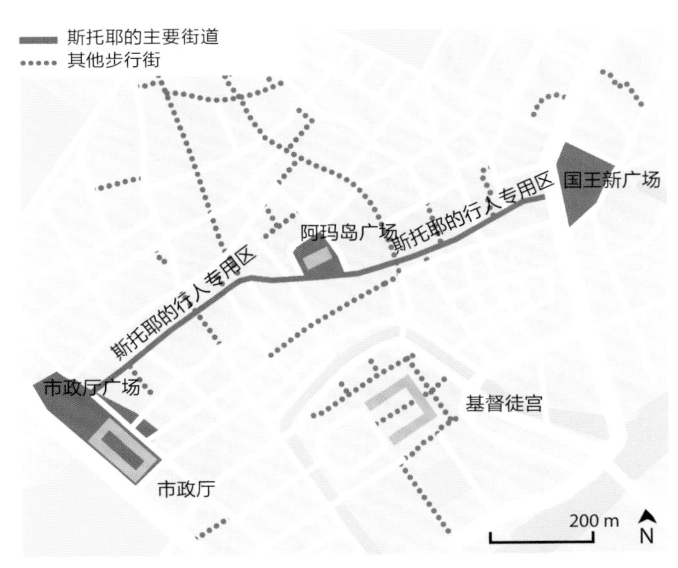

作为一条步行街，斯托耶在53年的时间里经历了数次重建和升级，材料的质量也不断改进，重新利用公共场所和广场来提升行人的舒适度，并增加户外用途。

1993年，当地艺术家比约恩·诺加德对阿玛岛广场进行了翻新。现在，因为活动繁多，它已成为该地区第二大受欢迎的城市空间。

项目时间表

1962年至今

※注：本书用户图例仅对应改造后，改造前的用户图例在同一色相上降低明度，以做区分。

10.3.2 | 巷道和小巷 | 示例1 8 m

巷道也称小巷，是狭窄的街道，可以增加整个公共空间的多样性，最能体现城市的特色。商业巷道经常由老旧的服务车道改造而成，能够提供新的路径，优先考虑行人，并为邻里提供充满活力的空间。巷道能够使行人在城市中闲逛，并为市中心树立整体形象。[3]

世界各地的城市一直在优化其巷道，将巷道从满是卡车和货车的后巷转变成新的活跃地界，为当地人和游客打造更具吸引力的空间。

现有条件

沿着巷道的两侧，通常有连续排列的建筑，从而形成强烈的封闭感。

商业巷道通常由小型零售店、作坊、画廊、咖啡馆或餐馆组成，这些空间的租金较低，以吸引新的企业和客户进入。

通常靠近较大的中央街道或公共场所，方便行人到达主要目的地。

为行人穿越大城市提供有益的捷径，并提升城市整体渗透率。

住宅巷道可能包括车库和有限的住宅通道。小巷和巷道对当地公共事业和废物收集很重要，但可能存在光线不足、交通不便等问题，不利于行人的人身安全。

重新设计 | 8 m | 10 km/h

设计指导

❶ 增加城市临街面积，以用于城市商业活动，并优化巷道和小巷活动，使其具有活跃的底层用途，以营造宜人的环境。

必须根据具体情况来评估和设计每条车道，在需要时可以满足装载和其他需求。

如果允许车辆通行，则将其行驶速度限定为10 km/h。

❷ 为应急车辆通道保留3.5 m宽的通行区，永久性设施可以沿建筑边缘或者车道中心放置，同时沿建筑边缘保留通行区。可以将移动式设施放置在应急通道中，只要不妨碍必要的功能即可。规划当地应急通道，并提供相邻的直达路线。详见第二部分“6.7 为货运和服务运营商设计街道”。

在巷道附近提供自行车停车和共享自行车设施。

除特殊情况外，禁止在巷道停车。

将装卸和货运限制在清晨和夜间，这个时间段少有行人活动。

使用特色照明，并在所有时间段内提供安全的环境。

定期进行维护和管理，以确保巷道整洁、无障碍。

设计路面坡度，确保主要行人区的有效排水。[4]

在巷道和交通流量较高的街道相交处，提供抬高的人行横道，以适应街道大小和行驶速度。[5]详见第二部分“6.3.5 人行横道”。

巷道和小巷 | 示例2 10 m

现状 | 10 m | 20 km/h

日本东京，后巷主要用于商业用途，并设有紧急出口

其他注意事项

当地气候会影响街道的体验和使用。打造遮盖巷道，以防止天气因素带来的不利影响，并有利于全年使用。

与当地艺术家、居民和企业合作，根据土地用途和商业类型来打造富有特色的空间。[6]

在建筑边缘使用标牌、建筑纹理和不同的材质，强化巷道的视觉感。

商业巷道应具有活跃的底层活动，鼓励商店直接在巷道上提供宽大、透明的开口，以促进商业活动。

重新设计 | 10 m | 10 km/h

澳大利亚悉尼，刚转型的阿什街连接天使广场和帕林斯小巷，沿着街道两边设有露天餐厅和咖啡馆

埃及开罗，当地的巷道丰富了居民的夜间活动，能够确保行人的安全，并营造了活跃的商业氛围

澳大利亚墨尔本：巷道

位置： 澳大利亚墨尔本市中心

人口： 440万

范围： 小巷和巷道网络

街道宽度： 5~10 m

功能： 混合用途（住宅/商业）

成本： 巷道的成本各不相同

资金： 墨尔本市政府与当地企业合作

速度： 0~5 km/h（许多巷道不允许车辆通行，部分允许有限的车辆通行）

中心广场

布洛克休闲区

巷道网络提升了中心商务区的连通性和可读性，并营造了具有吸引力的环境，以支持当地企业。

哈德维尔巷

概述

墨尔本巷道的振兴始于20世纪90年代初，当时墨尔本市政府和州政府致力于保护和升级现有巷道。在一个更大的重建计划中，这只是其中一部分，旨在使人们在工作后回归城市，并使城市更加安全、更加“好客”。

清理街道，引入积极的临街和综合性开发项目。该市与当地高校合作，鼓励国际学生居住在城市中，从而为公共场所注入多元文化和能量。

制订了一个持续性公共艺术计划，为巷道提供兴奋点和探索点。鼓励当地小型零售商进入中心商务区，特别是咖啡馆，并将其安置于临街的巷道空间。鼓励夜间活动，支持零售店铺延长营业时间。

关键要素

无车辆通行的行人优先空间。

优质的铺路材料和定制的照明设计。

拆除障碍物、护柱、路缘基石和多余的街道元素。

改善街道环境、巷道监管和寻路标志。

开展文化艺术活动。

目标

- 增强城市巷道的趣味性，开展多种活动。
- 提升整个城市中心的连通性和易读性。
- 营造高品质且具有吸引力的环境，支持当地企业的发展。
- 鼓励各行业的人在市中心生活。

经验总结

与建筑业主的合作是巷道设计取得成功的关键。

当地政府和小零售商之间的合作为巷道项目提供了资金。

即使在寒冷的季节，路边餐饮也颇受欢迎。

墨尔本的巷道已成为广受欢迎的旅游景点。

参与方

墨尔本市政府、当地商业协会、艺术家和居民协会。

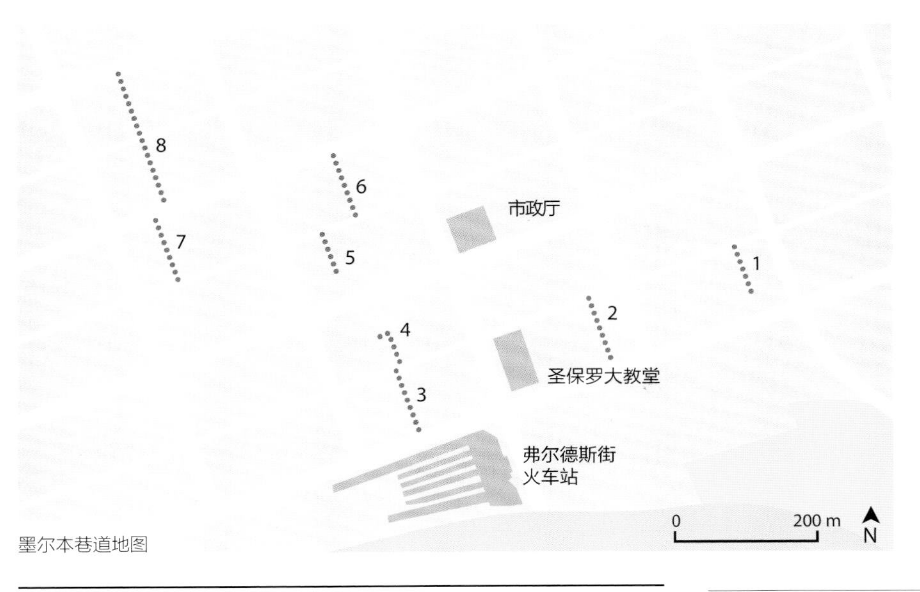

墨尔本巷道地图

墨尔本巷道网络地图

墨尔本市区著名的巷道为行人游览市中心提供了多条捷径。

1 马尔萨乌斯巷道
2 霍西尔巷道
3 戴格瑞福斯街
4 中心广场巷道
5 布洛克休闲区
6 联盟巷道
7 麦基洛普街
8 哈德维尔巷

项目时间表

1980年至今

1980年 1990年 2000年 2010年 2020年

在19世纪和20世纪，巷道被私有化、封闭、埋没和忽视。

20世纪80年代以后，人们认识到巷道的真正潜力，开始努力升级并进一步挖掘巷道的价值。

10.3.3 | 微公园 | 示例

微公园可以临时或永久性地将街道路边停车位转变为充满活力的新公共空间，也称街道座位、小型公园、移动公园和路边座位。微公园通常是城市与当地企业、居民或社区团体之间合作的产物，应用于狭窄、拥挤的人行道，作为人行道咖啡馆或街道设施的延伸。

现有条件

微公园通常需要改变两个或更多的平行停车位，或三四个倾斜式停车位。微公园的配置应根据地点、环境和所设定的特征而定。

微公园可能设置在行人密集、商业活动活跃，但缺乏行人公共活动空间的街道上。

由于街道活动日益增多，路边停车场经常受阻。通过许可流程，城市可以改变一个或多个停车位的用途，要求公共场所对外开放，并能为公众所用。

设计指导

❶ 必须使用阻轮设备为微公园提供缓冲，应留有1.2 m的距离，以确保车辆、行人和停泊车辆的可视性。这个缓冲区也可以作为相邻业主的公共空间，用于收集路边垃圾。

❷ 结合垂直构件，例如，可移动的标杆、护柱，确保交通车辆对微公园的可视性。

微公园或停车道的最小宽度为1.8 m。

在基座和平台之间提供小通道，以便排水，微公园的设计不得阻碍雨水径流。

❸ 确保微公园在人行道和路边设置一个平整的过渡，方便人们进入，避免绊倒。

微公园应至少距离交叉路口5 m，在交叉路口附近设置微公园时，应分析车流量、人流量、视线范围和可见度。

在布置微公园时，应尽量杜绝盗窃行为，场地选择应考虑到白天和夜间的监控水平。

使用可移动的桌子和椅子，将座椅和其他功能整合到微公园的结构中，以提高灵活性和可用性。与合作伙伴合作，管理可移动设施，并在夜间将其存储到指定地方。

微公园的底部构造设计取决于街道的斜率和整体结构。底部结构必须适应道路的最高点，并为微公园提供水平平面。

通常在不同高度的表面下使用甲板基座，使表面平整，或者采用钢材底部结构和角钢梁。[7]

使用防滑表面，尽可能减少危害，并确保轮椅无障碍通行。

地板的承重能力因地而异，至少须设计为450 kg/m^2。[8]

采用开放式的护栏来划分空间，栏杆不得高于0.9 m，并至少能够承受882 N的横向力。

其他注意事项

微公园的设计与合作伙伴或申请人的愿望相关，可能包括座位、绿化带、自行车架或其他功能，但应致力于打造成社区焦点和受欢迎的聚会场所。

应制订城市或区域层面的方针，鼓励创造性设计，以增强当地特色，同时维持适当的安全标准。

在某些情况下，微公园可能由街头商贩经营，可以作为"临时弹出式商店"。

与相邻企业、周边居民合作，更易于对微公园进行管理。让当地合作伙伴参与规划、集资和维护微公园，并确保街道的安全、清洁。

如果没有当地合作伙伴，城市可以将微公园作为传统公园或公共场所加以建设和管理。

微公园通常易于实施和评估，因其可通过低成本材料和社区参与创建。收集比较数据，以评估公共空间取代停车场的长期影响。

当城市交通、规划或公共工程机构将微公园作为全市规划的一部分进行管理时，可以更好地跟踪和评估微公园。

城市可以选择使用标准化的设计来提高承载能力。

可以将自行车架、体育（健身）活动设备设置在微公园内或周边区域。

如果城市有强降雪、极端暴雨或洪水，应考虑对微公园进行季节性使用，以及进行适当的维护。

虽然微公园主要是当地社区的资产，但事实证明，它可以增加行人数量，并为邻近商业街创造收益。[9]

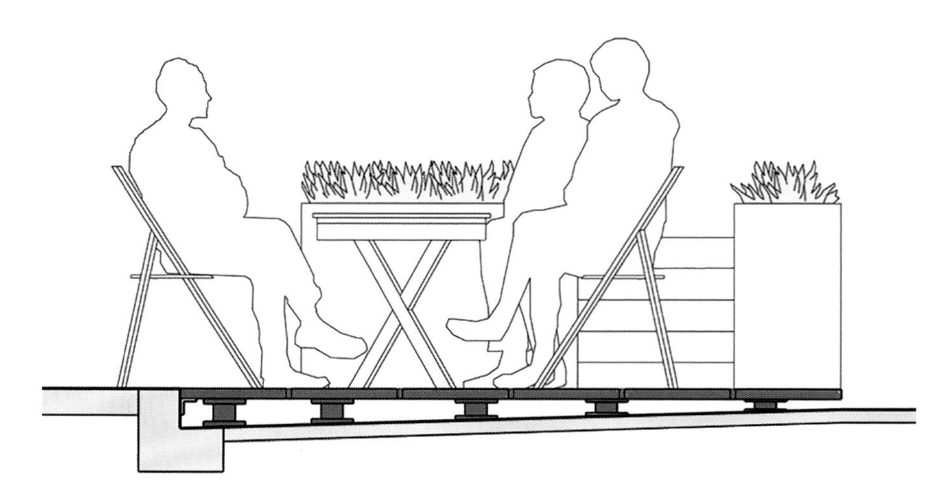

这个微公园部分图示显示了如何应对路基的坡度，以便在人行道和微公园表面实现平整的过渡

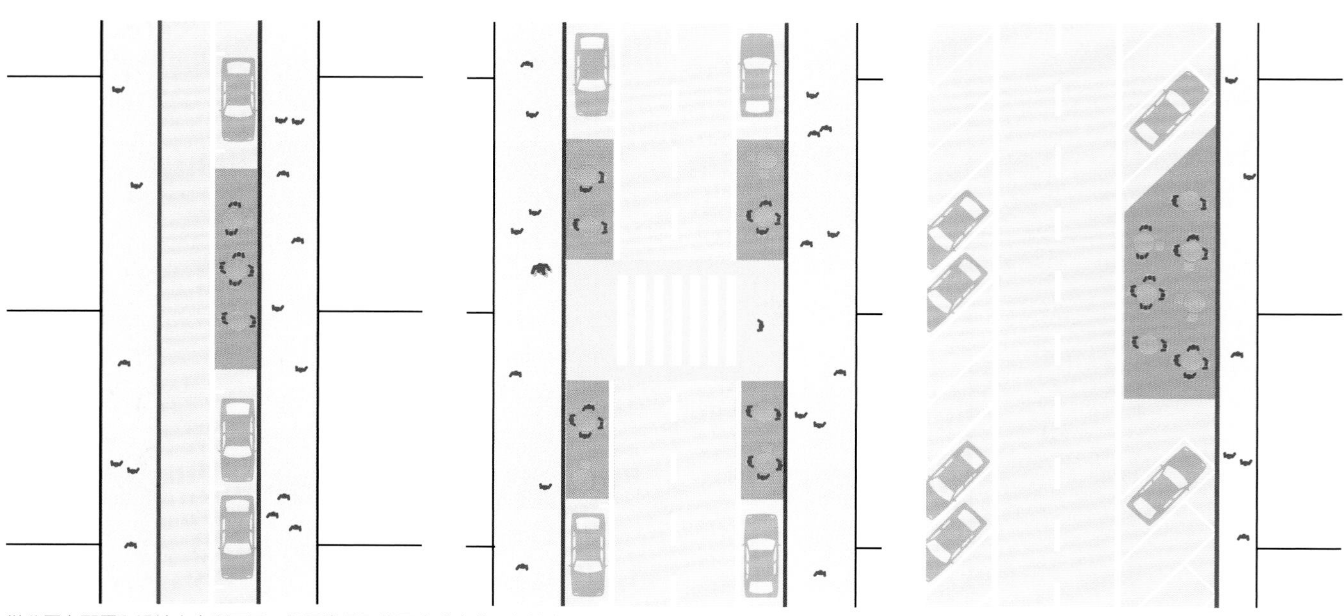

微公园在配置和设计上有所不同，但通常是取代两个或多个平行停车位，或三四个拐角停车位，其配置包括座位、桌子、植物、自行车架、艺术品、遮阳结构等

巴西圣保罗

随着 2014 年 Rua Padre Joao Manuel 首个微公园项目的落成，微公园成了圣保罗全市总体规划的一部分，旨在鼓励街道设计打造更多的公共场所。当地政府部门制订了具体政策，并对整个城市的微公园进行创建和维护。这些微公园均设置有固定座位、绿化带和自行车停车位。

截至 2016 年 5 月，圣保罗私人机构共建成 42 个微公园。市政府同意再增加 32 个微公园，并将此项目扩大到城市其他地区。

巴西圣保罗， Rua Padre Joao Manuel 微公园的俯视图，为城市微公园政策的制订开了先河

苏格兰格拉斯哥

这个试点微公园由装卸区改造而来，是格拉斯哥市议会颁布的更广泛的重建计划的一部分。它是与微公园的主人合作设计的，设有木质长椅、绿化、季节性雨棚和信息板。

微公园是在社区志愿者的帮助下，使用回收的木材建造而成的。

苏格兰格拉斯哥，这个微公园是城市中心重建试点项目下 Sauchiehall 重建计划的一部分

秘鲁利马

利马微公园构思于 2015 年 2 月，是袖珍型城市干预研讨会的成果。由于当地政府对使用期限和空间质量持怀疑态度，该微公园由当地的学生和教师出资建造。建成后受到媒体和社区的广泛好评，成为由圣博尔哈区环境办公室发起的“新绿地”计划的一部分。当地政府计划继续在城市其他地方建造微公园。

秘鲁利马，圣博尔哈的微公园是 Ocupa Tu Calle 举办研讨会的地方，由利马 Cómo Vamos 和 Fundación Avina 进行推广

美国旧金山：从路面到公园

位置： 美国加利福尼亚州旧金山

人口： 80万

大都会区人口： 450万

范围： 全市范围内65个微公园，7个街道广场

尺寸： 2 ~2.5 m 宽×10 ~12 m 长

功能： 混合用途（住宅/商业）

成本： 商业和住宅

- 建设：10 000~30 000美元
- 费用：2000美元
- 年度许可证：250美元

资金： 私募（施工成本和费用由申请人承担）

概述

旧金山被认为是第一个创建微公园的地方。2009年，微公园和街道广场是名为“路面到公园（P2P）”计划的一部分。

由于当地非营利组织和企业主的参与，微公园成为以环境为导向的街道改善项目。

微公园和类似的小型开放空间的开发引起了美国和世界其他城市的广泛关注。截至2015年3月，旧金山各地的商家、社区团体、非营利组织和其他机构已经建造了60多个微公园。

改造前

改造后

照片来源：山姆·海勒

微公园提供了一个简单且具有成本效益的方式来提升公共空间，特别是在人行道不足、狭小或拥挤的地方。

关键要素

微公园是可移动的，不妨碍路边排水。

微公园对公众开放，管理员不得独享空间或将其用于商业用途。

微公园是普遍可及的。

微公园被抬高到路缘的高度，没有阻碍轮椅的障碍物。

目标

- 重新思考街道的潜力。
- 促进社区互动。
- 确保行人安全，丰富街道活动。
- 鼓励非机动交通工具的使用。
- 支持当地商业的发展。

参与方

旧金山规划部、旧金山公共工程、市政运输局、本地商业协会、居民协会、非营利组织和社区福利协会。

成功的关键

日常的监督与运营、强大的管理者以及与当地合作伙伴的沟通对成功至关重要。

城市应该培育一批多元化的项目合作伙伴，除了商家之外，还可以包括社区文化机构或其他非营利组织。

确保每天和每周的活动，积极维护公共场所，鼓励更多的公共活动，让人们感到更加安全和舒适。理想的地点是被自发的行人活动所包围的区域。

定期与当地文化机构进行合作，有助于增强街道用户的区域归属感。

评估

+4%

行人数量增加

+11%

自行车数量增加

160

改变的停车位（2009至2015年）

5,600 m²

改造成微公园和街道广场的道路面积

61%

行人在微公园中，感觉“非常安全”

截至2015年3月
● 建造的微公园
● 规划的微公园
太平洋
微公园
金融区
旧金山湾
微公园
金门公园
微公园
微公园
0 1 mi

旧金山微公园地图（2015年）

经验总结

从小处着手：“弹出式”展示项目和短期试点项目与大规模的长期项目相协调。

跟进是关键：在项目的各个试点阶段之后，与政府部门和公共利益相关者总结经验教训，并部署下一步的工作。随着项目的推进，记录利益相关者的角色、期望和运行参数。

强调公平：随着项目的推进，确保为弱势群体和社区居民提供高品质的服务。

10.3.4 | 行人广场 | 示例

公共广场将街道利用不足的地区转变成充满活力的社会空间，是城市与社区团体、商业协会成功合作的结果。城市提供土地，合作伙伴则负责对街道设计进行规划和监督。公共广场能够为周围的街道和公共场所带来活力，提供充足的交通流量，以促进商业的发展，并活跃街道氛围。[10]

现有条件

大型或复杂的交叉路口交通往往比较混乱，特别是对行人而言，不利于其安全出行。

不规则的人行横道导致了行人过街距离较长，增加弱势群体暴露在交通系统中的时间，并迫使人们在非正式人行横道处穿越马路。

复杂的几何结构造成了街道上存在大量未充分利用的路面，进一步恶化了街道环境。

阿根廷布宜诺斯艾利斯的交叉路口

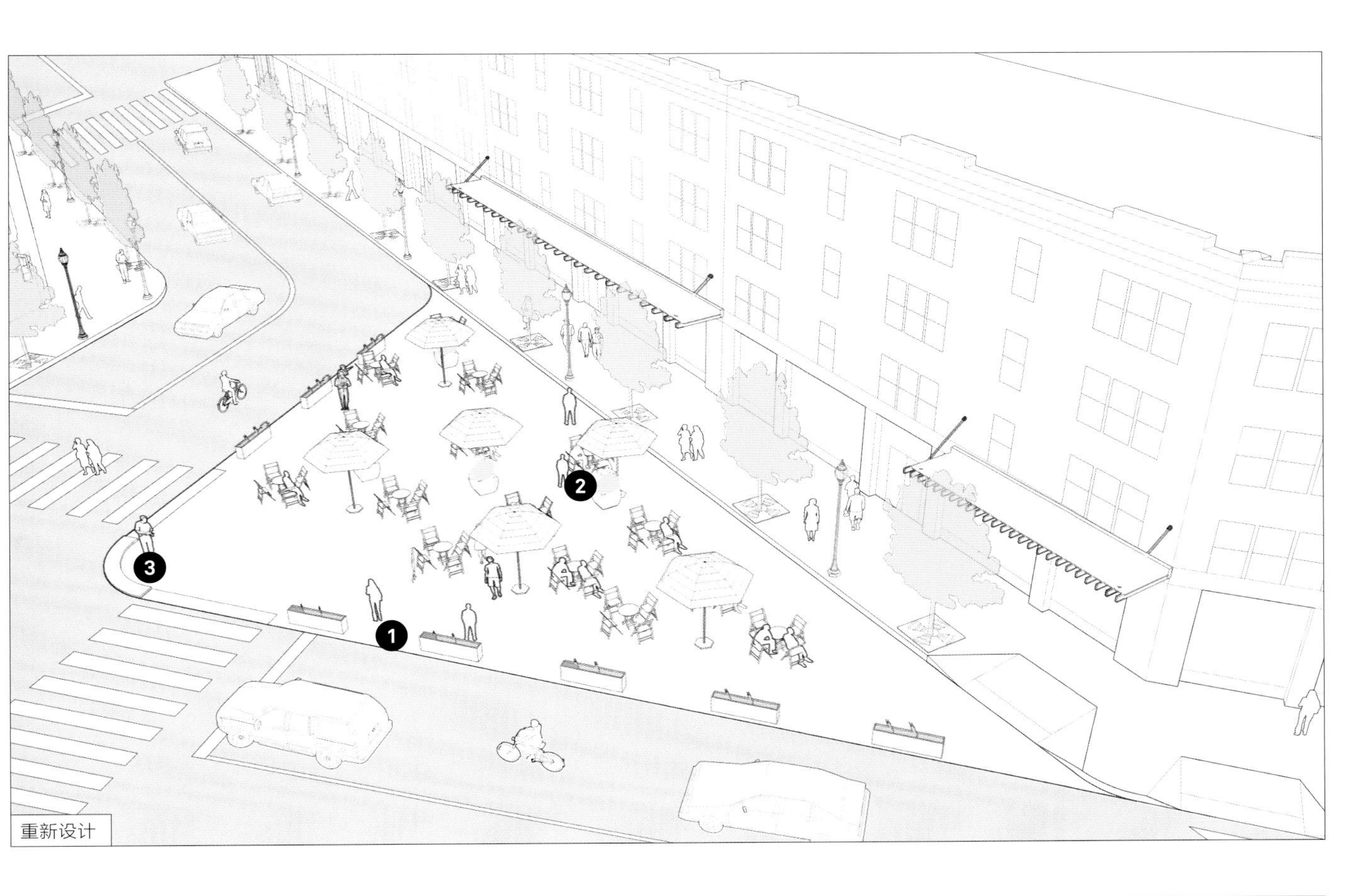

设计指导

重新规划街道的尺寸，以更好地平衡所有用户的需求，并找出多余的空间。这些空间可以重新划分给行人使用，有助于满足社区居民对开放空间的需求。

重新配置不安全或未充分利用的交叉路口。通过降低交通速度、简化复杂的交通模式、缓和潜在的危险冲突，广场的重新配置可以使交叉路口更加安全。详见第三部分"11.11 复杂的交叉路口：增加公共广场”。

广场可以激活未充分利用的街道，避免行人涌入行车道，使道路和交叉路口更紧凑，方便行人穿越街道。

禁止在公共广场内停车，可能需要严格执法，以防止未经许可的车辆进入。

❶ 使用官方标志来划定广场的边缘，禁止车辆进入该空间，可以使用油漆，或添加护柱和花盆来完成。

为视力障碍者或行动障碍者提供导航，以及可用的坡道和表面，在模态区域之间设置色彩对比度较高的触觉警告条。详见第二部分"6.3.8 普遍可及性”。

在材料选择和广场维护方面，应考虑当地的气候条件和材料的耐久性。[11]

提供充足的照明，以确保全天候的安全环境。

❷ 提供永久和临时的组合座位，以灵活利用空间并控制成本。维修人员应确定夜间能否保证设施的安全。[12]

❸ 广场的角落和其他地区会受到转弯车辆的侵犯，应使用重型物体（如花盆和护柱）进行加固，以提醒驾驶员注意新路缘。

在允许的地方，设置自行车停车场和共享自行车站。

在临时和永久性设计中，允许在清晨或夜间装卸货物。

将排水渠和渗透性表面整合到广场设计中，场地应具有最小的横向坡度，并进行边缘处理，以减小总体坡度。

其他注意事项

在实施之前，建议进行信息标示和社区宣传，以确保当地利益相关者了解并参与项目。

在此过程中吸引当地艺术家、社区居民和企业主的参与，艺术设施、表演、商贩和市场可以提高公共广场的质量，并为其增添特色。

广场是一种临时干预策略，由低成本的材料构建而成，如油漆、环氧砾石、可移动花盆和活动座椅。这种临时性措施使社区可以在短期内为公共空间提供支持，并在大型基建之前测试设计方案。

临时广场适用于:

- 交通存在安全或运营问题，需要临时重新配置交叉路口。
- 已经为永久性广场建设分配资金，但仍需几年才能到位。

城市主导型广场项目

城市应确定道路的哪些部分需要重新利用，并将其纳入公共领域，作为定期规划、设计和施工工作的一部分。可以在城市预算的范围内进行广场维护，或与当地社区合作，对维护工程进行管理。

社区主导型广场项目

当地合作伙伴（社区团体、非营利组织、协会或商业改善区）通过申请流程，提出新的广场建设提议，城市可以启动正式的公共广场项目。

正式的合作能够促使社区合作伙伴承担起责任，致力于广场的运营、维护和管理，使广场永保活力和安全。

可以优先考虑缺乏公共空间的社区，让社区居民参与到整个过程中，并对广场的设计和建造提供资助。

墨西哥城

Avenida 20 de Noviembre 街道位于墨西哥城中心，2014 年，设计者使用临时材料对其进行了改造，取代了两条未充分利用的机动车道，打造了一个 730 m 长的公共空间。通过拓宽人行道，增加了广场的公共空间。

俄罗斯莫斯科

Chernigovsky 是一条狭窄的街道，位于莫斯科的历史区，周围环绕着教堂和历史建筑。社区居民与当地政府合作，将街道改造成行人广场。该广场成了莫斯科市中心的热门地标，忙碌一天后，居民和游客可以到这里放松身心。

广场配置

配置1：再利用的广场

再利用的广场是通过占用剩余的街道空间、空闲停车场、高架桥结构下方区域以及未进行适当规划的空间创建而成。它们专门为人流密集、却缺乏公共空间的地区而设计，将公共空间与相邻的土地用途相连接，并减少碰撞的发生。

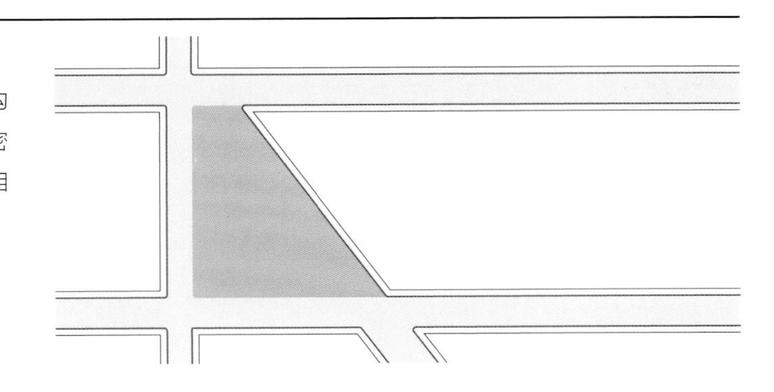

配置2：街区间广场

通过封闭一个或多个街区的街道，来分配公共空间，进而打造成街区间广场。这些广场位于人流密集的区域，如市中心、滨水区域、主要景点和购物区等。必须设置通行区，以实现普遍可及性，并有利于应急车辆的通行。通道的两侧可能设有树木、花盆、照明、长凳和其他设施。

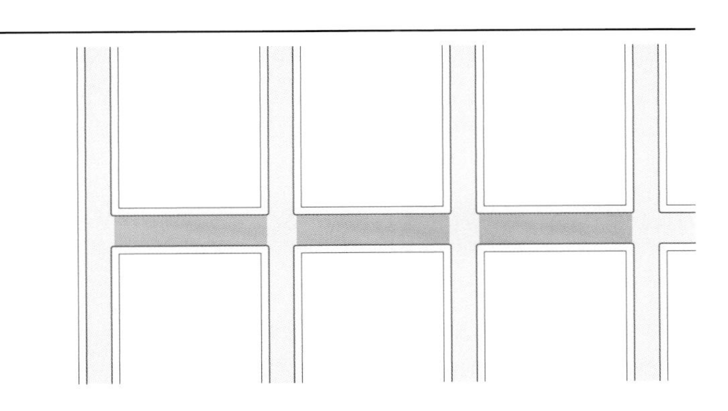

配置3：交叉路口广场

通过重新设计，使十字路口更加紧凑，交叉路口广场可以提供额外的行人空间。充分利用相交街道、街角和交通安全岛之间的剩余空间，营造更安全、更活跃的步行环境。交叉路口广场的尺寸较小，形状有棱有角。这些广场可能设有护柱，以防止被车辆损坏，同时配有街道标牌和共享自行车设施，以缩短人行横道的距离、降低交通速度。

配置4：人行道延伸广场

在沿街区扩展人行道，这些广场可以创造更大的行人空间。应确保线性通行区不阻碍行人活动，景观美化和其他固定或可移动的构件可用于划分公共空间和步行通道。

美国纽约：广场计划

位置： 美国纽约

人口： 840万

大都会区人口： 2000万

范围： 全市

街道宽度： 不确定

功能： 混合用途（住宅/商业）

资金： 众筹/私募

关键要素

在视觉上扩大行人空间，最大限度地利用空间,并提高舒适度。

街道设施一般是可移动的座位和桌子，极具灵活性。

延伸区域可用于露天活动。

目标

- 创建行人目的地。
- 提高步行的舒适度。
- 改善公共交通的可及性。
- 保证车辆和行人的安全。
- 支持地方发展，并建立社区伙伴关系。
- 保护和提升社区特色。

改造前

改造后

照片来源：纽约市运输部（DOT）

概述

该广场项目由纽约市运输部（DOT）牵头，在全市未充分利用的道路上建造具有成本效益的高质量公共空间。

该项目旨在优先考虑目前缺乏开放空间的地区，特别是人流密集和低收入的社区。

事实证明，广场增强了当地社区的经济活力和人员的流动性，并提升了公共交通的可及性和安全性。纽约市运输部与非营利组织合作开发了这个广场，并与当地团体合作，对后期的维护工程进行管理。

全市共有71个广场，处于规划、设计、建设或完成的各阶段。截至2015年，有49个广场对公众开放。

经验总结

广场计划具有较可观的成本效益，可提供相关设施，以支持社区聚会，增强区域归属感，促进人员流动，并提升区域安全性。

项目可通过对临时表面进行处理，快速实现改造；收集相关数据，以支持永久性变更计划的实施。

社区可以为其街区申请建造广场，促进新公共空间的建设。

参与方

纽约市运输部、城市规划部、设计和建筑局、私人合作伙伴、居民协会、宣传团体和经济开发区。

改造前

纽约珍珠街，未充分利用的停车空间

改造后

纽约珍珠街，座位和绿化活跃了广场氛围

市中心绿灯计划

市中心绿灯计划是改善曼哈顿市中心百老汇廊道流动性和安全性的主要措施。该项目在时代广场和先锋广场建造了一个新的行人广场，并提升了哥伦布圆环广场和麦迪逊广场之间百老汇廊道的安全性。运输部在项目实施前后的几个月内收集了大量的数据，详细说明了这些措施所产生的积极影响。

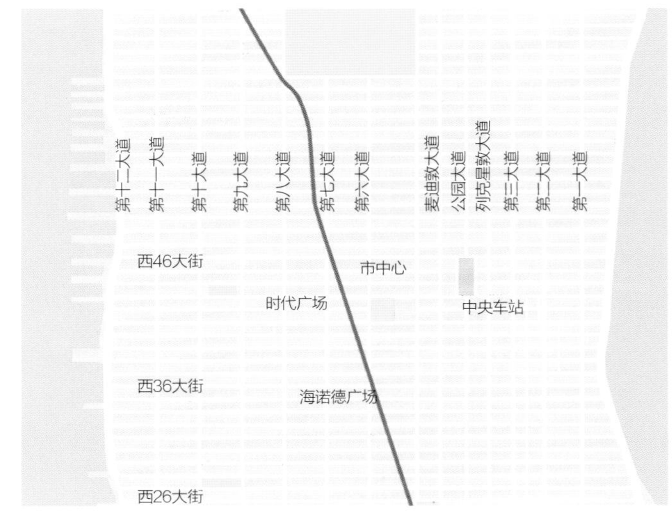

市中心绿灯计划时间表

2009至2015年（约6年）

市中心绿灯计划评估

+11%

时代广场行人数量增加

74%

用户表明，时代广场已“大大改善”

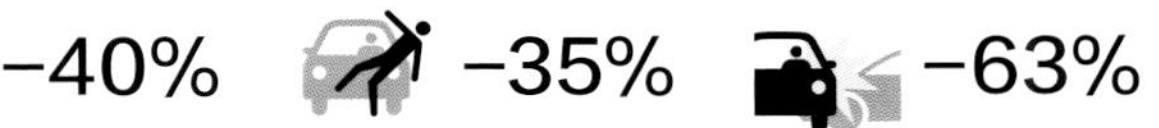

−40%

该地区颗粒物减少

−35%

项目区域行人受伤数量减少

−63%

项目区域驾驶员和乘客受伤数量减少

+1.5%

第六大道公交乘客数量增加

10.4 | 共享街道

全世界许多狭窄、拥挤的街道已经在一天中的忙碌时间或拥挤地区非正式地作为共享街道。通过消除专门针对行人、自行车骑行者和机动车空间之间的差别，每个人都可以共享街道，意识到他人的存在，并对他人表示尊重。

正规的共享街道环境应考虑设置在行人密集、车流量少或车辆限行的地方。如果街道的横截面太窄，无法将人行道与行车道相分离，则可以重新设计街道，以确保所有用户的安全，并能够举行更多的活动。

共享街道能够赋予行人优先权，虽然设计因不同的环境和文化而有所不同，但路缘会被移除，合适的材料和空间分配会使街道上通行的车辆明显减少。

在商业区，共享街道可以有效改善公共空间网络，并提供户外用餐区、公共座椅、艺术品和绿化带，以增强街道的活力。在住宅区，共享街道是前院的延伸，连接着邻里社区，建设社区、共同治理，使街道对所有用户而言更安全。

哥伦比亚波哥大

20

10.4.1 | 商业共享街道 | 示例1 12 m

商业共享街道的设计允许车辆在指定的时间内进行装卸，旨在通过控制行人数量、优化设计，来提示降低车辆速度。

现有条件

商业共享街道通常是历史悠久的城市与生俱来的。这些城市的街道非常狭窄，汽车、摩托车、自行车和装卸车辆共享一条或两条的行车道。因空间有限，这些街道可能有狭窄且无法进入的人行道，公共设施和灯杆占用行人空间。在某些情况下，人行道被街道摊位和非正式停车场占用，迫使行人进入行车道。

印度尼西亚万隆，狭窄的商业活动街道实际上是一条共享街道

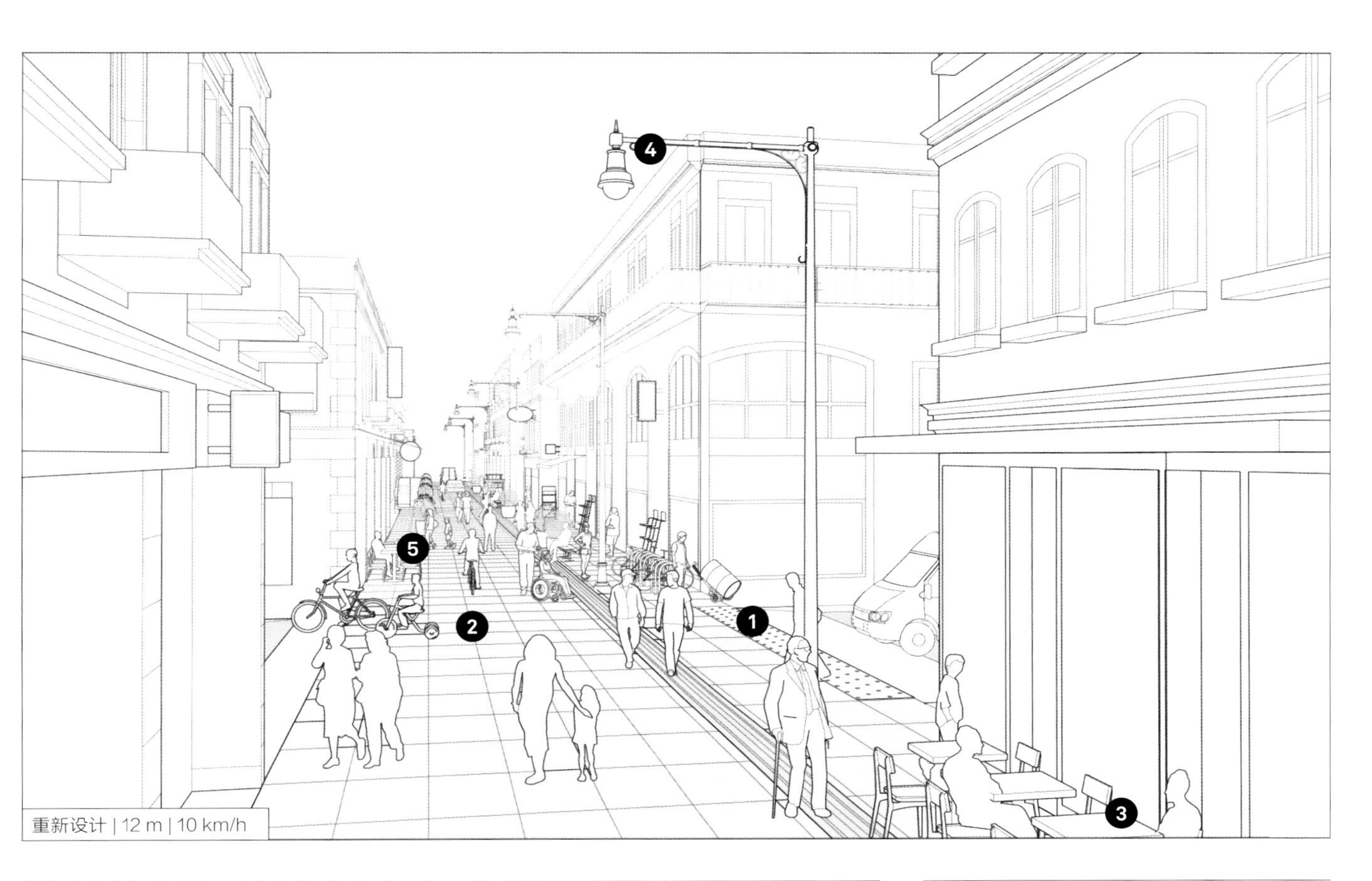

设计指导

必须优先考虑弱势用户，确定保留无障碍人行通道。与当地组织合作，确保设计、材料和设施符合当地标准。

在开发设计时，应考虑当地的气候条件和材料，根据现有的路边和斜坡，使用排水通道和渗透性材料。

结构和路面必须与路缘对齐，以强化街道的行人优先原则。

❶ 在所有共享空间的入口处提供触觉警告标牌，交叉路口的人行横道都应设有警告标牌。详见第二部分“6.3.8 普遍可及性”。

❷ 建造供货运车辆使用的通行区，并通过改变路面图案和类型，指定专门的车辆行驶区。

❸ 使用街道设施，包括长椅、花盆、艺术品、树木、饮水器、护柱和自行车停车场，以便划分共享空间、行人专用区和行车道。

根据整个街道的宽度，建设一条1.8 m宽的连续通行区，防止其受到机动车辆的威胁，并确保普遍可及性。

安装标牌，以引导行人在改变目的地时优先使用共享街道。

❹ 为街道提供均匀的照明，营造安全、舒适的环境。可以设计共享街道的灯杆和灯具，以彰显特色，增强区域归属感。详见第二部分“7.3.1 照明设计指导”。

❺ 如果条件允许，引入园林绿化，如花盆和树木。使用可渗透性地面和雨水花园，并将其作为绿色基础设施和水源管理的一部分。

在一天的某些时段，使用移动式花盆限制车辆通行。

鼓励城市尝试设定“无车时间（car-free hours）”，或使用临时材料来测试共享街道，以评估对交通运行的潜在影响。

商业共享街道 | 示例2 14 m

上图显示了与前文所述相同的原则，是不同环境中更宽的街道

阿根廷布宜诺斯艾利斯，在繁华的商业街道上，行人和自行车骑行者享有优先权

2012 年奥运会前，英国伦敦通过举办设计比赛，将展览路变为共享街道

重新设计 | 14 m | 10 km/h

阿拉伯联合酋长国，阿布扎比酋长国

改造前

改造后

根据《阿布扎比城市街道设计手册》《公共空间设计手册》和《实用廊道设计手册》的指导，阿布扎比酋长国重新设计了现有的城市街道

新西兰奥克兰：福特大街

位置：新西兰奥克兰中心商务区

人口：140万

大都会区人口：150万

功能：混合用途（住宅/商业）

街道宽度：19~20 m

面积：福特大街及周边地区

成本：2300万新西兰元（1600万美元）

资金：中心商务区目标收益

项目资助方：中心商务区项目、奥克兰市议会

速度：未发布

共享街道网络

之前

之后

照片来源：奥克兰市议会

将福特大街改造成共享街道后，行人数量增加了54%，消费支出增加了47%。

概述

福特大街展示了共享街道如何将一个区域改造成一个出行目的地，并增加游客购物和其他活动。它是近年来在奥克兰中心商务区打造的新共享空间，旨在增强行人的连通性，提供高品质的公共空间。

目标

- 更好地将该区域整合到周围的街道网络中。
- 行人优先。
- 创建独特的公共空间。
- 打造支持企业经营和居民生活的公共空间，并为开展各种活动创造条件。
- 提供高质量、具有吸引力且耐用的街道，打造可持续、可维护的市中心。

成功的关键

与主要利益相关者合作。

在项目实施前后进行监测并评估，以扩大其影响力。

测试设计变量。

参与方

公共机构

奥克兰市议会、奥克兰交通局。

私人集团

本地业主和经营者。

公民社团和联盟

盲人基金会。

设计和工程实施

Boffa Miskell、Jawa Structures、TPC（交通工程）、LDP（照明）。

评估

+54%

行人数量增加

+47%

消费支出增加

–25%

车辆数量减少

+80%

区域安全感增强

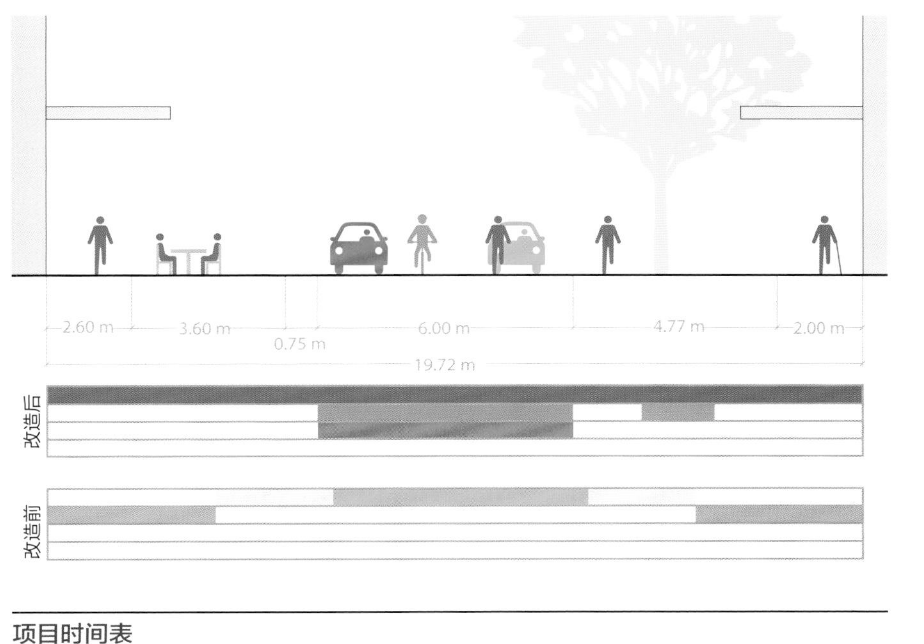

项目时间表

2009年6月至2013年4月

1995年 2000年 2005年 2010年 2015年

关键要素

移除行人和车辆之间的界线，如路缘和护柱。

建造露天活动的延伸区域。

行人可以使用整个街道。

视力障碍者也可以沿着建筑沿线的通行区行走。

拆除所有的停车位。

限制货物装卸的时间。

增加街道设施，并进行景观美化。

用户图例：

- 行人空间
- 自行车
- 公共交通
- 混合交通
- 景观
- 停车场

10.4.2 | 住宅共享街道 | 示例1 9 m

低容量的住宅街道，特别是在老城区，人行道可能非常狭窄，甚至没有人行道。许多人行道事实上是共享空间，可供儿童玩耍，行人、自行车和机动车辆共享道路。根据街道的数量和其在交通网络的作用，这些街道可以被重新设计为共享街道。

现有条件

建筑可能有一点或根本没有退界，街道两侧以及人行道下方、旁边可能有排水道。在某些情况下，这些排水道是未被掩盖的。

有限的空间可能导致人行道狭窄、不连续，人行道可能被停车位阻挡而无法使用。

共享街道在现有条件下应运而生，特别是在郊区和大部分未规划的住宅区。

住宅街道上的行人设施可能很不完备，或完全没有行人设施，机动车享有优先权。

街道上最容易到达的区域通常是市中心，由于机动车所带来的压力，行人可能不愿意步行。

设计指导

可以将车流量低、人流量大的街道改造成共享街道。

把这条街作为低速街道，使用垂直和水平偏转来降低驾驶速度。详见第二部分“6.6.7 交通减速策略”。

使用路缘和表面处理，创造特殊的几何结构，以营造共享街道的氛围，并通过分流，使驾驶员降低车速。

设计住宅共享街道，直观地将其作为共享空间，使行人优先。在实施的早期阶段，使用标牌来引导行人。住宅共享街道的标牌应指明儿童玩耍的地方，并使驾驶员意识到其正在进入低速区域。

1 采用临时策略和低成本方案，对设计进行测试，可移动的花盆、雕塑、街道设施和指定的停车场可以作为水平速度偏导器，有助于实现预期的目标。

2 为共享街道设计狭窄的车道入口，从而将车辆交通降低到适当速度。使用坡度变化、路面纹理、颜色和触觉条，以便在行人穿过共享街道进入通用交通空间时进行提示。

指定区域用于建设停车场、绿化带和灵活的活动区，形成窄道，以降低车辆的速度。活动区应允许居民将街道作为家庭空间的延伸、儿童游乐场，以及自行车停车场。

保留汽车和自行车通行区，可以使用景观元素、街道设施、停车场、街道电线杆和纹理路面来界定通行区。使用纹理和街道设施，强化行人的优先权。

3 改变材料和颜色，以划分不同的区域，停车区必须有明确标志，以避免违规停车。

根据地下公用设施和其他现有条件，在街道中心或沿着路缘设置排水道。

根据当地的气候条件和材料的耐久性选择路面材料和设施。选择适应降雪环境的材料，以应对寒冷天气；或选择可渗透性路面，用在降雨量较大的地方。详见第一部分“2.9 实施和材料”。

住宅共享街道 | 示例2 10 m

上图显示了与前文所述相同的原则，是不同环境中更宽的街道

印度新德里，许多住宅街道原本就是共享空间，使人们聚会和游玩的社交空间增加了一倍

荷兰阿姆斯特丹，专门的休闲空间有助于所有用户共享街道，提示车辆进行横向偏转，以降低车速

丹麦哥本哈根，Potato Rows 街道和 Kartoffelraekkerne 街道上设有娱乐设施、景观美化带和野餐桌椅

瑞典马尔默，Bo01 社区街道上设有自行车停车场、绿色基础设施和其他设施，以降低车速，强调“以人为本”

英国伦敦：梵高步行街

位置： 英国伦敦，兰贝斯区，斯托克韦尔

人口： 800万

大都会区人口： 1380万

长度： 约100 m或2个街区

街道宽度： 12m

功能： 住宅

成本： 700 000英镑（948 000美元）

资金： 兰贝斯区议会

速度： 未发布

改造前

当地非营利组织保证了社区居民参与到这一自下而上的项目中，并在创建这个住宅共享街区期间给予大力支持。

改造后

图片来源：伊莱恩·克莱默

概述

梵高步行街的前身是伊莎贝尔街，是伦敦南部地区斯托克韦尔居民主导型项目的核心。这个项目将传统街道变成了一条新型共享街道和社区空间。

街道改造的资金由议会来分配，资金来源于名为前方街道（Streets Ahead）的当地非营利组织。该组织挖掘了社区街道规划的未来潜力。

伊莎贝尔街是一条12 m宽的住宅街道，车流量小，经常被街区的儿童当作游乐场。

周边大多数物业是没有花园的住宅，离最近的公园也有一段距离，因此对公共空间有一定的需求。

目标

- 建造可供儿童玩耍和居民聚会的空间。
- 弥补该地区缺乏的公共开放空间的不足。
- 确保行人安全，丰富区域活动。
- 促进社区互动，开展户外活动，如园艺。
- 鼓励使用非机动交通工具。

参与者

公共机构

兰贝斯区议会。

公民社团和联盟

前方街道。

设计和工程实施

Shape（景观设计），FM Conway（承包商）。

成功的关键

当地非营利组织保证了社区居民参与到这一自下而上的项目中。该项目占用了未充分利用的巷道，而这条巷道的大部分空间以前是分配给汽车的。该地区缺乏优质的开放空间和可供儿童玩耍的场所，而项目将之前的非正式公共空间予以正规化。

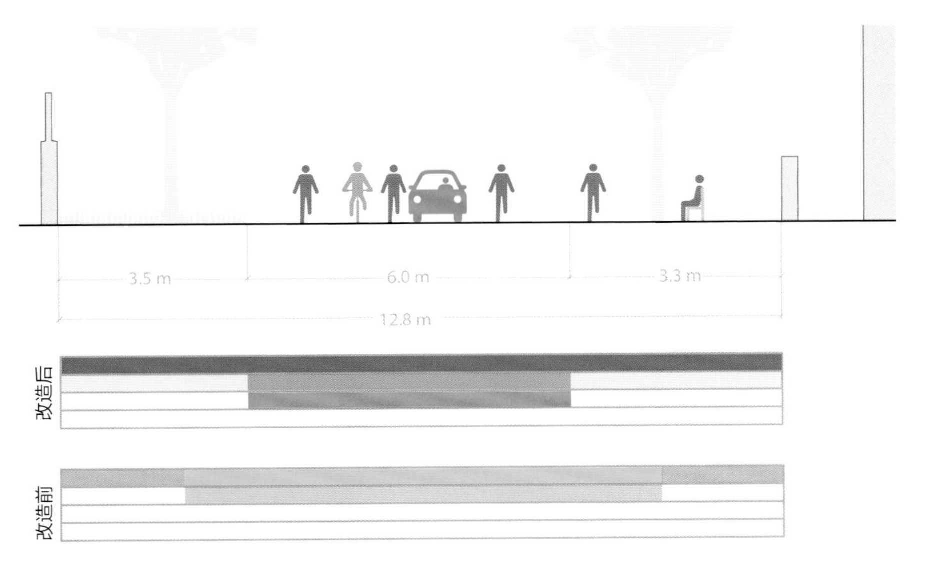

关键要素

移除行人与车辆之间的界线，行人可以使用整个公共用地。延伸区域（包括儿童游乐区和园艺区），以用于开展露天活动。

项目时间表

2009年至2013年

1995年 2000年 2005年 2010年 2015年

用户图例：

- 行人空间
- 自行车
- 公共交通
- 混合交通
- 景观

10.5 | 社区街道

社区街道是社区集中的地方，是家庭、学校、商店和餐馆的“前门”，也是公园和游乐场的延伸，更是人们享受时光、儿童玩耍和邻里交流的场所。

主要街道也称大街，能够提供当地服务，并将其连接到城市其他地方的交通系统。主要街道通常充满活力，有繁忙的商业活动，每天都有大量人员流动，并可能组织特殊的活动；但相邻的住宅区通常要有安静的街道，使车辆以较慢的速度行驶。

精心设计的人行道应提供自行车设施和树荫，并实施交通减速措施，以吸引人们步行或骑行到达目的地。

美国纽约

10.5.1 | 住宅街道 | 示例1 13 m

因密度和规模不同，居民区内的街道通常未被充分利用。这些街道应提供安全的步行环境，使人们可以前往当地的商店和学校。当地住宅街道的设计应结合雨洪管理的特点，采用路缘扩展带和交通减速策略，通过水平或垂直的速度控制构件来降低车速，为所有街道营造宜人的自行车骑行环境。

现有条件

上图显示了一条双向住宅街道，两侧均设有停车场。

住宅街道可能被设计成最低标准的人行道，方便有限的车辆通行，并允许其作为低速区非正式的交通模式。

街道两侧的情况复杂，没有人行道，或者人行道杂乱无章，设有平行或垂直的停车场。

为了让街道上的车辆保持较低的运行速度，设置了设计不佳的减速带。

改造前

改造后

巴西福塔雷萨，改造前后的照片显示了交通减速措施对住宅街道的影响

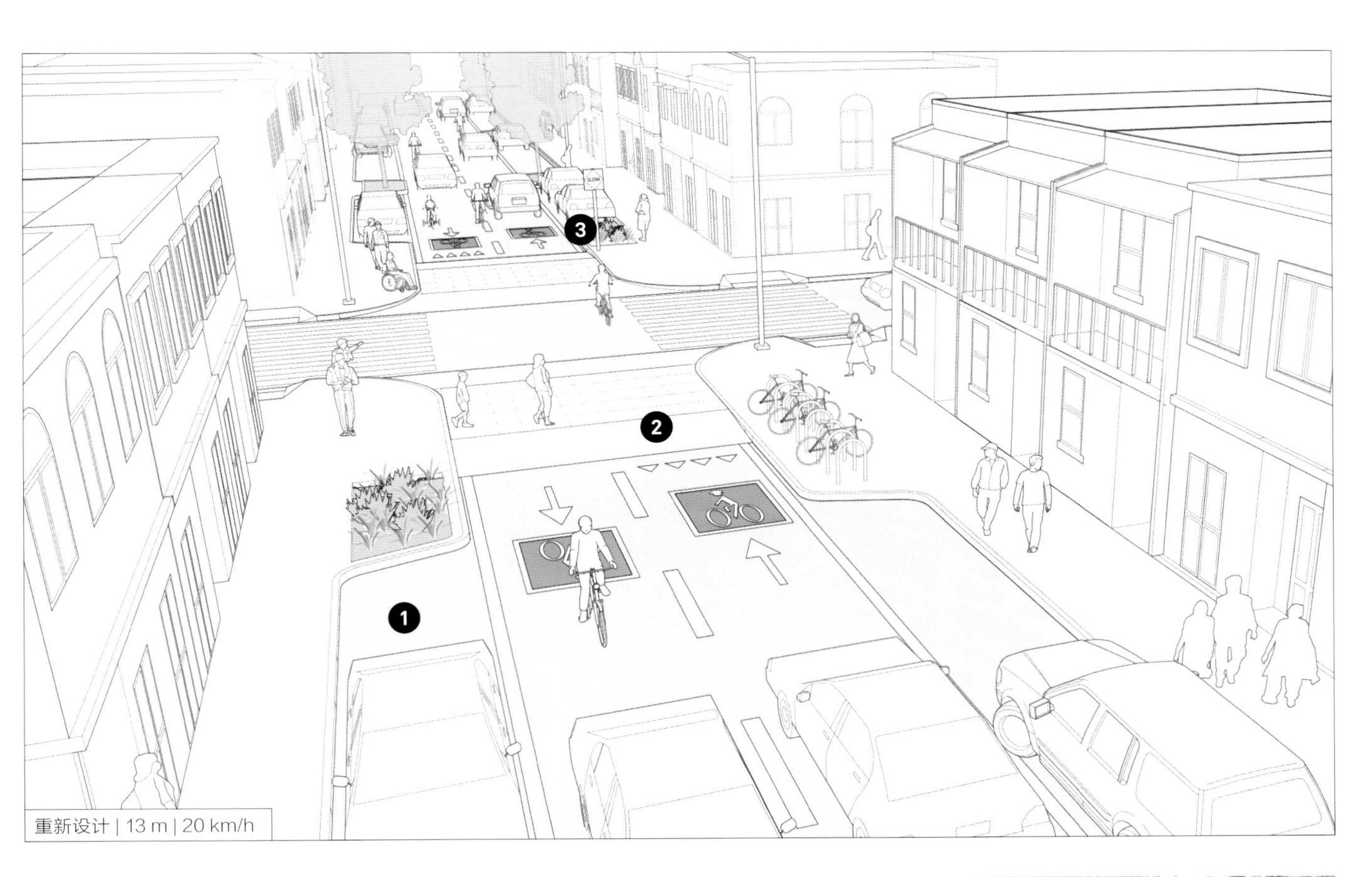

设计指导

在每个方向上仅保留一条行车道，宽度最大为3 m。详见第二部分“6.6.4 行车道”。

设计人行道，提供无障碍坡道和畅通无阻的通行区。

由于空间有限，这种配置的尺寸通常比较小。如果有更多的空间，可以减少停车位，将更多空间分配给行人，以便改善步行环境，进行景观美化。

❶ 在街道上建造路缘扩展带和带有停车位的雨水花园，有助于降低车速。

利用这些路缘扩展带来种植树木，设置灯柱、自行车架和其他街道设施。

如果街道速度设计为20 km/h，自行车骑行者则可以安全地在混合交通中骑行。详见第二部分“9.1 设计速度”。

澳大利亚悉尼

❷ 在交叉路口修建抬高的人行横道，可以将其作为减速装置，并优先考虑行人。详见第三部分“11.5 小型抬高交叉路口”。

❸ 以明确的速度限制来支持交通减速策略。

住宅街道 | 示例2 16 m

现有条件

此单向住宅街道上设有未经管制的路边停车位和宽阔的行车道，容易导致车辆超速行驶，对弱势群体而言非常危险。

人行道不连续，或没有人行道，车道坡道、门廊、灯柱和其他设施频繁阻碍人行道。

街道两侧人行道下或旁边设有排水道，在某些地方，这些排水道未被掩盖起来。

缺少阴凉，照明不均，街道在天气炎热时和夜间都不具吸引力。

改造前

改造后

巴西圣保罗

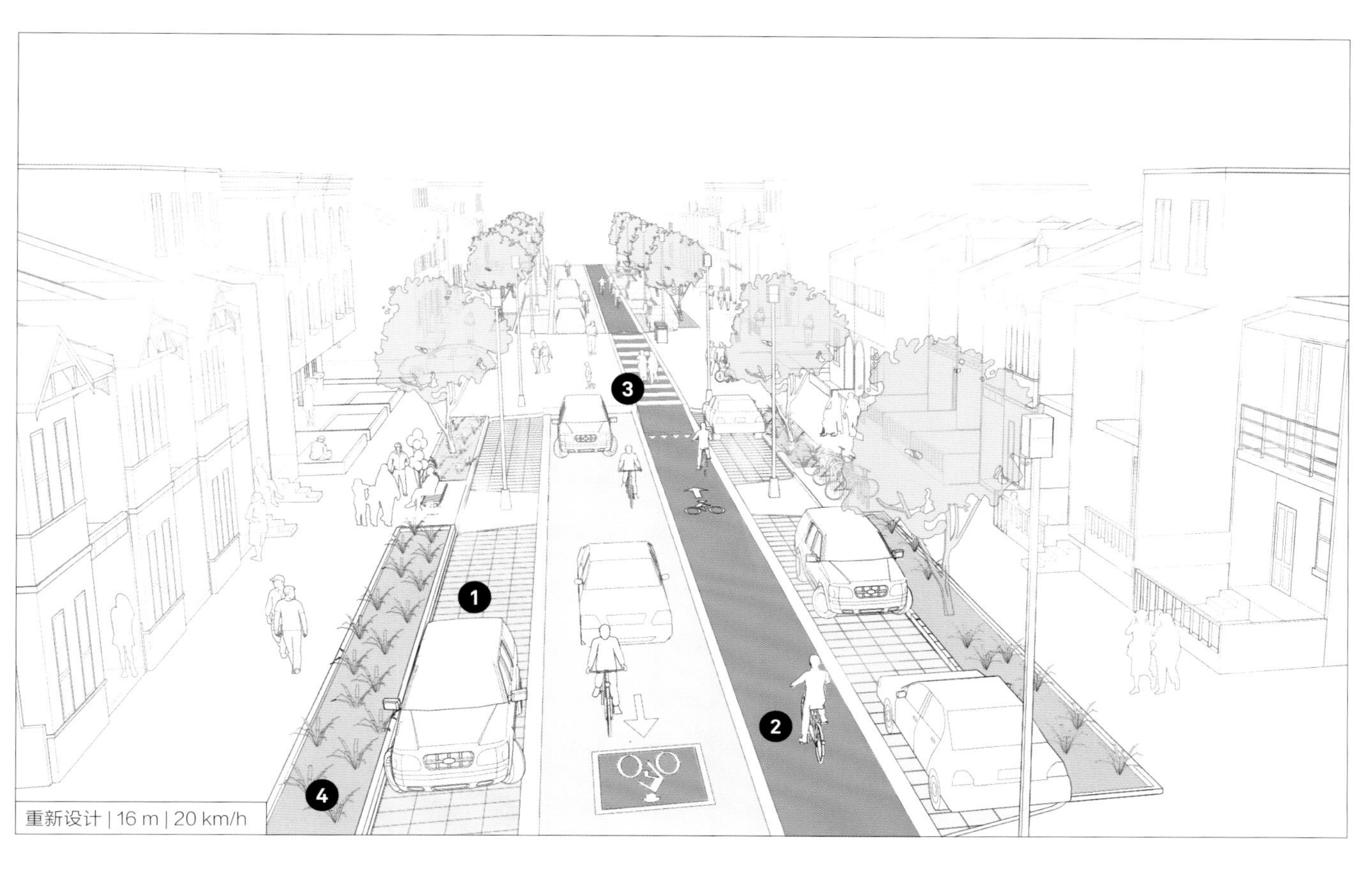

设计指导

移除一条行车道，以改善人行道，并增加反向自行车道。

❶ 避免垂直停车，提供较窄的平行停车位，以便有效利用空间。将停车位和公共设施、街道设施、园林绿化等专用区域串联起来，以保留人行道上的通行区。

由于这条街上的建筑极少退界，延伸到人行道的门廊也较少，重建时可以在两侧设置宽阔的人行道。

❷ 允许自行车双向行驶，以构建具有渗透性的自行车网络。可以在车道中添加自行车优先地面标志，且沿相反的方向设置专用自行车道。

❸ 交通减速策略将车速降至20 km/h，可以为行人、自行车骑行者和驾驶员提供安全的环境。在交叉路口添加减速台，并抬高人行横道，使行人优先通过。

使用不同的材料和颜色标志来区分自行车道和机动车道，并添加道路标志。

❹ 引入绿色基础设施，如渗透性路面、雨水花园和街道树木。详见第二部分“7.2 绿色基础设施”。

当需要升级现有的公共设施、地下服务，或增加新的设施时，建议进行这种改造。详见第二部分“2.8 项目的协调和管理”。

丹麦哥本哈根，单向街道上的反向自行车道

住宅街道 | 示例3 24 m

现有条件

上图描绘了一个高密度社区的双向街道，街道为当地交通和部分过境交通提供服务。

每个方向上都有两条宽阔的行车道，行车速度不适合住宅街道，街道两侧均设有平行停车位。

缺少树木、排水和绿色基础设施，在暴雨期间，人行道上没有挡雨设施，容易产生积水。

自行车与机动车共享行车道。

巴西福塔雷萨，由于缺少排水或绿色基础设施，下雨时街道上会产生大量的积水

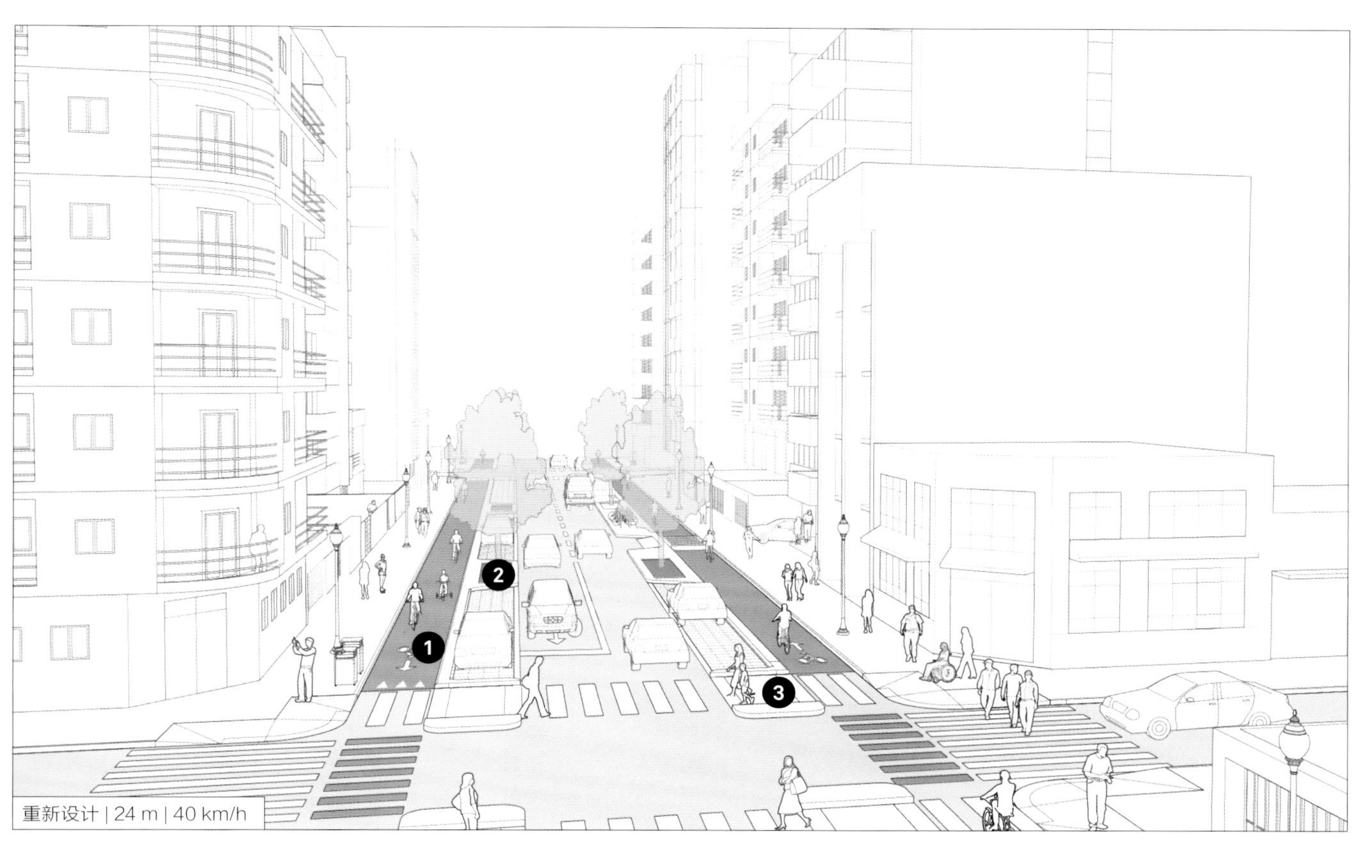

设计指导

在每个方向上移除一条行车道，并将车道宽度减小到3 m。

❶ 在路缘和偏移的停车道之间增加一条自行车道，以提高其安全性。在每一侧设置专用的自行车设施，并与其他设施串联在一起，以扩大城市自行车网络。详见第二部分“6.4.4 自行车设施”。

❷ 将停车位、树木和雨水花园交替排布，停车道可以使用渗透性路面，引入雨水花园，以增加渗透效果；改善雨洪管理，以减少城市热岛效应。

❸ 将步行安全岛与停车位对齐，以保护等待过马路的行人。

将所有的街道照明设备、自行车架和实用工具箱沿着公共路缘区域放置，以建造可用的通行区。

增加无障碍坡道和触觉条，保持现有的人行道宽度。详见第二部分“6.3.8 普遍可及性”。

确保所有路缘切口处和车道都设有适当的坡道，以减少对行人通行区的干扰。

新西兰奥克兰，停车位设置在绿色基础设施之间

澳大利亚悉尼：布尔克街

位置： 澳大利亚悉尼，沙利山，达令赫斯特，伍卢穆卢湾

人口： 480万

长度： 3.4 km

街道宽度： 20 m

功能： 混合用途（住宅/商业）

成本： 2400万澳元（1850万美元），包括地面服务和街景改善

资助： 悉尼市议会

最大速度： 40 km/h

概述

布尔克街是悉尼首个大型双向分离式自行车道，是悉尼市提高自行车网络质量和覆盖范围战略计划的一部分。

3.4 km长的街道旨在升级连接伍卢穆卢湾考珀码头路和滑铁卢菲利普街的现有自行车路线。该设计为自行车骑行者和行人提供了安全的环境和便利的设施。

登车岛

受停车位保护的自行车车道

T形交叉路口

照片来源：悉尼市

自行车骑行培训和“行为改变”项目，促进了自行车骑行文化的发展，并促使街道用户适应新的共享公共空间。

关键要素

分离：将自行车道与机动车、行人分隔开来，使其位于人行道和停泊或移动的车辆之间。

保护：中央分离带、路缘、缓冲植物和雨水花园等物理障碍可最大限度地将其与车辆和行人分隔开来，保护自行车骑行者，同时改善行人的空间体验。

缩窄车道：适当的车道宽度可以降低车辆速度，并获得用于步行、自行车骑行和园林美化的公共事业用地。

T形交叉路口：小街道上的T形交叉路口是建设“共享环境交叉路口”的一大契机。此设计为行人提供了公共空间，并赋予了自行车骑行者和驾驶员相同的权利，体现了社会公平。

经验总结

作为已建成保护区的首创类型，有些人认为它可能不利于保护树木，导致停车场的浪费。汽车门的开合会伤害到自行车骑行者，而自行车骑行者又可能伤害到行人。

自行车骑行培训和沿繁忙的自行车线路的“行为改变”项目，促进了自行车骑行文化的发展，并促使街道用户适应新的共享公共空间。

为了确保行人和居民享受安全、舒适的环境，可以采取以下措施，进行综合性城市干预：

- 将速度限定为40 km/h，安装交通减速装置，并拆除道路中线，以降低车速。
- 设置路缘扩展带，增强道路的可见度，缩短行人和自行车骑行者的穿行距离。
- 改善街景和自行车路线照明。

成功的关键

悉尼市议会的领导。

悉尼市议会经验丰富的管理人员。

经验丰富的顾问团队。

与道路管理局的积极合作。

积极的民间承包商。

参与方

公共机构

悉尼市议会，悉尼公交、道路和海事服务机构。

私人集团和合作伙伴

当地企业和零售商。

协会和非营利组织

“骑行悉尼”。

设计和工程实施

GSA集团、GTA顾问和诺斯罗普（Northrop）。

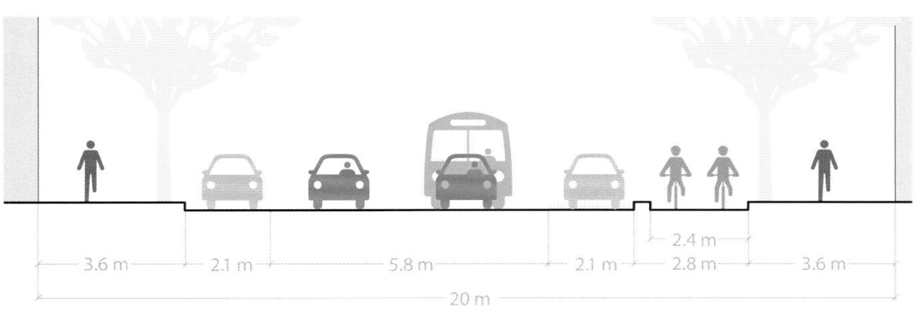

用户图例：

- 行人空间
- 自行车
- 公共交通
- 混合交通
- 景观
- 停车场

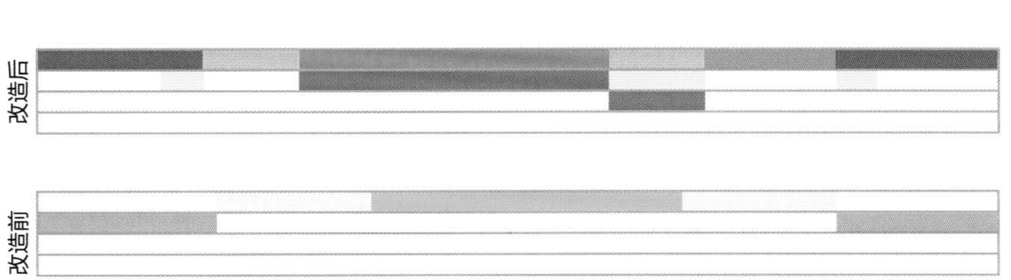

项目时间表

2007年至2011 年（4 年）

评估

+408%

2010年3月至2014年3月自行车数增加

10.5.2 | 社区大街 | 示例1 18 m

社区大街位于生活中心，提供适宜步行的目的地，如餐馆、商店和公交车站。设计良好的人行道应容纳一定流量的行人，限制交通速度，并以公交线路和自行车道为先。这些街道必须重新设计，以更好地满足不同用户的需求。

现有条件

大街在同一方向上有两条行车道，两侧分别有不受管制的停车场。

整个公共事业用地未提供社区街道应有的多种功能，而是专用于移动和停泊的车辆。

行人别无选择，只能在行车道上行走，并受到诸多不安全因素的影响。行人要穿梭于快速的交通工具之间，并面对高速转弯的汽车。

科索沃普里什蒂纳

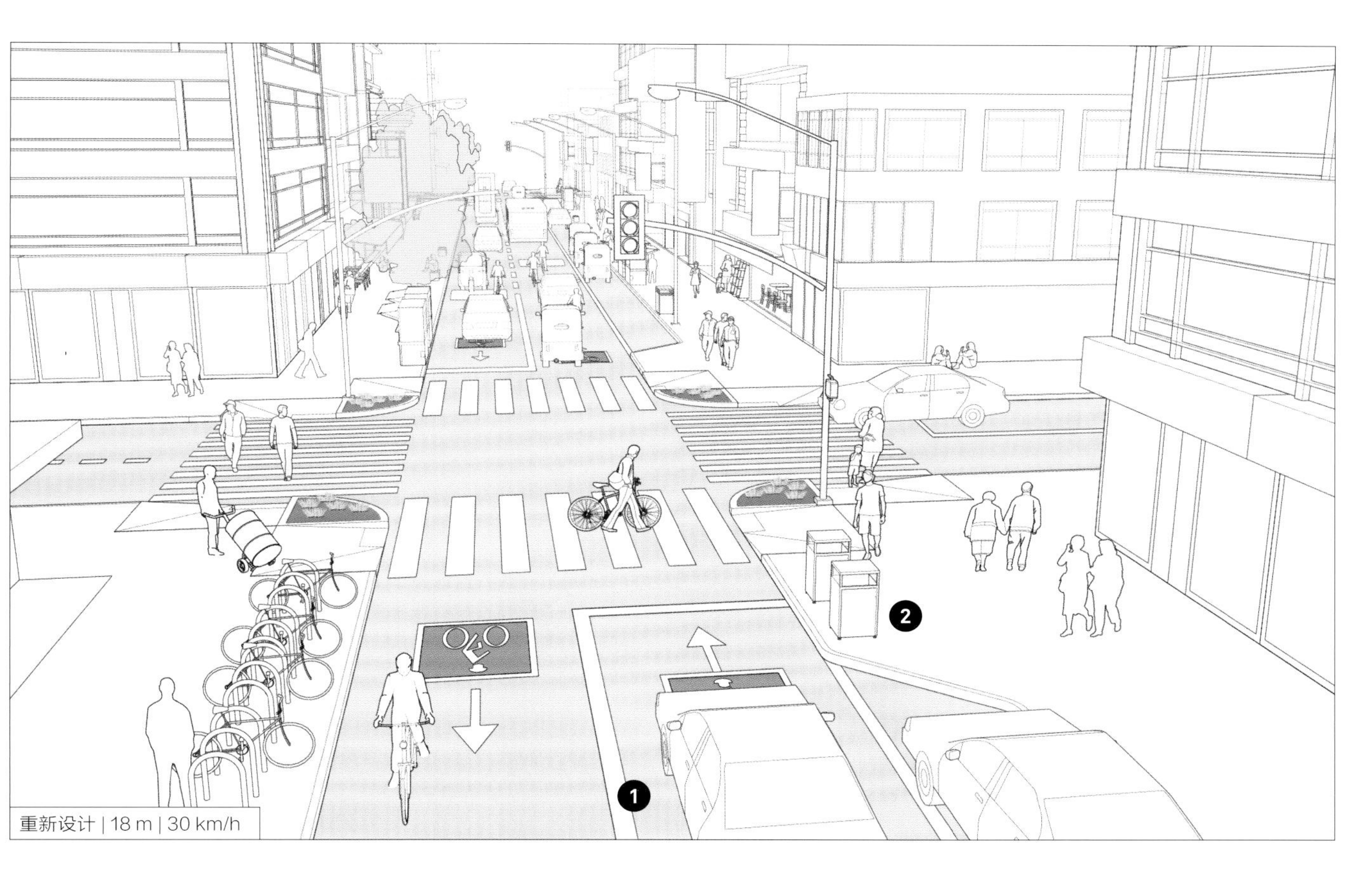

设计指导

减少停车位，将其替换为宽阔的人行道和间断式平行停车场，使街道更具吸引力。

采用区域性的需求管理策略，如停车定价，降低停车需求。

❶ 在对更大的网络进行分析后，将这个单向街道改造成双向街道，以改善公共交通的连接性，并降低车速。仅在某些廊道允许车辆自由转弯，以降低与马路上行人相撞的风险。

❷ 增加路缘扩展带，以提供额外的公共空间，并在交叉路口创建夹点，从而降低车辆转弯的速度。详见第二部分“6.3.7 人行道延伸部分”。

增加道路标志，以指示自行车骑行者优先使用共享行车道。

采用一定的策略种植树木，使其不影响行人的可见度和通行区。

随着时间的推移，禁止私家车上路，将狭窄的街道变成一个优先考虑公共交通、行人和自行车的公交中心。

美国旧金山

社区大街 | 示例2 22 m

现有条件

上图描绘的社区大街拥有过多的行车道和路边停车位，塑造了一个以机动车为中心的混乱街景。街道被视为一条过道，而非一个目的地。

一些建筑形成了活跃的临街地界，而另一些建筑则后退，以容纳停车场。

巴西圣保罗

这些街道主要是为机动车设计的，可能有狭窄的人行道。

围绕建筑红线的长长围栏会对行人体验造成不利影响，使步行感受的距离远超真实的距离。

行车道宽阔，而中央分离带狭窄，缺少减速带，容易造成车辆超速和双排停车。

印度新德里

缺少专用的自行车设施，使自行车骑行者面临极大的风险，特别是在交通流量大的时候。

在某些情况下，公共设施和街道服务可能阻碍通行区。人行道和相邻的行车道可能会被不受管制的停车位、街道商贩和人力车侵占，迫使行人进入行车道。

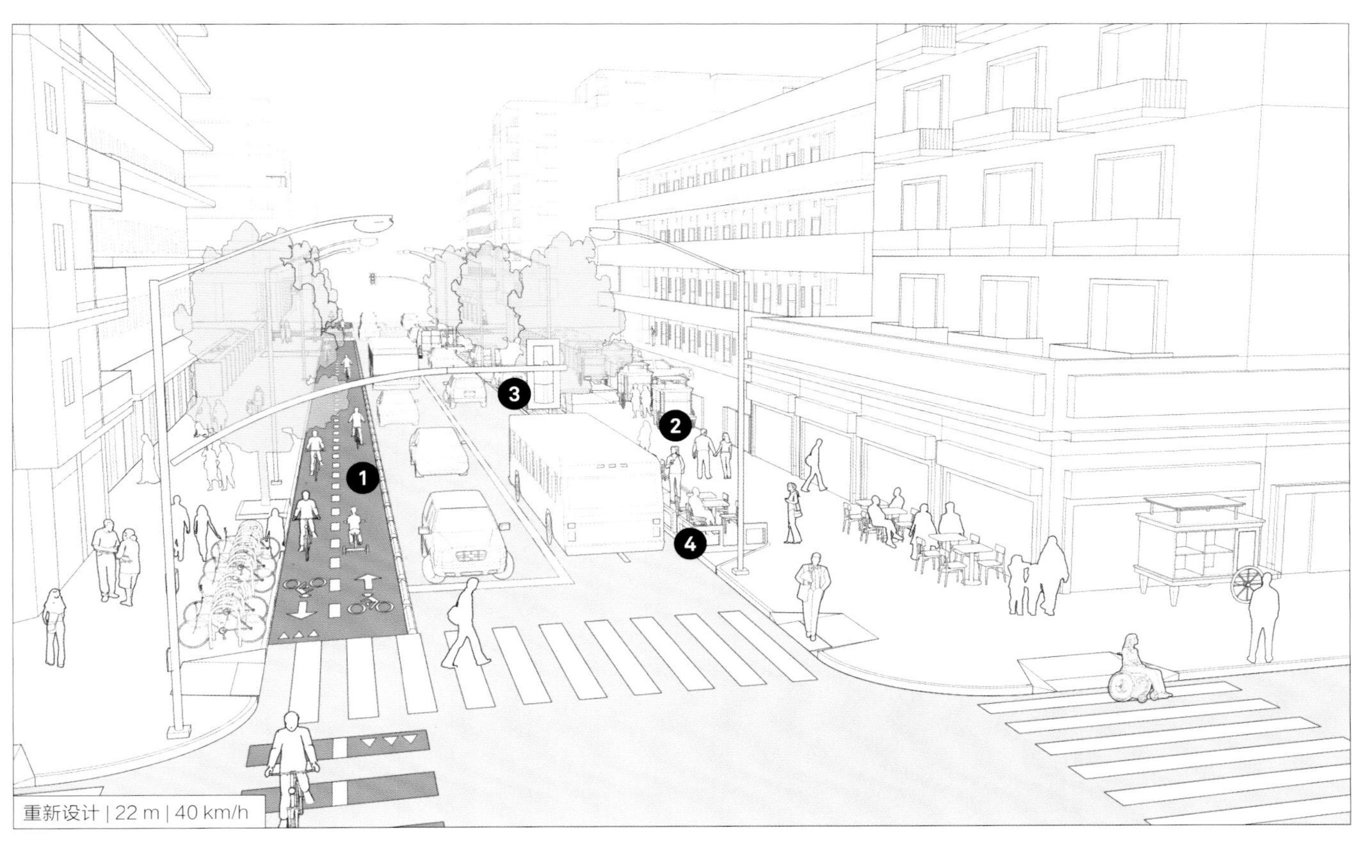

设计指导

在每个方向上移除一条行车道，增加受保护的自行车道，并扩大人行道，以鼓励人们选择多种交通方式。

❶ 当街道宽度有限时，可以在一侧配置双向自行车道。采用垂直构件分离自行车道，有利于防止车辆侵占自行车道，并提供舒适的街道环境。详见第二部分“6.4.4 自行车设施”。

扩大人行道，为商贩、街道设施、艺术品和树木提供空间，活跃街道边缘。

❷ 沿空白建筑墙壁、停车位和围栏设置积极的用途，以改善行人的体验。详见第二部分“6.8 为商贩设计街道”。

❸ 在街道一侧提供平行的停车位，使其与树木和其他绿色基础设施相交替。清除交叉路口的停车位，并延伸路缘，以提高行人的安全性，增强可见度。

加拿大蒙特利尔

❹ 使用选定的泊车位建造微公园，以提供额外的公共空间。详见第三部分“10.3.3 微公园”。

对于长度大于100 m的街区，在目的地之间的街区中段设置人行横道，以增强渗透性。详见第二部分“6.3.5 人行横道”。

秘鲁利马，微公园增加了公共空间，以低成本的座椅、油漆和回收材料为人们提供舒适的共享空间

社区大街 | 示例3 30 m

现有条件

上图描绘的社区大街拥有宽阔的行车道，两侧均设有不受管制的停车场，连接郊区和市中心，是一条主要用于机动车行驶的大道。

倾斜式停车位增加了交叉路口的转弯半径，容易使驾驶员快速转弯。人行横道处没有标志和信号。

驾驶员通常不在人行横道处避让行人，使弱势群体更容易被撞击。

埃塞俄比亚亚的斯亚贝巴

进出停车场的汽车会阻挡行车道，为自行车骑行者带来危险，导致频繁的追尾现象。

公共交通乘客被迫在道路中上下车，因为停泊的汽车会阻碍公交车进入公交站。

美国查尔斯顿

人行道无法正常使用，经常被停泊的汽车、电线杆、街道摊位和其他设施占用。

一些底层上的活动，如装卸活动，溢出到人行道上，会阻碍通行区。

重新设计 | 30 m | 40 km/h

设计指导

重新设计街道，以更好地满足所有用户的需求。受保护的自行车道、路缘扩展带、公交站和扩大的人行道使空间分配更公平，以鼓励人们步行、骑自行车和使用公共交通。

将每个方向上的行车道减至一条，并将倾斜式停车位改造成平行式停车位。

❶ 允许公交车与汽车共享行车道，并提供岛式停靠站，以便行人快速上车。

❷ 在冲突区标记受保护的自行车道，例如，街区中段人行横道、路缘坡道和交叉路口。

❸ 使停车场与其他服务相交替，如安全岛、受保护的公交站、共享自行车站、雨水花园和更宽的卡车装卸区。

增加抬高的街区中段人行横道，以增强渗透性，营造更安全的步行环境。

❹ 拓宽人行道，允许行人在街道上进行各种活动，而不阻碍通行区。种植树木，安装街道设施，并改善公共空间，以支持当地商业的发展。

安装斜坡和触觉条，使人行道和人行横道具有可及性。

❺ 建造绿色基础设施，如雨水花园和可渗透性路面，以改善水源管理，减少低洼地区的积水。详见第二部分“7.2　绿色基础设施”。

丹麦哥本哈根

印度班加罗尔：圣马可路

位置：印度班加罗尔

人口：842万

功能：中心商务区

街道宽度：18~20 m（平均）

长度：约1 km

成本：一期为11.5亿印度卢比（约2000万美元）

资金：众筹

最大速度：40 km/h

改造前

环境地图

改造后

照片来源：亚纳城市空间

采用全面、综合的方法来解决街道问题：切中要害，一劳永逸。

概述

这个单向街道的重建面临几个重大挑战，如设计和规划不足、维护标准差、公用设施管理效率低等。该项目采用全面、综合的方法：切中要害，一劳永逸。通过对优质材料和施工的前期投资，提高街道的耐用性。

目标

- 平衡现有用途。
- 提升用户体验，确保行人安全，降低车速。
- 通过前期投资，提升街道的质量，减少破坏性施工实践。

成功的关键

- 机构之间的协调。
- 项目初期的公众参与。
- 对现有的公共设施进行记录和评估，并将其作为规划和设计的一部分。

参与者

公共机构

卡纳塔克邦政府、班加罗尔市政公司（BBMP）、班加罗尔发展局、卡纳塔克邦电力传输公司（KPTCL）、交通警察、班加罗尔大都会运输公司（BMTC）、班加罗尔电力供应公司（BESCOM）。

非营利组织

亚纳城市空间、亚纳格拉哈公民民主中心。

设计和工程实施

亚纳USP（设计）、NAPC（承包商）。

评估

+250%

行人数量增加

−3 min

人行横道处的等待时间从5 min降至2 min

12 s

行人过街时间缩短至12 s

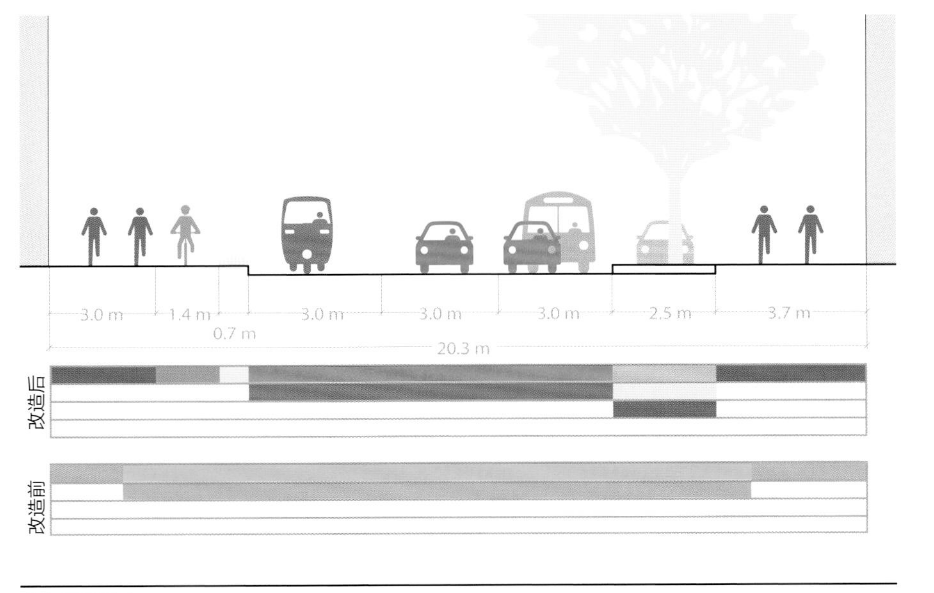

关键要素

拓宽人行道。

单向受保护的自行车道。

连续的行车道。

专用的公交车、自动人力车和停车场。

电动车和非机动车道之间的景观带。

保护并改善现有带树坑和防护装置的树木。

重建地下公用设施，为公共设施建造专用的通道。

用户图例：

- 行人空间
- 自行车
- 公共交通
- 混合交通
- 景观
- 停车场

项目时间表

2011年至2015年（4年）

10.6 | 大街和林荫大道

当人们从一个社区转移到另一个社区或中心地区的过程中，城市的大街发挥着关键作用，包括标志性的林荫大道、市中心的购物街、特色大街、公共交通街道以及两边有商业活动的中央大道。大街设计旨在服务于较高速度的车辆，这将为行人和自行车骑行者带来一定的风险，因此会分隔社区、降低公共空间的质量和邻近物业的潜在价值。

大街通常包括城市中宽阔且最连续的街道，它们为多式联运廊道的建立提供了理想环境。

可持续的公共交通街道可以提高街道的容纳能力，创造更多的活动空间。这类街道可以优化公共空间，有利于周边社区的可持续发展。

设计伟大的街道，以维持现有的环境，并以理想的方式应对未来的状况。

巴西圣保罗

Teatro Municipal

10.6.1 | 中央单向街道 | 示例1 18 m

20世纪以来，许多城市将中央双向街道转变为单向街道，以降低交通流量、减少碰撞的发生。出于这个原因，一些城市最初设计了单向街道，宽阔的单向街道可以重新配置行车道，以容纳自行车道和公交专用车道，或将其转变为双向运营，以增强可及性、连通性和安全性。

现有条件

上图描绘了一条双向街道，每个方向上都有一条行车道，两侧有混合交通和停车位。

街道两侧有密集的目的地，吸引人们在此停车或装卸货物，会造成车流在此交织，以及转弯碰撞。

缺少自行车设施，迫使自行车骑行者在人行道上骑行，为行人带来安全隐患。

街道两侧部分隐蔽的排水道对行人和自行车骑行者造成危害。

印度尼西亚万隆

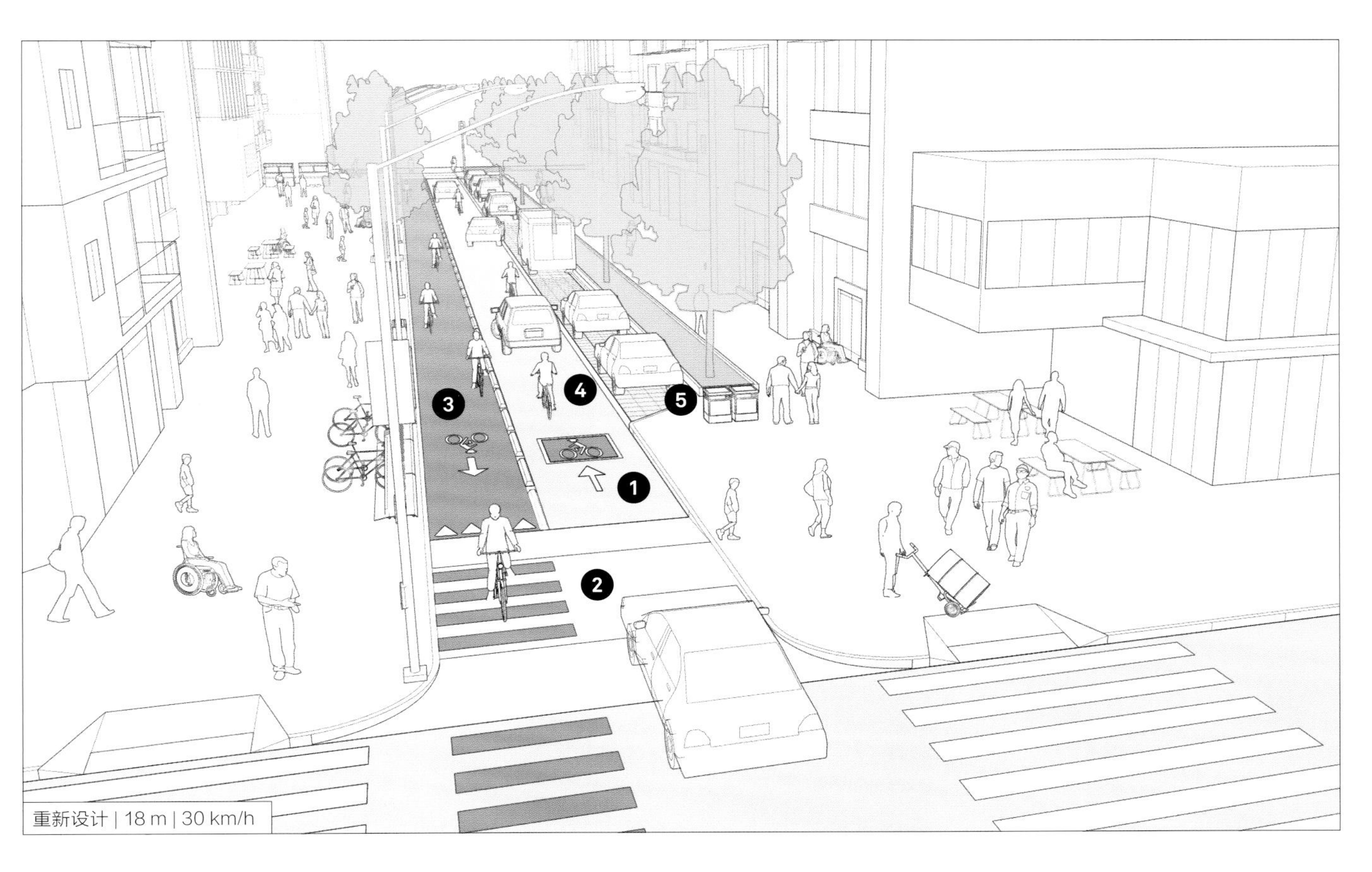

设计指导

❶ 当双向运营不能安全地容纳所有用户时，应考虑将其转变为单向运营，为行人和自行车骑行者分配更多的道路空间。

❷ 将行车道的宽度减至3 m，以避免车辆超速行驶。在交叉路口增加抬高的人行横道，使行人优先，并降低交通速度。详见第二步分“6.6.7 交通减速策略”。

拓宽人行道，以容纳更丰富的商业活动，同时保留畅通的通行区。详见第二部分“6.3.4 人行道”。

❸ 重新利用反向行车道，将其作为专用的反向抬高自行车道。在明显需要骑行者绕道的地方，反向自行车道显得尤为重要。详见第二部分“6.4.2 自行车网络”。

❹ 为同向的车辆和自行车创建一条共享车道，并将最大行驶速度限定在30 km/h。

❺ 增加绿色基础设施，例如，在停车位下面使用渗透性表面，建设雨水花园，或沿着人行道种植树木，这将有助于雨洪管理，使街道更具吸引力。

建造微公园，以提供额外的公共空间。

印度金奈

中央单向街道 | 示例2 25 m

现状 | 25 m | 60 km/h

现有条件

上图描绘了一条单向街道，它拥有密集的商业活动和市场，以及无组织的过境交通和不受管制的停车位。

人行道不足，迫使商业活动、商贩和行人涌入行车道和停车场。

缺少人行横道标志，无法保证弱势群体的人身安全。路缘高，没有行人坡道，阻碍了普遍可及性。

道路两侧的不规范垂直停车，导致汽车停放在行车道内，容易造成交通延误。小型公共交通车辆上下车时经常阻碍交通。

这条街道已经转变为单向运营，以适应日益增加的车流量，但由于未能给其他用途分配空间，仍显得很拥堵。

中国香港

设计指导

以公平、均衡的方式重新分配空间，对街道进行改造。

❶ 引入公交专用车道，公交车可以在有标志的车道或完全独立的路边公交快速交通道上行驶。将小型结构分隔器设置在交叉路口前方，以防止车辆进入。详见第二部分“6.5.4 公共交通设施”。

❷ 确保公交车辆停靠站不会阻碍人行道，并将其设置在停车道或绿化区中。

设置受保护的自行车道，为骑行者营造更安全的街道环境。设置抬高的缓冲区，以免自行车骑行者在车辆开关门时受到伤害。

提供共享自行车站，以减少机动车辆和停车位。详见第二部分“6.4.5 共享自行车”。

❸ 拓宽人行道，为行人和商业活动提供更大的空间。将停车位、路缘扩展带、区域性园林美化与商贩专用空间相交替。

重建期间，将公共事业管线埋藏在地下。详见第二部分“7.1 公共设施”。

制订本地许可流程，为商贩提供指导方针，并确保指导方针得以执行、空间得到很好的维护，使其保持清洁，以利于商贩和行人。

设置更宽的停车空间，以创建装卸区。限制货物运输，或鼓励非高峰时段货物的运输，消除双排停车障碍。

法国巴黎

中央单向街道 | 示例3 31 m

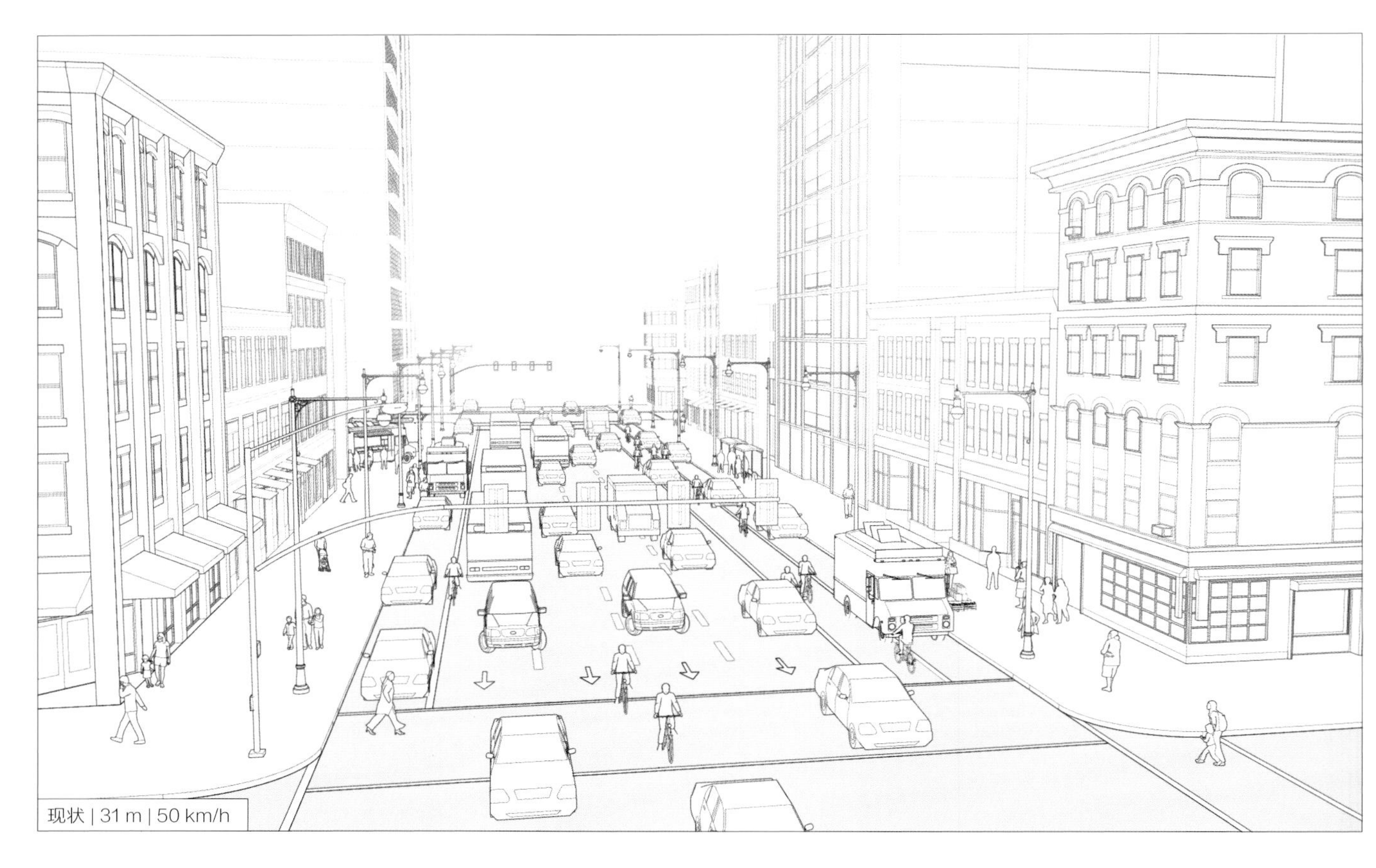

现状 | 31 m | 50 km/h

现有条件

上图描绘了一条市中心的大型单向街道，它与高度活跃的土地利用相结合。

大型单向街道可以应对60~120 min的车辆交通高峰期，而在一天的其他时间内保持较低的容量。交通工具的单向移动容易造成超速行驶，并对所有街道路用户带来安全隐患。

这些街道可以支持现有的混合交通运输。

美国纳什维尔

印度新德里

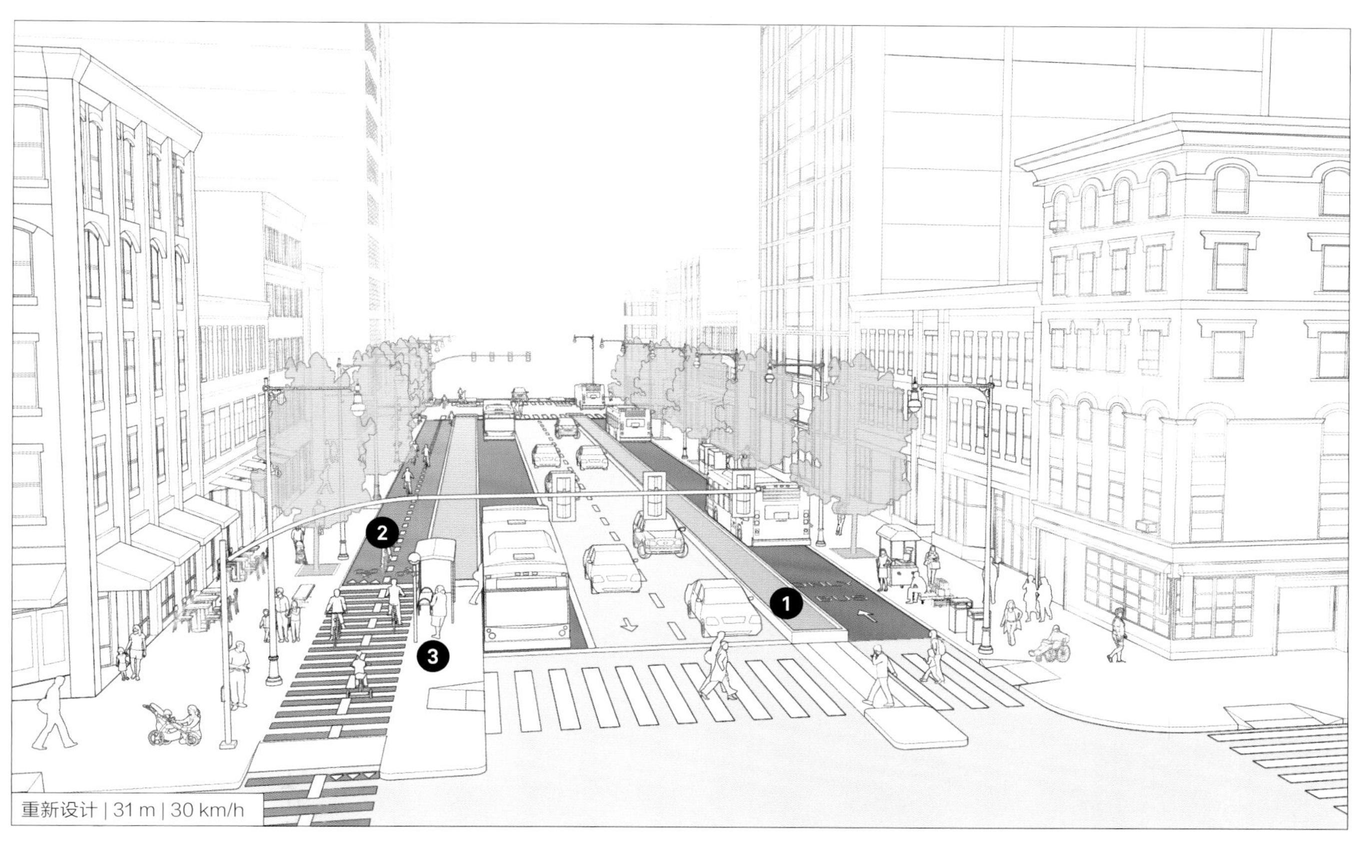

设计指导

❶ 将单向快速街道转变为双向街道，并在两个方向上设置公交专用车道。可以将相邻街道的反向公共交通转移到专用车道上，以提高交通的通达性，简化路线。信号绿波和转弯禁止可分离冲突。

❷ 增设双向受保护的自行车道，有利于将自行车作为可持续的交通出行方式。

在配有自行车基础设施的一侧，将公交车辆停靠站设置在远离路缘的公共交通岛上，而将自行车线路设置在停靠站的后方。将另一侧路边公交车辆停靠站设置在街道设施区内，以清除障碍物，并为行人保留通行区。详见第二部分“6.4.4 自行车设施”。

在配有公交车辆停靠站的街区，拆除停车位，以防止汽车进入公交车道，并降低不必要的执法成本。

❸ 中央分离带也可以作为行人安全岛，缩短人行横道的距离，并营造更友好的步行环境。详见第二部分“6.3.6 行人安全岛”。

侧边分离带可为公交车辆停靠站、共享自行车站、街道设施和绿色基础设施提供额外的空间。

在自行车骑行者转过自行车道容易与机动车相撞的地方，为其安装信号。对同一时间的驾驶行为进行统筹管控，确保交叉路口更加安全。详见第二部分“8.8 标志和信号”。

巴西圣保罗

荷兰阿姆斯特丹

美国纽约：第二大道

位置： 美国纽约曼哈顿

人口： 840万

大都会区人口： 2000万

街道宽度： 30 m

功能： 混合用途（办公/商业/住宅）

资金： 公众

最大速度： 40 km/h

概述

通过实施一系列项目，对曼哈顿第二大道进行改造，每个项目都重新配置了一个多功能的街道。

改变道路标志，设置新的行人安全岛和路缘扩展带。将停车道从路缘处移开，建造一个受保护的自行车道，这是2007年以来整个城市所建设的48 km街道网络的一部分。

作为公交服务项目的一部分，在第二大道引入公交专用车道、公交车站台和车外售票机（类似于BRT服务），增加了公交乘客量，缩短了公交车的行程时间，这也是全市交通规划的一部分。

改造前

改造后

照片来源：纽约市运输部

这种转变有助于减少机动车数量，街道用户被转移到其他交通模式之下，包括骑自行车和使用公共交通工具，因此不会增加高峰期的交通延误。

目标

- 减少交通事故的频率，并提供专用的自行车设施。
- 缩短公交车行程时间，增加自行车数量和行人活动。
- 减少交通流量、噪声和其他污染，并提高行人安全性。
- 增强经济活力，促进当地商业的发展。

经验总结

该项目改善了街道的机动性和可持续性，可减少车流量，街道用户被转移到其他交通模式之下，包括骑自行车（+60%）和使用公共交通工具（公交乘客数量增加9%）。

受保护的自行车道和行人安全岛有助于减少在廊道上发生的交通事故。造成人员伤亡的交通事故数减少了7%。

参与方

公共机构

纽约市运输部、纽约市公共交通局。

公民社团和联盟

当地利益团体。

设计和工程实施

纽约市运输部、纽约市设计和建筑局。

评估

+60%

自行车数量增加

+9%

M15公交车的乘客数量增加

−12%

上午车流量减少

−15%

下午车流量减少

−7%

交通事故伤亡减少

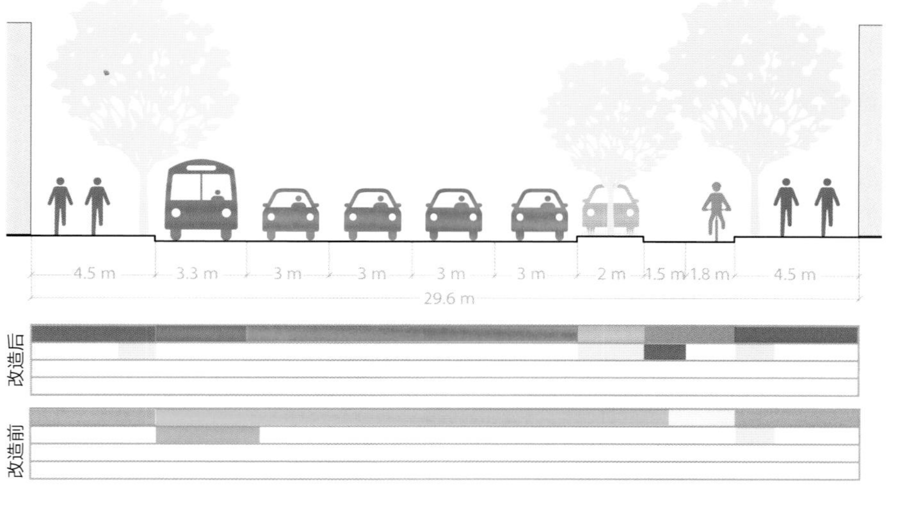

关键要素

拆除一条机动车道。

缩窄行车道。

引入行人安全岛，将人行横道的长度从18 m缩短至12 m。

受停车位保护的专用自行车道宽1.8 m。

停车带和自行车道之间设有1.5 m宽的缓冲区。

铺设红色路面，并配备带有自动执法系统的公交专用车道。

用户图例：

- 行人空间
- 自行车
- 公共交通
- 混合交通
- 景观
- 停车场

项目时间表

2010年至今

10.6.2 | 中央双向街道 | 示例1 20 m

现状 | 20 m | 50 km/h

改造中央双向街道可以提升街道服务于多个用户的能力。缩窄行车道可以为自行车和公共交通分配更多的空间，并改善步行环境。改善公共空间和绿色基础设施，如引入街道树木、渗透性路面和微公园，可以进一步增加街道的活力。

现有条件

上图描绘了一条原本不是为机动车设计的单向街道。此类街道的交通流量适中，较多的行人活动可能会延伸到行车道上。

由于机动车经常超速行驶，行人受到极大的威胁。狭窄、不连续的人行道经常被公共设施或停泊的车辆占用。

缺少道路标志，导致行人在未定义、不安全的地带穿过街道。

拐角的路边停车场不受管制，导致街道商贩侵占行人空间和行车道。

埃及开罗

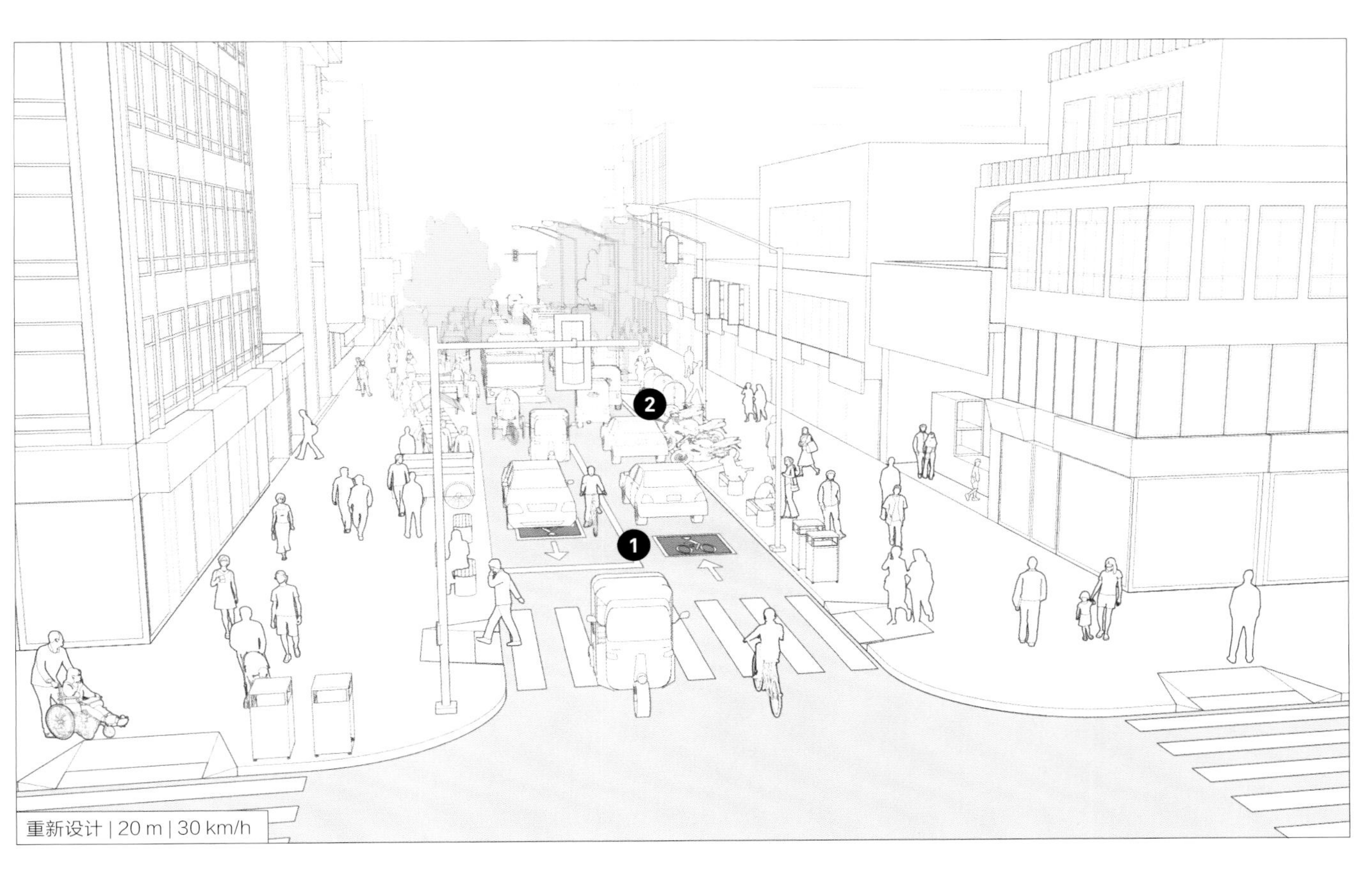

计划指导

❶ 将单向街道改造成双向街道，在每个方向上设置一条行车道。双向车道可以迫使车辆低速行驶，因为驾驶员必须注意迎面而来的交通车辆。详见第二部分“6.6.4 行车道”。

双向街道增加了整体网络的连通性，但必须仔细设计交叉路口，以尽量减少冲突。使用较小的拐角半径，设定行人优先间隔，禁止机动车转弯，以减少车辆转弯时发生的碰撞。

使用受管制的路边停车场替换拐角停车场，为人行道提供更多的空间。

拓宽人行道，以容纳树木、公共设施和商业活动，并确保行人通行区的畅通。

设置路边延伸区，以缩短人行横道的距离，增强可见度；延长路缘扩展带，可以为路边设施和街道商贩创造新的公共空间。详见第二部分“6.3.7 人行道延伸部分”。

❷ 将路边停车场作为机动区域，以便小型公共交通和出租车上下客，也可用作专用的自行车或摩托车停车场。

营造“以人为本”的环境，将人行道与人行横道对齐，设置清晰可见的标志，并增加公共设施。改善的行人专区和上下客区有利于促进当地商业的发展。

美国纽约

中央双向街道 | 示例2 30 m

现有条件

上图描绘了一条中央城市街道，随着时间的推移，以牺牲行人空间的方式进行了拓宽。

宽阔的行车道易造成车辆超速行驶，无法确保行人的安全。跨街交通没有信号灯，易造成频繁、严重的交通事故。

狭窄且无法进入的人行道不能保证步行者的安全，也会导致商业活动的减少。

中央分离带的隔离设施限制了行人过街，此配置通常会导致行人违反交通规则，如跳过障碍物，直接穿越街道。

人行横道较长，且没有明显的标志，缺少安全岛，车辆行驶速度高，使弱势群体面临诸多不安全的状况。这样的街道为行人设置了多重障碍，并隔离了社区。

哥伦比亚波哥大

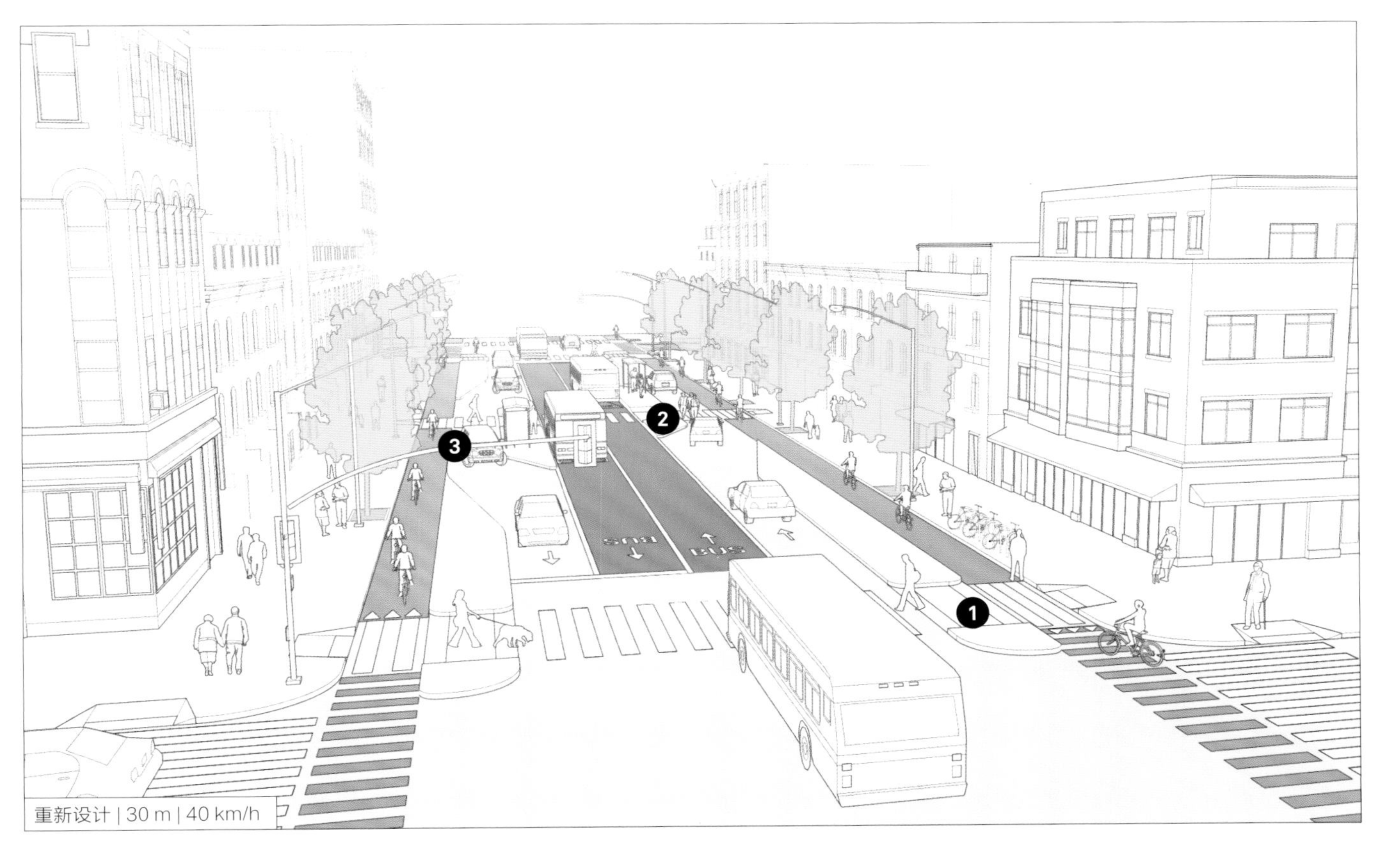

设计指导

因街道处在中心位置，将有能力改造周围的社区。重新设计这条街道，以满足所有用户的需求，并提高街道的整体容量。

在每个方向上移除两条行车道，并提供更宽的人行道，有利于为行人和商业活动营造安全的环境。

❶ 提供安全岛、带标志的人行横道，从而使交叉路口更安全。

在每个方向上引入一条公交专用车道，以提高公共交通能力和效率。

❷ 偏置的登车岛使公共交通乘客能够安全、高效地上下车，并降低车辆在公交车辆停靠站处的速度。

❸ 增加街区中段的人行横道，以方便人们进入公交专用车道两侧的登车岛，并为行人提供安全岛，以缩短人行横道的距离。

使行车道偏离登车岛，以降低速度，促进驾驶员做出避让。

在每个方向上设置自行车道和缓冲区，为自行车骑行者提供安全的设施。

在人行道和中央分离带上种植树木，或设置绿色基础设施，可以减少噪声污染，改善空气质量，并有利于雨洪管理。详见第二部分“7.2 绿色基础设施”。

美观的街道、良好的行人体验可以吸引更多的企业，并有利于该地区的重建。

墨西哥墨西哥城

加拿大多伦多

中央双向街道 | 示例3 40 m

现状 | 40 m | 60 km/h

现有条件

上图描绘了一条市中心的大型双向街道，这条街道既可作为过境道路，又可作为目的地。宽阔的行车道容易造成车辆超速行驶，并对步行和自行车骑行造成威胁。

交叉转弯是导致交通事故的常见原因，车辆与行人或自行车骑行者会发生正面碰撞。

当狭窄的自行车道位于快速交通车辆与路边停车场之间时，自行车骑行者会感到不安全。双排停泊的车辆和进入停车场的车辆会迫使骑行者突然转入相邻的行车道。

宽阔的中央分离带可作为一个未定义的安全岛，但并没有设置保护措施。交叉路口的转弯车辆较多、拐角半径过大，导致车辆高速转弯，使行人和自行车骑行者处于危险之中。

新加坡

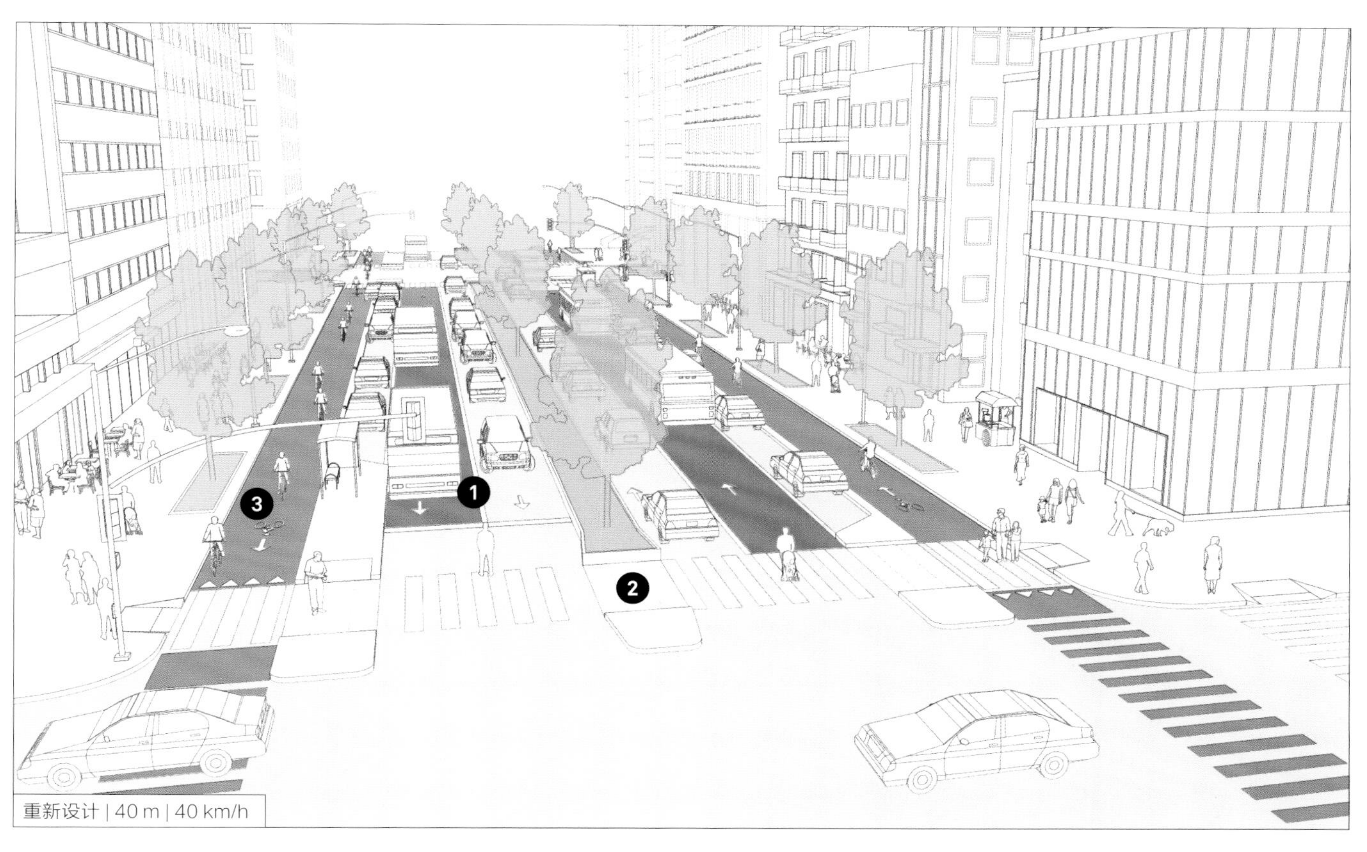

设计指导

❶ 重新设计大型街道，以容纳过境交通和目的地交通。优先考虑空间使用率较高的公共交通，如公交车、中型客运车和出租车，以增加街道的容量。

增加公交专用车道，并使用站台或安全岛设置车道内公交车辆停靠站。详见第二部分“6.5.5 公交车辆停靠站”。

如果公共交通出行频率较低，可允许出租车和其他公共交通车辆使用车道，以增加运输能力。

❷ 扩大交叉路口和公交车辆停靠站处的中央分离带，以建立安全岛。安全岛与停车位的路缘扩展带相结合，有助于缩短行人过街的时间和人行横道的距离。

拓宽人行道，增强普遍可及性，增加绿色基础设施，以及行人和商业活动的空间。

❸ 减少行车道，并在每个方向上增加受停车位保护的自行车道。

侧面运行的定向自行车道应方便骑行者进入。详见第二部分“6.4.4 自行车设施”。

限制货运或鼓励非高峰时段货运，以消除双排停车障碍。详见第二部分“9.4 设计时段”。

通过教育宣传活动和积极的执法来支持新的交通模式，并给用户一定的时间，使其适应这一转变。

增加景观美化，提高绿化率，使之成为雨洪管理的有益补充，这些附加物也有助于吸引新的活动。

美国西雅图

瑞典斯德哥尔摩，哥加达

位置： 瑞典斯德哥尔摩，索德马尔姆区

人口： 90万

大都会区人口： 140万

长度： 0.8 km

街道宽度： 28 m

环境： 混合用途（商业/住宅/办公）

成本： 310万瑞典克朗（37万美元）

资金来源： 斯德哥尔摩市交通委员会

最大速度： 30 km/h

概述

哥加达是斯德哥尔摩市中心索德马尔姆区的一条繁华大街，设有办公区、商店和餐厅，服务于密集的住宅区。这条街道也是从南郊到中心商务区重要的自行车骑行路线。

作为试点项目，重新分配街道空间为城市生活创造了更好的条件，提升了自行车和行人的通行能力。

哥加达是“城市流动战略”的一部分，旨在为公共交通、步行和自行车骑行营造更好的环境，同时美化城市环境。

改造前

改造后

照片来源：斯德哥尔摩市

目标

- 对一条备受欢迎的购物、娱乐街道进行改造，美化城市环境。
- 提高自行车骑行者的便利性和安全性，高峰时段自行车骑行者享有优先通行权。
- 阐明"城市流动战略"的原则，并展示街道环境的灵活性，将其作为公众参与的前提。
- 收集各种相关信息，为更长远的街道设计提供决策服务。

经验总结

当结果尚未确定时，试验是快速实现转变的有效方法。

明确说明这个过程是一个试验，以免用户认为这些改造是廉价的。

激活临时设施区域，使新的用途更加清晰。城市货运是导致交通事故的重要原因，应该仔细设计。

参与方

公共机构

斯德哥尔摩市交通管理部、斯德哥尔摩警察局、斯德哥尔摩消防队、斯德哥尔摩运输部。

协会和团体

斯德哥尔摩商会、瑞典公路运输公司协会、瑞典出租车协会、瑞典自行车协会、瑞典行人协会、当地居民和贸易商。

评估

+90%

自行车数量增加

68%

行人认为街道环境比以前好

72%

自行车骑行者感到街道环境更安全

40%

企业主认为街道环境更好

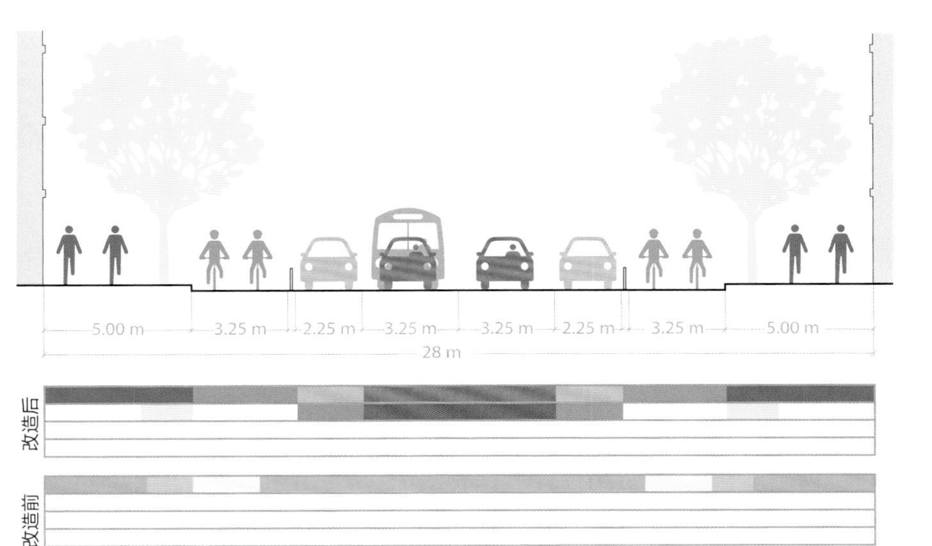

项目时间表

2013年6月至2014年6月

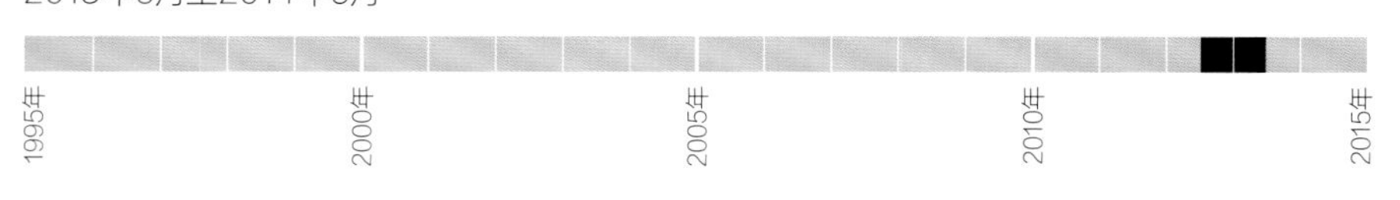

关键要素

拓宽人行道，设置临时街道设施区域。

在之前的停车道上设置更宽的自行车道。

在之前的停车位上设置50个自行车停车设施。

自行车骑行者的绿波设置为18 km/h，采用可视化倒计时信号。

将每个方向上两个机动车道减至一个车道。

将速度限制从50 km/h降至30 km/h。

改善货运措施。

增加停车费，确保营业额。

用户图例：

- 行人空间
- 自行车
- 公共交通
- 混合交通
- 景观
- 停车场

10.6.3 | 公共交通街道 | 示例1 16 m

现状 | 16 m | 50 km/h

公共交通街道通常沿着商业廊道运行，优先服务于行人和公共交通。除了有限的货运和偶尔的许可通行，其他情况下禁止汽车通行。在某些情况下，公交车、轻轨或有轨电车等公共交通工具在人行道之间设有专用空间。在其他时间，有专门为行人设计的平坦路面，允许公共交通车辆缓慢地通过共享空间。

现有条件

上图描绘的街道可能存在于旧城区，它们不是为车辆设计的，随着时间的推移而不断变化，以适应机动交通。

这些街道可能有熙熙攘攘的商业活动和行人，但由于人行道拥挤、交通拥堵以及缺少人行横道标志，用户处于不安全的环境中。

行车道可以容纳混合交通和公共交通，并且经常发生拥堵。

这条街道的人行道狭窄，商业活动和大量行人无法和平共处。

印度孟买

设计指导

当街道空间有限时，应优先考虑公共交通和行人。当有更多的空间时，建议设置额外的行人优先空间和更宽的人行道，以容纳一系列街道活动、园林绿化和街道设施。

❶ 限制所有车辆通行，增加可用的公共交通，使街道成为共享模式，并确保行人优先。

将街道视为共享区域，扩大行人空间，增加街道的渗透性。

在街道较宽的部分增设侧式公交车辆停靠站，建造可用的平台，方便行人上车。详见第二部分“6.5.5 公交车辆停靠站”。

❷ 将交叉路口抬高至公共交通水平面，即公共交通街道与穿过其的街道相交处，以确保行人的可及性。设置路面标志、图案和颜色，以指示车辆穿过街道。

在宽度允许的情况下，可以增加树木和本地景观。如果条件允许，建议设置街道设施和摊位，但必须为行人保留通行区。

只在非高峰时段允许装载和货运。详见第二部分“8.5 流量和访问管理”。

瑞士苏黎世

公共交通街道 | 示例2 32 m

现有条件

上图描绘的街道在城市网络中发挥着重要作用，通过路中运营的公共交通路线，来连接商业中心和社区。公共交通在物理空间内是独立的，以提高效率。

这条双向街道在每个方向上都有两条行车道，有中等的交通流量和大量的步行活动。

在指定的地方，允许但限制行人横穿街道，人行横道不具有普遍可及性。

由于商业和行人活动的空间有限，行人会进入行车道。

公共交通乘客很难穿过多条行车道，而从中央分离带的公交停靠站到达人行道。

频繁的路缘坡道会导致车辆大量转弯，使自行车骑行者感到不安全。

印度加尔各答

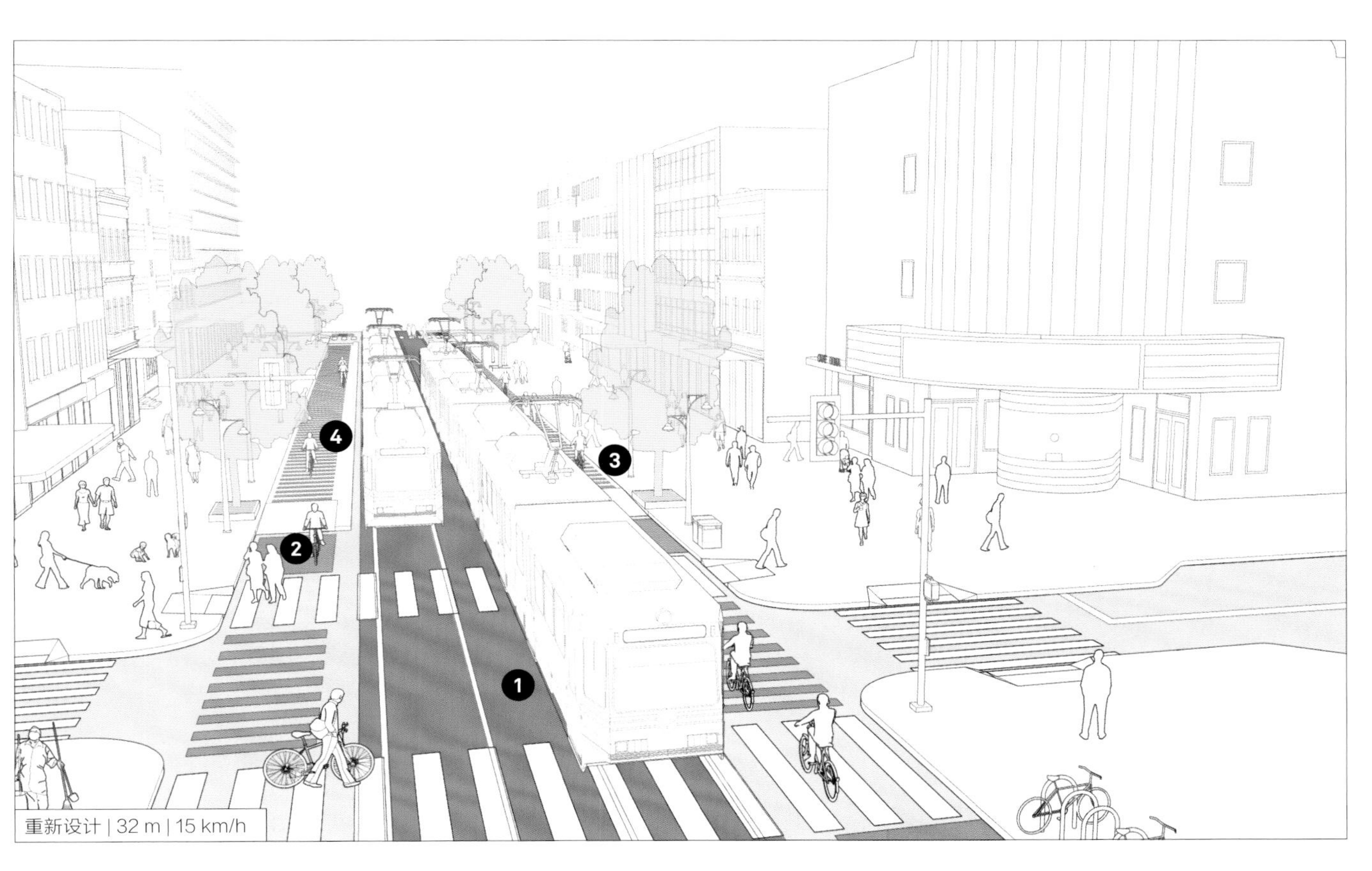

设计指导

重新修建这条街道，将其改造为重要的商业廊道。限制过境交通，并在公共事业用地内设置公共交通、自行车和行人专区，确保休闲娱乐用途优先。

❶ 抬高公交车辆停靠站处的行车道，提高乘客的上车效率，从而改善路中运行的公共交通。详见第二部分“6.5.4 公共交通设施”。

可能需要完全禁止车辆通行，或将其限制在一天的某段时间内，以管理车流量，并保证行人和公共交通优先。

在路边区域内提供专用空间，以容纳树木、街道设施、摊位、自行车架和其他元素。

❷ 在街道两边增加专用自行车道，在公交车辆停靠站处将自行车骑行者分隔开来，并在交叉路口提供两段式转弯，以确保自行车骑行者以接近90° 的角度转弯。详见第二部分“6.4.4 自行车设施”。

为每个方向上的公共交通提供0.5 m宽的缓冲区，以免自行车骑行者和上车的公共交通乘客发生碰撞。

❸ 在自行车道后方设置公交车辆停靠站设施，为乘客提供候车亭，并为自行车骑行者保留连续的通行区。详见第二部分“6.4.4 自行车设施”。

❹ 当自行车道与公交车辆停靠站相交时，将车道抬高至人行道的水平面，方便乘客上车。为公交车辆停靠站处的自行车道设置不同的标志，以指示与公共交通相交的路径。

将装卸和货运限制在非高峰时段。

匈牙利布达佩斯

公共交通街道 | 示例3 35 m

现有条件

上图描绘的是一条连接中心商务区、市中心和居民区的宽阔双向街道。在靠近中心商务区时，长长的廊道越来越拥堵，不时地有地区通勤者使用街道。

这条街道服务于本地、过境交通以及主要公交路线。私家车、出租车和非正式的公交车都需要占用路边空间，导致双排停车、公交车辆停靠站被堵塞，自行车骑行环境的不安全，并延误公共交通服务。

人行道上的广告牌和标牌削弱了交叉路口处的可见度。

狭窄的人行道会阻碍商业活动，并引发公交车辆停靠站和大量行人之间的冲突。

较长的人行横道增加了行人过马路的时间，且抬高的中央分离带未设置坡道，使人行横道可达性差。

加纳阿克拉

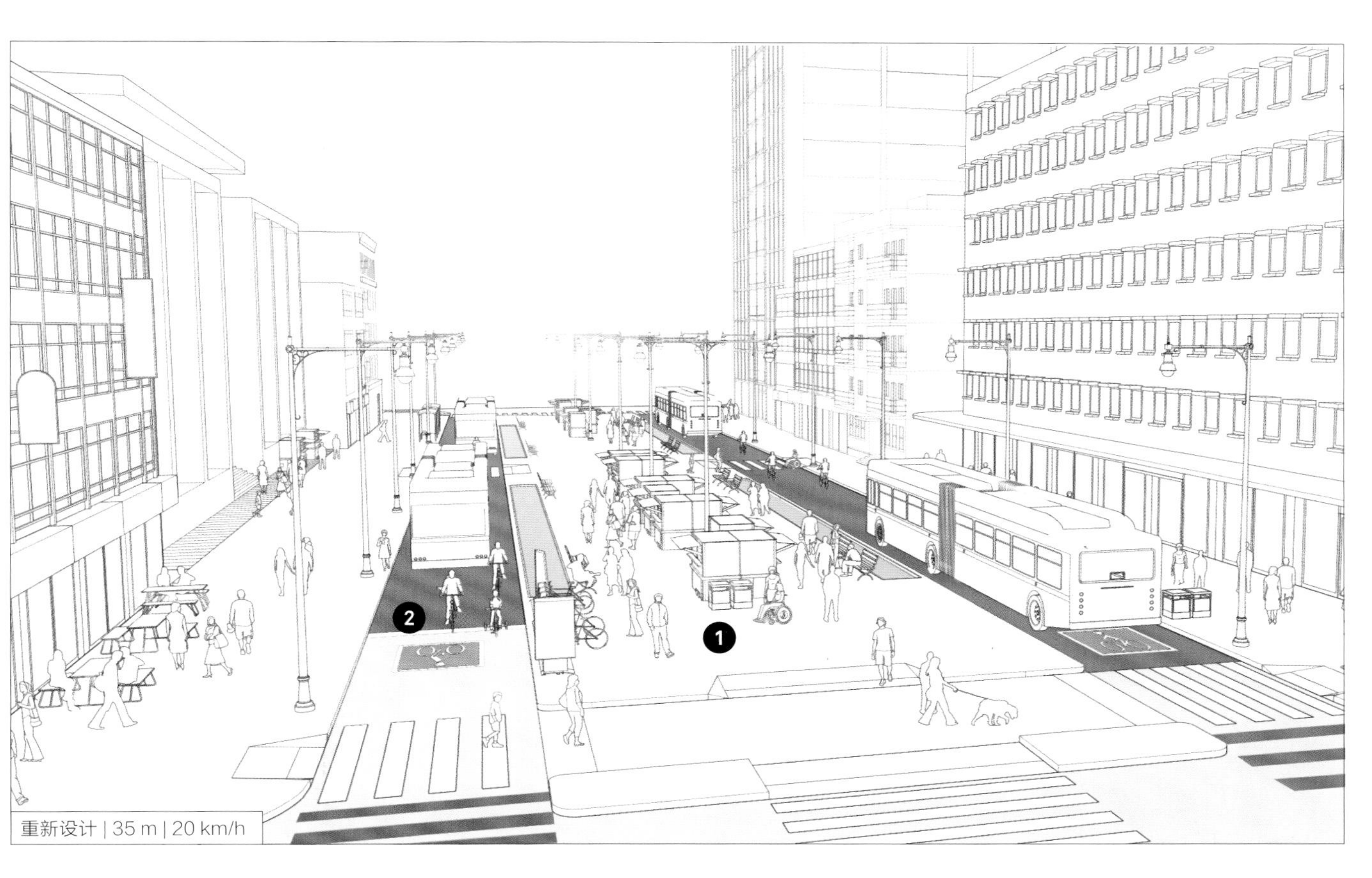

设计指导

❶ 重新设计街道，扩大中央分离带，将其作为公共空间，以容纳树木、长椅、照明设施、街道摊贩、共享自行车、饮水器等公共设施。

禁止私人车辆进入，优先考虑行人、公共交通和自行车骑行者。可靠的公共交通服务比私家车服务于更多的用户，大大提高了行人和自行车骑行者的安全感和舒适度。

❷ 公共交通、自行车和出租车共用行车道，公交车辆以较低的速度行驶。在拓宽的中央分离带或人行道设施区上为公共交通提供候车亭，使其与公共交通车门对齐。在建造公共交通候车亭和停靠站时，应保持行人通道的畅通。

拓宽人行道，以提供普遍可及性，并增加行人和商业活动的空间。

只允许在非高峰时段进行装卸和货运。

沿着中央分离带和人行道增加绿色基础设施，以支持雨洪管理，营造更具吸引力的街道环境。详见第二部分“7.2 绿色基础设施”。

西班牙巴塞罗那

美国明尼阿波里斯

澳大利亚墨尔本：斯旺斯顿街

位置：澳大利亚墨尔本中心商务区

人口：440万

长度：1200 m或10个街区

街道宽度：30 m

功能：混合用途（办公/商业/住宅）

成本：第一期、第二期的设计和建造成本为2560万澳元（1880万美元）

资金：众筹

最大速度：10 km/h

概述

斯旺斯顿街是墨尔本市主要的南北街道，两旁均设有许多标志性地标。

斯旺斯顿街曾经是一条拥堵且污染严重的街道，现在成了以行人为主导、公共交通优先的街道设计范例。

改造前

改造后

照片来源：上 - 墨尔本市，下 - 道斯·金姆

全职社区联络官与本地零售商、利益相关者共享信息，克服整个施工期间遇到的困难。

目标

- 强化城市特色，提升购物者、游客、自行车骑行者和公共交通乘客的使用体验。
- 打造更具吸引力、安全的公共空间。
- 为人们提供聚会的空间。
- 为艺术活动提供空间。

成功的关键

改善零售环境，提供高效、公平、舒适的公共交通体验。设计高品质的街景，以彰显城市的特性。

新建的电车停靠站引入了共享区，改变了自行车骑行者、通勤者和行人的行为。

创新推广策略，邀请喜剧演员与街道用户互动，使用户了解新的空间布局和交通条件的变化。

关键要素

拓宽人行道的宽度。

提高街道的易读性。

设置专用自行车道。

抬高电车平台，以提供普遍可及性。

全时段禁止出租车和机动车通行。

允许服务、配送和应急车辆通行。

成品质量高，包括青石和花岗岩路面、专门定制的照明设施和特色植物。

公交车辆停靠站位于公共场所，如城市广场和国家图书馆。

经验总结

在整个项目过程中，社区居民的广泛参与确保了信息共享以及设计开发过程中的互动性。全职社区联络官组织当地零售商和利益相关者及时了解信息，并克服整个施工期间遇到的困难。

参与方

公共机构

墨尔本市、亚拉电车、维多利亚公路局、维多利亚警察局、交通部、规划和地方基础设施。

私人集团和合作伙伴

澳大利亚工业集团、澳大利亚零售协会。

公民社团和联盟

维多利亚自行车协会、运输工人工会。

设计和工程实施

墨尔本市。

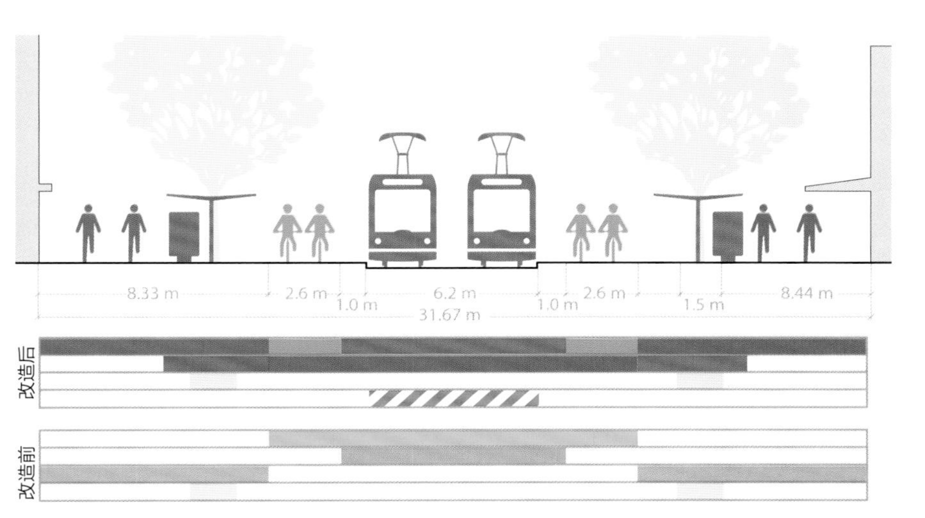

用户图例：

- 行人空间
- 自行车
- 公共交通
- 混合交通
- 景观
- 共享

项目时间表（第一期、第二期）

2009年6月至2012年6月（3年）

评估

+24%

行人数量增加

（2010至2015年）

+5%

零售空间增加

（2010至2015年）

10.6.4 | 带有公共交通的大型街道 | 示例1 32 m

现状 | 32 m | 60 km/h

带有公共交通的大型街道有助于连接街区，居民可以使用公共交通（如公交车、BRT、轻轨或有轨电车）到达主要目的地和城市服务地。虽然这些街道主要是为了促进人员流动，但其设计必须容纳所有用户。作为交通流量较高的廊道，带有公共交通的大型街道也能够容纳大量行人。

现有条件

上图描绘的是优先直行的双向街道，在每个方向上有三条宽阔的行车道，可以满足混合交通的需求，车辆以不适合城市条件的速度行驶。交通拥堵和路边乘客缓慢地上下车，导致公共交通路线频繁地被延误。

设有围栏的狭窄人行道阻碍行人沿着自然道路过马路，恶化了步行环境。大量行人被挤入狭窄的空间。

人行横道处于交叉路口的凹陷处，增加了行人步行的时间和距离。人行横道过长，没有足够的安全岛，这些都为行人带来安全隐患。

自行车在人行道上行驶，容易与行人发生碰撞，或在混合交通中行驶，被迫穿过快速移动的车辆。

大雨使地下水排放设施超负荷运行，导致频繁的积水，特别是在路缘坡道和行人通道入口。

埃塞俄比亚亚的斯亚贝巴

肯尼亚内罗比

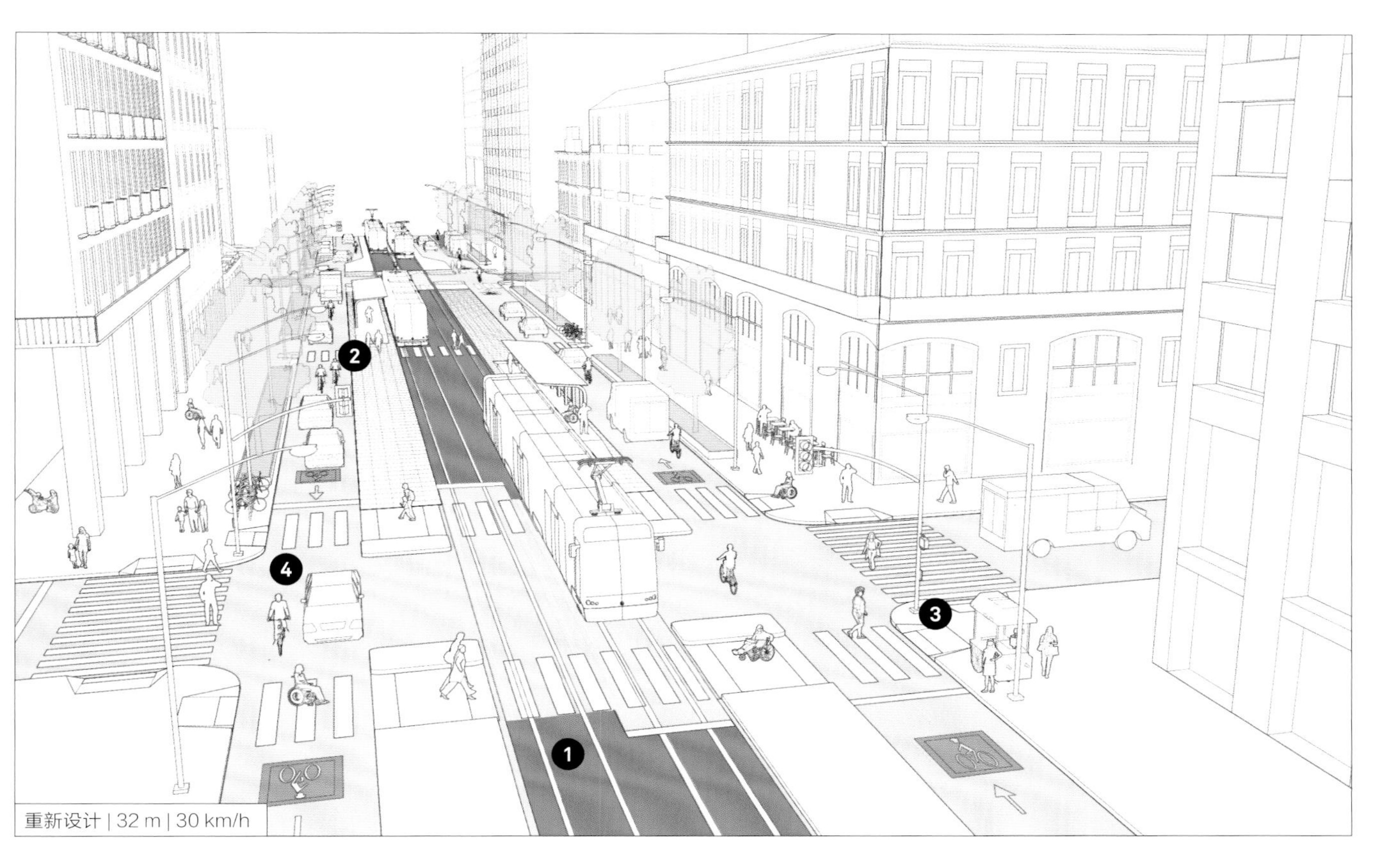

设计指导

引入公共交通、行车道管理和行人设施，以增加街道容量，改善公共空间。

❶ 引入路中运行的轻轨，以增加总体容量，并改善区域公共交通的可及性。

设置公交车辆停靠站，允许乘客在水平面上登车，以实现普遍可及性。

❷ 在公交车辆停靠站附近增加街区中段的人行横道，以缩短行人步行的距离，并配备适当的交通管制。提供公共交通候车亭，营造舒适的候车环境，避免受到天气的影响。

拓宽人行道，以改善普遍可及性，为行人和商业活动增加空间。详见第二部分“6.3.4 人行道”。

❸ 移除围栏，确保有密集的人行横道。将人行横道与人行道对齐，保证通行区畅通无阻。

❹ 在每个方向上保留一条行车道，供自行车和机动车共用。在没有公交车辆停靠站的街区设置停车位和装卸区。

经过对面车道的转弯是交通事故的常见原因，应该加强管理。在公交专用车道转弯会造成交通延误，应禁止左转弯，或者使车辆在有受保护的信号相位的独立车道上转弯，特别是在密集的街道网格中，使车辆在非车站区域的街区转弯。详见第二部分“8.8 标志和信号”。

增加绿色基础设施，如生态湿地、雨水花园和相互连接的树坑和沟渠，以更好地管理雨水径流，并补充地下水位。在压力小的表面（如行人空间）使用渗透性铺路材料，以补充雨洪管理，并使用不产生碎片的材料。

波兰华沙

带有公共交通的大型街道 | 示例2 38 m

现有条件

上图所示的街道配有高架公共交通基础设施，提供各种公共交通选择。高架公交车辆停靠站是一个多式联运点，但由于共享行车道和交通拥堵，地面公共交通可靠性差。

停靠站标志不完备，换乘处方向指示不明，为公共交通乘客带来诸多不便。

人行道沿线的未定义区域被街道商贩、人力车和不受管制的汽车、摩托车停车位占用，迫使行人进入行车道。

车辆行驶速度较快，人行横道距离过长，且没有明显的标志；人行道狭窄且不连续，行人通常无法进入，导致步行环境极不安全。

公共设施和高架公共交通基础设施经常阻碍行人通道，并限制可见度。

法国巴黎

重新设计 | 38 m | 30 km/h

设计指导

重新设计该街道，优先考虑公共交通和共享移动方式，改善步行环境和公共空间，并将关键换乘点转变为可识别的地标。

❶ 移除多余的行车道，并在每个方向上设置一个路边公交专用车道。带有标志的车道可由出租车和小型公交车共用。为了确保公共交通服务的顺利开展，应提供港湾式停靠站，并允许其他公交车正常通行。这些停靠站应与无障碍停车位和出租车站交替使用。详见第二部分“6.5.4 公共交通设施”。

扩宽人行道，提供普遍可及性，以便更好地满足大量行人的需求。

❷ 扩宽路缘，在公交站台前方为街道商贩指定专用区域，以确保人行道的畅通。

扩宽中央分离带，以建设行人安全岛。详见第二部分“6.3.6 行人安全岛”。

为公交车辆停靠站设置标志和寻路标牌，以便为用户提供导航服务，并有助于其识别公共交通路线。

增加街道设施和树木，营造舒适的街道环境。详见第二部分“6.3.3 行人工具箱”。

中国成都

法国巴黎：马真塔大道

位置：法国巴黎第九和第十行政区

人口：220万

大都会区人口：1210万

长度：1.95 km

街道宽度：30 m

功能：混合用途（商业/住宅/办公）

成本：2400万欧元（2945万美元）

资金：巴黎市政府、法兰西岛大区、中央政府

最大速度：50 km/h

关键要素

拓宽人行道（从4 m拓宽至8 m），缩窄车道。

将人行横道的长度从20 m缩短至12.8 m。

隔离自行车道。

设置专用的公交车道。

沿着人行道延伸处种植新的树木。

改造前

改造后

照片来源：APUR、全国城市交通官员协会

概述

这个林荫大道的改造是“空间文明”的一部分，于2000年初启动。该项目旨在减少机动车占用巴黎宽阔的林荫大道。

在推出公民空间指南之后，马真塔大道是第一个被改造的街道。

“马真塔”是当地居民对这条街道的昵称，每个方向上每小时的交通量高达1400车次。车辆频繁超速，交叉路口经常出现交通事故，噪声污染也是全市最高的。

该项目投资了2400万欧元来拓宽人行道、种植树木和建造受保护的自行车道，并安装花岗岩分隔线，以保护新的公交专用车道。

为了满足货运需求，在公交专用车道的路边设置卡车停车位，供卡车停车30 min。

沿着林荫大道设有路边停车场，交叉路口变得更安全。安全的人行横道拓宽了行人安全岛，并延长了过街的信号相位。

在人行道和广场上增加了新的路面、景观和街道设施，有关部门与企业签订相关协议，设置统一的标志，并进行公共管理。

目标

- 减少交通事故、交通拥堵和污染。
- 营造更具吸引力且以行人为导向的街道。
- 打造一个支持商业发展的空间。

参与方

巴黎市政府、法兰西岛大区、中央政府、公民协会和企业主。

评估

+145%

2001年至2007年自行车数量增加

−50%

交通量减少

−32%

2002年至2006年空气污染减少

0

改造后4年内的交通事故死亡人数

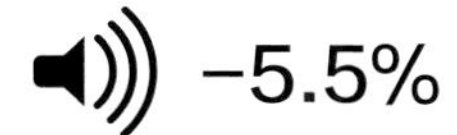

噪声污染减少（从72 dB降至68 dB）

293

新种植的树木数量

用户图例：

- 行人空间
- 自行车
- 公共交通
- 混合交通
- 景观
- 停车场

项目时间表

2001年3月至2006年5月（约5年3个月）

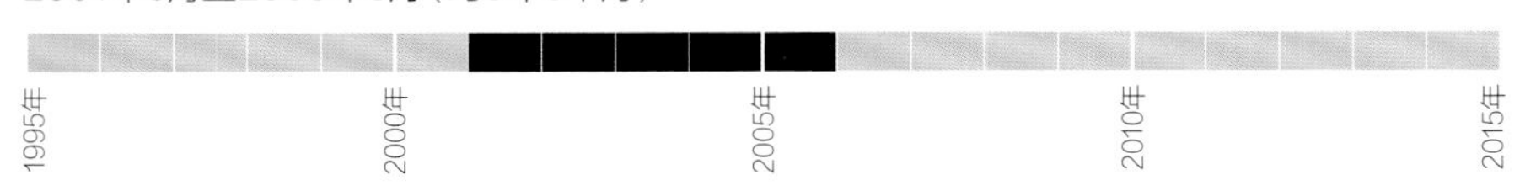

10.6.5 | 大型街道 | 示例1 52 m

现状 | 52 m | 70 km/h

宽阔的城市街道通常在区域中发挥重要作用，但并没有整合到地方建设中。车辆速度过快，频繁的交通拥堵，这些街道以牺牲其他用途为代价，并对行人和过街交通造成阻碍。许多街道的设计是基于一种假设，即增加宽度是提升街道容量的唯一途径，但在更宽的街道中，每条车道的效率并不高，而提高效率的最佳方式是采用大容量的交通模式。

现有条件

上图描绘的街道设有路中运行的公交专用车道和无保护的自行车道。它双向各有三条宽阔的通道，每个方向上都有快速移动的车辆，这条街道连接城市中的多个社区。

由于人行横道的距离较长、界线不清晰，且位于道路凹陷处，增加了行人过街的时间，对弱势群体极其不利。

人行道过宽，但缺少景观和底层活动，导致空间单调且不具有吸引力。

在路中运行和上下客的公共交通限制了入口和出口，站点可能缺乏可及性。

在高峰时段，双排停泊的货车为其他机动车和自行车骑行者带来安全隐患。

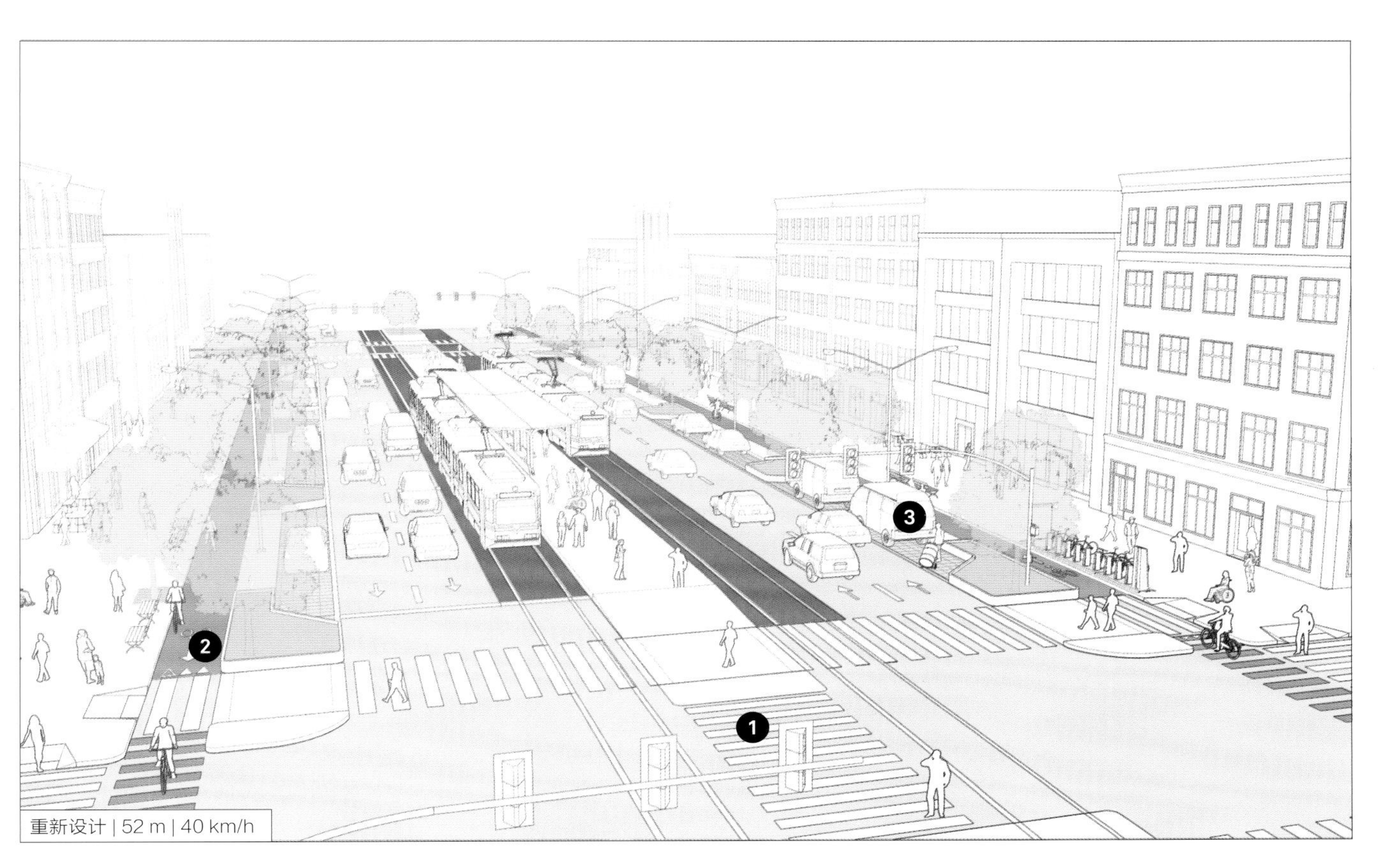

设计指导

标记并划分不同的模式，以有效地共享和管理街道。

通过不同材质的路面和颜色处理，突出路中运行的公交专用车道，提供平坦的登车平台、可及的坡道和路径，以及听觉和触觉设备。

❶ 在公交车辆停靠站增加受控制的街区中段人行横道，方便行人从街道两侧安全过街，并为公共交通停靠站提供候车亭和舒适的候车空间。

在中央分离带和路缘扩展带设置安全岛，以缩短人行横道的距离。

在宽阔的人行道上鼓励商业活动，并引入街道摊位，增加街道设施，进行园林绿化，同时保持人行道的连续畅通。

比利时安特卫普

❷ 将每个方向上的一个行车道改造为受停车位保护的自行车道，以鼓励人们将自行车骑行作为健康、可持续的出行选择。共享自行车站应设置在自行车道和公交车站附近，以满足开始和最后1 km的行程需求。

沿着停车场侧边分离带种植街道树木，并布置绿色基础设施，以减轻噪声污染，管理雨水径流，改善城市环境。

西班牙巴塞罗那

❸ 在停车带内设置装卸区，并限制货运时间；或鼓励在非高峰时段进行货运，以消除双排停车障碍。详见第二部分“6.7 为货运和服务运营商设计街道”。

大型街道 | 示例2 62 m

现状 | 62 m | 70 km/h

现有条件

上图描绘的城市大型街道在中央行车道上有快速跨境交通，路边服务车道内可容纳当地交通，并配备双排停车位，带有围栏的中央分离带限制行人过街。

公共交通在路中车道中与混合交通一同运行，频繁的交通拥堵降低了公共交通服务的质量和可靠性。公共交通乘客在侧边分离带候车时，没有候车亭和其他保护措施。

越南胡志明市

不规范的停车位侵占了人行道，降低了社会和经济活力。人行道不可用或不连续，转弯车辆速度快，缺少人行横道，且没有景观美化带，这使行人处于恶劣的街道环境中。

中央分离带的围栏是为了限制行人过街，通常会导致行人穿越篱笆，直接跳过围栏，以不安全的方式穿过街道。

哥伦比亚麦德林

步行天桥或地下通道将人行横道与地面相分离，增加了行人的步行时间，且不具有普遍可及性。

排水设施不畅，暴雨时容易产生内涝。开放式涵洞为弱势群体带来安全隐患。

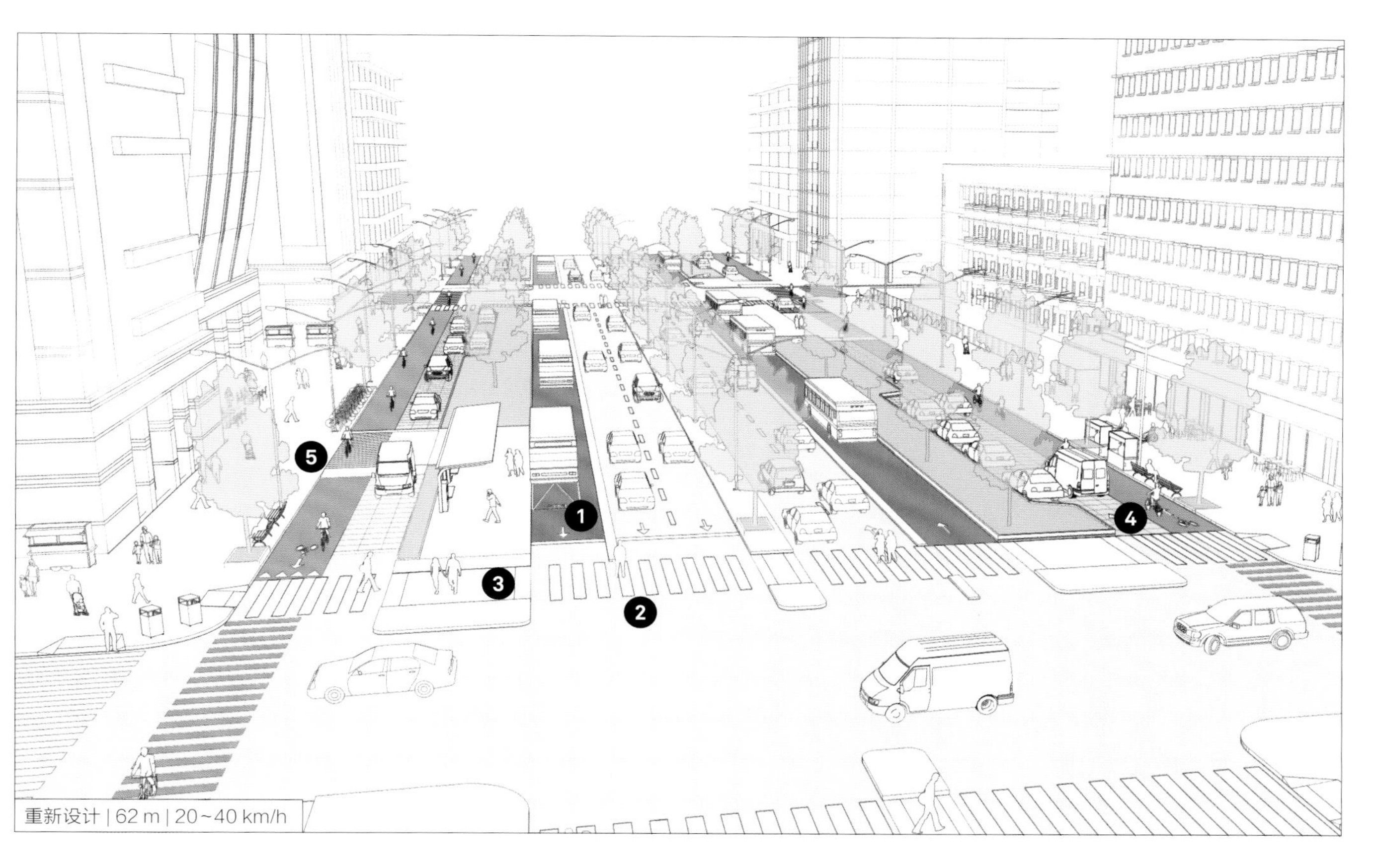

设计指导

将每个方向上的一条行车道转变成公交专用车道，并拓宽中央分离带，引入多个安全岛，以便打造一条更安全的街道和更高效的公共交通系统。

❶ 在专用的公交快速通道上使用路缘隔离，打造一条完全独立的公交车道。以中等到频繁的间隔发车，公交快速通道可大大提高公共交通的平均速度，减少交通延误。

将公交车辆停靠站设计为用户可及的登车岛，以提高用户的舒适度。安装遮蔽设施，为乘客提供候车亭和舒适的等待空间。详见第二部分“6.5.5 公交车辆停靠站”。

❷ 增加地面标志和分隔器，以分隔公交专用车道与其他交通。如果偶尔允许车辆进入公交专用车道，可以使用低垂直分离构件，如安装路缘。为了禁止车辆进入公交专用车道，可以使用突出的垂直构件，如护柱（需要增加车道宽度）。在新配置的适应阶段，应采用额外的交通执法措施。

拓宽人行道和中央分离带，提供普遍可及性，并增加行人和商业活动空间。

❸ 设置安全岛，缩短行人的过路距离，提供频繁转换信号的人行横道，让行人安全地穿过街道。详见第二部分“6.3.6 行人安全岛”。

管理交叉路口的转弯，通过消除冲突和速度差来提高直行车道的安全性和可靠性。

❹ 将服务车道转变为低速的行人和自行车友好型街道，速度限定为20 km/h，并在每个方向上都设置一条自行车道。详见第二部分“9.1 设计速度”。

阿根廷布宜诺斯艾利斯

❺ 抬高交叉路口服务车道的人行横道，方便人们从人行道进入公交车辆停靠站。

增加树木和景观美化带，以提供树荫，减少城市热岛效应，提高空气质量。

大型街道 | 示例3 76 m

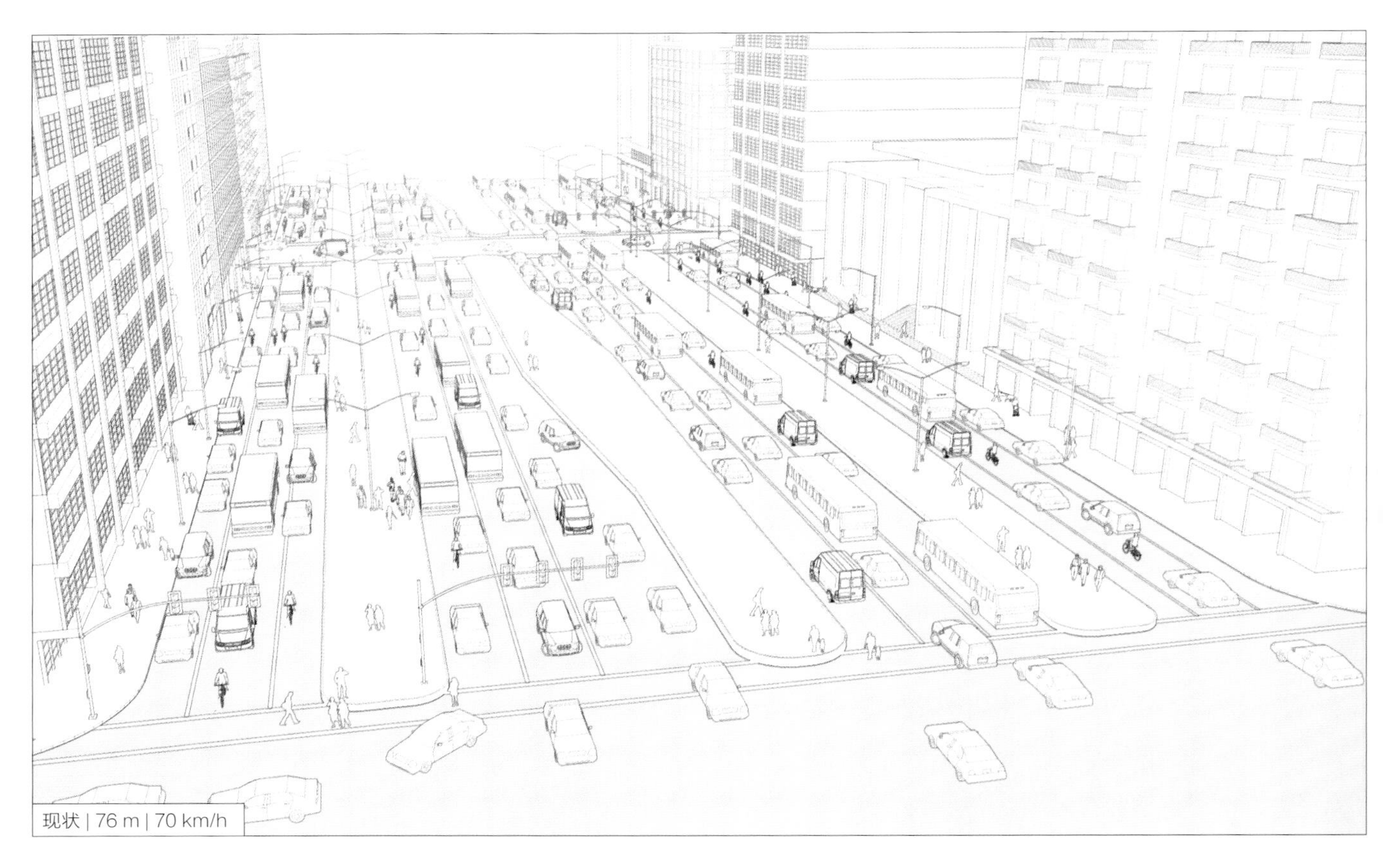

现状 | 76 m | 70 km/h

现有条件

上图描绘的大型街道在中央行车道上有快速交通，通过中央分离带将其与两侧较慢的服务车道分隔开来。当转弯车辆穿过服务车道时，容易发生交通事故。

这类街道会在相邻街区之间形成危险的障碍，限制广大居民进入。

人行横道之间的距离较远，行人过街空间有限，会使更多的车辆进入服务车道。

当地公交车在拥堵的服务车道或危险的中心车道上行驶，乘客在中央分离带候车，没有保护措施或遮蔽设施。

极长的人行横道需要延长信号周期长度，会对所有用户造成延迟。行人在人行横道等候时，常处于危险的交通环境中。

没有专门的装卸和停车设施，自行车需使用混合行车道，与汽车、卡车和公交车竞争空间，导致自行车骑行环境极不安全。

中央车道上的转弯车辆会阻碍直行车辆，并导致右转碰撞。

泰国曼谷

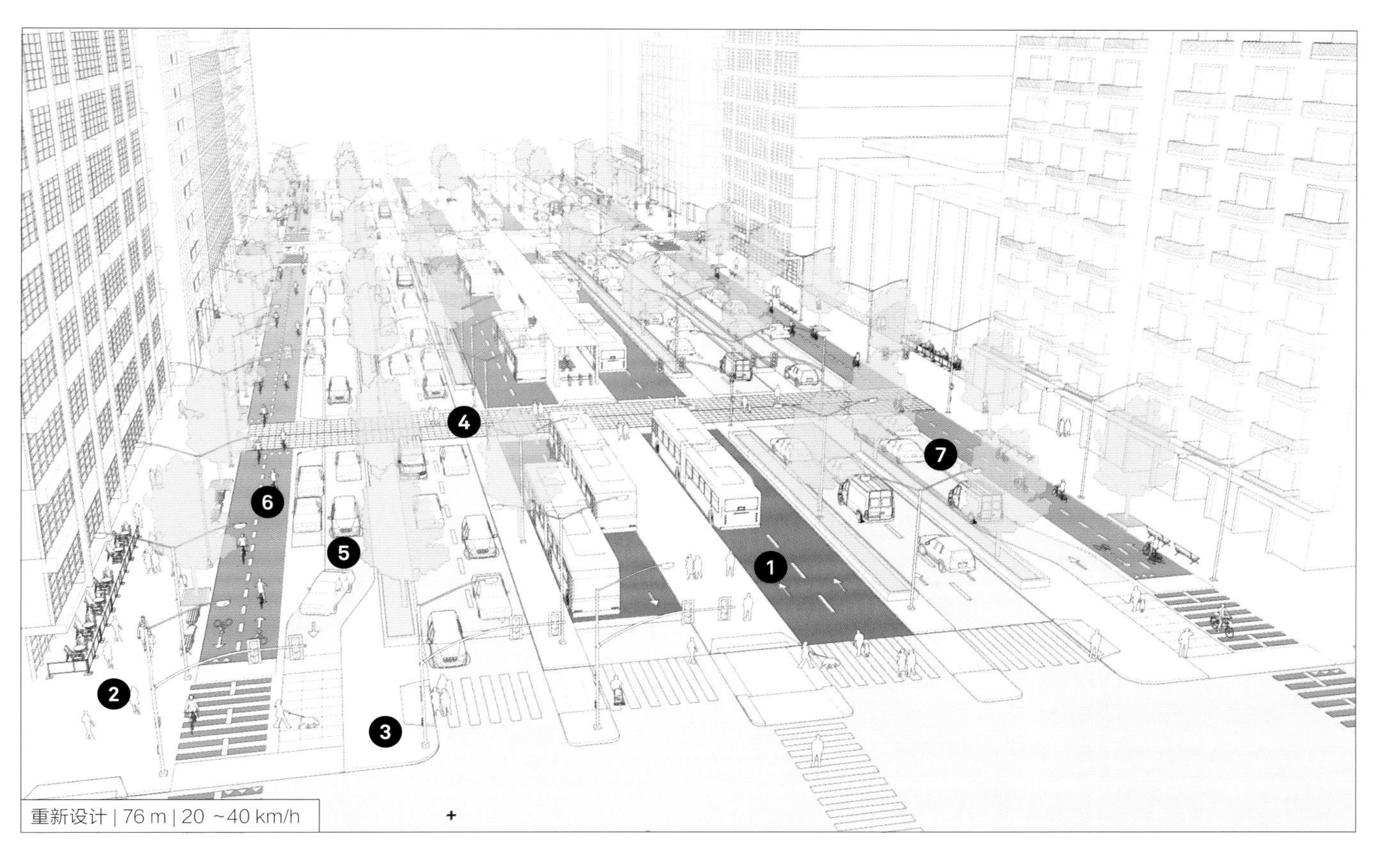

设计指导

在新的开发项目中，不应修建极宽的街道，可通过引入公交专用车道、改善中央车道的管理、增加自行车设施，来改善现有条件。

❶ 引入一条路中BRT或轻轨，以增加街道容量，并改善区域交通。超车道可以提供优质的公共交通服务，并设置多条路线。详见第二部分“6.5.4 公共交通设施”。

❷ 拓宽人行道，为行人、街道设施和商业活动提供更多的空间。

❸ 提供路缘扩展带和安全岛，以缩短人行横道的距离，为行人营造更安全的环境。

❹ 增加街区中段抬高的人行横道，方便行人往返于公交车辆停靠站。详见第二部分“6.3.5 人行横道”。通过交通信号管理车辆转弯，当改变交通信号时，在整个马路上保持安全且合理的速度。克服速度差异将显著降低伤害风险。

❺ 将服务车道的速度降至20 km/h，并在交叉路口处抬高服务车道。鼓励避让行为，使用独特的路面材料来降低车道的温度。

❻ 在街道两侧增加具有停车保护的双向自行车道，为自行车骑行者提供舒适的环境和安全的车道。详见第二部分“6.4.4 自行车设施。

❼ 在服务通道中指定专门的装卸区。

在人行道和中央分离带中种植树木和其他景观元素，以提供阴凉，减少城市热岛效应，改善当地的空气质量，并减轻雨水基础设施的负担。

中国广州

阿根廷布宜诺斯艾利斯：七月九日大道

位置： 阿根廷布宜诺斯艾利斯，蒙特塞拉特

人口： 280万

大都会区人口： 1270万

功能： 混合用途

街道宽度： 140 m

长度： 2.7 km

成本： 1.5亿阿根廷比索（1590万美元）

资金： 众筹

最大速度： 60 km/h

改造前

大型街道中的新中央分离带

照片来源：布宜诺斯艾利斯市

改造后

照片来源：布宜诺斯艾利斯市

概况

七月九日大道是世界上最宽的街道之一，贯穿了整个城市。2013年当地政府对其进行了改造，以促进公共交通和行人对廊道的使用。公交路线从狭窄的平行街道转移到大型街道，提高了交通效率，增加了街道容量。

成功的关键

- 机构之间的良好协调。
- 车队升级和对驾驶员的培训。
- 以环境为导向的设计。
- 广泛的公众参与。
- 城市承诺改善廊道沿线的公共交通基础设施。

关键要素

新建的四条路中运行的快速公交车道取代了四条混合交通车道。

在路中公交站台上，设置路边分离带。

中央人行道连接着大街上的所有车站。

为公交车辆停靠站增加行人标志、LED信号和倒计时钟。

参与方

公共机构

布宜诺斯艾利斯市、联邦政府、公共交通经营商。

公民社团和非营利组织

本地非营利组织、公交车驾驶员、出租车司机以及店主协会。

目标

- 改善道路安全和交通状况。
- 提高交通效率和可靠性。
- 将私家车转变成公共交通模式。
- 改善空气质量，减少能源消耗和尾气排放。
- 减少噪声污染。
- 重新设计中部地区60%的街道，优先考虑行人和自行车骑行者。

用户图例：

- 行人空间
- 自行车
- 公共交通
- 混合交通
- 景观
- 停车场

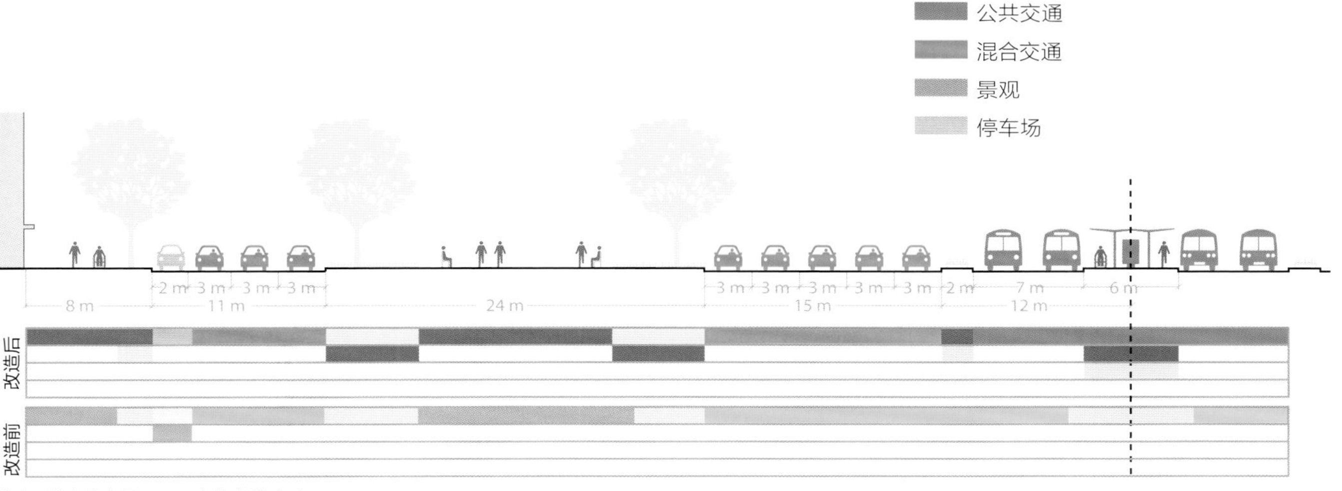

注意：以上内容展示了一半的街道宽度。

项目时间表

2009至2015年（约6年）

评估

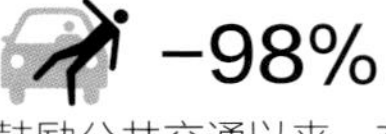

−98%

鼓励公共交通以来，交通事故数量减少

−32%

在大街上的行程时间减少

−63%

由于引入了BRT，公交车行程用时缩短

10.7 | 特殊条件

尽管“以人为本”的基本原则普遍适用于全球，但也要确定每个地方的特殊条件，这一点非常重要。

城市形成于不同的时期，以不同的速度进行演变，并适应了当地的社会背景、气候和环境条件。

街道网络的特殊条件往往有助于街道改造，进而提高公共空间的质量，为街道用户提供更多出行选择，并重新规划现有的城市基础设施。这些战略性项目可能对社区产生变革性影响，远超过物理干预。

项目可以包括历史中心的行人化、恢复自然水道、重新设计高架建筑、振兴滨水区域，或重建过时的工业区。下文讨论了街道重新设计的特殊条件。

与地方政府、设计师和社区居民进行合作，确定社区的特殊条件，以便更好地改造街道。

埃及开罗

10.7.1 | 改造高架结构 | 示例 34 m

现状 | 34 m | 50 km/h

世界各地的城市都有高架建筑。一个多世纪以来，在现有街道之上建设的公路、高速公路和专用公共交通廊道分隔了许多社区。对这些结构的下方空间及周边空间进行改造，可以将废弃的空间转变成独特的地方，恢复社区活力。

现有条件

上图描绘了一个带高架结构的街道，该街道上有多个交通车道。

许多城市都建有高架建筑，如过街天桥、立交桥、高速公路、高架桥等，以避免信号化交叉路口，减少快速过境交通，或缩短公共交通的等候时间。为了满足高架结构上的车辆需求，街道空间让用户感到不满。

在高架结构之下，带有宽阔行车道的双向街道被宽大的中央分离带分隔开来，这个中央分离带用来支撑高架结构的根基。

高架结构的下方空间可以提供阴凉，也可避雨，但是环境阴暗、不安全，通常用作受管制或不受管制的停车场，并用于放置缺乏维护而产生的废物。

设计指导

当高架结构只能满足单一需求时，应避免建造新的高架建筑。查看整个城市中的高架建筑，以寻找改进的机会。

此次重建的目标是重新分配地面空间，并保留高架建筑。

❶ 在高架结构的下方设置多用途空间，如弹出式商店、市场、咖啡馆和娱乐设施，以提高空间的安全性，彰显街道特征。

❷ 增加照明设施、颜色，或进行表面处理。当噪声水平较高时，可以安装隔声天花板或缓冲器，以减轻噪声污染。

重新设计各个方向的行车道，以提供更宽的人行道和新的自行车设施。

增加树木和绿色基础设施，以提高街道质量，保证公共卫生和环境效益，减少热岛效应，改善雨洪管理。详见第二部分“7.2 绿色基础设施”。

增加街区中段的人行横道，以改善新建空间的普遍可及性。详见第二部分“6.3.5 人行横道”。

引入中点到中点的人行横道，将空间定位为连续的中心。

美国纽约

埃塞俄比亚的斯亚贝巴

荷兰赞斯塔德港口: A8ernA

位置: 荷兰阿姆斯特丹，赞斯塔德港口，Koog aan de Zaan镇

人口: 20万

大都会区人口: 150万

范围: 370 m（长），22 500 m²（面积）

街道高度: 27 m

功能: 混合用途（住宅/商业/办公）

成本: 210万欧元（260万美元）

资金: 赞斯塔德港口政府

最大速度: 30 km/h

概述

Koog aan de Zaan是阿姆斯特丹的一个城镇，位于城市西北10 km处。20世纪70年代建设的一条高速公路粗鲁地割裂了城市。

多年来，该地区一直被忽视，主要用作地面停车场。

该项目旨在恢复城镇两侧的联系，激活高架结构的下方空间。

社区居民、企业主和地方政府对重新设计高架结构的下方空间提出了建议。建议引入超市、花店、鱼店和休闲设施（公园、滑冰场和水上运动码头），这些设施可重新连接城市的两侧，并将其与附近的河流串联在一起。

改造前

改造后

照片来源: NL建筑

关键要素

将高架建筑下方的空间从地面停车场转变成多功能空间。

拓宽人行道，使用新型铺路材料。

集装箱商店和休闲空间可以随时间而改变，灵活性较强。

目标

- 重新连接Koog aan de Zaan镇的两侧。
- 激活高架结构下方的空间。
- 为居民提供休闲空间。

经验总结

强有力的政治决策以及地方政府与社区居民的深入合作，使三十多年来一直被忽视的空间重新释放了活力。

成功的关键

社区居民和企业主的广泛参与使地方政府和设计人员更好地了解了社区的需求，并共同打造了一个成功的休闲空间。

参与方

公共机构

赞斯塔德港口政府。

公民社团和非营利组织

居民和企业主。

设计和工程实施

NL建筑、卡韦（Carve）。

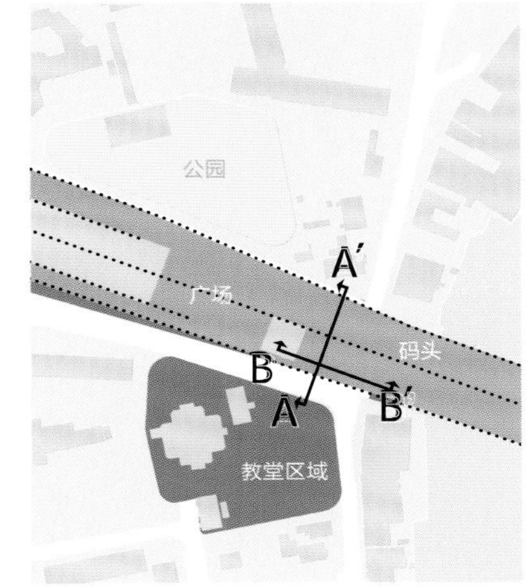

项目时间表

2003年至2006年（2年10个月）

1995年 2000年 2005年 2010年 2015年

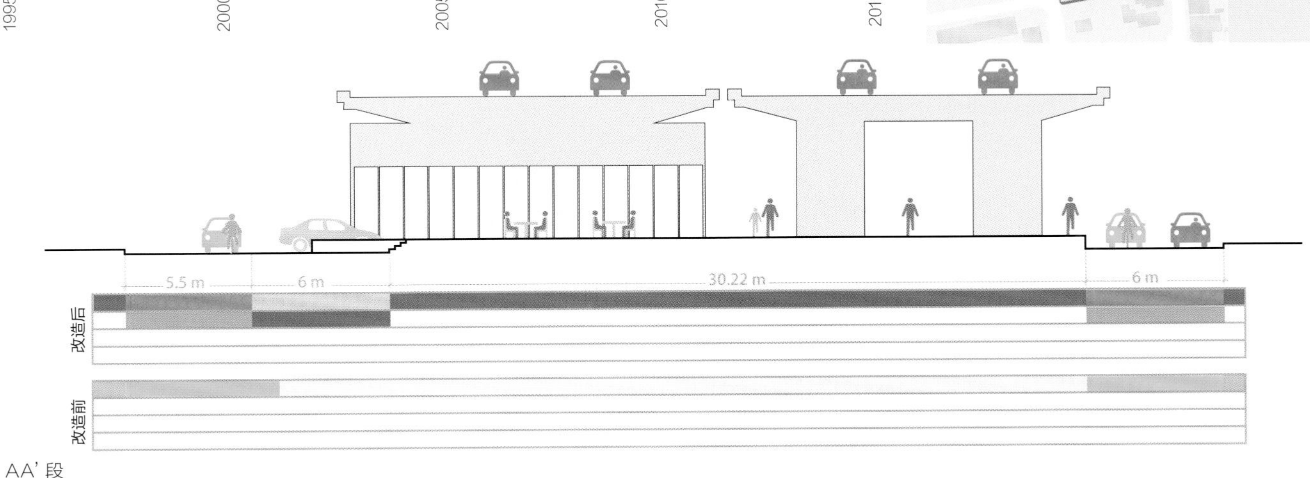

AA' 段

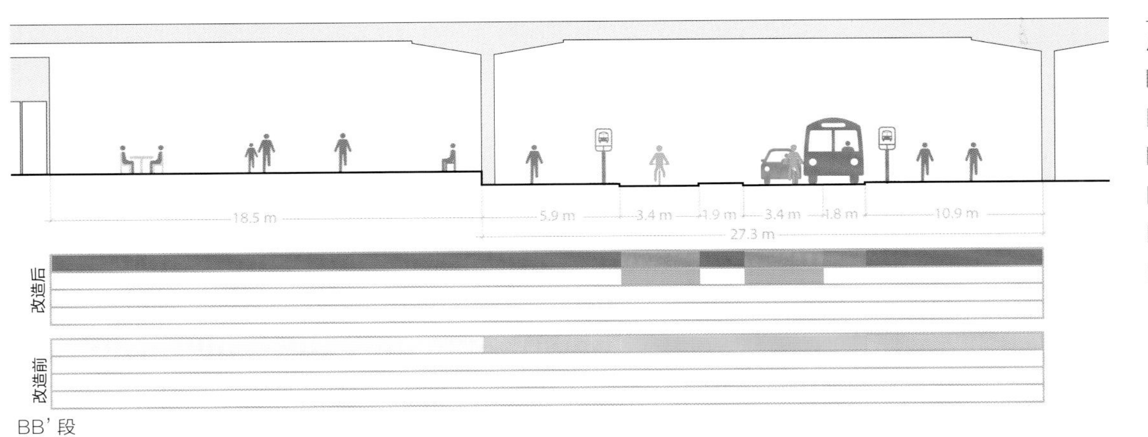

BB' 段

用户图例：

- 行人空间
- 自行车
- 公共交通
- 混合交通
- 景观
- 停车场

10.7.2 | 拆除高架结构 | 示例 47 m

现状 | 47 m | 70 km/h

城市可以选择拆除高架结构，或者不再重建因自然灾害造成损坏的建筑，这种转变为改善公共空间、营造可持续的环境、促进经济发展，以及重新连接城市网络创造了更多的机会。

现有条件

上图描绘了一个宽阔的高架建筑，它在街道中占主导地位，地面道路有六条交通车道。

在地面上，这条城市街道有快速过境交通，并配有服务车道、路中行车道和路边停车带。由于运行速度不同，自行车骑行者和公共交通车辆频繁地发生碰撞。

带有高架结构的中央分离带将服务车道和路中车道分隔开来，阻碍了人行横道。

由于人行横道没有明显的标志且距离过长，行人过街道时不可避免地会与机动车发生碰撞。

大型结构构件严重限制了行人的可见度。

狭窄的人行道上充满障碍物，迫使行人在不安全街道上行走。

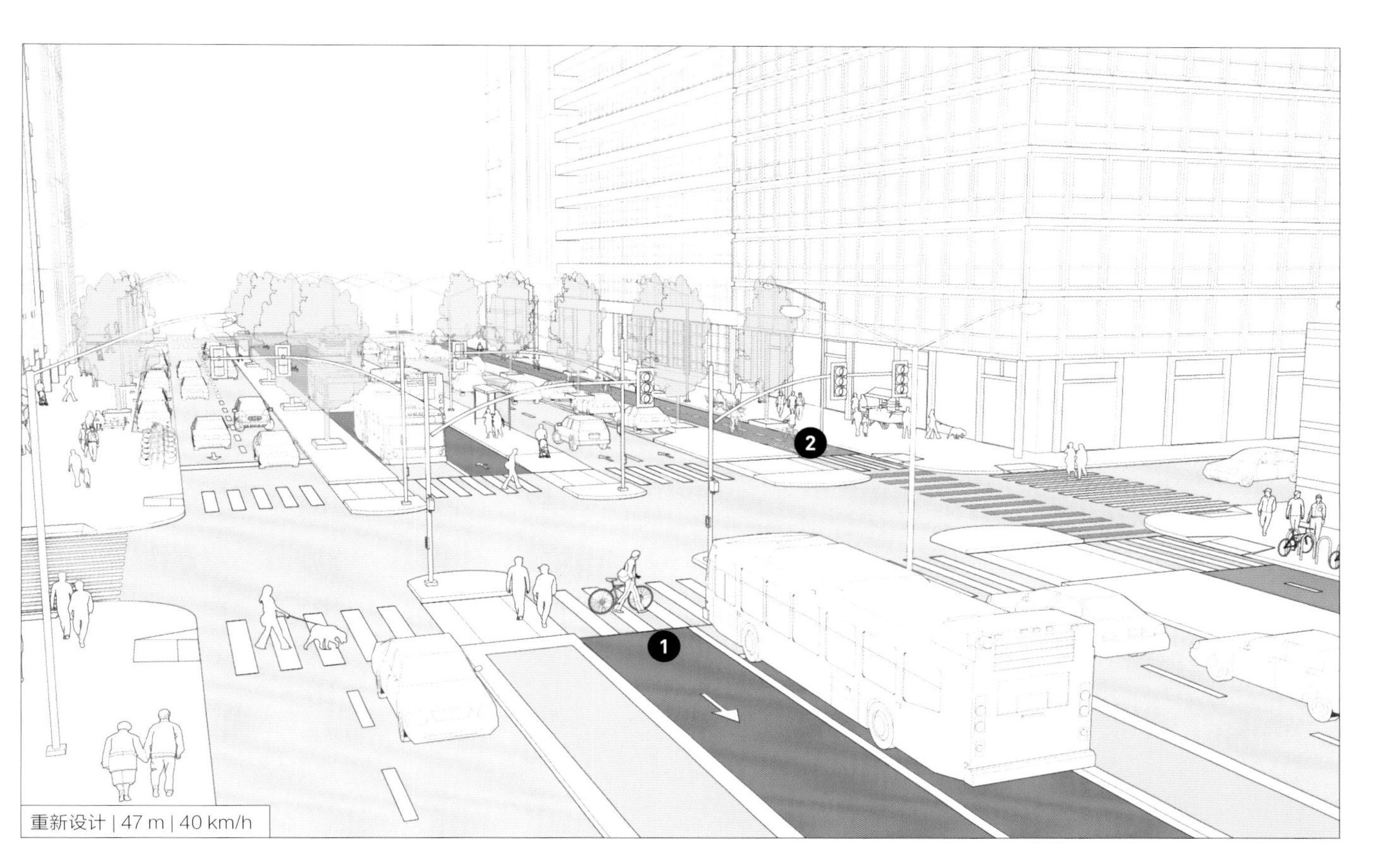

设计指导

拆除高架结构，为街道用户创建一条公平的街道。建设公交专用车道，以增加街道的容量。自行车设施和已改造的步行空间可以为行人和自行车骑行者带来安全、舒适的体验。

❶ 增加专用于路中的快速交通车道和宽阔的中央分离带。中央分离带可以容纳公共交通登车区、行人安全岛和绿色基础设施。详见第二部分“6.5.4 公共交通设施”。

美国旧金山

保留路边的平行停车场，在交叉路口和街区中段的人行横道附近增加路缘扩展带，以缩短人行横道的距离。

❷ 在街道一侧增加专用的双向自行车道。

拓宽人行道，以活跃建筑临街地界，创造新的商业发展机遇，为街道商贩提供空间。详见第二部分“6.3.4 人行道”。

在人行道上种植树木，进行景观美化，以改善空气质量和雨洪管理，并提供遮阳设备。

韩国首尔：清溪川

位置：韩国首尔，中区

人口：1010万

大都会区人口：2560万

范围：5.8 km（长），292 000 m^2（面积）

街道宽度：50 m

功能：混合用途（住宅/商业）

成本：3867.39万韩元（3.452亿美元）

资金：首尔市政府

项目资助方：首尔市政府

概述

首尔市政府决定拆除10条车道和4条高架公路，这些道路上每天有17万辆车行驶。改造后的街道鼓励公共交通代替私家车，并提供环保、可持续的行人优先公共空间。2003至2008年，该项目增加了15.1%的公交车客流量和3.3%的地铁客流量。这条已振兴的街道每天可吸引64 000名游客。

改造前

改造后

照片来源：首尔城市设施管理公司

目标

- 改善空气质量、水质和居民的生活质量。
- 重新连接因道路基础设施而被隔开的城市两侧。

经验总结

创新管理以及机构之间的协调对整个项目的实施至关重要。

当地居民、商户和企业主的参与对于精简流程起到关键作用。

减少行车道，可以减少车辆交通。

参与方

公共机构

中央政府、首尔市政府、首尔府大都市区政府、文物局。

私人团体和合作伙伴

清溪川研究组。

公民社团和联盟

清溪川修复工程公民委员会。

设计和工程实施

首尔发展研究所城市设计团队、Dongmyung Eng、Daelim E&C。

与当地居民举行了近4000次会议，制订“许愿墙”计划，以鼓励居民参与到街道的改造过程中，最终吸引了20 000人参加。

评估

+76%

行人数量增加

−4.5%

城市热岛效应减少

−45%

车辆数量减少

−10.3%

空气污染减少

+15.1%

公交客流量增加

+3.3%

地铁客流量增加

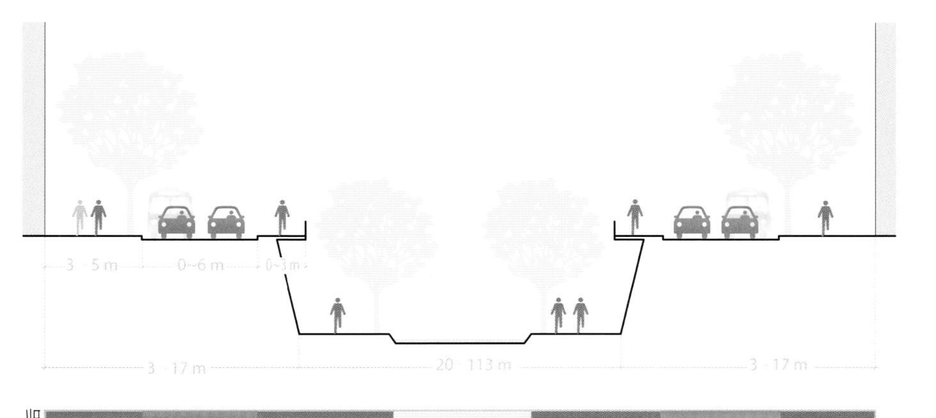

关键要素

拆除高架公路的混凝土结构。

采取一定的措施使城市河流重见阳光。

沿着采光良好的河流，打造一个全新的开放空间。

创建行人设施和娱乐场所（2个广场和8个主题公园）。

新建21座桥梁，重新连接城市网络。

项目时间表

2002年至2005年（3年6个月）

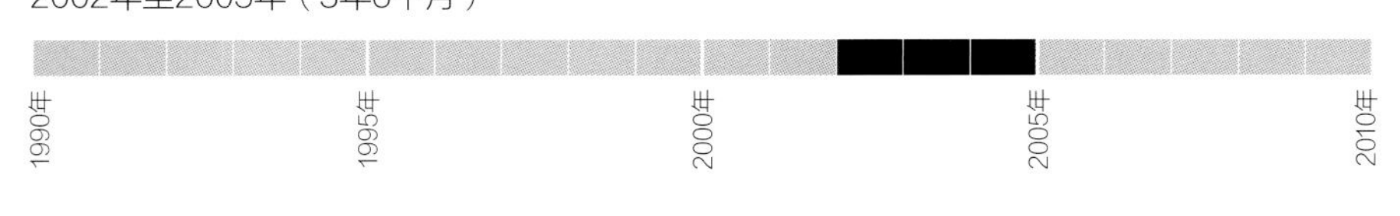

用户图例：

- 行人空间
- 自行车
- 公共交通
- 混合交通
- 景观
- 停车场

10.7.3 | 将街道改造成河流 | 示例 40 m

现状 | 40 m | 60 km/h

溪流和河流的采光能使被掩盖的水道“重见天日”，改善水质，完善水资源管理和保护生物多样性。将废弃的行车道改造成河流，有助于提供新的公共空间，并在城市中创建新的目的地。

现有条件

上图描绘了一条双向街道，拥有路中行车道和服务车道，位于天然水道之上。

溪流和河流常常受到工业和住宅区的污染，因此对新项目的开放造成一定的影响，它们经常被引入地下管道。现在，世界各地的城市正努力重新平衡街道建设与自然环境的关系。

设计指导

对比城市的历史水文地图和目前的街道规划，以寻找自然水道。咨询环境机构以及规划和运输机构，了解过去几十年来实施的河流、溪流或街道渠道项目。详见第一部分“1.4 环境可持续发展的街道”。

观察频繁遭受洪水侵袭的地区和缺乏公共空间的社区，确定采光地点。

收集图纸和数据，系统地分析相关信息，如公共事业用地面积、交通流量、建筑、水文和其他现有条件。

与当地官员和社区讨论街道行人化会带来的益处，引用其他地方的成功案例，阐明多重效益。详见第一部分“2.5 沟通与参与”。

临时封闭部分街道，并策划相关活动，吸引社区居民的注意。详见第三部分“10.7.4 临时封闭街道”。

与专家合作制订战略计划、工程和预算。与当地艺术家和设计师合作，将潜在的改造予以可视化。

❶ 增加公共座位，以吸引人们使用新的水边区域。

❷ 指定植物种类，要求其生命周期与当地气候、土壤条件和年降雨量相适应。详见第二部分“7.2.1 绿色基础设施的设计指导”。

❸ 在步行区域使用渗透性路面，以增加水的渗透率。

监测和记录环境效益，如地下水补给等。

营造步行友好型环境，抬高交叉路口，设置连续的人行横道，以降低车速。

荷兰海牙，拆除 Noordwal-Veenkade 街道上的一个路边停车场，露出了运河的原貌

美国帕索罗布尔斯：第二十一街

位置：美国加利福尼亚州，帕索罗布尔斯

人口：30 000

长度：640 m或5个街区

街道宽度：24 m

功能：混合用途（住宅/商业）

成本：250万美元

资金：帕索罗布尔斯市、加利福尼亚州战略增长委员会的城市绿化补助金

概述

这是一条商业廊道，也是加利福尼亚州北部帕索罗布尔斯的四条铁路交叉路口。它是连接当地学校和城市公园的关键线路，也是进入加利福尼亚州中部国家展览会场的主要通道。在20世纪80年代，街道的路面掩埋了附近萨利纳斯河的一个支流，这条支流可以满足约486公顷的排水，但为这条河设置的基础设施却很少。随着城市和上游发展速度的加快，污染雨水的径流量不断增加。在改造之前，暴雨淹没了街道和邻近的物业，造成严重的交通危险。

在设计初期，团队成员认识到安全、环境可持续发展和高品质公共空间的重要性。通过交通减速策略、改善行人的流动性，并将自然排水引入交通网络，以增加地下水补给。重建的廊道改造了五个城市街区。

改造前

改造后

照片来源：上—SvR设计公司，下—CannonCorp工程公司

目标

- 降低街道上出现洪水的频率，增强雨水渗透性。
- 确保行人和自行车骑行者的安全。
- 通过引入交通减速装置，来降低车速。
- 通过种植树木和耐旱植物，来美化街道。

经验总结

在向萨利纳斯河非法排放被罚款后，该市与加利福尼亚州中央海岸水务局合作，将罚款变成概念规划的资金，为申请城市绿化补助金奠定了基础。该补助金为工程的最终实施提供了重要支持。

与公共、私人和非政府组织合作，以获得更广泛的资金支持，并整合强大的项目倡导者。

成功的关键

与具有新兴绿色街道技术经验的专业人员合作，配合当地专业工程师的工作。

廊道沿线的设计应适应公共事业用地的限制条件，并满足雨水和流动性的目标。

参与方

公共机构

帕索罗布尔斯市、加利福尼亚州中央海岸水务局。

私人团体和合作伙伴

加利福尼亚州中央海岸低影响发展组织。

公民社团和联盟

利益相关者咨询小组（邻近的业主和企业主）。

设计和工程实施

SvR设计公司、CannonCorp工程公司、地球太平洋系统。

评估

−30%

平均速度从49 km/h降至38 km/h

−20%

专用于车辆交通的面积减少

0

自完工以来无交通事故（车辆、自行车、行人）

+80%

新种树木从48棵增加到88棵

15,000 L

每毫米降水的处理和渗透

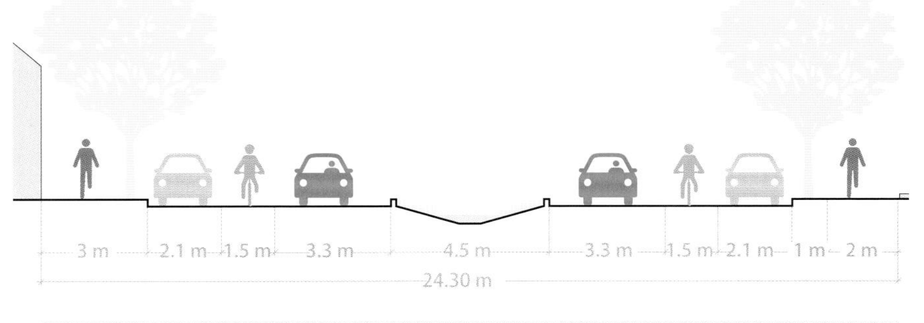

关键要素

进行雨洪管理，建造绿色基础设施。

拓宽人行道，提供至少2 m宽的通行区。

提供自行车道。

设置交通减速装置，包括路缘拓展带、人行横道条纹、路面照明和标牌。

用户图例：

- 行人空间
- 自行车
- 公共交通
- 混合交通
- 景观
- 停车场

项目时间表

2010年4月至2014年3月（约3年11个月）

10.7.4 | 临时封闭街道 | 示例 21 m

有时需要临时封闭街道以满足某些需求，如举行街道庙会、街道市场、街区聚会，以及供儿童玩耍等。通过一系列不同的活动，可以让行人重新思考空间的价值。临时封闭街道还可以活跃氛围，并激发商业和社区的活力。

概述

根据街道的特点，可以采取多种形式的临时封闭措施，以重点满足娱乐、休闲、商业活动的需求，以及庆祝当地艺术和文化节。

当街道禁止机动车通行而支持社区活动时，人们更有理由进行社区活动，方便儿童玩耍，同时建立更强大的社区。

当临时封闭发展成一种规律性或长期性的行为时，可以实现更长远的公共卫生目标，鼓励人们锻炼身体，打造环境友好型社区。[13]

收集数据有助于记录和评估临时封闭街道的好处，最终有助于倡导更持久的改造。

临时封闭街道可能产生一定数量和类型各异的废物，需要提供额外的清洁服务。

设计指导

街道选择： 当大面积封锁交通时，应在较大的网络内考虑街道条件，并在实施前充分沟通，选择惠及多个社区的街道。详见第二部分“6.3.2 行人网络”。

目的地： 封闭几个街区较小的街道，可以为附近目的地（如学校、公交车辆停靠站和博物馆）增加开放空间。详见第二部分5：为空间设计街道。

❶ 执法： 虽然交通执法很有用，但很多时候没有必要，或者不需要。建议使用临时控制装置或障碍物，以确保车辆无法进入该空间。

❷ 标牌： 如果每周或每天封闭街道，应确保在监管标牌上标明时间和日期。

❸ 策划： 在举行特殊活动时，封闭街道是效果最显著的。这些活动可能包括表演、聚会以及其他活动。[14]

❹ 自行车： 允许自行车骑行者在封闭的街道内通行，但要避让行人。对于开放型街道或长距离的自行车活动，应提供专门的空间和设施，鼓励自行车骑行。

设备和设施： 提供桌椅、大排档、娱乐设备和照明设施，以活跃空间。

装卸： 当街道被封闭后，应为当地商业安排早晚运输和装卸货物的地点。

品牌化： 在对这些街道项目进行营销时，应考虑当地环境、目标受众和参与者。

夜间封闭： 夜间封闭街道可以举办音乐会、电影放映和餐饮等活动，建议增加照明设施，并安排交警执法人员。如果将这些活动安排在住宅区内，还应考虑噪声和其他干扰。

临时封闭街道的类型

临时封闭街道，可限制机动车进入街道，允许行人进入，在某些情况下，还允许自行车骑行者、溜冰者或滑板使用者进入。许多城市会定期封闭街道，以举办特殊活动。下文介绍了一些定期封闭的街道，如市场街道、周日自行车线路和开放型街道。

无车日和自行车线路

在周末封闭主要街道的机动车道，这些封闭街道通常允许行人、自行车骑行者进入，也可以进行有限的路边活动。成功的案例包括新德里的“全国开放街道日”、纽约的夏季街道和波哥大的周日自行车线路。

巴西圣保罗

玩耍型街道

在一天或周末的特定时段，可以封闭当地交通流量较低的街道，以供人们玩耍和娱乐。玩耍型街道往往毗邻游乐场、学校或公园空间有限的住宅区，有助于暂时满足社区居民对公共空间的需求。

美国纽约市

市场街道

可以全面或部分封闭毗邻公园、主要廊道的街道，用于食品展览、建立农贸市场。该市场街道可能是季节性的，只在白天的某个时段或一周的某几天开放。

中国香港

季节性封闭

可以采用季节性封闭策略，以平衡长期封闭的影响，赢得人们的支持；或在特定季节提供额外的公共开放空间。哥伦比亚麦德林的拉普拉亚采用每月封闭的策略，而巴黎的沙滩节则已经由季节性封闭发展成永久性的行人专用区。

哥伦比亚麦德林

特殊活动

在一天或几天内封闭多个街道，以支持当地举行节日庆典、游行、音乐会和其他活动。

印度加尔各答

印度古尔冈:“全国开放街道日”

位置: 印度哈里亚纳邦,首都辖区,古尔冈

人口: 80万

大都会区人口: 2400万

范围: 1 km

面积: 100万 m^2

街道宽度: 45 m

功能: 混合用途(住宅/商业)

成本: 1000美元(运营和品牌营销)

资金: 私募

速度: 未发布

积极性娱乐

概述

“全国开放街道日”源于印度第一个持续性无车公民倡议规划,旨在鼓励发展步行、自行车骑行和其他非机动模式。

“全国开放街道日”开始于2013年11月17日,后来从古尔冈扩大到整个新德里城,并以类似的名称在其他36个印度城市盛行。约有35万人参加了这个活动。

专用道路上禁止机动车通行,每个星期日的4~5小时内只允许行人和自行车骑行者通行。

地球日网络全球咨询委员将“全国开放街道日”选为24个最有启发性的“绿色城市之路”故事之一。城市发展部(MoUD)将“全国开放街道日”列为印度城市交通的最佳实践。

全民游戏

有组织的活动

照片来源:印度资源研究所

关键要素

将社区内的几条街道临时作为行人专用道，方便当地居民和游客进行一系列娱乐活动。

定期在特定的区域内重复封闭街道，以形成固定的模式。

目标

- 为当地居民、游客和企业主提供更多的行人友好型空间。
- 减少空气污染。
- 提高道路安全意识。
- 提高古尔冈市民的生活质量。

解决的问题

道路交通安全： 印度每年有超过14万人死于交通事故，其中大多数是行人和自行车骑行者。

空气污染： 根据世界卫生组织的报告，印度每年约有62 000人过早死于空气污染。

身体活动不足： 世界卫生组织的报告还显示，印度每年约有43 000人过早死亡，主要是因为不健康的生活方式。

包容性发展： 许多城市地区越来越排外，因为没有正式的机制来促进社会各阶层之间的交流，社会不安是最直接的表现。

参与方

“全国开放街道日”是合伙人、公民团体、媒体、居民福利协会（RWA）、学校、非政府组织、私人组织等积极倡导的结果。这些团体是“全国开放街道日”的代言人，并在社区中进行了广泛的宣传。

公共机构

城市发展部、旁遮普省和哈里亚纳邦高级法院、古尔冈市政公司、古尔冈警察局、新德里发展局、新德里市政委员会、新德里警察局、博帕尔市政公司。

私人团体和合作伙伴

私营机构/公司、全球品牌/媒体公司、自行车/步行/跑步团体、舞蹈/音乐学院、瑜伽/健美/舞蹈协会。

公民社团和联盟

当地居民协会、公民团体。

非营利机构

“全国开放街道日”基金会（牵头）、印度资源研究所、Duplays、IAmGurgaon、Pedal Yatri和遗产学校。

项目时间表

2013年11月至今

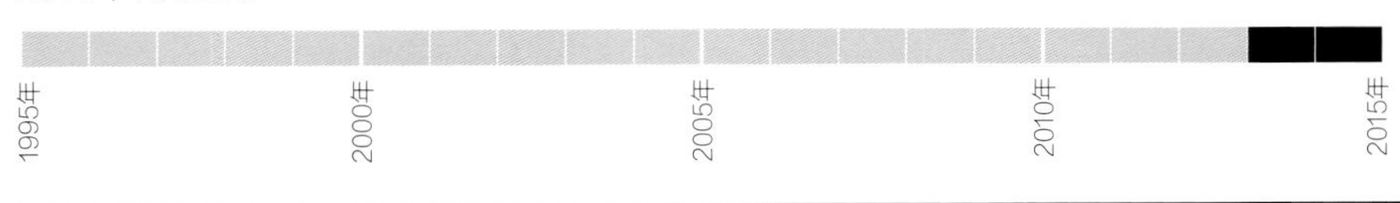

评估

73%
参加者喜欢“全国开放街道日”

−49%
空气污染减少

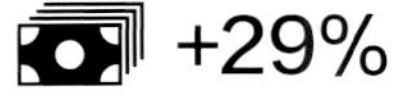

+29%
零售额增加

79%
店主喜欢“全国开放街道日”

−16%
噪声减少

+14%
行人数量增加

71%
2014年3月以后，市民支持“全国开放街道日”

+87%
参加者通过步行或骑自行车，完成短途行程

10.7.5 | 后工业振兴 | 示例 20 m

随着世界各地的城市由工业主导向服务业主导转型，以前的大型工业区逐渐被改造，以开发全新的功能。这些工业区的共同特征是街道宽阔、两旁有空置的仓库和工厂。重新设计这些地方的街道可以挖掘社区遗产，并吸引不同的开发项目。

现有条件

上图描绘了一条贯穿未充分利用的工业区的双向大街。

这条双向街道在每个方向都有两条宽阔的行车道，其设计主要是服务于大型卡车。街道两旁有垂直停车位。

交通流量较低，但车辆行驶速度快。

人行道狭窄，或者没有人行道。人行道沿线有空白墙壁、装卸码头和围栏。

这类区域原先是工业区，可能会成为旧城复兴的目标，吸引大量的私人和公共投资。

美国纽约

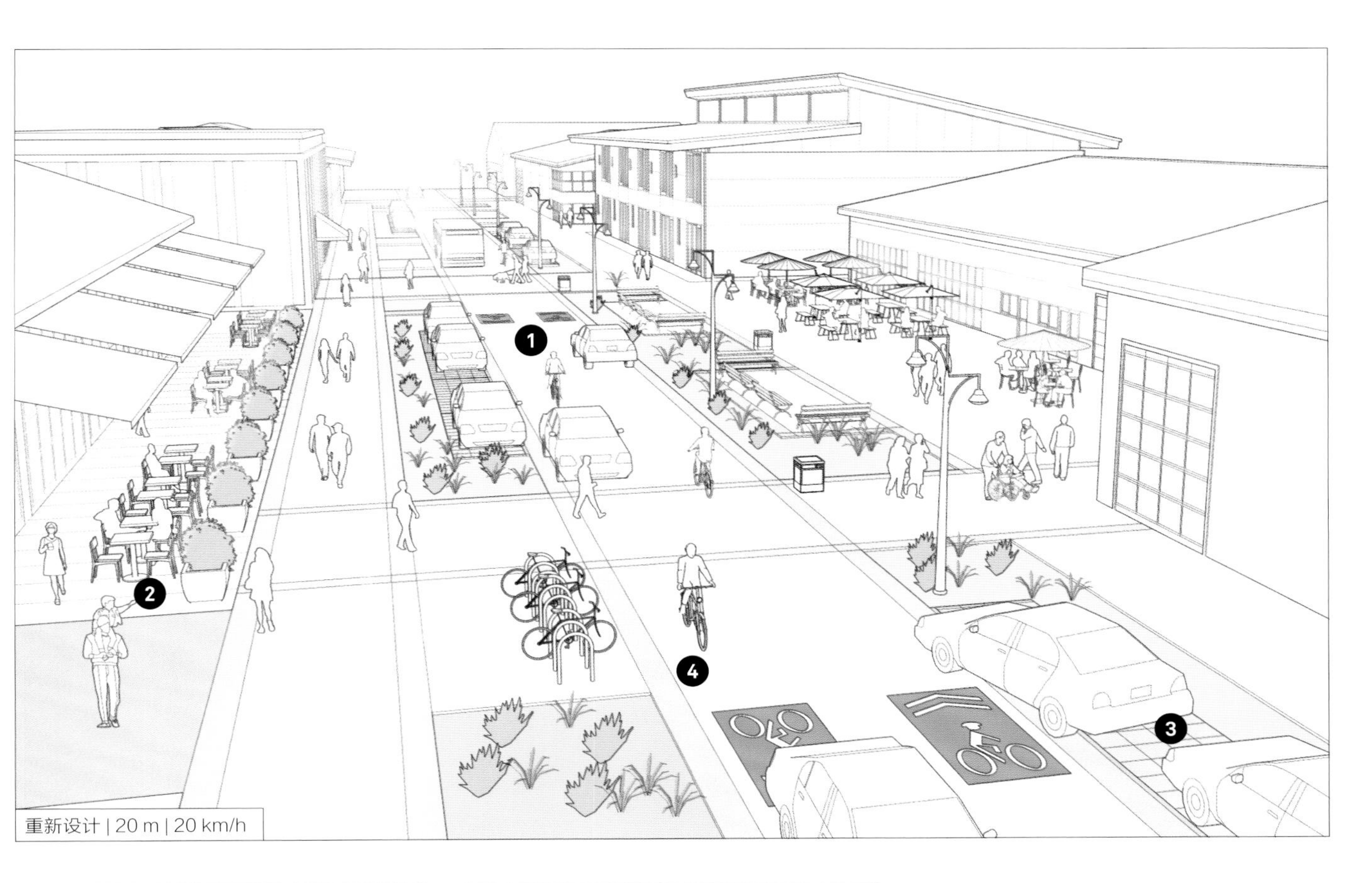

设计指导

建筑改造和分区变化吸引了新的开发项目，需要重新设计街道，以服务于更多的用户。详见第二部分“5 为空间设计街道”。

保留一些工业特征，对彰显鲜明的社区特色至关重要。

双向街道上应提供全新的公交服务，并与混合交通共享街道。

❶ 将街道宽度缩减至每个方向上一个车道，拓宽人行道，并提供绿色基础设施。采用生物治理策略，有助于减轻过去工业发展所带来的负面影响，并满足住宅和商业用途。

❷ 在人行道、新开发区和再利用的仓库区设置宽阔的临街区域，以激活人行道。

增加街道设施和公共座椅，以增强行人的综合体验。

❸ 在小区域提供平行停车位和装卸空间，使其与雨水花园、树木交替排布。

❹ 移除路缘和标志，缩窄行车道的宽度，将街道发展为共享空间。鼓励街道用户使用公共事业用地，并限制较低的车速。详见第三部分“10.4 共享街道”。

新西兰奥克兰：杰利科街

位置：新西兰奥克兰，北部码头，温雅德地区

人口：140万

大都会区人口：150万

长度：400 m

面积：14 000 m^2

街道宽度：23 m

功能：改造前工业用途，改造后混合用途

成本：2400万新西兰元（1760万美元）

资金：众筹

项目赞助方：奥克兰滨水区开发局

最大速度：30 km/h

改造前

改造后

照片来源：上－奥克兰市议会

概述

杰利科街的改造是温雅德地区振兴项目的一部分。改造的目标是将其从工业港口区转变成活跃、宜居的滨水区。该地区位于城市边缘、靠近港口，土地受到严重的污染。

公共空间的设计旨在促进区域发展，将旧仓库转变成文化休闲地带。

街道从工业服务道路转变成草木茂盛的行人林荫大道。

综合且可持续的创新方法已经成为全市街道绿化战略的新标杆。

关键要素

将街道设计融入雨水花园网络。

限制机动车通行。

移除路缘（共享空间法）。

整合轻轨（电车）。

使用当地植物。

目标

- 创建独特的目的地和公民空间。
- 引入娱乐活动。
- 改造区域，同时保留工业遗产。
- 营造区域连通的环境，并为行人提供与众不同的体验。

经验总结

虽然表面处理降低了车辆速度，但驾驶员的行为迫使滨水区发展机构实施控制措施，如雨水花园附近的阻轮设备等，以限制停车。

监测停车位的使用情况，并进行相应的整改，如将停车场转变成自行车停车区或装卸区。

考虑采用以下措施，营造可持续发展的街道环境：

- 水敏性设计，包括吸收、处理和重复使用雨水。
- 重新利用现有的现场材料，如附近水泥厂的混凝土块。
- 开展健康活动、宣传教育活动，以增进社会交流。

评估

+1293%

行人数量增加

+67%

自行车数量增加

+57%

公交客流量增加

+533%

树木、碳吸收率增加

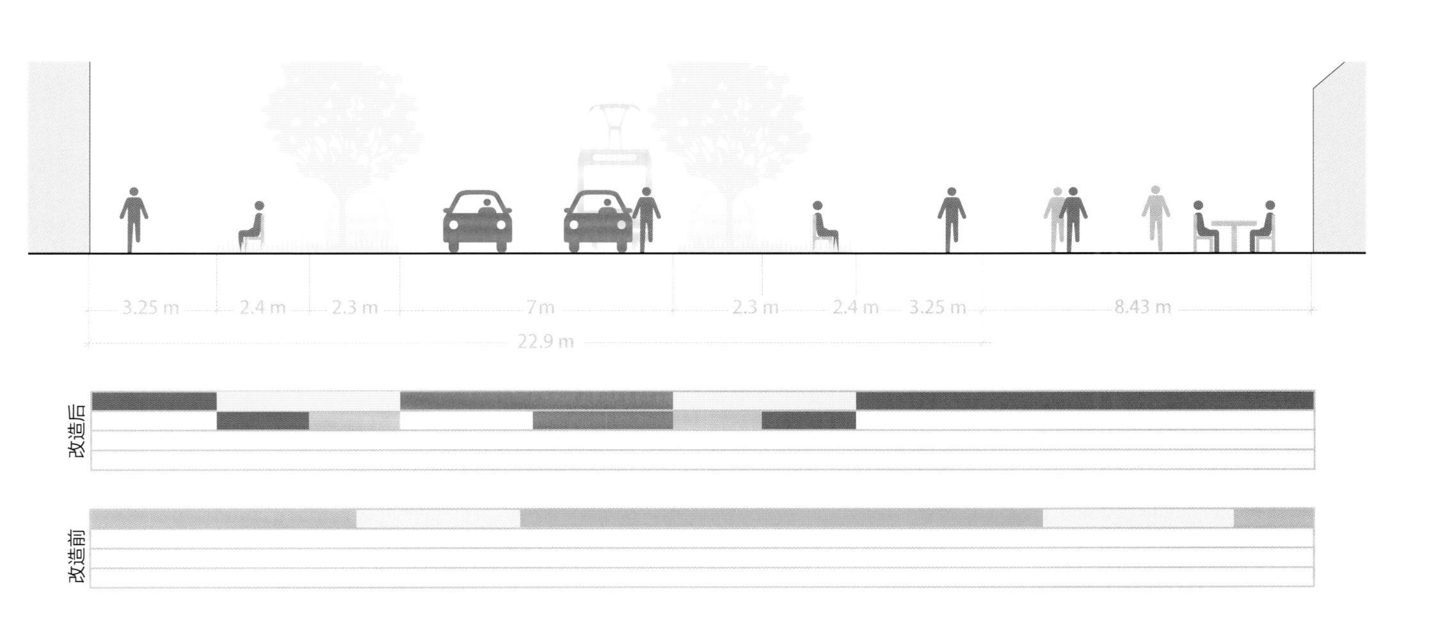

项目时间表

2008年6月至2011年8月（3年3个月）

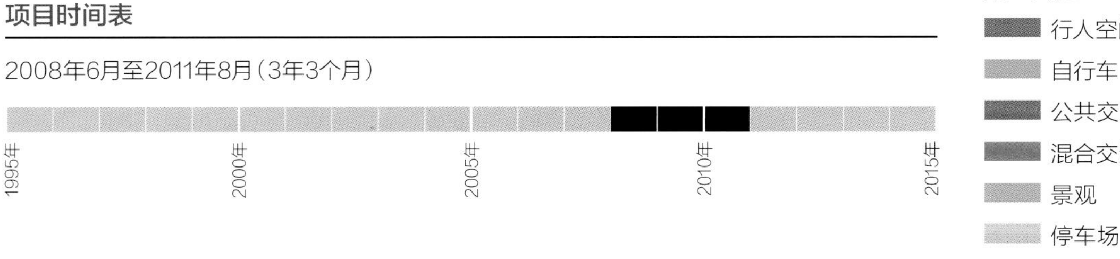

用户图例：

- 行人空间
- 自行车
- 公共交通
- 混合交通
- 景观
- 停车场

10.7.6 | 滨水和园畔街道 | 示例 30 m

滨水行人漫步道和社区公园是许多城市的重要目的地。设计这些地区附近的街道时，可以将公共空间扩展到周边社区，以吸引更多的用户享用空间。

现有条件

上图描绘了一条双向滨水街道，每个方向上设有四个行车道，将水滨区域与邻近的社区分隔开来。

人行横道数量有限，或者没有人行横道，中央分离带狭窄，导致步行环境极不安全。

设计指导

将滨水区或公园沿线改造成充满活力的公园和多模式交通廊道。提供宽阔、大容量的自行车道、人行道和公交车辆停靠站。

设计并安装街道照明设备，使建筑、滨水区或公园沿线的街道拥有安全的环境。滨水区或公园沿线需要设置更多的照明设备，因其从活跃的区域获得的光线很少，或者关注度很低。详见第二部分“7.3.1 照明设计指导”。

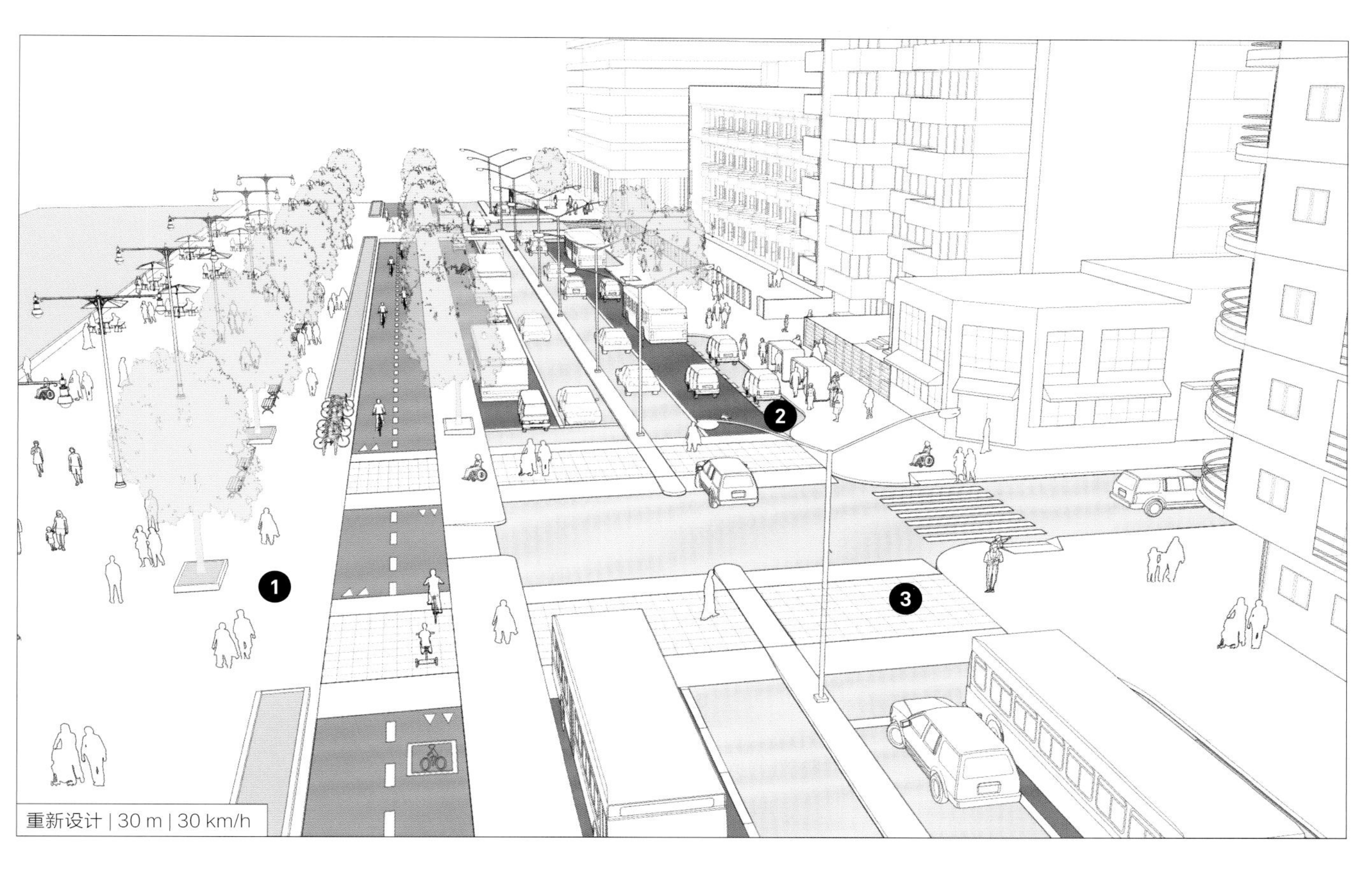

❶ 减少行车道的数量，并缩窄宽度，拓宽公园和行人散步的空间。

为公共交通提供空间，以增加街道容量。由于人行横道上没有障碍，公交车可以在路边的快速交通车道上行驶。

❷ 增加出租车下车区，选定停车场，方便用户停车。这些地方的选址应尽量避免与公共交通、自行车和行车道产生冲突。

设计到达这些目的地的特定通道，为所有用户提供安全的交叉路口。

在自行车道和公交专用车道之间提供行人安全岛，以缩短人行横道的距离。

❸ 抬高人行横道，以降低交通速度，并优先考虑行人。详见第二部分“6.6.7 交通减速策略”。

在侧边分离带、滨水区或公园沿线增加景观美化，以改善行人体验。

安装街道设施、照明等其他便利设施，包括饮水器和儿童游乐区。

为商贩、食品摊位和滨水沿线的其他机构提供服务和专用空间。

美国纽约，沿着未来公园西侧的双向自行车道

加拿大多伦多：皇后码头

位置： 加拿大安大略省多伦多

人口： 260万

大都会区人口： 590万

街道宽度： 34 m

功能： 混合用途

成本： 1.289亿加元（9000万美元）

资金： 众筹

最大速度： 街道为40 km/h，马丁古德曼小道为20 km/h

参与方

公共机构

加拿大政府、安大略省、多伦多市、多伦多湖滨开发公司、多伦多公共交通委员会、多伦多电力公司、多伦多自来水公司、加拿大管道公司、加拿大贝尔电信公司、罗杰斯、Cogeco和Allstream。

居民协会

在整个设计和施工过程中，多伦多湖滨开发公司与当地居民、企业密切合作。

设计和工程实施

West 8、DTAH、BA集团市政服务、英国奥雅纳工程顾问公司、MMM集团和詹姆斯都市与合伙人建筑事务所。

改造前

改造后

照片来源：多伦多湖滨开发公司

概述

振兴皇后码头是多伦多街道重建项目之一，旨在将1.7 km长的主要海滨街道改造成一个壮观的滨水林荫大道。

将四条行车道减少至两条，将东西向交通转向街道北面。专用的转弯车道、精密的信号配时和新的装卸区，可以引导交通沿北侧流动。

没有车辆交通，皇后码头南侧是一个宽阔的散步长廊，拥有两排树木和一条全新的街道外自行车道，连接着安大略湖滨道。

多伦多公共交通公司的有轨电车沿着街道的中心行驶，新建的北侧人行道方便开展更多的零售活动。该项目也是对街道地下基础设施的重建，升级后的市政雨水和污水下水道设计可服务于下一代人。

多伦多湖滨开发公司与多家公共事业机构（多伦多自来水公司和多伦多公共交通公司）合作，并借此机会在施工区内升级其他基础设施。

目标

- 重新规划街道，为每种交通工具提供公平的空间。
- 建造一条温馨、宜人的滨水林荫大道。
- 开发新业务，促进当地旅游业的发展。

经验总结

开展公众咨询是这个项目的一大特点。在项目实施过程中，多伦多湖滨开发公司和利益相关者举行了近100次公开会议。

城市社区的线性项目建设总是困难重重，因此在施工期间，多伦多湖滨开发公司与利益相关者密切合作，始终保持沟通，如每月与社区代表召开会议，每周发布施工通知。管理多个利益相关者和公共事业机构的需求和时间进度，这需要机构间高水平的沟通与协调。

保护景观特征，并为必要的公共设施提供空间，这是一项艰巨且有价值的工作。当地下基础设施和服务的位置发生冲突时，多伦多湖滨开发公司制订了创新的解决方案，以确保公共空间和基础设施和平共处。

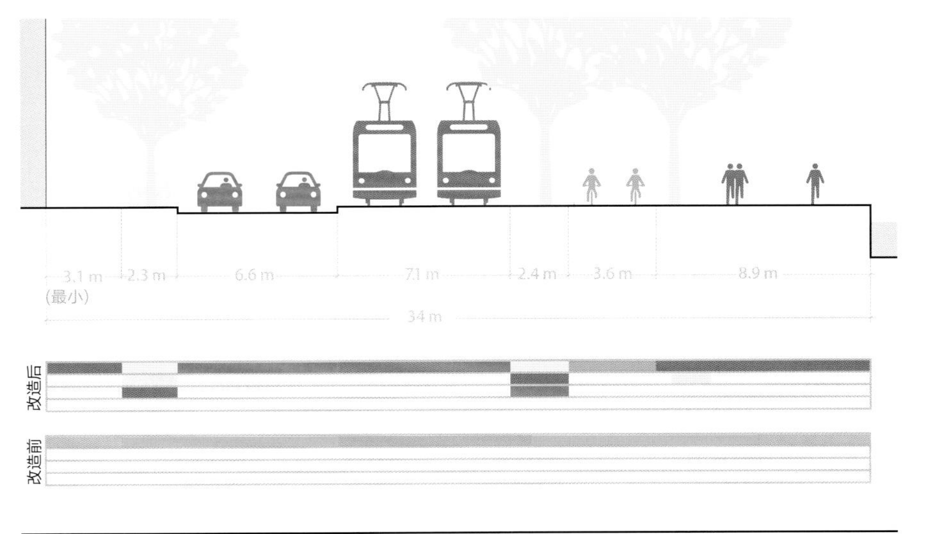

关键要素

沿着滨水大道建设一条行人散步长廊。

建造一条双向离岸的自行车道。

安装新型街道设施。

种植树木。

容纳出租车和装卸区。

拓宽人行道。

项目时间表

2005年至2015年（约10年）

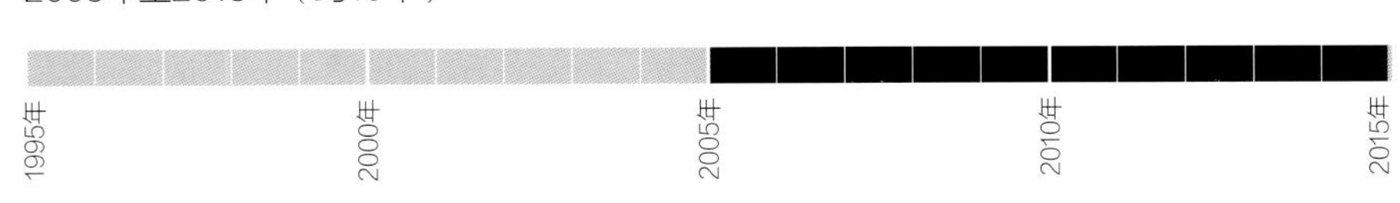

用户图例：

- 行人空间
- 自行车
- 公共交通
- 混合交通
- 景观
- 货运停车场

10.7.7 | 历史街道 | 示例

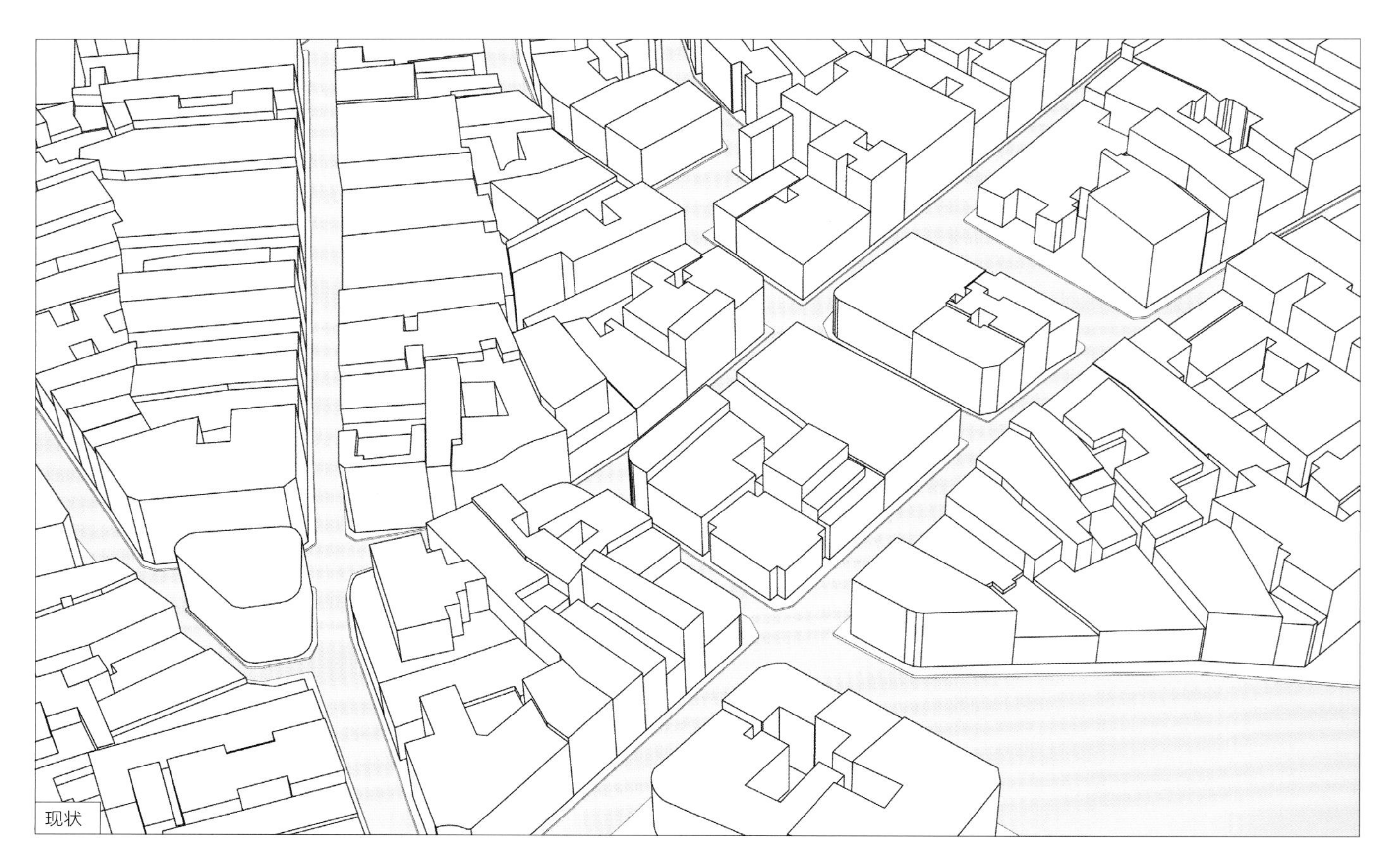

许多城市的历史街道在汽车时代到来之前就已得到了很好的发展，拥有穿梭于大量的建筑之间的狭窄街道和车道。禁止机动车辆通行，允许有限的装卸，并将其转变成行人空间，可以显著提升社区质量，并改善全市街道网络。

现有条件

上图是狭窄街道和小巷网络的示意图，这些街道建造于汽车时代到来之前。

这些颇具历史意义的地区会限制街道建设和重建。

应急车辆和废物收集等城市服务车辆可能不太容易进入该地区，因为私家车已使街道超负荷运行。

这个地区通常拥有丰富的建筑和活跃的底层，不利于商店和企业的发展。

在一些城市，排水道和电线等外露的公共设施是街道不可避免的一部分，为所有用户带来安全隐患。

设计指导

振兴城市中的历史街道有助于复兴该地区，强化其历史中心地位。创建限制性交通区域或行人专用廊道，以恢复这些街道的原始功能。与当地居民和企业合作，确定需要限制过境交通或移除停车场的地区，并优先考虑行人、自行车骑行和公共交通。详见第三部分“10.3.1 步行街”。

增加特殊的路面、街道设施、标牌和照明设施，以强化街道的特色。

使用能够反映历史、文化背景和地标的寻路标志。

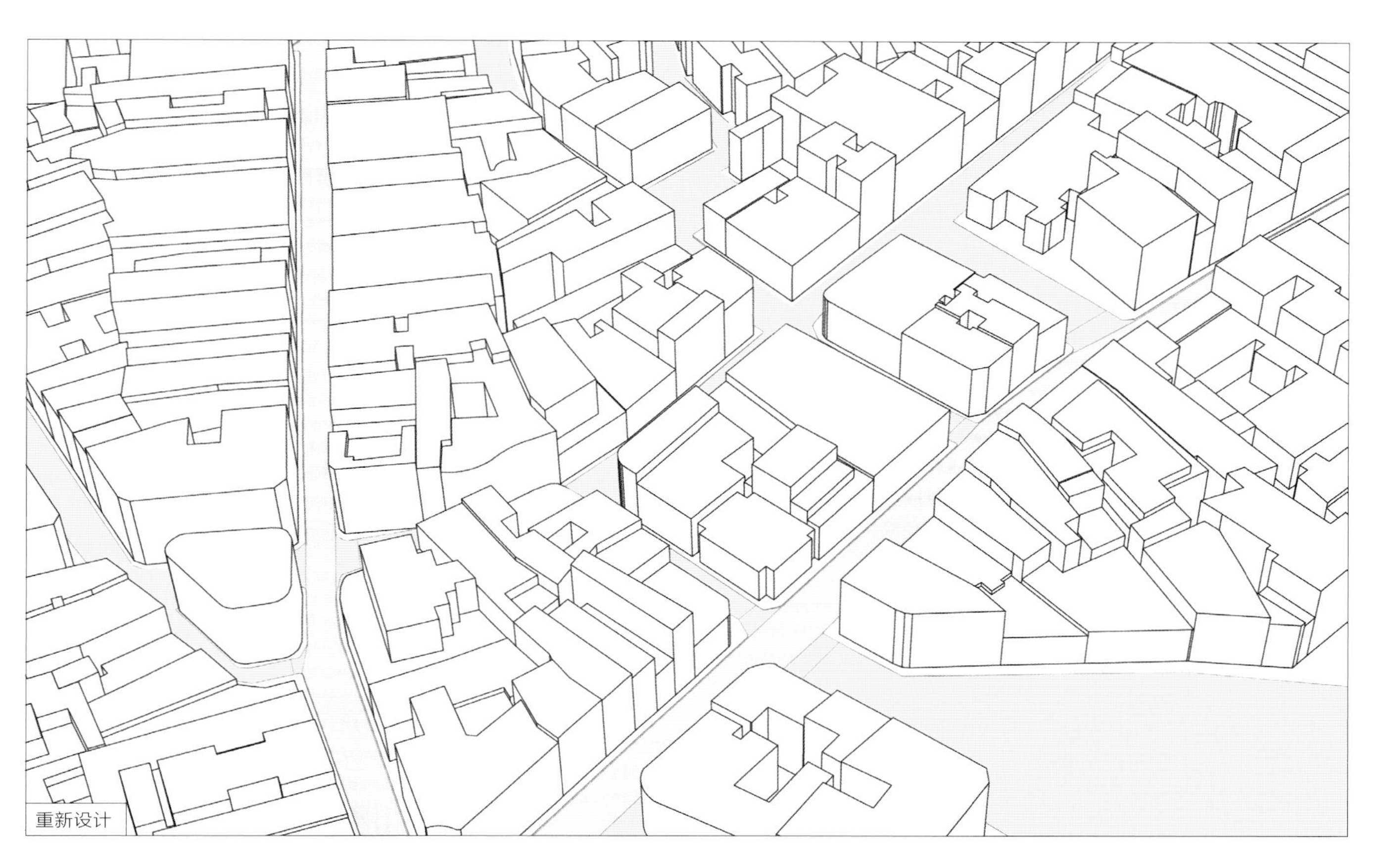

在有鹅卵石和表面不平坦的地区，可以铺设狭窄的铺路石，为自行车骑行者提供更平坦的表面。

限制自行车在行人密集的街道上通行，以避免冲突。

行人专区在一天的任何时间都应允许应急车辆通行。

在非高峰时段允许汽车进入，以进行货物装卸和运输，或在必要时段为居民提供服务。

巴西圣保罗，1976 至 1981 年间，市区的主要街道转变成步行街。该项目涉及 20 条街道，总长度约 60 000 m，一些人行道被拓宽至 10 m。这种全新的配置可以满足行人日常使用需求，并提供舒适的休息区。这个地区正在扩建，采用新的设施，以适应新的形势

土耳其伊斯坦布尔，历史半岛

位置： 土耳其伊斯坦布尔，法提赫区

人口： 1430万

范围： 500 000 m

街道宽度： 不确定

功能： 混合用途（住宅/商业/机构）和历史用途

成本： 500 000欧元（约614 000美元），仅用于咨询

资金：众筹

概述

伊斯坦布尔大都会市政府从2005年开始开展一系列行人专用项目，以提高历史半岛的生活质量。

交通协调中心（UKOME）是伊斯坦布尔大都会市政府的交通决策机构，为历史半岛提出了一些方案，旨在减小车辆交通对旅游、商业和环境的负面影响。

根据交通协调中心的相关决议和2010年《伊斯坦布尔公共空间和公共生活研究报告》提供的信息，法提赫区政府将街道优先列为行人专区，并加快基础设施建设。最终，半岛的295条街道已经进行步行化处理，配套基础设施工程也已完成，包括交通信号装置、花岗岩铺路、废物的管理等。

改造前

改造后

照片来源：土耳其资源研究所

关键要素

行人可以在整个公共事业用地上行走。

优质的铺路材料和纹理。

逐渐移除障碍物、路缘石和护柱。

目标

- 减轻历史中心的空气污染。
- 为居民、游客和企业主提供更多的行人友好型空间。
- 提供高质量且具有吸引力的街道环境。
- 创建一个支持本地商业发展的空间。

经验总结

施工的主要挑战来源于机构之间的艰难协调，特别是与行政部门之间的沟通，以及当地企业主的反对。许多企业主担心行人专用区会对其业务造成负面影响。

参与方

公共机构

伊斯坦布尔大都会市政府、交通协调中心、法提赫区政府（主导）。

私人集团和合作伙伴

上拉雷利工业协会。

非营利组织

土耳其资源研究所（主导）、Mimar Sisan美术大学。

设计和工程实施

盖尔建筑师事务所。

评估

80%

总体满意度

+68%

居民反映步行街的安全性得到提高

+83%

企业主反映步行可及性提高

−80%

二氧化硫排放量减少

−42%

二氧化氮排放量减少

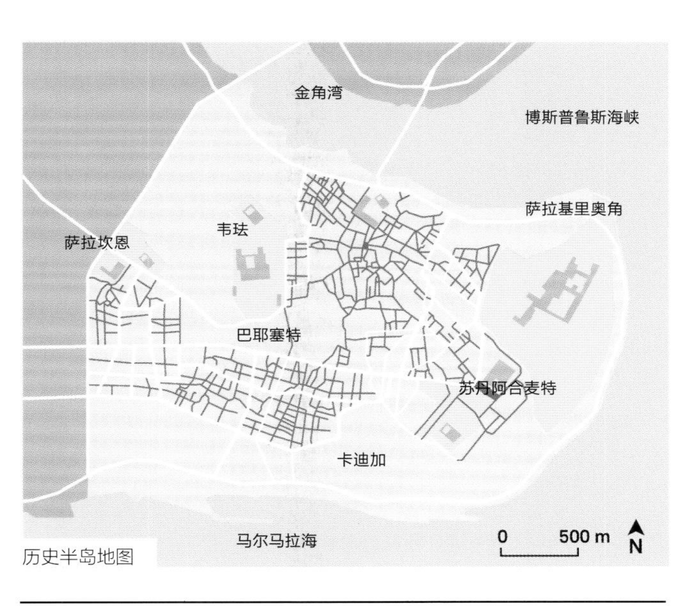

历史半岛地图

2005至2009年间，4个广场和附近的街道被改造成行人专用区。2010年完成了旅游公交站点的管理项目、停车场调整和班车项目。2010年，苏丹阿合麦特广场和附近的街道被改造成行人专用区。2011至2012年间，250街条街道被改造成步行街。2013年，45条街道被改造成行人专用区。

项目时间表

2005年至2014年（约9年）

10.8 | 非正规地区的街道

非正规的城市地区在世界城市结构中占比很大。它们的出现通常是因为城市移民，城市无法在既有的框架内吸收更多的人口，或提供相应的服务。

虽然非正规居住区是城市经济和生活的组成部分，但由于缺乏基础设施，它们通常在空间上被隔离。城市中缺乏将其与周围环境相连接的街道和开放空间，也不可能为其提供基础服务。

随着人们继续前往城市寻找工作，应确保新建和现有居住点的街道设计能够成为促进社区安全发展的有效手段。与当地社区合作，确定投资策略，从而为非正规地区提供公共设施，并营造安全的步行和自行车骑行环境，以及增加公共交通的普遍可及性。街道在为非正规地区的居民提供服务方面发挥着关键作用，减小其流离失所的可能性，并改善当地居民的生活质量。

埃塞俄比亚的斯亚贝巴

10.8.1 | 概述

在非正规地区，街道占土地总面积的5%，远低于联合国人居署建议的30%。[15]

非正规居住区通常过度拥挤且无法提供有关街道网络的信息。虽然生活热闹，但居住区可能面临不安全、不卫生的生活条件的困扰。通常情况下，规划完备的公共事业用地可以提供水、电和卫生设施，而非正规居住区无法使用这些设施，并且缺乏支持安全出行的基础设施。

为了向非正规地区的居民提供基本服务，需要建立畅通且维护良好的街道，并将街道优先作为机动性和可及性的基本要素，用于提供服务，这有助于促进经济发展，提高当地居民的生活质量。[16]

10.8.2 | 现有条件

模式共享

步行和骑自行车通常是最常用的交通方式，如果没有基础设施的支持，这些经济实惠的手段会成为长距离行程的负担，而且很危险。汽车拥有率稳步增长，但仍然很低，机动两轮车和小型公共交通占主导地位。

安全

居民需要长途跋涉前往工作地或学校，往往需要沿着机动车优先的道路提供水和其他服务，但这些道路上并没有人行道或自行车道，行人的安全得不到保障，被车辆撞击的风险很大。

公共设施

非正规地区的街道上可能没有水、电、卫生等基本设施，对居民而言，非正规系统的开发成本很高，且往往管理不善。

应急车辆通道

狭窄的街道使得应急车辆的难以通行，因此，需要确定可以拓宽和重建的核心廊道，以改善应急车辆的通行能力。应急车辆接入点之间的可接受尺寸应根据网络而定，当地政府通常使用特殊的应急车辆为狭窄的街道提供服务，如小型货车、电动两轮和三轮车。

公共交通通道

因为许多非正规地区位于城市郊区，前往工作地的可靠交通选择非常有限。公共交通通常是以非正式的形式组织，由私人管理，包括小型面包车、出租车和摩托车。这导致居民的通勤花费占收入的一大部分。在某些情况下，地形可能是主要障碍。[17]

建筑环境质量

街道可能相对狭窄，经常未铺砌，暴雨过后会变成泥土廊道，这使得步行和骑自行车极具挑战性。即使在畅通的街道上，质量差的表面也会使残疾人无法使用。

10.8.3 | 建议

非机动车优先的交通方式

建设人行道和自行车道，保持路面的完整和光线充足，提供安全的行人和自行车基础设施。如果街道过于狭窄，无法提供可用的人行道，则应设计共享街道，保证所有用户都具有公平的可及性。

路面铺设良好时，驾驶员会以更快的速度行驶，应实施交通减速措施，以确保所有用户的安全，并在汽车拥有率较低的地方营造文明的交通氛围。详见第二部分“6.3 为行人设计街道”和第二部分“6.4 为自行车骑行者设计街道”。

将公共交通与混合用途相结合

优先投资经济增长地区的基础设施和交通，提供学校、保健中心、商业活动和其他社区设施，并可以通过公共交通享受到这些服务。详见第二部分“5 为空间设计街道”。

增加网络的连通性

与当地社区合作，确定开发街道的最佳路线，以及改善公共设施和紧急服务的目的地。某些廊道上的战略扩张应有助于本地企业的成长，并保持街道的步行特征。应尽可能减少搬迁，如果必须搬迁，应对搬迁居民进行补偿，将其安置在同一区域。记录、制图，向当地居民和服务提供商传达街道信息，以满足所有利益相关者的需求。

哥伦比亚麦德林，13 号公社的新街道和流通基础设施提高了公共空间的质量，为当地社区提供了便利

提供排水

街道设计应将水转移到较大的连接系统。死水和裸露的污水管道会造成严重的健康危害，在公共事业用地狭窄的街道上非常危险。

对于非正规地区，特别是在丘陵地区，应利用当地水文和地形来布置排水和供水系统，以最大限度地降低成本。干线基础设施的配置应与街道设计保持一致。

确保照明

确保行人空间有充足的照明，以合适的间隔部署照明设施，以避免黑点。在电力供应不完备的地方，可运用可再生能源发电技术。详见第二部分“7.3.1 照明设计指导”。

基本公共设施和服务

制订战略计划，将公共设施纳入公共事业用地。街道设计可以改善废物的收集、回收和管理，街道线路应容纳服务和应急车辆，排水沟和开口处应加以掩盖，以确保行人和自行车骑行者的安全。详见第二部分“7 公共设施和基础设施”。

导航和寻路

使用寻路标牌，并以街道名称作为标志，方便居民和游客在这些社区进行导航，并在必要时提供紧急服务。详见第二部分“6.3.9 寻路”。

强化公共交通

采用新的公共交通系统，如公交车、BRT、轻轨和地铁。在陡峭的山区，可考虑使用升降机或自动扶梯，以改善可及性。公共交通服务必须可靠、安全、经济实惠，并且可以有效替代汽车。

允许货物运输

可以用车辆将货物运送到街道网络内的配送点，并使用能将货物转运到当地家庭或企业的小型推车。详见第二部分“6.7 为货运和服务运营商设计街道”。

哥伦比亚麦德林，107街道

位置：哥伦比亚麦德林，安达卢西亚社区

人口：240万

大都会区人口：370万

环境：住宅（非正规居住区）

街道宽度：19 m

范围：约1 km（长）

成本：32亿哥伦比亚比索（110万美元）

资金：众筹

最大速度：30 km/h

改造前

改造后

照片来源：Empresa de Desarrollo Urbano

概述

107街道是一条19 m宽的城市散步长廊，位于麦德林河和安达卢西亚站之间。街道具有重要的商业意义，也是居民的聚会场所。近年来，这条街道的商业活动有所增加。

街道设计项目包括建设一条行人散步长廊、改善现有的公共空间、新建一个公园。在重新设计的过程中，将街道作为一条步行轴线，丰富了沿线的活动，并强化了街道所发挥的作用。

考虑到居民提出的一系列要求，麦德林市政府决定升级街道。在南部的大街上，这条街道的一部分已经部分转变成一条城市长廊。项目包括创建一条铺有优质材料的大型人行道，使长廊在视觉上更加易于辨识。

城市发展局与街道附近的业主进行谈判，对临街区域进行类似的处理，以确保城市设计的一致性和可识别性。

107街道从以汽车为主导的道路转变成多功能的步行友好型街道，以刺激当地商业的发展。

目标

- 明确区分公共空间和私人空间。
- 提供娱乐休闲场所。
- 创建一条安全、光线充足且易于辨识的行人路线。
- 采用可持续发展的景观实践措施。
- 使用易于维护且耐用的设计材料。

参与方

公共机构

麦德林市政府、Empresa de Desarrollo Urbano（EDU）、麦德林运输部、麦德林城市规划部。

居民协会和联盟

安达卢西亚社区。

设计和工程实施

Empresa de Desarrollo Urbano（EDU）。

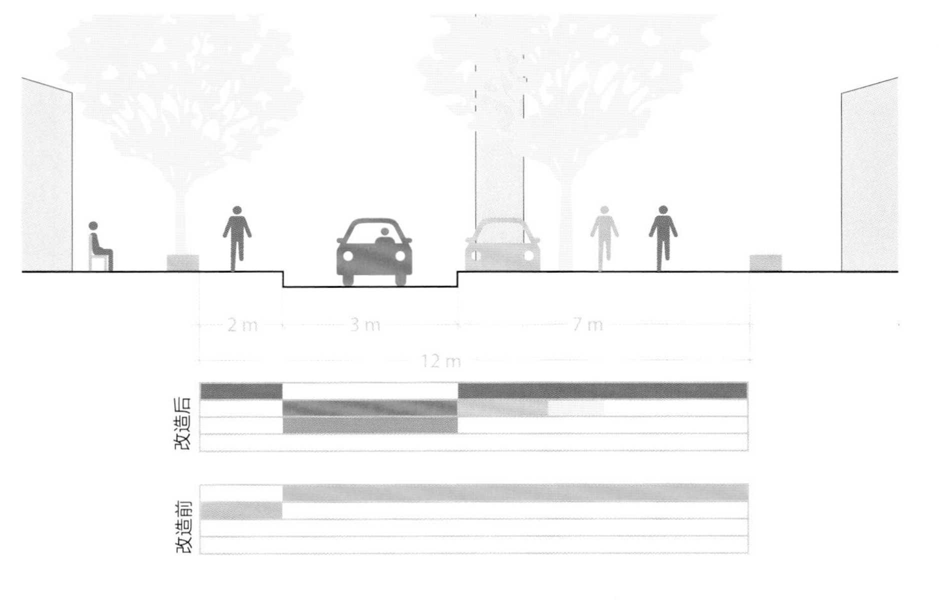

关键要素

在本地采购高品质且耐用的材料。

植树和使用多孔表面。

提供优质的照明。

提供宽阔、连续的人行道。

项目时间表

2005年至2015年（约10年）

用户图例：

- 行人空间
- 自行车
- 公共交通
- 混合交通
- 景观
- 货运停车场

南非开普敦：卡雅利沙

位置： 南非开普敦，卡雅利沙

人口： 40万

大都会区人口： 370万

功能： 低收入居民区（正规和非正规）

街道宽度： 不确定

面积： 28 000 m²

成本： 2000万南非兰特（145万美元），用于建造人行道和城市公园，并提供照明设备

资金： 德国开发银行(KfW)

最大速度： 未发布

概述

该项目是“升级城市，预防暴力”计划（VPUU）的一部分，旨在解决低收入居民区的四大问题（经济、文化、社会和体制），并预防犯罪。

该项目是VPUU的第一个安全节点区，以顺应当地居民的要求，解决沿主要行人路线的高犯罪率问题。这是连接蒙瓦彼萨非正式居民区与当地火车站和学校的一条捷径。

该项目旨在创建一系列安全且连接畅通的地标节点。

行人通道连接着城市公园，社区居民以前认为这个公园是社区中最不安全的地方。

卡雅利沙地区现在拥有一个充满活力的城市公园、一条安全的人行道和一个公共广场，并配有一系列公共设施。

改造前

改造后

照片来源：VPUU NPC

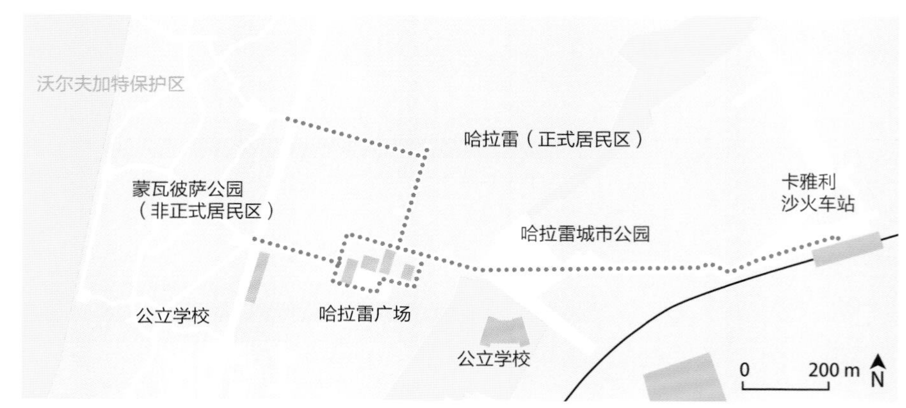

卡雅利沙地区地图

目标

- 明确区分公共空间和私人空间。
- 提供娱乐休闲场所。
- 创建一条安全、光线充足且易于辨识的行人路线。
- 采用可持续发展的景观实践措施。
- 使用易于维护且耐用的设计材料。

经验总结

通过与地方领导、相关部门的沟通与合作，专业团队成功地将高犯罪率地区改造成可持续发展的多功能公共空间。

成功的关键

社区居民的广泛参与促进了项目的开展，为公共空间维护赢得了社区支持和持续合作的机会。

区域归属感、参与和管理是减少城市暴力，以及改变居民对空间认知的基础。

居民自愿参与安全小组与维护工作。在新的公共空间组织多种活动，以吸引街道上的行人，并且使其产生安全感。

参与方

公共机构

开普敦市、南非国家财政部、联邦德国经济合作与发展部、德国开发银行。

居民协会和非营利组织

卡雅利沙社区、卡雅利沙发展论坛（KDF）、VPUU NPC、草根足球、Mosaic。

设计和工程实施

AHT Group AG/SUN开发团队、Tarna Klitzner景观设计（TKLA）、Jonker & Barnes建筑师事务所、Naylor Naylor Van Schalwyk、Talani、N2建筑公司和罗斯（Ross）工程公司。

图片来源: VPUU NPC

关键要素

在当地采购高品质且持久耐用的材料。

植树。

使用多孔表面。

提供优质的照明设施。

项目时间表

2006年至2013年（约7年）

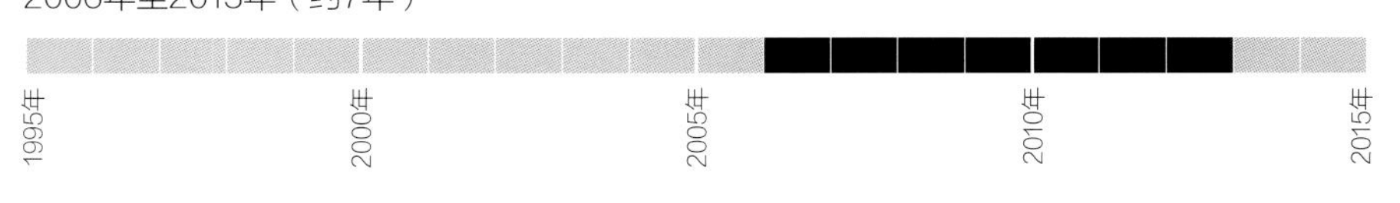

评估

+30%

行人数量增加

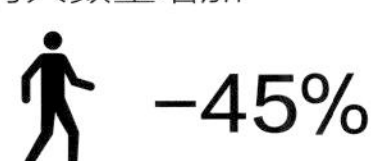

−45%

2006至2014年安全节点区的谋杀率下降

肯尼亚内罗比：科罗戈乔街

位置： 肯尼亚内罗比，科罗戈乔

人口： 370万

面积： 0.89 km^2

街道宽度： 不确定

功能： 住宅（非正式居住区）

成本： 2.1亿肯尼亚先令（约200万美元）

资金： 肯尼亚-意大利债务发展计划（KIDDP）、意大利政府（通过意大利发展合作社）、肯尼亚政府

改造前

改造后

照片来源：联合国人居署

概述

科罗戈乔是内罗比的第四大非正式居住区，20世纪70年代采石场的工人开始在此定居，1987年首次重建，此后，街道适用于多种用途，但随着时间的推移，街道变得越来越窄。

街道升级项目是名为“科罗戈乔贫民窟改造计划”（KSUP）的一部分，以解决道路问题、排水不畅、路灯不足、污水下水道系统不畅等问题。KSUP计划旨在将参与式规划作为弹性化的贫民窟升级方式。

该项目有助于促进微观经济活动，增加就业机会，提升居民的安全观念。重新设计的街道可以提供更多的公共空间，并改善了与较大城市结构的连通性。

目标

- 增加居民对升级计划的信心。
- 通过参与式规划和管理，改善当地的经济和社会生活条件。
- 增加当地居民的微观经济活动，并确保其安全。
- 使居民产生区域自豪感。
- 促进占有权制度的规划。
- 通过增加照明设施，来提高街道的安全性。

经验总结

参与程度影响居民对街道的情感。

项目会带来一系列变化，交流与沟通对提高项目认知至关重要。

让居民参与整个改造过程，确保这些地区在综合社会条件方面是可持续发展的。

街道的安全性涉及诸多方面的内容，街道设计应容纳所有用户，并预防犯罪。

创建新的街道，以服务于所有交通模式。

确保街道始终是一个充满活力的公共空间。

街道设计应灵活地满足社区居民的各种需求，并提供临时建筑和永久性建筑。

进行废物管理，并清理和修复贫民窟居住区的街道。

参与者

公共机构

地方政府、住房部、土地和财政部，内罗比市、县、省，意大利政府。

居民协会和非营利组织

科罗戈乔居民委员会、联合国人居署、科波尼传教士。

设计和工程实施

内罗比市议会和地方政府。

评估

+20%

开放空间增加

居民反映：

- 街道活动增加。
- 行人数量增加。
- 商贩和商业活动增加。
- 安全感提升。

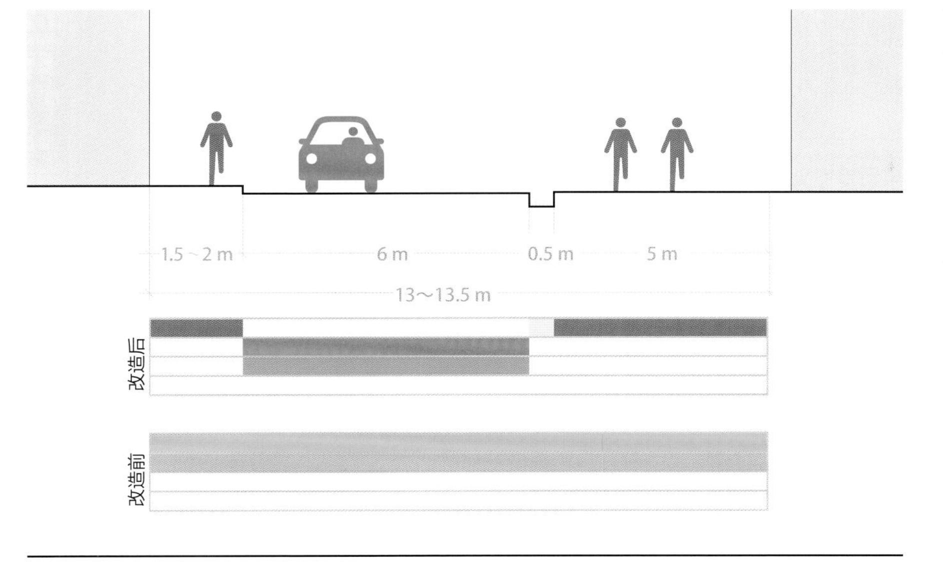

关键要素

优先建设连接8个村庄的街道。

改造公共空间，将街道宽度恢复到1987年设定的宽度。

构建与周边城市结构的新连接。

增加普遍可及性和基本服务（排水、供水、下水道系统和街道照明）。

项目时间表

2007年至2012年（约5年）

用户图例：

- 行人空间
- 自行车
- 公共交通
- 混合交通
- 景观
- 货运停车场

ELECTRICITY HOUSE

11 交叉路口

交叉路口是不同用户的不同需求的汇集地，是决策的关键点，要求所有用户相互合作，且在某些方面做出限制性规定。

交叉路口的配置、类型和尺寸各不相同，在塑造城市街道网络的整体安全性、易读性和效率方面发挥着关键作用。由于大多数碰撞都发生在交叉路口，所以重新设计可以减少碰撞和交通伤亡的发生率。良好的交叉路口设计可以挖掘社区的经济潜力，在过度建设或利用不足的空间中丰富街道活动。

交叉路口的设计应能促进所有用户的可视性和可预测性，并确保所有复杂的运动都是安全、可靠的，并为其提供便利。下文讨论了交叉路口的总体设计原则，提供了规模和复杂程度各异的交叉路口案例，并参考了前文所述的设计元素。

加纳阿克拉

11.1 | 交叉路口的设计策略

交叉路口的设计应促进所有街道用户之间的视线接触，增强其意识，并支持积极的社会活动。以下策略有助于减少碰撞，并为所有用户提供更加安全的空间，以支持“4 为大城市设计街道”中所述的关键原则。

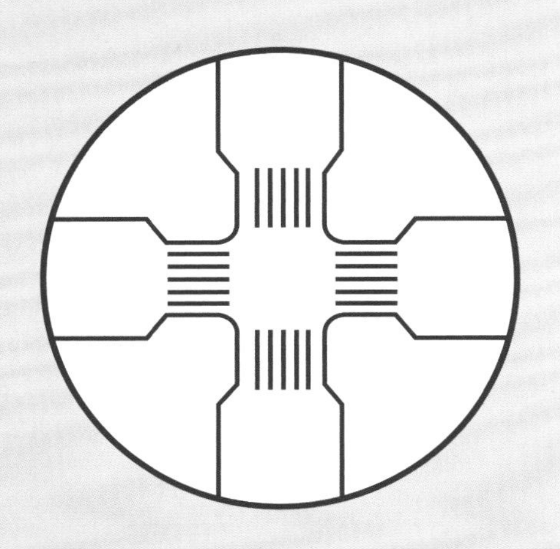

设计紧凑型交叉路口

将大型交叉路口分成一系列较小的交叉路口，紧凑的交叉路口能减少行人暴露在交通车辆中的机会，降低车辆在冲突点附近的速度，并提高可见度。缩小转弯半径，移除滑移车道，并尽可能限制转弯车道。详见第二部分“6.6.4 行车道”，第二部分“6.6.5 拐角半径”和第二部分“9.2 设计车辆和控制车辆”。

简化几何结构

简化复杂交叉路口的几何结构，增加易读性、一致性和安全性。将交叉路口对面的道路对齐，以改善视距，并提高可见度。详见第二部分“6.6.6 可视性和视距”。

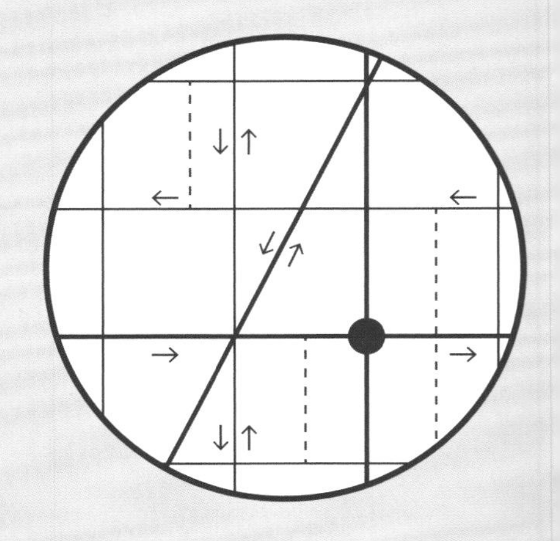

分析网络

交叉路口不应被孤立起来，而应视为更大的街道网络的一部分。在廊道与网络层面寻求道路容量的解决方案，并权衡交叉路口的交通量和通行能力。详见第二部分“8.4 网络管理”和第二部分“8.5 流量和访问管理”。

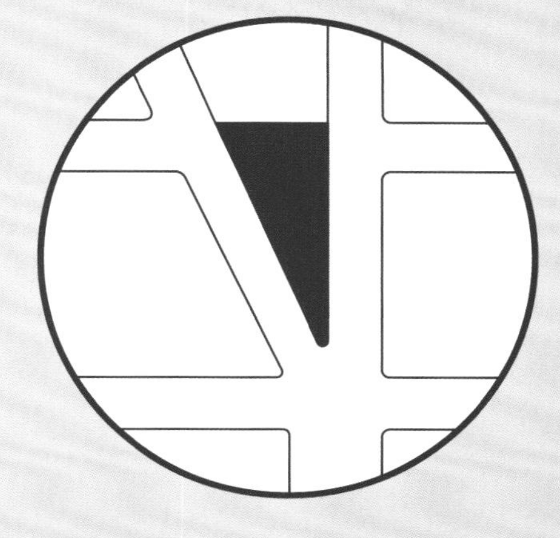

整合时间与空间

在不拓宽道路的情况下，通过信号化重新配置交叉路口，以解决交通延误和拥堵问题。这有助于降低交叉路口的速度，优先服务公共交通，并提高用户的安全性。采用公共交通优先以及行人和自行车骑行者先行的间隔，并使用专用的信号相位来管理左转弯车辆。详见第二部分“8.8 标志和信号”。

增加行人空间

增加行人空间，重新设计交叉路口的几何结构，并整合可用的空间。使用临时广场和低成本材料来快速改善居民的生活质量，减少安全问题。详见第二部分“6.3.7 人行道延伸部分”和第三部分“10.3 行人优先空间”。

以弱势群体为先

优先考虑弱势群体的需求，使之成为交叉路口设计的基础。使用现有的行人行为和期望路线来引导设计，为行人提供安全的人行道、人行横道和安全岛，并为自行车骑行者提供专用设施和受保护的交叉路口，可采用交通减速策略来降低车速。详见第二部分“6 为人设计街道”和第二部分“8.7 速度管理”。

11.2 | 交叉路口分析

下图以复杂的交叉路口为例，详细论述如何了解交叉路口的现有功能、分析街道用户运动的规律、辨别机会，并进行新的设计。土地使用情况、当地居民的愿望，以及土地的用途推动了这一进程。

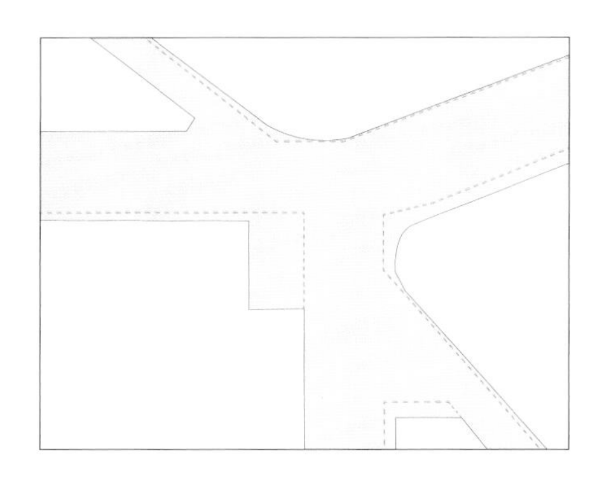

环境

了解交叉路口的环境，分析城市设计的特点，记录具体的聚集地点、地标、公交车站，以及其他活动地点。让公众参与其中，将安全因素和社区愿景作为设计的推动力。

行人活动

记录行人如何使用交叉路口，人们在哪里聚会、坐着、说话？他们从事哪些活动？哪些公共空间比较吸引人，哪些不吸引人？人们通常在哪里过街？在有持续性活动的地区，可以观察15~30 min。

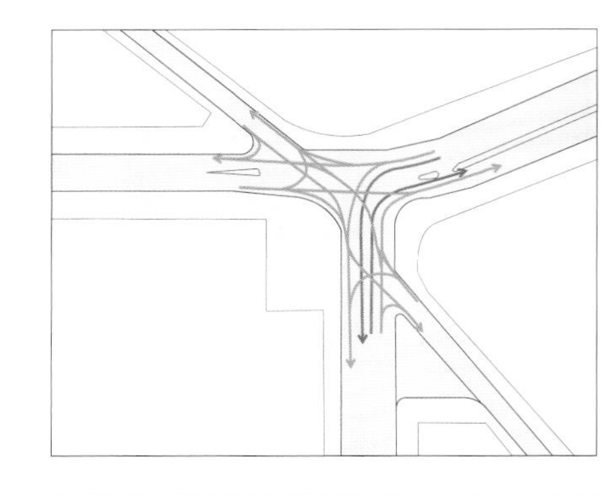

公共交通和自行车活动

评估自行车骑行者的数量和运动方式，并将其作为计划和现有自行车网络的一部分。记录公交车的间隔时间和数量，以及公交车停靠站和其他公共交通设施的位置。记录所有公共交通方式，及其上下车位置和设施。

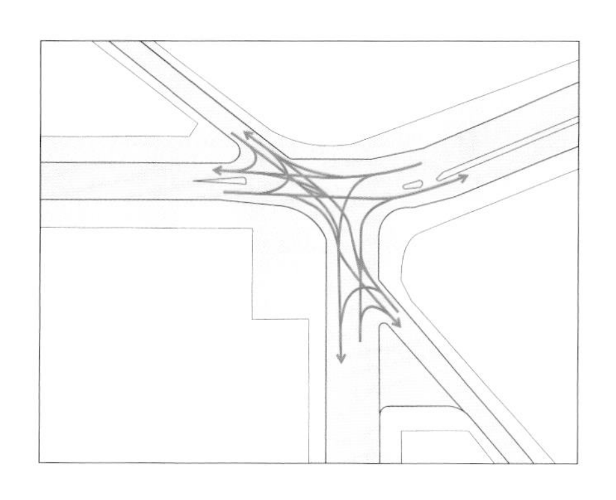

车辆数量

在地图上标示出车辆运动和转弯，以了解驾驶员如何使用交叉路口。分析数据，以说明每个运动的相对重要性，特别是寻找低流量的转弯运动。观察和了解当地环境，以及街道如何适应整个交通网络。

信号化

测定信号相位以显示交叉路口的交通流向，从相关机构获取相位数据，或制订一般计时计划，并用秒表验证。注意行人和车辆信号是否固定，观察相位是否与流量相匹配、行人遵守交通规则的情况，以及信号优先于驾驶员、自行车骑行者或行人的情况。

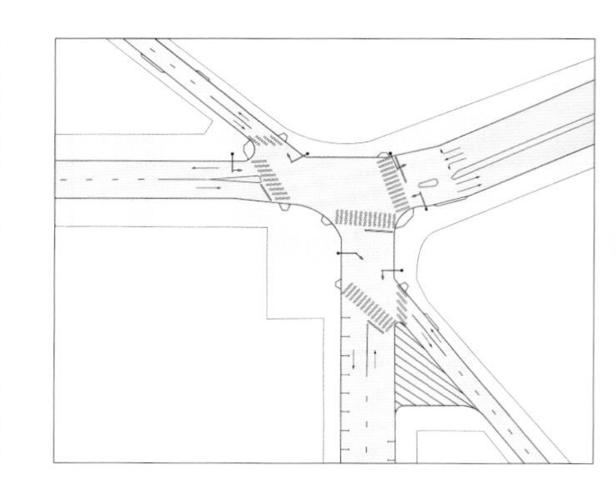

几何结构、信号和标志

调查交叉路口的动态条件，以及行人如何根据现有的标志和几何结构穿过交叉路口。

11.3 | 重新设计交叉路口

基于交叉路口的分析，可重新设计交叉路口，为所有用户提供清晰、安全、舒适的空间。

设计紧凑型交叉路口

- 将复杂的交叉路口分解成多个紧凑的交叉路口。
- 通过增加路缘扩展带、广场和中央分离带，将交叉路口尺寸降至最小。使用中央分离带、设置较小的转弯半径，将车辆转弯速度降至最低。

简化几何结构

- 弯曲街道使其尽可能以接近90° 角相交。
- 保持视距，以确保可读性，并便于寻路。
- 使人行横道与行人期望路线、主要目的地相一致。

分析网络

- 如果交通流量数据显示超过车辆容量，则减少沿廊道的车道数量，整合多余的转弯车道，并移除滑移车道。
- 将空间重新分配给中央分离带、自行车基础设施或人行道。
- 将交叉路口设计元素与周围的建筑、广场相结合。

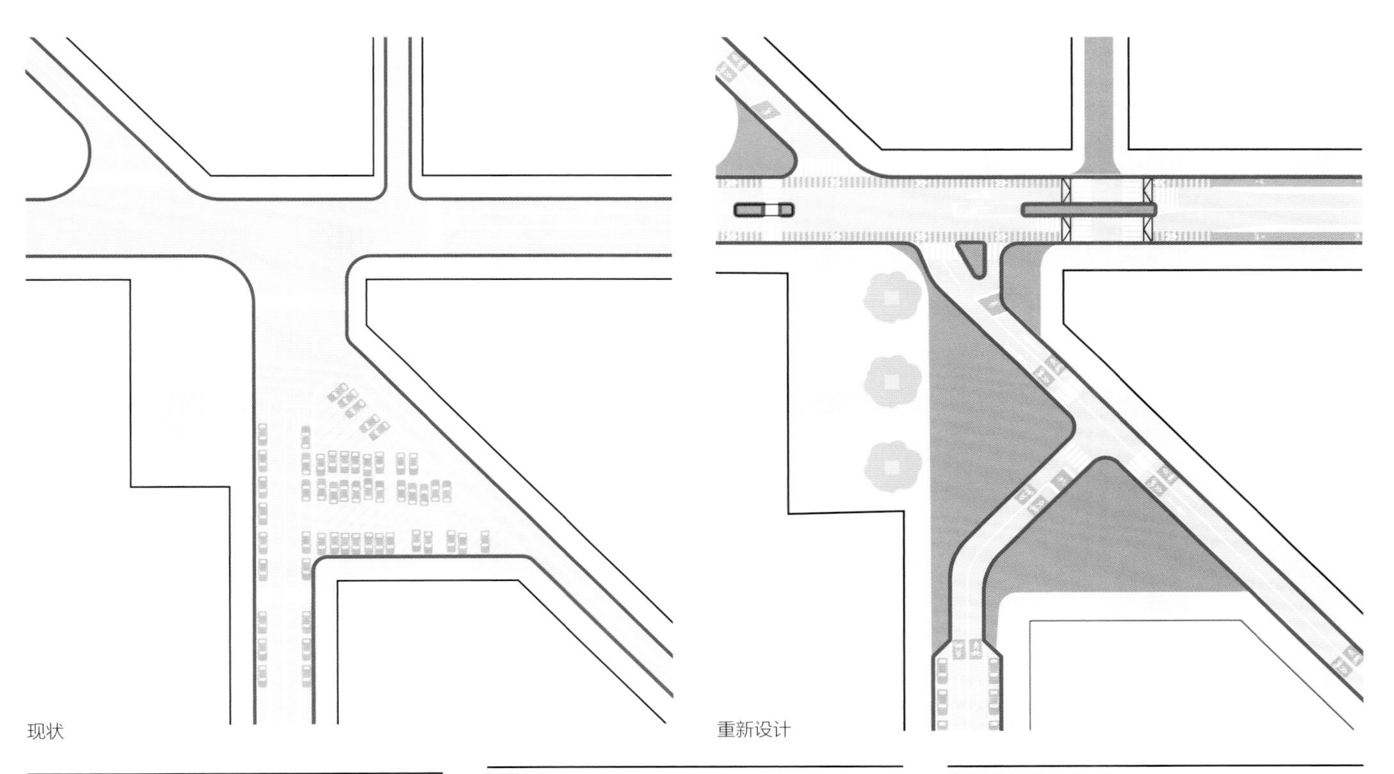

现状　　重新设计

整合时间与空间

- 只允许少量车辆在锐角交叉路口转弯，可以节省信号时间、提高安全性，提供路缘扩展带和中央分离带。
- 将交叉路口所有部位的停止线与行车道保持垂直，提高车辆和行人的可视性。

增加行人空间

- 为行人和自行车骑行者重新分配空间，拓宽狭窄的人行道，增加自行车设施。
- 全面评估和设计整个公共空间，创建一个完备的步行空间。
- 在适当的地方引入公共交通停靠站和其他设施。

以弱势群体为先

- 重新调整人行横道，以满足行人的需求。
- 在人行横道处增加行人坡道和安全岛。
- 使用较小的转弯半径和较窄的行车道来降低车速。
- 为自行车骑行者提供专用空间。

11.4 | 迷你环形交叉路口 | 示例

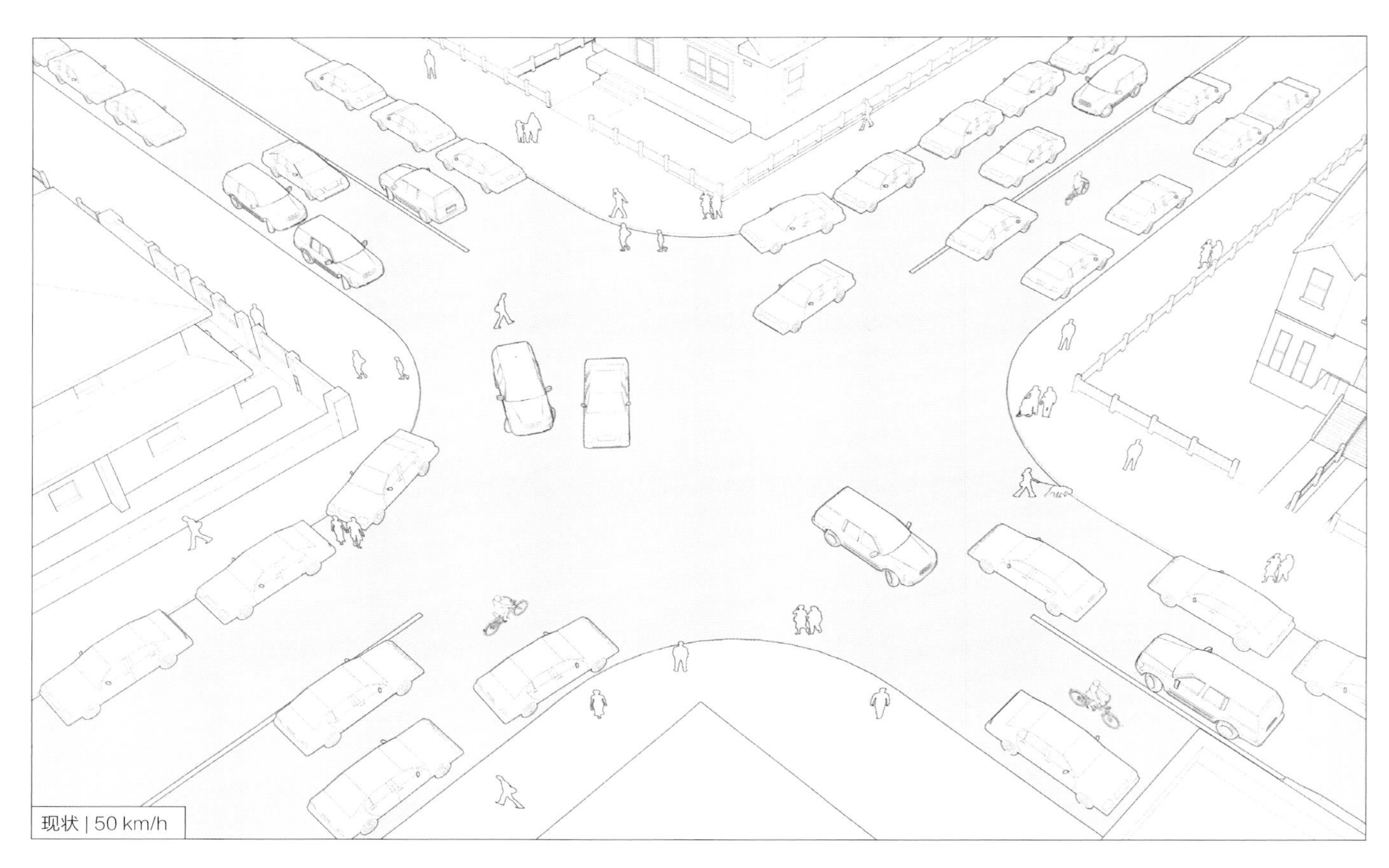

现状 | 50 km/h

与小规模住宅街道相交的迷你交叉路口迫使车辆以低速行驶。应重新设计这些交叉路口，方便所有用户安全使用，并轻松地穿越街道，包括步行去学校的儿童和日常生活中的老年人。

现有条件

上图描绘了一条双向街道的交叉路口，每个方面上都有两条行车道。这个交叉路口的空间分配极不平衡，车流量较低，但车辆所占的空间很大。停车场不受管制，车辆停靠在交叉路口附近。

拐角半径较大，易带来安全隐患。车辆高速转弯，会与行人发生碰撞。

交叉路口缺乏标志，用户的专用空间不明确。

印度尼西亚万隆

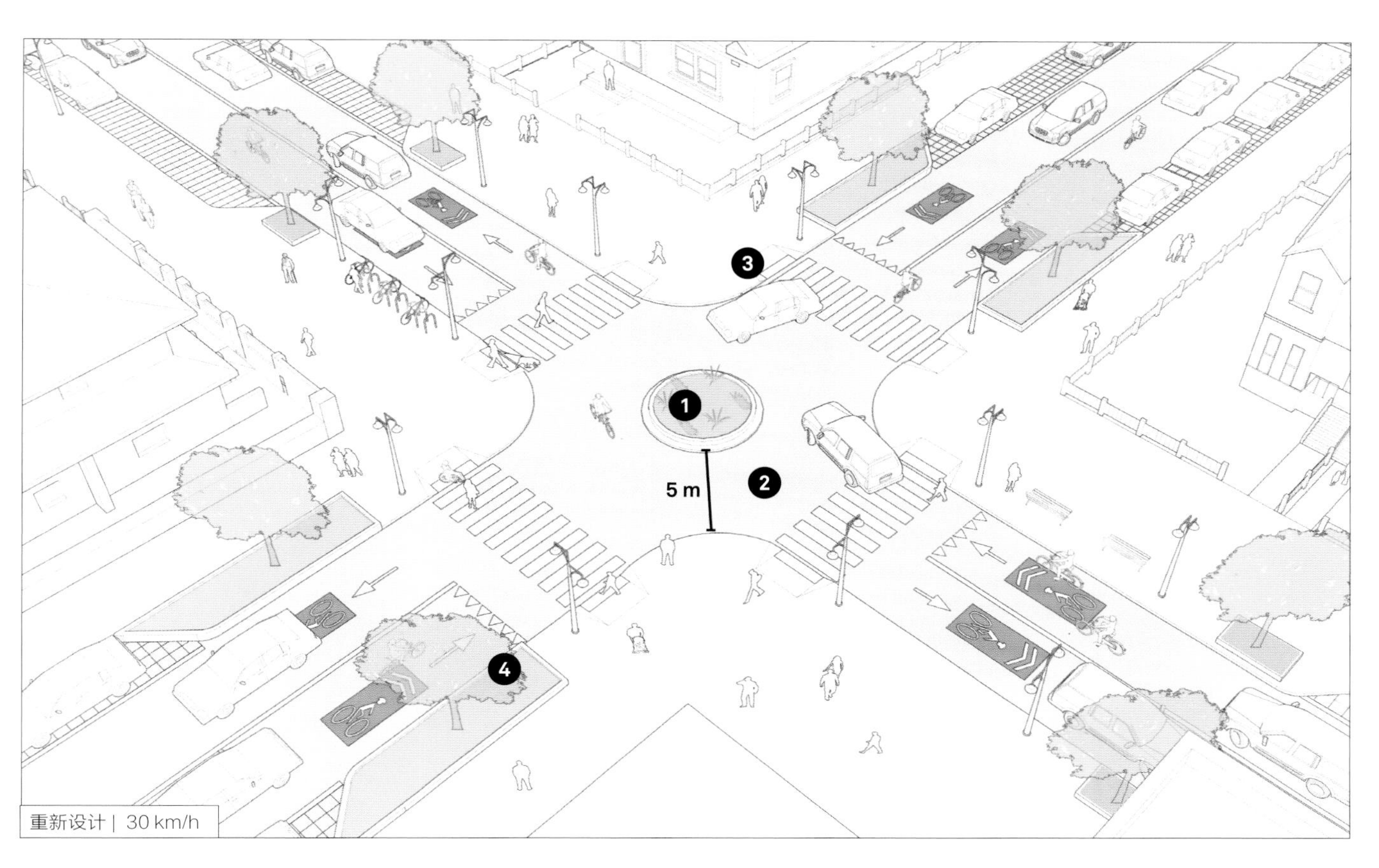

设计指导

迷你环形交叉口是无信号、小规模街道交叉路口的理想处理方式。事实证明，它可以增加交叉路口的安全性，降低车速，并将道路冲突区最少化。

在这类交叉路口，驾驶员必须避让已经在交叉路口处的行人和车辆。标明人行横道，以说明行人应该在哪里穿越街道，并注明行人有优先权。

❶ 使用简单的标志或抬高的小岛作为迷你环形交叉路口。与植物或小树搭配使用，以增强交通减速效果，并美化街道。

❷ 拐角到环形交叉路口的最宽处应保留约5 m的间隙，或在环形交叉路口边缘安装路缘，也可以保留小于5 m的间隙。

当行人较密集时，可以抬高人行横道，以进一步降低车速。

❸ 增加路缘扩展带，缩短人行横道的距离，以保护等待过街的行人。确保交叉路口的可视性，禁止在交叉路口拐角附近停车。

❹ 种植树木，并在路缘扩展带和拓宽的人行道上增加生态湿地和雨水花园。

美国奥斯汀，社区迷你环形交叉路口设有可登上的路缘，在必要时，允许大型车辆通过，以缓解日常的交通压力

11.5 | 小型抬高交叉路口 | 示例

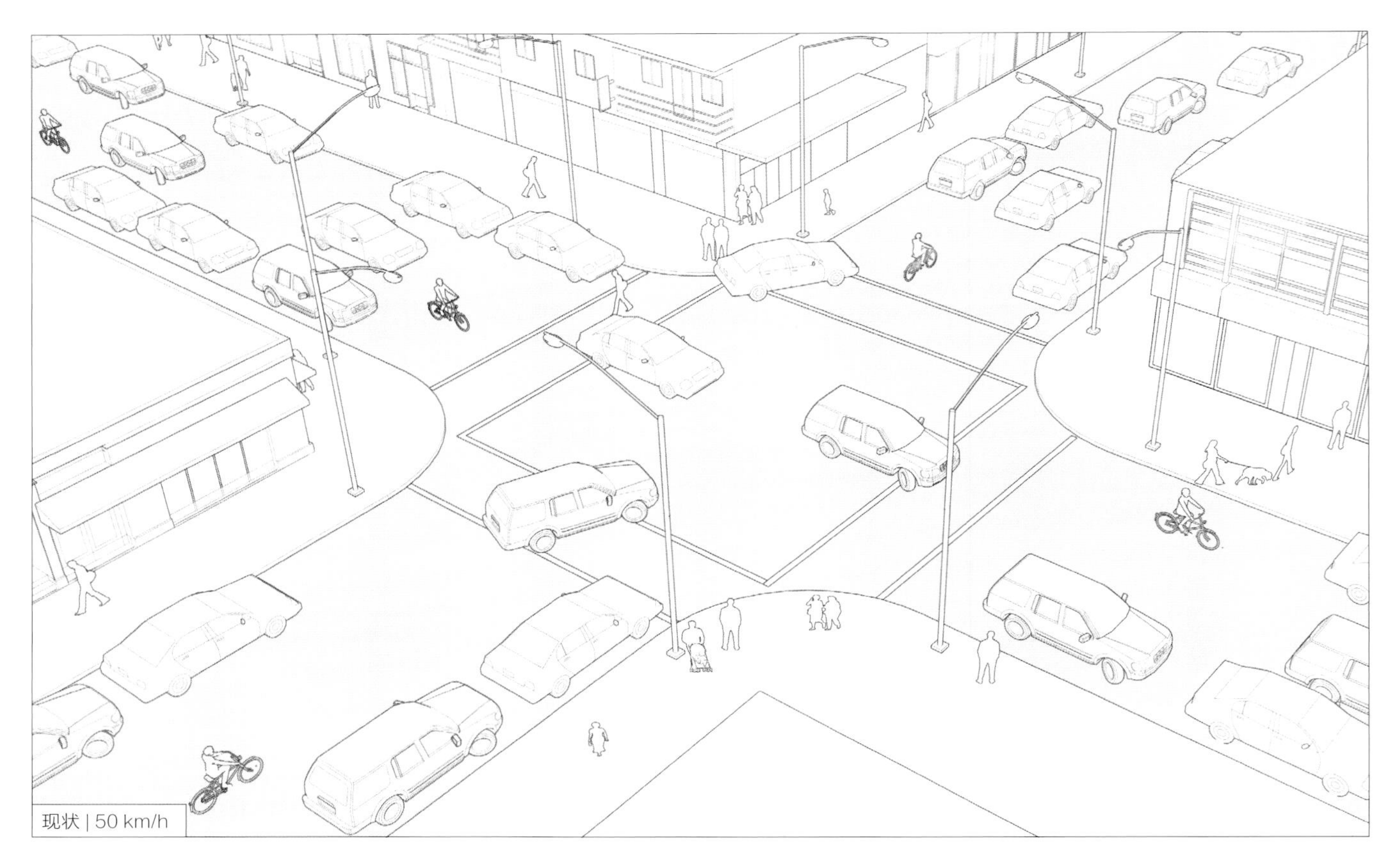

现状 | 50 km/h

现有条件

上图描绘了两条单向街道的交叉路口，每条街道上有一条行车道，两边均有不规范的停车。

较大的拐角半径容易使驾驶员高速转弯，与行人发生碰撞。停泊的车辆太靠近交叉路口会降低驾驶员和行人之间的可见度。

人行道上有障碍物，缺少遮阳和街道设施；人行横道标志少，并且没有无障碍坡道。

新加坡

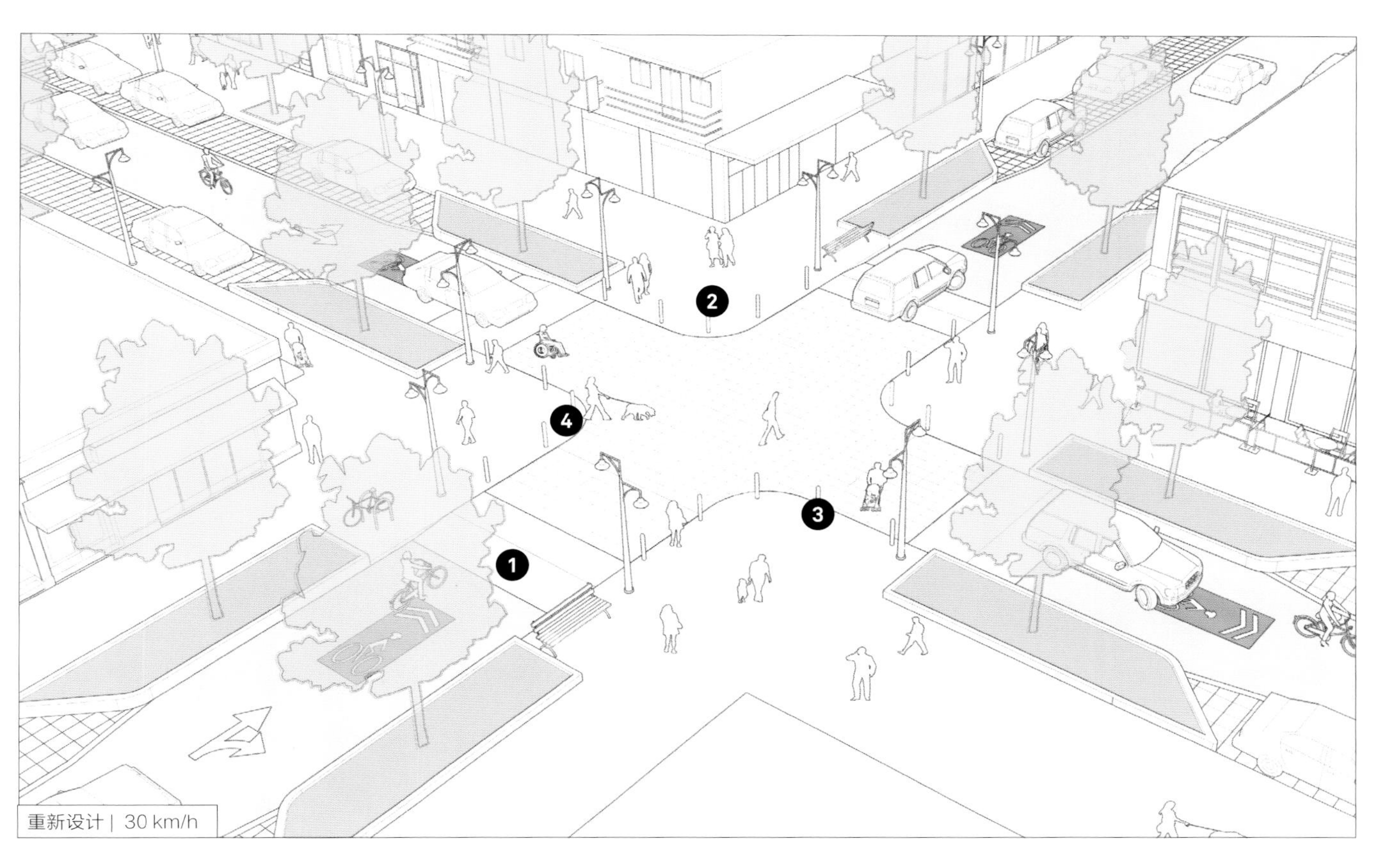

设计指导

❶ 抬高交叉路口，以创建一个安全、低速的交叉路口。设置减速带和其他垂直偏转元素，以降低车辆速度，并向驾驶员发出信号，告诉他们必须避让行人。

❷ 增加路缘扩展带和行人空间，缩短人行横道的距离，避免在交叉路口拐角处停车。使用这些延伸的空间来布置景观和街道设施。

❸ 如果在人行道上非法停车是常见问题，则可以使用护柱或其他街道设施来防止车辆侵占步行空间。

❹ 在没有车辆转弯的地方，为拐角设计最小构造半径，约0.6 m。

在低速廊道上优先考虑自行车交通，将其视为具有共享车道标志的自行车道。

移除一个停车道，创建一个反向自行车道。抬高的交叉路口可提高反向自行车骑行者的安全性，也使穿过对面车道的转弯更安全。

新西兰纳尔逊

11.6 | 社区网交叉路口 | 示例

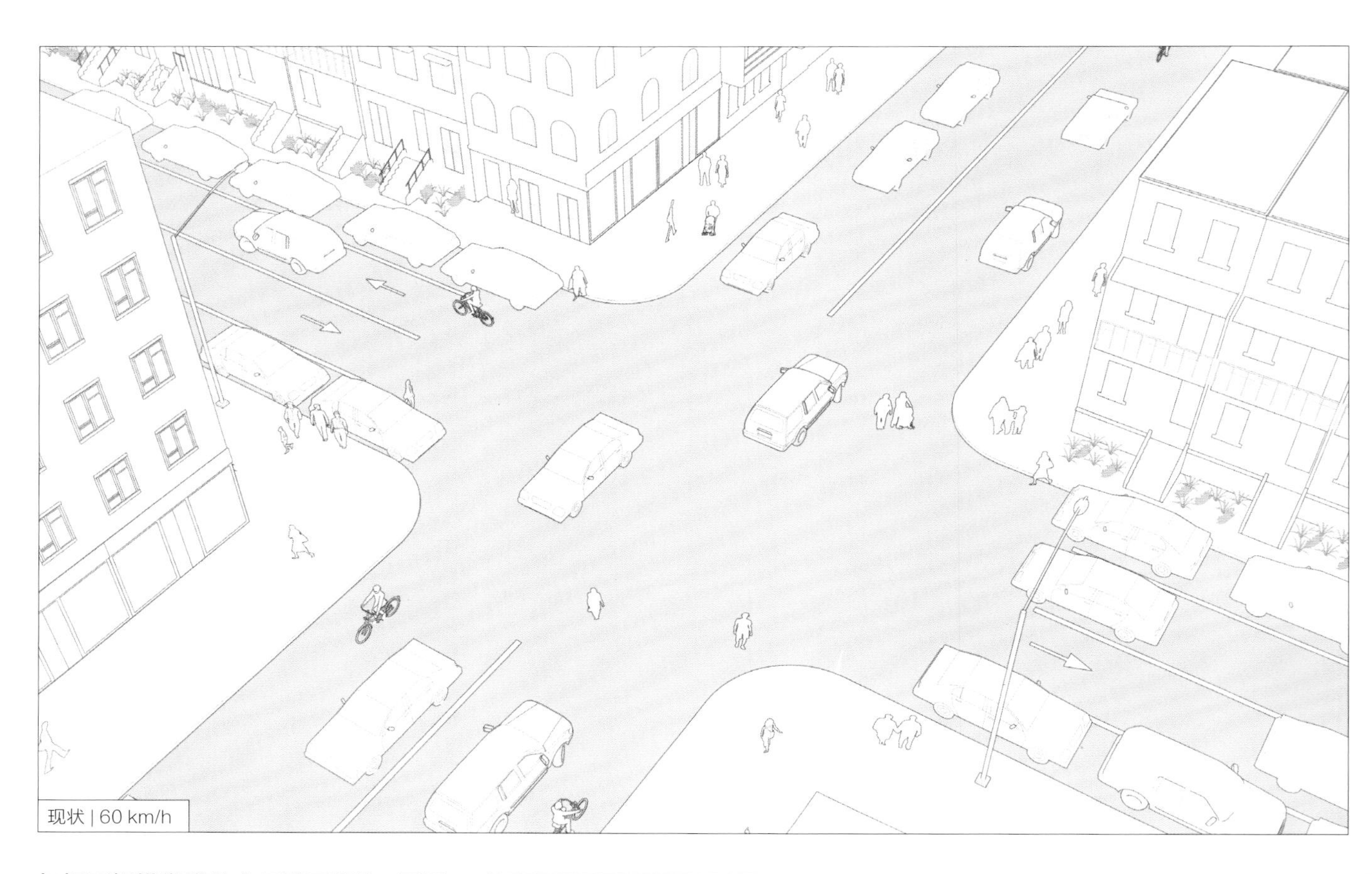

与相同规模街道的交叉路口相比，不同规模街道的交叉路口通常缺乏安全性和辨识度。当狭窄的街道与较大的街道相交时，可通过使用路缘扩展带、抬高的人行横道和较小的拐角半径等方式来定义环境。使用这些设计元素，在人们转向较窄的街道时，使其意识到自己已进入低速的环境。

现有条件

上图描绘了一条与住宅双向街道相交的双向大街。

凹陷式人行横道增加了行人的步行距离，行人往往会在没有标志的地方穿过街道。每条街道在交通网络中扮演着不同的角色，但其层次结构在交叉路口上未有显现。

停在住宅街道交叉路口的车辆会阻碍驾驶员与行人之间的视线。行人必须进入行车道，查看是否有车辆驶来，只有这样才能被驾驶员看见。

在较大的街道上，虽然自行车骑行者和行人穿过街道是合法的，却碍于现有的设计而无法通行。

车辆在这些地方通常无法避让行人，且没有设计提示来对其引导。

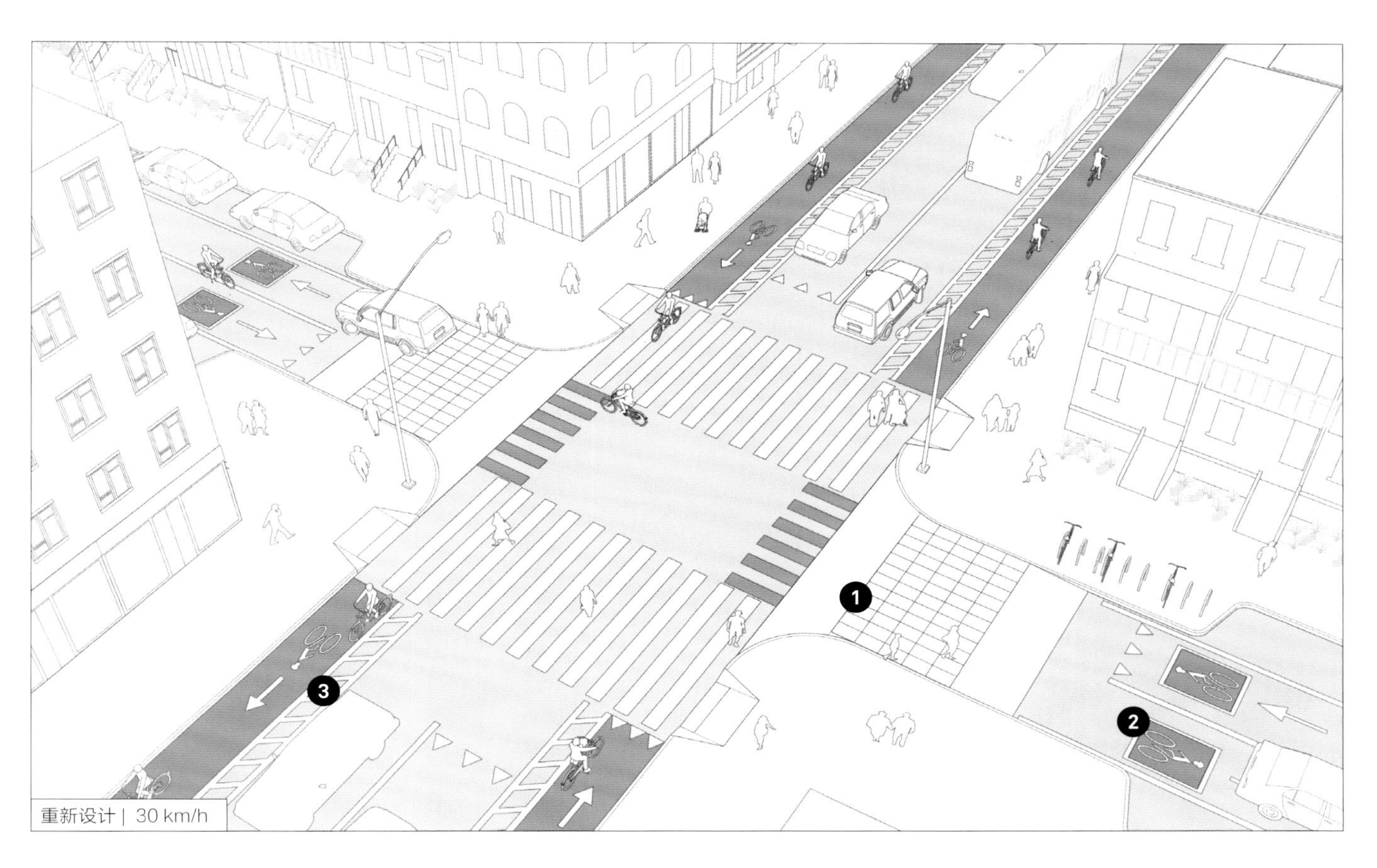

设计指导

在两条街道之间建立明确的层次结构，考虑所有用户和每个街道在较大网络中所起的作用。

❶ 抬高住宅街道入口处的人行横道，以防止驾驶员超速行驶，这样可以确保行人的安全，并提高交叉路口的易读性。

❷ 引入共享车道标志和靠前的停车框，以便自行车骑行者在交叉路口处享有优先权。住宅街道的最高速度为30 km/h，并鼓励使用交通减速策略。

❸ 在更宽的街道上增加缓冲自行车道，为自行车骑行者提供更安全的环境。

在较小的街道上设置路缘扩展带，以缩短人行横道的长度、保护行人，并防止驾驶员在交叉路口拐角处停车。

利用路缘扩展带停放自行车，布置绿色基础设施和街道设施。

巴西福塔雷萨

11.7 | 双向和单向街道交叉路口 | 示例

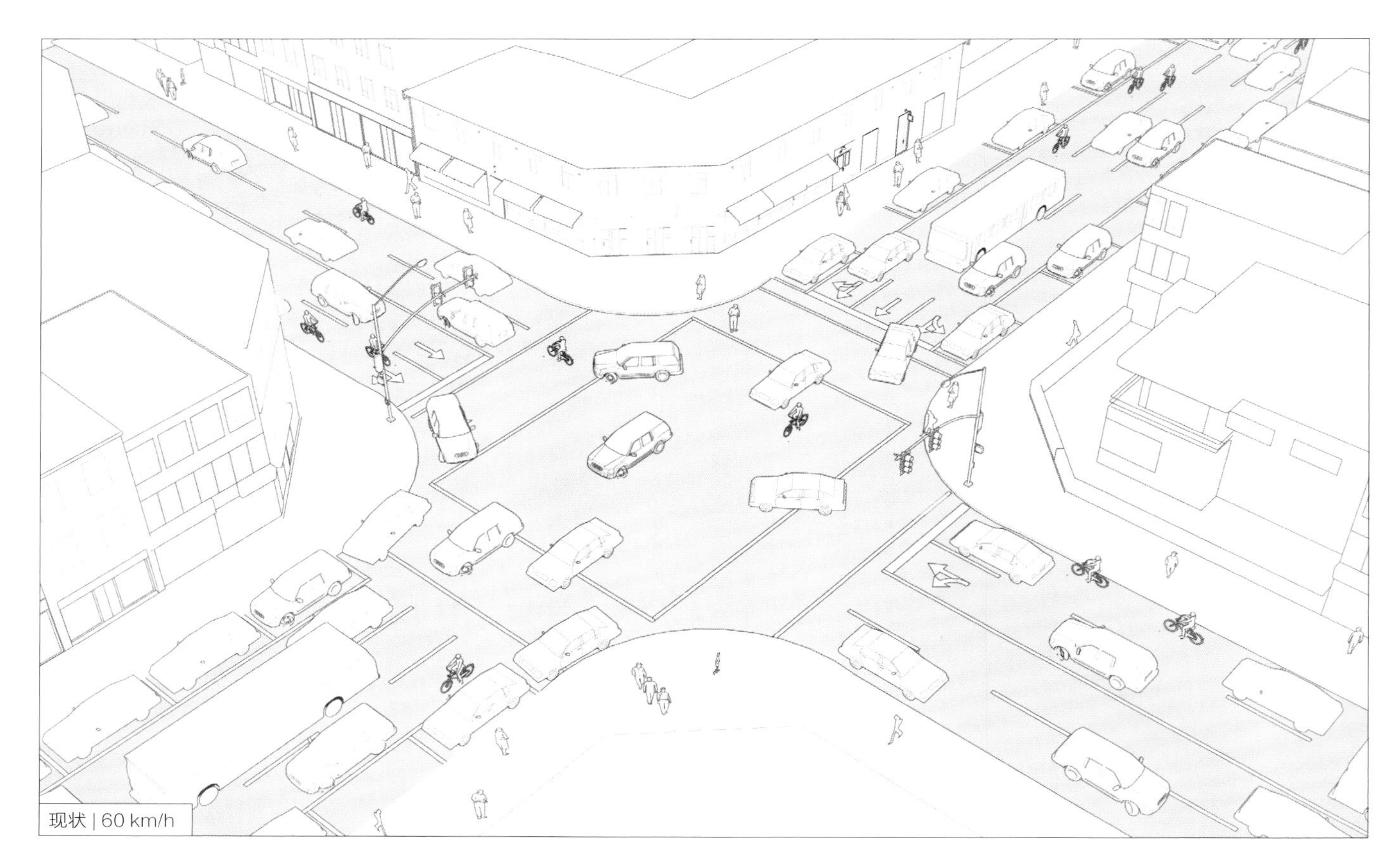

现状 | 60 km/h

当单向街道和双向街道相交时，可重新设计交叉路口，使其更加紧凑，以缩短行人过街距离，并改造公共空间。重新思考交叉路口的几何结构、信号配时和交通量，以制订明确街道用户层次结构的设计方案，同时提高交叉路口的安全性和易读性。

现有条件

上图描绘了宽阔的单向街道与双向街道的交叉路口，单向街道上有三条行车道和路边停车，双向街道在每个方向都有两条行车道。

在这些交叉路口，自行车骑行者和行人过马路时暴露在机动车中的时间过长。

较大的拐角半径容易使车辆高速转弯，并没有安全岛，无法保证繁忙交叉路口的安全。停止线离人行横道太近，或者没有标志，限制了驾驶员对危险情况的反应能力。

不受管制的停泊车辆可能会侵占人行横道，使弱势群体暴露于转弯车辆和迎面而来的车辆中。

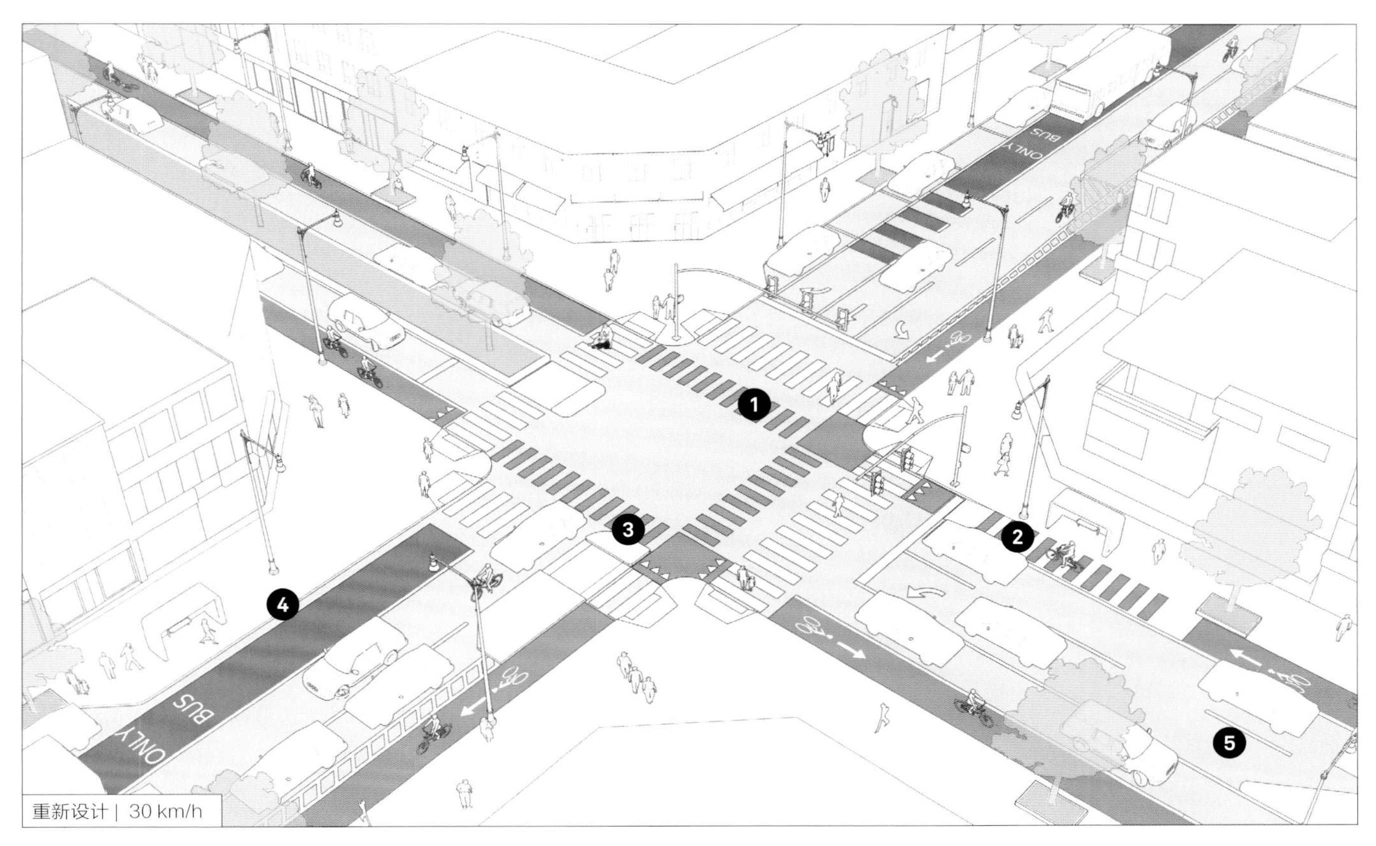

设计指导

使用路缘扩展带、公交车站台和安全岛，以创建一个更安全、更公平的交叉路口。

在单向街道上保留一条混合车道，移除一条行车道，并平移停车道，从而引入专用的公交车道和受停车位保护的自行车道。

公交车专用道被设计为一个共享的右转车道，允许适量车辆右转。路缘延伸到车道边缘半径6 m以内，以减小有效的转弯半径，降低右转速度，保护行人过路。

❶ 将自行车道地面标志延伸至整个交叉路口的冲突区，与自行车道的宽度和位置相匹配。

使用优先自行车/滞后的左转相位来管理穿越自行车道的转弯车辆。

❷ 当公共交通处于双向街道的混合交通中时，应抬高自行车道并改变标志，以避免在公交车辆停靠站附近发生碰撞。这有助于降低自行车速度，为公共交通乘客提供水平上车区域。在这个配置中，自行车骑行者必须避让行人。

❸ 在单向街道上建立行人安全岛，并将其与停车道对齐，以缩短行人过街的距离。在几何结构允许的地方设置安全岛。

❹ 公交车站台为乘客提供了专门的候车空间，通过更有效的登车来改善公共交通行程时间。在转弯车辆冲突较多的条件下，首选远侧公交车辆停靠站。

❺ 在双向街道上引入凹陷形中央分离带，以提供转弯车道，转弯车道能为穿越对面车道的转弯车辆提供保护。

美国纽约，行人安全岛和绿色基础设施与停车道平齐。这可以缩短行人的过街距离，并提升交叉路口的安全性

11.8 | 主要交叉路口：改造拐角 | 示例

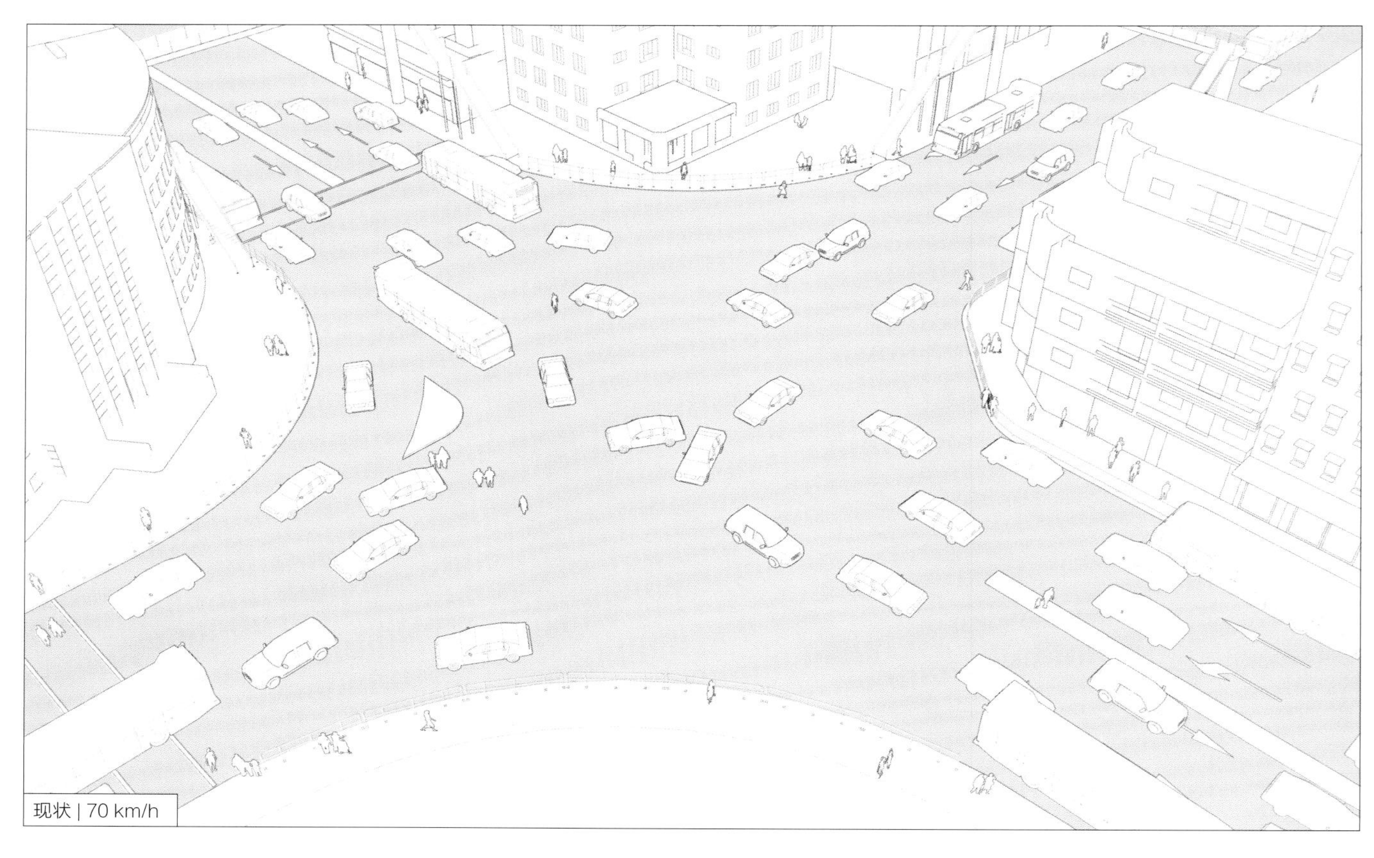

现状 | 70 km/h

两条主要街道的交叉路口既可作为一个障碍，也可作为一个节点。重新设计主要交叉路口需要对可用的工具进行批判性评估，从而使交叉路口更好地为街道用户服务。

权衡交叉路口的几何结构、信号配时和交通量，以制订一个明确街道用户层次结构的设计方案，同时提升交叉口的安全性和易读性。

现有条件

上图显示了一条有四条行车道的大型单向街道与一条双向街道相交，双向街道在每个方向都有三条车道。这个交叉路口宽阔且混乱，交通模式之间的空间分配不平衡，并有很长的交通信号周期。

该街道主要是为车辆设计的，人行道狭窄，或者没有人行道。

人行天桥将过路设施与地面分离，大大增加了行人的过街时间，且行走困难的人员无法使用。

沿着人行道有围栏，以防止人们在行车道上行走和非法停车，这进一步增加了行人的步行距离。商贩经常在这些地方售卖商品。

满足高速转弯需求的较大拐角半径，加上缺乏行人安全岛，使弱势群体处于危险的环境中。拐角处的滑移车道容易使驾驶员高速转弯而不必停顿。

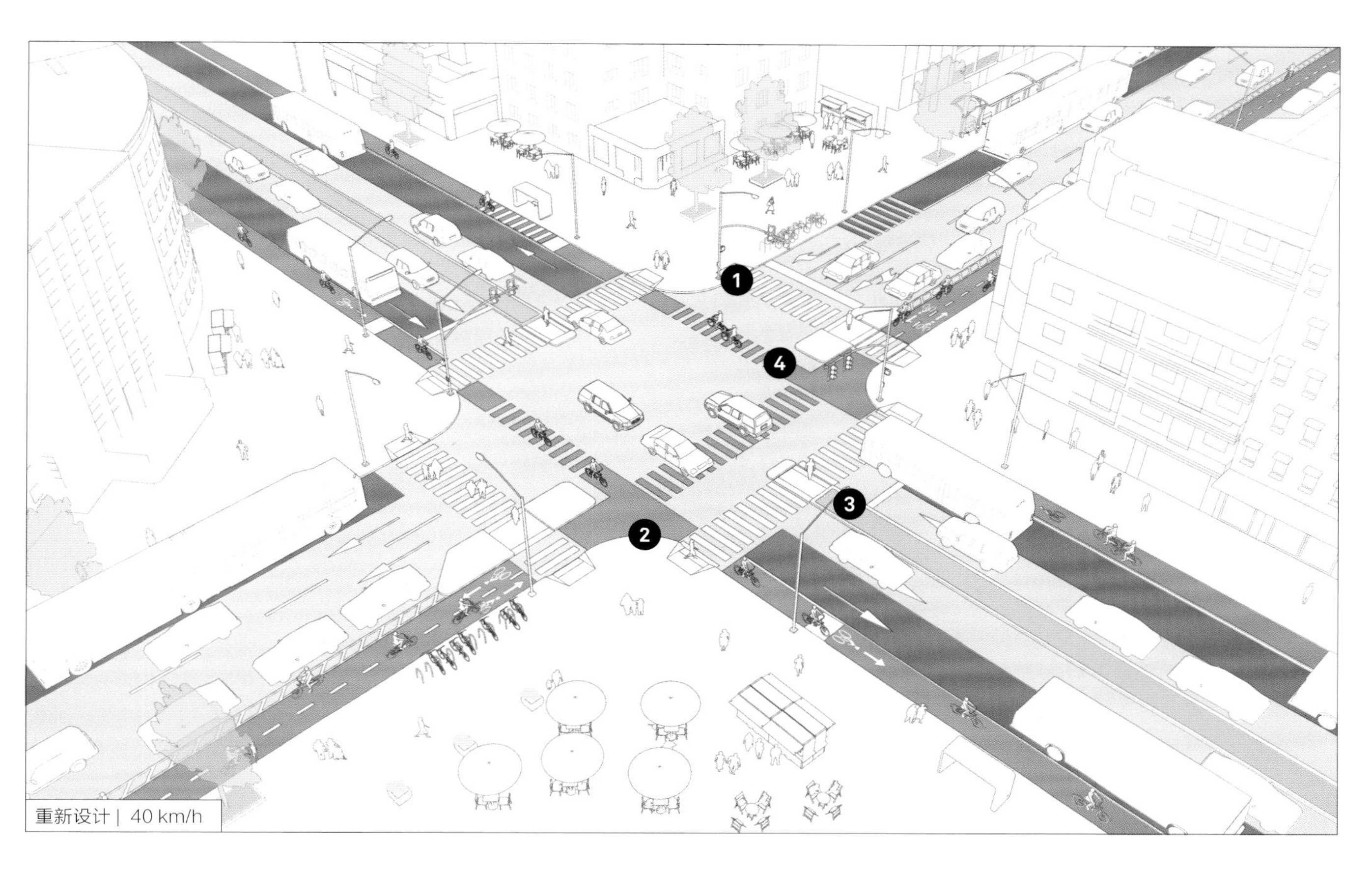

设计指导

重建时，将面向汽车的大型交叉路口转变为紧凑、清晰、安全的节点。

❶ 拆除行人天桥，用路面人行横道代替。这缩短了过街时间和距离，增加人行道空间，并使所有用户可以使用人行横道。

❷ 减少转弯半径，并重新利用拐角处的空间，以安全地容纳大量行人，同时为公交车辆停靠站和街道商贩创造了额外的空间。

设置行人安全岛，以缩短人行横道的距离，并提供受保护的等候空间。

❸ 缩短车道宽度，并扩大中央分离带，将其作为经济、有效的措施，以提高安全性。

❹ 将自行车道的地面标记延伸至整个交叉路口的冲突区，与自行车道的宽度和位置相匹配。优先大众公共交通，以增加繁忙街道的容量。

将双向街道每个方向上的一条车道和单向街道的一条车道转变为公交专用车道。

在单向街道上，移除一条行车道，增加受停车位保护的双向自行车道。

在双向街道上的每一侧增加一条抬高的自行车道。在与公交车辆停靠站相邻时，用斜坡车道将其抬升至人行道水平。改变标志，以标明这是自行车和公交车之间潜在的冲突区。

合理标记，以定义行车道；缩短行车道宽度，并降低车速。

埃塞俄比亚的斯亚贝巴，临时改造展示了缩小拐角半径等原则，增加了适当的交叉路口标记，并缩短了人行横道的距离

11.9 | 主要交叉路口：化圆为方 | 示例

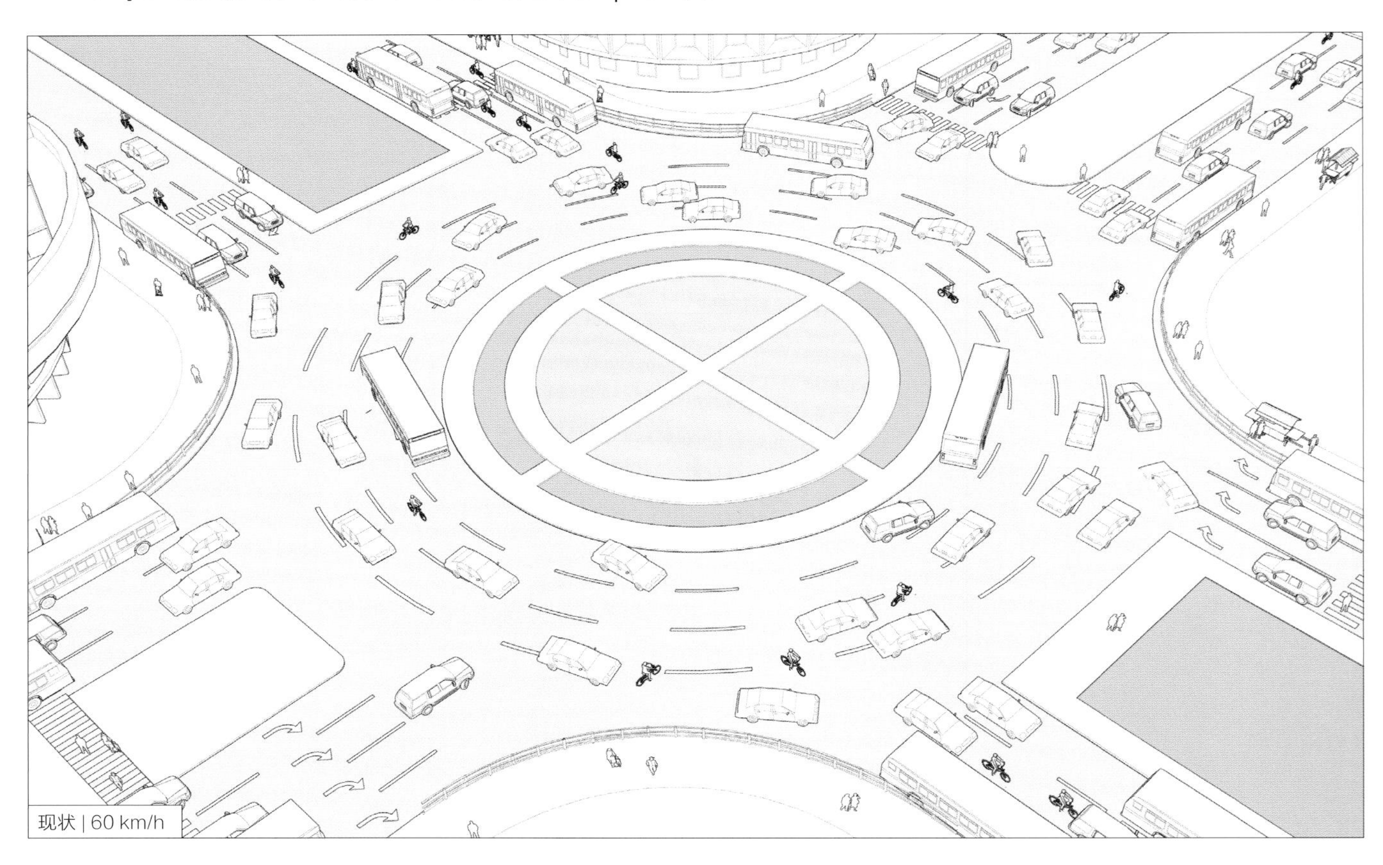

现有条件

上图描绘了一个无信号的宽阔交叉路口。它是一个大型环形交叉路口，但不易于使用，中央分离带隔开了两条街道上的双向交通。

由于大型环形交叉路口有较大的转弯半径，移动车辆所需的水平偏转较小，使其不具备紧凑型环形路口的优点，例如，管理速度和减少碰撞。

这个交叉路口在各模式间的空间分配极不平衡。

由于交通量高且缺乏人行横道，行人很难进入中央空间。

人行横道不连续，且在交叉路口处凹陷，增加了行人的步行距离。

埃塞俄比亚亚的斯亚贝巴，宽阔的圆形交叉路口使行人无法进入中央空间。由于圆形交叉路口的直径很大，行人必须走很长的路才能穿过街道，这样的交叉路口适合重新设计

越南胡志明市，轮椅上的行人正试图在繁忙的环形交叉路口处穿越街道

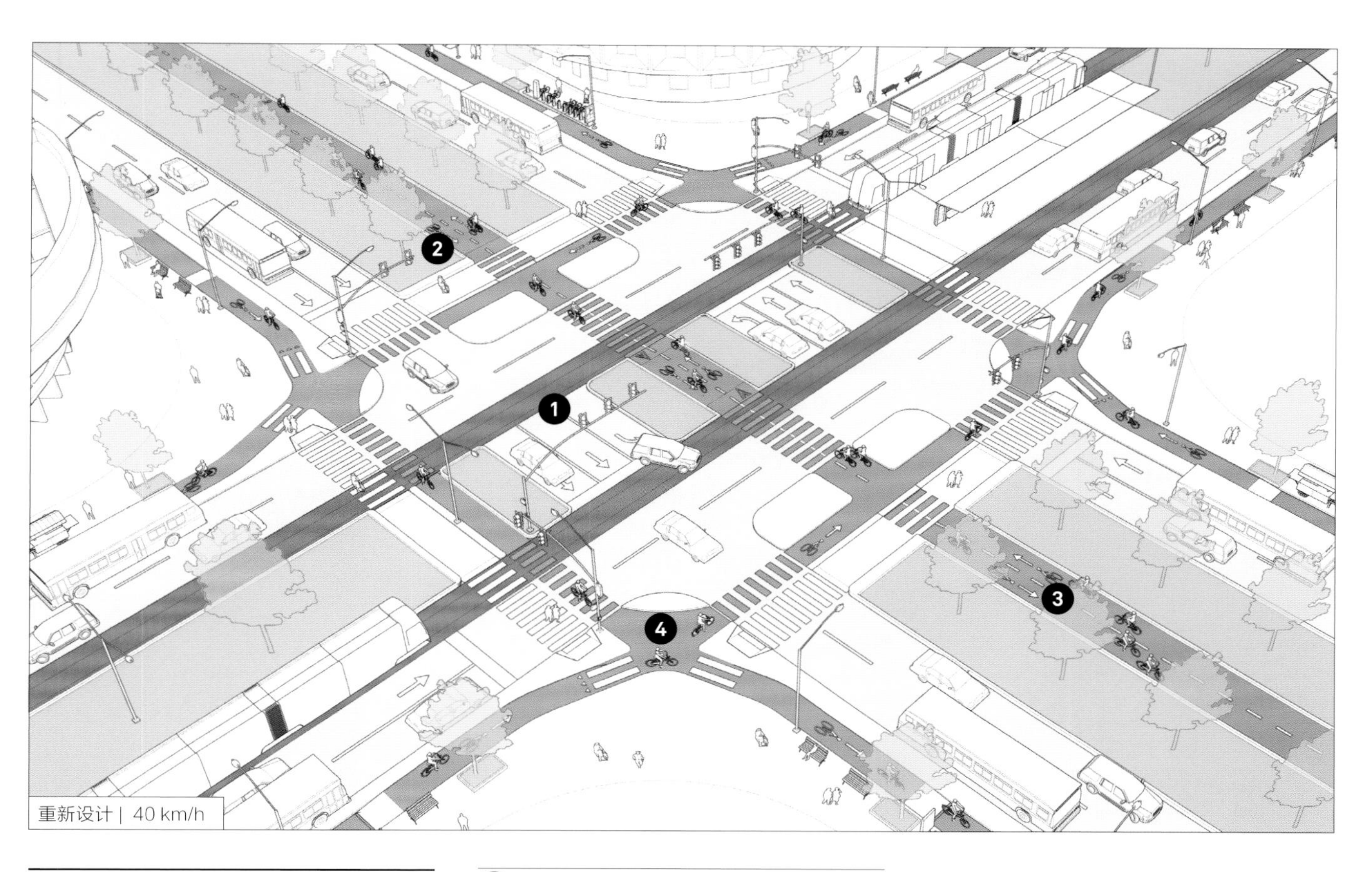

设计指导

本重建项目将环形交叉路口转变为正交配置，正交配置中有信号化的交通控制，且在不同的模式之间更均衡地分配空间。

缩短行车道宽度，增加公交专用车道、受保护的自行车设施，改善步行环境。缩小拐角半径，以限制车辆的转弯速度。

重新利用这些角落，以增加行人空间，缩短人行横道的距离。

❶ 在交叉路口处对齐行车道，标记相互交叉的线路，以引导行人使用连续路线。

引入专用的双向公共交通设施，以减少交通拥堵，增加街道总容量。

禁止车辆在无信号的交叉路口穿越公交专用车道进行转弯。

❷ 采取活跃中央分离带的措施，沿着公共交通廊道使用宽阔的中央分离带，以设置公共交通候车亭和车站。设计安全岛，将其与人行横道对齐，供行人进入车站，并提供座位。

❸ 在中央分离带上设置一条双向自行车道，为行人提供步行、娱乐空间。自行车道是连续的，有受保护的中央横道，并且可进入任一条街道上的路边自行车道。

❹ 添加角落安全岛和停车线，以保护自行车骑行者，使其更容易被迎面而来的车辆或转弯车辆识别。

在宽阔的中央分离带上进行园林绿化，种植树木，以增加渗透率，促进生物的多样性。

哥伦比亚波哥大，中央分离带上的双向自行车道

11.10 | 主要交叉路口：自行车保护 | 示例

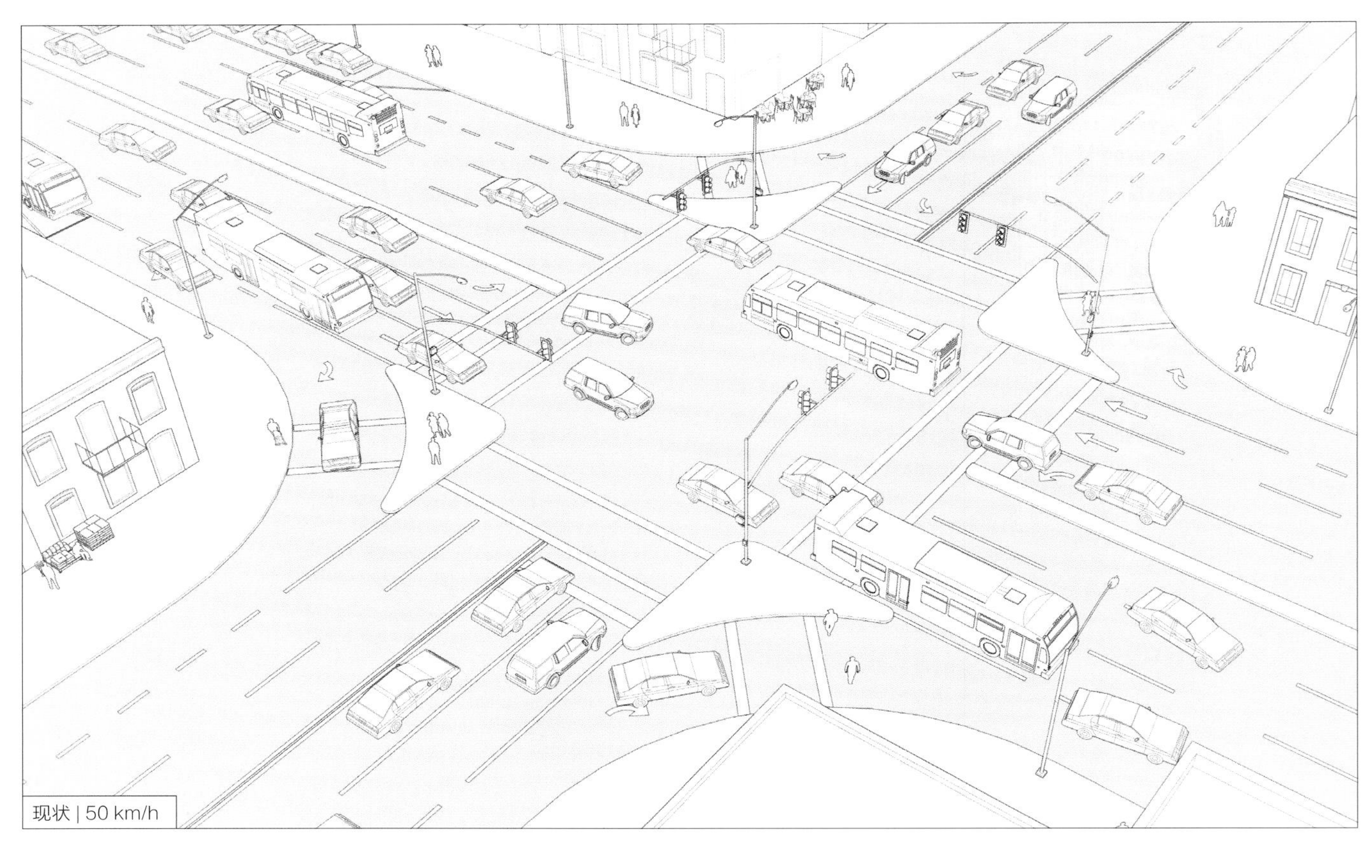

现状 | 50 km/h

现有条件

上图描绘了两个大型双向街道的交叉路口，两条街道每个方向上都有三条车道，这是个信号化的交叉路口。

这个宽阔的交叉路口在各模式间的空间分配不均衡，较大的拐角半径和滑移车道会促使车辆高速转弯。

人行横道过长，缺乏安全岛，增加了行人被车辆撞击的风险。

没有自行车设施，使自行车骑行者处于不安全的环境中，增加与转弯车辆相撞的风险。

在人行道和安全岛相交的地方缺乏人行坡道，导致交叉路口不具普遍可及性。

在没有专用信号相位的情况下，车辆会转向迎面而来的交通网络中，为过街的行人带来危险。

印度孟买

泰国曼谷

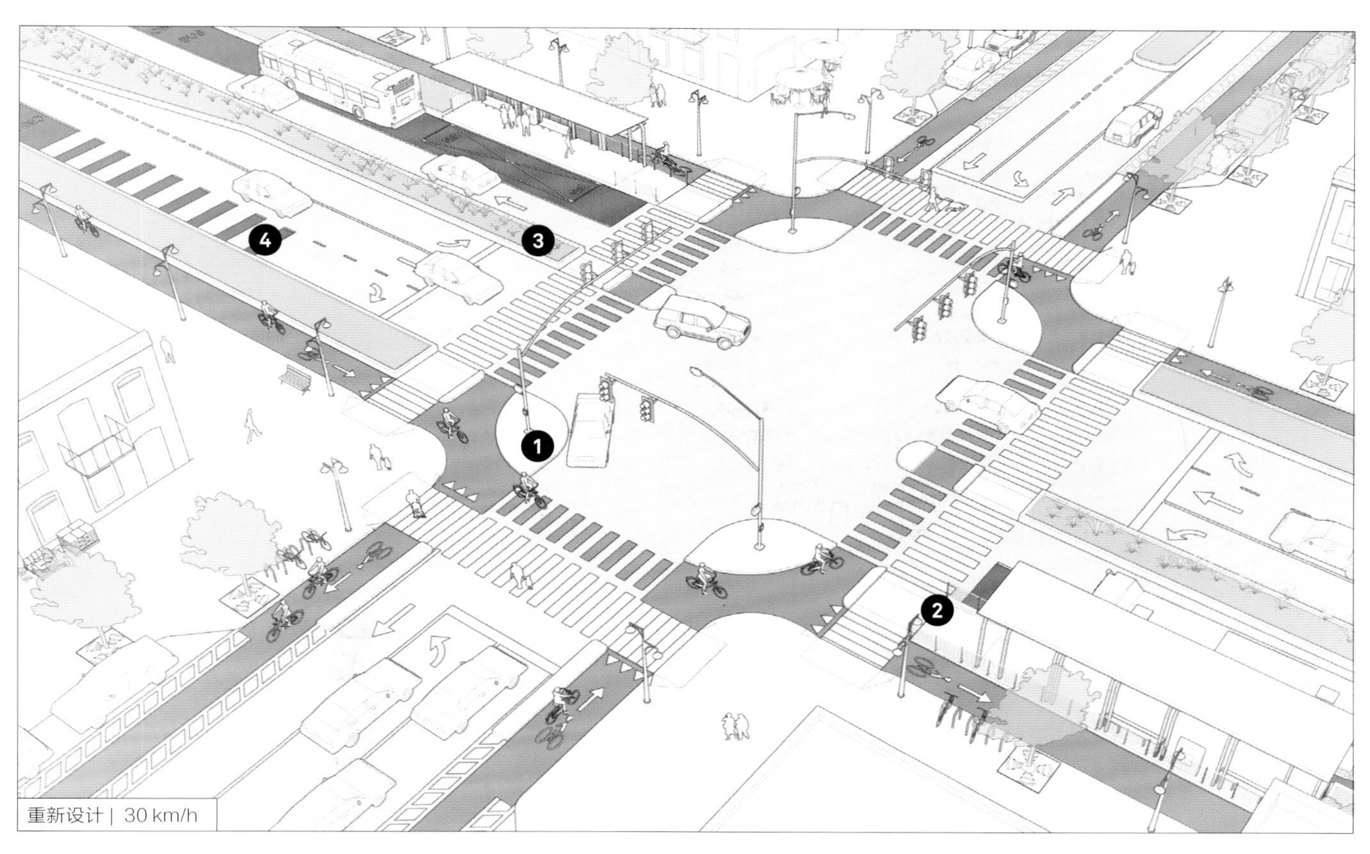

设计指导

重建项目展示了一种交叉路口设计，优先考虑所有用户的安全性，而不仅仅是机动车驾驶员。

在一条街道的每个方向上设置受保护的自行车道，并在另一条街道的每一侧提供缓冲自行车道。

❶ 这个受保护的交叉路口也称荷兰交叉路口，在自行车设施相交的地方，为自行车骑行者提供安全岛。自行车骑行者的转弯被设置为两段式，使用靠前的停车框和优先信号，赋予自行车骑行者优先权。设置较小的路缘半径，以降低车辆转过自行车道时的速度。详见第二部分“6.4 为自行车骑行者设计街道”。

公交专用车道毗邻自行车道，配有登车岛停靠站，以协调自行车骑行者、公交车和乘客在停靠站的关系。

❷ 侧面公共交通登车岛不仅消除了自行车骑行者和公交车之间的冲突，还为行人提供了额外的空间，缩短了人行横道的距离。通过登车岛时，可抬高自行车道，也可以使其在街道水平面上，但必须采用一定的策略，鼓励自行车骑行者避让行人。

扩展人行道和路缘，提供更安全的人行道和自行车横道，使其免受机动车的伤害。

❸ 拆除滑移车道，增加信号化的转弯车道，以便车辆左转。通过中央分离带的凹陷来设计转弯车道。

❹ 当交通量较低时，公交专用车道可供近侧转弯车辆使用。在这种情况下，最好进行远侧公交停靠配置，将转弯冲突降至最低。

增加的中央分离带“扮演”着重要的角色，也对城市绿化网络至关重要，特别是在网络被断开的交叉路口，可在这些地方增加景观带和植物。详见第二部分“7.2 绿色基础设施”。

荷兰代尔夫特

11.11 | 复杂的交叉路口：增加公共广场 | 示例

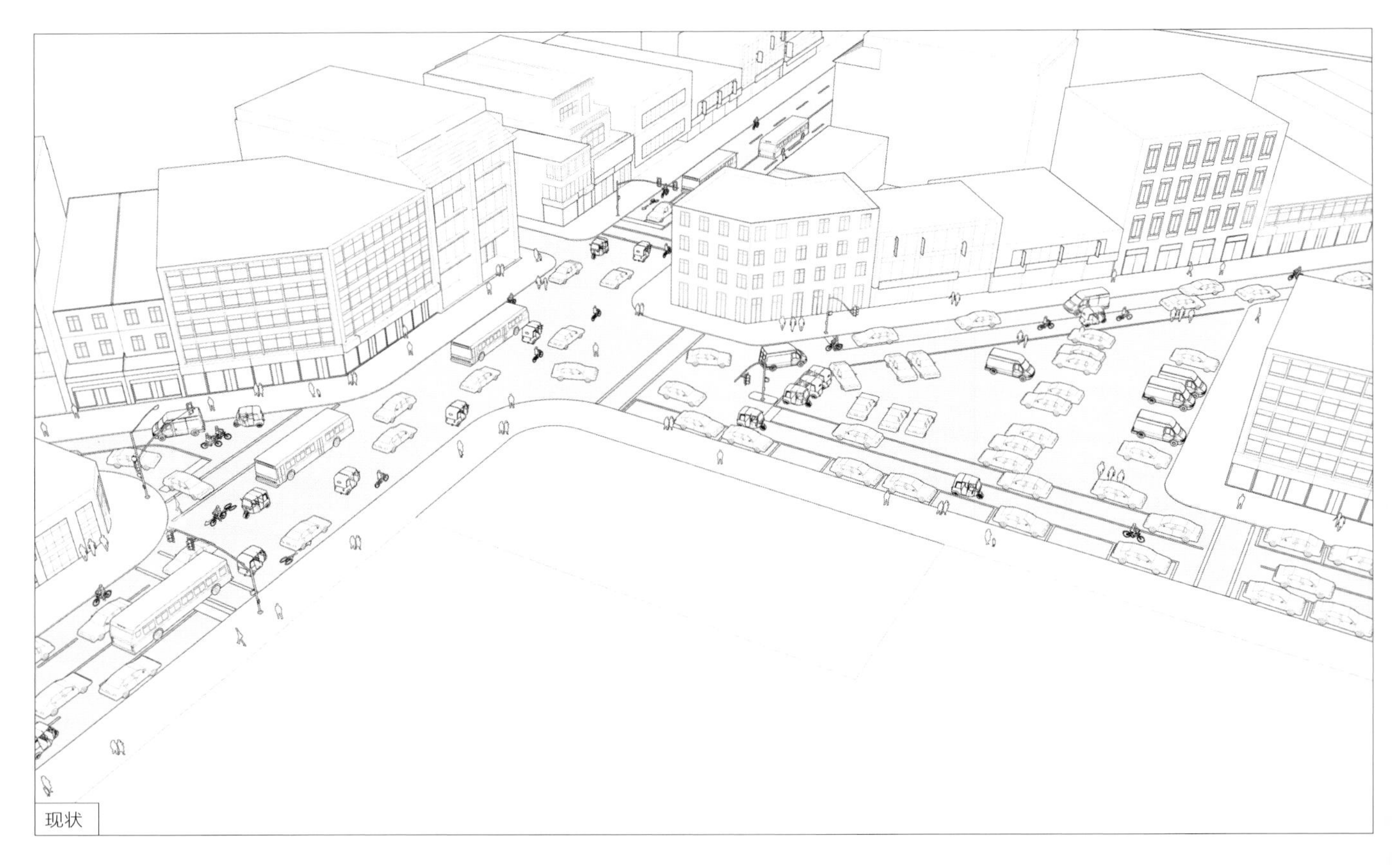
现状

复杂的交叉路口，特别是位于繁忙商业区或几条街道交界处的交叉路口，具有巨大的潜力，可以满足人们对公共空间的潜在需求。非正交的交叉路口在不规则和自发的城市结构中非常常见，当两个或更多正交网格相交时也会产生此类交叉路口。这些交叉路口缺乏可读性，会为所有用户带来安全隐患。

现有条件

上图描绘了一个大型信号化的复杂交叉路口，交通量大和多信号相位导致频繁的交通延误。

锐角交叉路口可降低驾驶员的可见度，而钝角交叉路口会造成高速转弯和不必要的长距离人行横道。

一条大街、两条较小的街道和一条斜角街道相交，形成一个多余空间。这个空间后来发展为停车场。

复杂的几何结构形成了长而凹陷的交叉路口，使所有用户难以穿过交叉路口。

改造前

改造后

巴西圣保罗

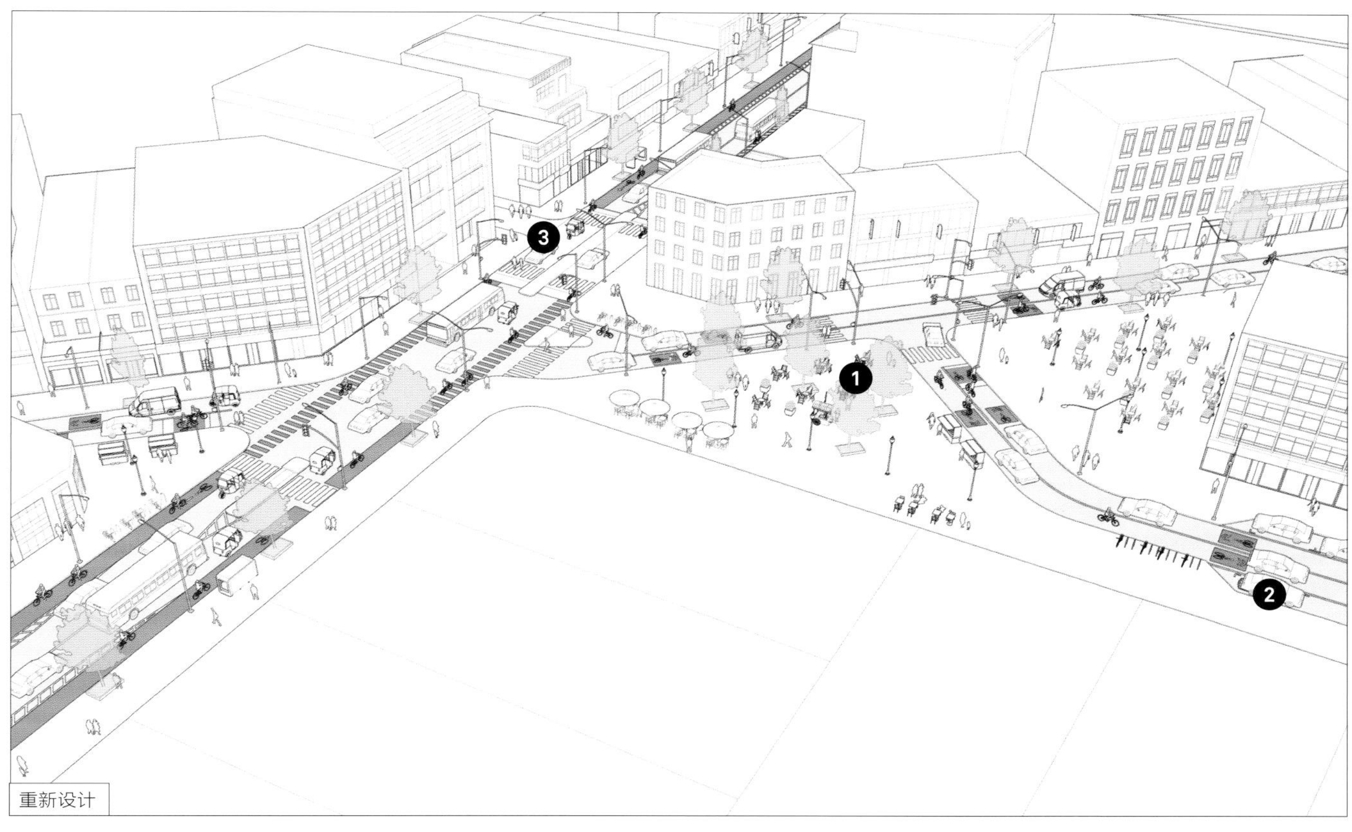

设计指导

通过简化正交几何结构、增加公共空间、改变较小街道的功能，来改造交叉路口。

重新设计交叉路口，使其尽可能接近90°角，如果条件允许，实施转弯和逆行限制。

优先主街道，使用斜角街道上的路缘延伸促进垂直交叉。

简化几何结构，减少同时相交的街道数量，以免需要多信号相位。

设计信号配时，应减少相位和累积周期长度，以提高运行效率。

❶ 将多余的空间转变成行人广场，与当地企业和居民合作，规划、管理并维护新建的公共空间。详见第三部分“10.3.4 行人广场”。

❷ 重新组织路边停车位，并将其从交叉路口处移开。

❸ 考虑将其中一条小街道改造为行人空间或共享空间，以进一步简化交叉路口，提高区域活力。增设抬高的人行横道和行人安全岛，方便行人安全地过街，并进入新的行人优先街道。

将路缘扩展带、行人安全岛和人行横道与人行道对齐，以缩短人行横道的距离，确保行人的安全，并为其提供便利。

在交叉路口处为自行车设施标记冲突区域，并规划优先停车线。详见第二部分“6.4 为自行车骑行者设计街道”。

在钝角和模棱两可的交叉路口，自行车骑行者更容易暴露在交通系统中，必须突出碰撞标志，并辅以优先的自行车间隔，以提高自行车骑行者的安全性。

阿根廷布宜诺斯艾利斯

11.12 | 复杂的交叉路口：改善环形交叉路口 | 示例

现状

现有条件

许多城市拥有庞大的环形交叉路口、无法访问的中央空间、复杂的交通模式和对所有用户而言都非常危险的环境。

上图描绘了一个大型环形交叉路口，七条街道以多个角度相交，导致驾驶员以不同的速度和可变的视线进入环形交叉路口。一条单向街道和双向街道在此相交，这样的组合形成了令人费解的交通模式。

大型环形交叉路口不具备紧凑型环形路口的优点，例如，管理速度和减少碰撞。

行人无法进入宽阔的中央空间，无标志的行车道会给弱势群体造带来危险，且没有提供自行车设施。

埃及开罗

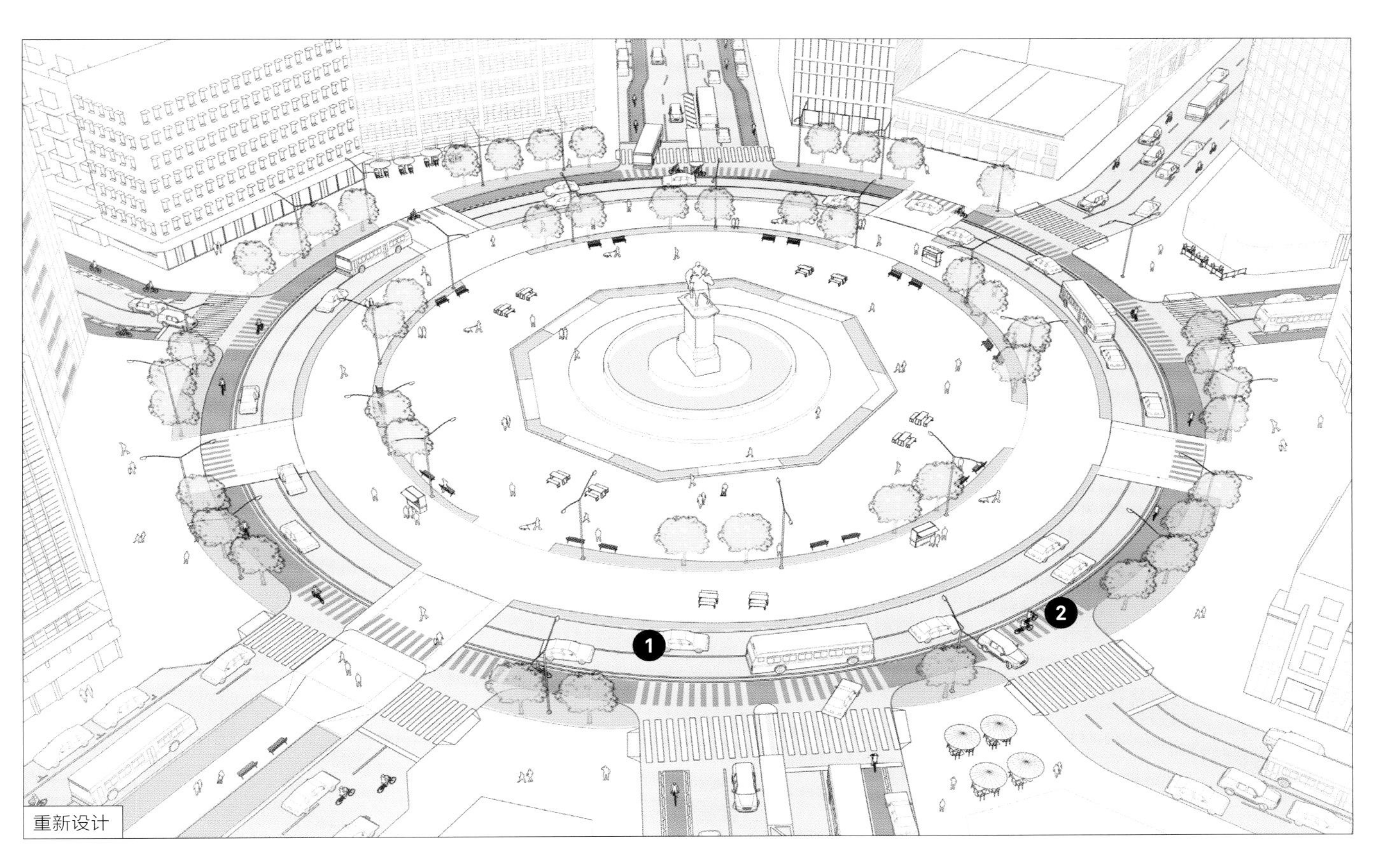

设计指导

重新设计此交叉路口，方便所有用户活动，并提高中央开放空间的可用性、安全性。

拓展中央空间，并抬高人行横道，以确保行人安全通行，同时减缓车辆交通的压力。

❶ 将环形交叉路口减少到两个行车道，减少环形交叉路口内的冲突区和车道变化。

重新配置街道，使其与环形交叉路口相交处尽可能接近90° 角。

确保进入交叉路口的车辆都有清晰的视线，能够看到迎面而来的所有交通模式，并降低所有进入车辆的速度。

拓宽人行道和中央广场，将空间提供给街道商贩或其他积极用途。增加植物、树木、座位、照明设施和其他街道设施，使中央空间更具吸引力和功能性。

❷ 相邻街道上的各种自行车设施在环形交叉路口处相交时，应明确界定整个交叉路口的自行车路径。在环形交叉路口外部设置自行车道，以减少自行车与机动车的碰撞，并明确标注潜在的冲突区。

墨西哥墨西哥城，Fuentes de Cibeles 交叉路口

11.13 | 复杂的交叉路口：提升通行能力 | 示例

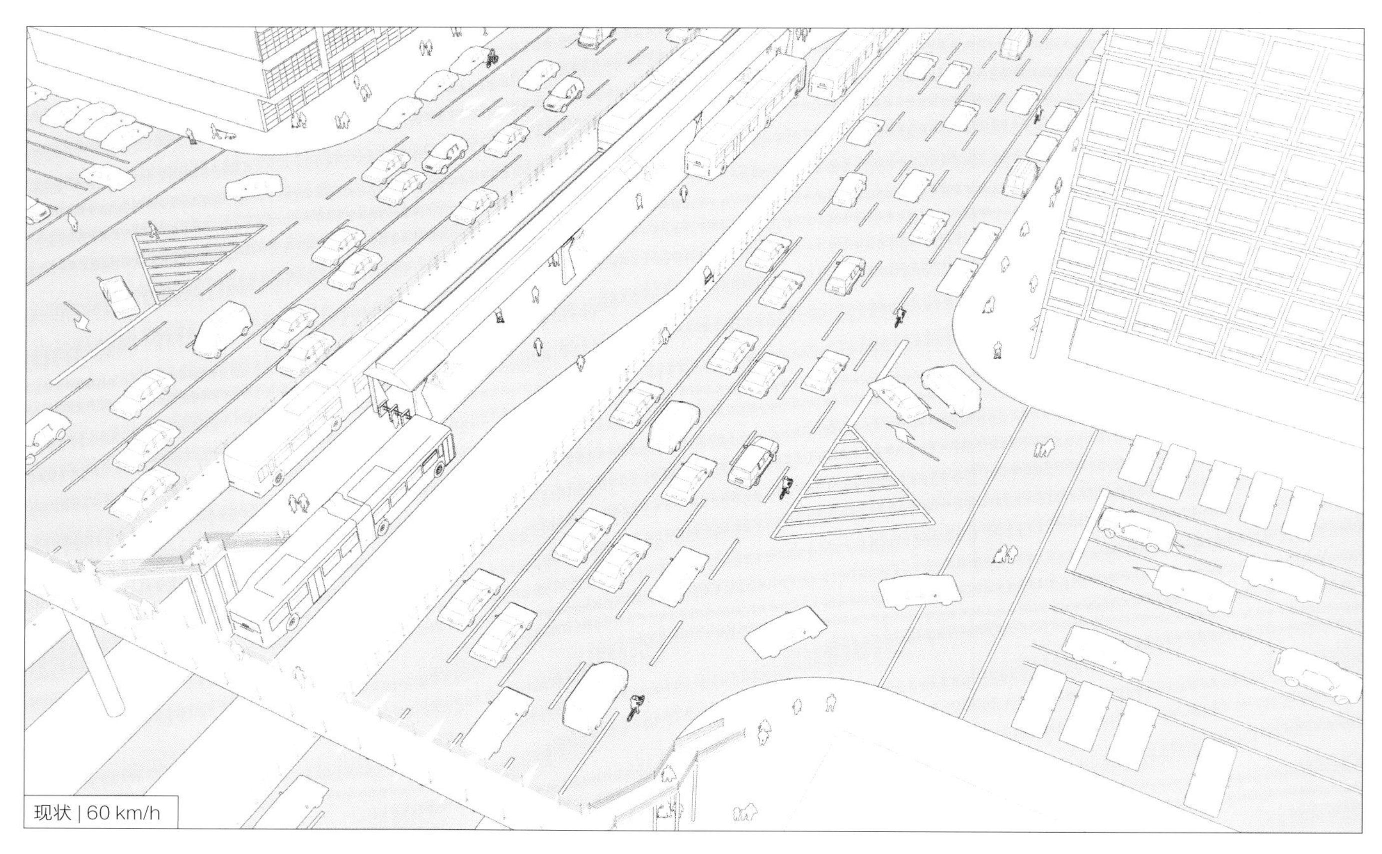

现有条件

引入公共交通系统，如BRT或轻轨，可能会彻底改变街道和交叉路口，以提高公共交通服务的效率。

这些廊道可能连接几个街区的无交叉路口，以避免与横向交通发生冲突。行人被引导到人行天桥，自行车骑行者则被迫绕道而行。

上图描绘了一个主要廊道，其设计旨在使直行车辆和公共交通优先行驶。中央廊道与当地街道不相交，车辆必须右转行进。

自行车骑行者在混合交通车道或人行道上骑行，增加了与驾驶员、行人发生碰撞的概率。

较大的拐角半径和宽阔的车道会促使驾驶员超速行驶，沿公共交通廊道的围栏会阻止行人穿越街道。

过街设施与地面分离，行人必须使用高架桥穿过街道，或进入中央登车岛使用公共交通。

哥伦比亚波哥大

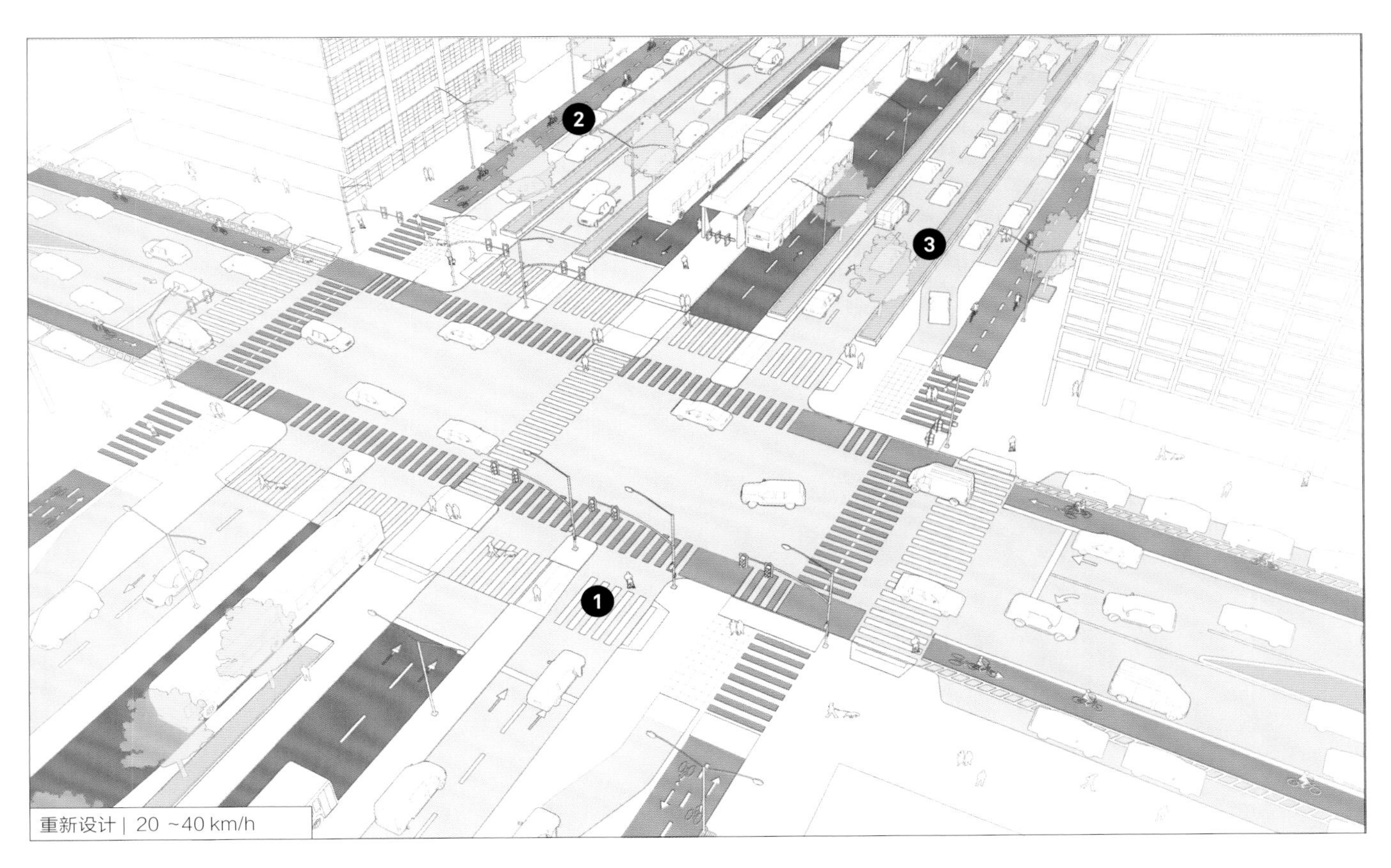

设计指导

重新设计交叉路口，提升通行能力，优先考虑行人，并鼓励非机动用途，保持有效的公共交通系统。

❶ 拆除高架桥，并在交叉路口和街区中段设置人行横道，让行人直接进入地面公交车辆停靠站。

配备路缘扩展带和安全岛，以缩短人行横道的距离。

❷ 引入受停车位保护的自行车道和缓冲自行车道，为自行车骑行者提供安全的街道环境。

这条宽阔大街两旁的双向自行车设施可以减少跨越快速交通车道的需求，为整个自行车网络提供高品质的廊道。将自行车道的地面标志延伸至交叉路口的冲突区，与自行车道的宽度和位置相匹配。

移除中央分离带的围栏，用两侧的花盆和树木替代。

❸ 将本地交通与过境交通隔开，将主车道的路边停车位移到服务车道中，服务车道速度限定为20 km/h。

移除交叉路口处的停车场，并抬高人行横道。采用不同的方法来管理车道，以降低速度，拓宽机动车、自行车骑行者和行人之间的视野。

中国银川

管理或限制穿越对面车道的转弯车辆，以提高公共交通的可靠性和安全性。详见第二部分“8 运营和管理策略”。

H&M

芬兰赫尔辛基

重要术语

活跃的临街地界

活跃的临街地界是指临街门面或街道边缘，允许街道用户和建筑首层进行视觉或身体接触。拥有密集的大门和窗户，几乎没有空白墙壁；正面狭窄的建筑为街道边缘带来垂直节奏；外立面连贯；有一定的透明度，人在建筑内可以看到街道；街道上的溢出部分可活跃临街地界，为街道环境增添趣味性和活力。

积极的交通方式

积极的交通方式（健康的交通选择）是指任何形式的人力交通运输，包括步行、骑自行车或使用非机械化的轮椅，对公共健康有积极影响。积极的交通方式也是可持续的交通，因其具有较少的碳消耗，且不会对碳排放造成影响。

行人通行区

行人通行区定义了街道上主要用途和可及的路径。作为无障碍、水平和光滑的表面，能确保行人拥有一个安全、充足的行走空间。通行区必须足够宽，让两个使用轮椅的人能够彼此通过，建议最小宽度为1.8m。

视距（交叉路口）

在交叉路口设计中，视距包括禁止在交叉路口一定的距离内停车和装卸货物，以扩大驾驶员和行人的视线范围。可以通过几何设计来实现，如物理延伸路缘，或者抬高人行横道。临时或永久的护柱常用于交通规则遵守情况不佳的区域。

偏转

垂直偏转：作为一项速度控制措施，涉及路面高度的调整。设计良好时，垂直偏转本身会迫使驾驶员降低速度。垂直偏转的例子包括减速带、速度缓冲垫、减速台和抬高的人行横道。

水平偏转：水平速度控制措施会使驾驶员在经过视线较窄的道路或弯曲的行车道时减速。水平偏转的例子包括路缘扩展带、夹点或关口、减速弯道，以及引入中央分离带、行人安全岛而形成狭窄的道路。

门障

当一辆过路的自行车在开门区域被停泊车辆突然打开的车门困住时，则称为门障。

暴露和风险

本指南将“暴露”定义为被暴露于危险的状态下，用于测量用户遭遇交通事故的概率。“风险”是遭遇危险、伤害或损失的状态，涉及知觉、意愿和便利等因素。在数学领域，“风险”称为伤害率，指受到伤害或碰撞的人数与暴露量或人口数量的比。

设施（自行车或公共交通）

设施是指街道内的指定空间，专用于既定的移动模式，如自行车设施或公共交通设施。专用设施可确保各种交通模式安全、高效地运行。

绿色基础设施

绿色基础设施是指管理雨水和其他自然资源，以创造更健康的街道环境。该术语描述了对自然环境进行模拟的绿色空间和水系统网络，并重视其带来的多种环境、经济和社会效益。

基础设施（行人、自行车或公共交通）

基础设施是指给定交通方式的使用者所使用的设施。对行人而言，可以指人行道、可达性坡道或长凳。而对于自行车骑行者，可以指自行车设施、自行车架、停车场、自行车信号等。

临时设计策略

临时设计策略是指城市在短期内改善道路和公共空间的手段，包括低成本的临时材料、新的公共设施以及与当地利益相关者建立新型的伙伴关系。这些策略共同的综合运用，有助于加快项目交付的速度。

“死亡或重伤”（KSI）和道路交通死亡

“死亡或重伤”（KSI）的定义可能因国家而异。本指南中的“重伤”是指由于碰撞而导致的非致命伤害，但使人无法行走、驾驶或无法继续进行其在伤害发生前能够开展的活动。死亡是指道路交通事故死亡人员，在碰撞后30天内因遭受事故的伤害而死亡。道路交通死亡是指死亡和重伤。

混合交通

不同运行速度的用户、车辆，在没有物理分隔的情况下混合在一起，这种交通形式被称为混合交通。

模式份额（交通分担比）

模式份额也称方式划分、模态份额或模态拆分，是使用特定类型交通工具的通勤者所占的比重，或指使用特定交通类型的通勤次数。

道路或行车道

道路也称为行车道或车道，是街道的一部分，用于车辆运动，区别于人行道或中央分离带。通常是指路缘到路缘的距离，可以从路缘一边到另一边进行测量。

街道容量

街道容量是指在街道上，使用任何交通方式在给定空间和时间内移动的人流量或总人数。

可持续的交通模式

在社会、环境和气候等方面可持续的交通都可以称为可持续的交通模式。这类交通模式不会使用枯竭的自然资源，而依靠可再生能源或再生能源。这种运输形式能体现社会公平性，为交通机动性的实现创造了便利条件。本指南将所有积极的交通模式、公共交通方式以及使用可再生能源的车辆视为可持续的交通模式。

目标速度

目标速度是指用户应该行进的最快速度，应根据用户需求和街道环境来确定，并将其用作设计速度；也为发布速度限制提供了一定的依据。采用主动的方法，选择目标速度，并通过设计来实现该速度，并通过物理和感知引导驾驶员行为。

交通减速

使用物理设计或其他措施，包括狭窄的道路、垂直偏转、水平偏转，以降低车速，或减少机动车交通量，从而提高行人和自行车骑行者的安全。

弱势群体

虽然所有道路用户都可能在道路交通事故中受伤或遭遇风险，但不同用户之间的死亡率却差别明显，特别是行人、自行车骑行者和机动两轮车用户，它们通常要面临更大的风险。在不同的行人类别下，儿童、老年人和残疾人士更脆弱，他们的身心、技能还没有完全发育或已经减退。

普遍可及性

在本指南的框架之下，普遍可及性是建立在通用设计原则的基础上，它指设计能够满足各个年龄段和不同能力行为的人需求，包括受身体、精神以及环境条件限制的人。他们可能在某一特定时刻处于不利的状态。普遍可及性解决了更大范围内的可及性问题，方便每个人在街道上进行活动。

注释

1 定义街道

1. Jane Jacobs, *The Death and Life of Great American Cities* (New York: Vintage Books, 1961).
2. CABE, *Paved with Gold: The Real Value of Street Design Briefing. Publication* (London: Commission for Architecture and the Built Environment, 2007).
3. World Health Organization, *Global status report on road safety* (Geneva: WHO, 2013).
4. *A modeling study of Portland, Oregon (USA) estimated that by 2040, investments in bike facilities (costing from $138 to $605 million) will result in healthcare-cost savings of $388 million to $594 million, fuel savings of $143 million to $218 million, and savings in the value of statistical lives of $7 million to $12 billion.*
   Thomas Gotschi, "Costs & Benefits of Bicycling Investments in Portland, Oregon". *Journal of Physical Activity & Health* 8 (2011), 49–58.
5. *In America the average cost of congestion to a car-owning household is estimated to be $1,700 a year; in France it is $2,500. But traffic is so bad in Los Angeles that each resident loses around $6,000 a year twiddling their thumbs in traffic—at a total cost of $23 billion, the costs are estimated to exceed that of the whole of Britain. But these costs do not take account of the price of carbon-dioxide emissions. In total, over 15,000 kilotons of needless CO_2 fumes were expelled last year—which would cost an additional $350m to offset at current market prices. In choked-up Los Angeles $50m alone would have to be set aside.*
   "The cost of traffic jams", The Economist, accessed June 7, 2016 http://www.economist.com/blogs/economist-explains/2014/11/economist-explains-1.
6. L. J. Blincoe et al., *The economic and societal impact of motor vehicle crashes* (Washington, DC: National Highway Traffic Safety Administration, 2010).
7. Chung Yim Yiu, "The Impact of a Pedestrianisation Scheme on Retail Rent-an Empirical Study in Hong Kong." *Journal of Place Management and Development* 4, No.3 (2011).
8. New York City Department of Transportation, *Measuring the Street: New Metrics for 21st Century Streets* (New York, NY: NYC DOT, 2012).
9. Foster Josh, Lowe Ashley and Winkelman Steve. *The Value of Green Infrastructure for Urban Climate Adaptation* (Washington, DC: Center for Clean Air Policy, 2011)
10. Foster, *The Value of Green Infrastructure for Urban Climate Adaptation*
11. Michael Alabi et al., "Street Tree Canopy Cover Variation Effects on Temperature in Lokoja, Nigeria." *Journal of Agriculture and Environmental Sciences* 2 No. 2 (2013): 25.
12. David Nowalk et al., *Understanding the Benefits and Costs of Urban Forest Ecosystems: Handbook of urban and Community Forestry in the Northeast New York* (New York, NY: Klumer Academic/Plenum, 2007).
13. Robert J. Shapiro, Kevin A. Hassett, and Frank S. Arnold, *Conserving Energy and Preserving the Environment: The Role of Public Transportation* (Washington, DC: American Public Transportation Association, 2002).
14. Kathleen L. Wolf, "Urban Nature Benefits: Psycho-Social Dimensions of People and plants" (Fact Sheet No. 1, Center for Urban Horticulture, University of Washington, Seattle, WA, 1998)
15. Foster Josh, Lowe Ashley and Winkelman Steve. *The Value of Green Infrastructure for Urban Climate Adaptation* (Washington, DC: Center for Clean Air Policy, 2011)
16. Ralf Hansmann, Stella-Maria Hug, and Klaus Seeland, "Restoration and Stress Relief through Physical Activities in Forests and Parks" Urban Forestry & Urban Greening 6, no. 4 (2007): 213-25.
17. Frances, Kuo and W. C. Sullivan, "Environment and Crime in the Inner City: Does Vegetation Reduce Crime?" *Environment and Behavior* 33, no. 3 (2001): 343-67.
18. World Health Organization, *Road Traffic Injuries* (Geneva: WHO, 2015).
19. World Health Organization, *Global status report on road safety* (Geneva: WHO, 2015), 9.
20. Ben Welle et al. Cities Safer by Design: *Guidance and Examples to Promote Traffic Safety through Urban and Street Design* (Washington, DC: World Ressource Institute, 2015).
    Erik Rosén and Ulrich Sander, "Pedestrian fatality risk as a function of car impact speed," Accident Analysis and Prevention 41, No. 3 (2009).
21. "Stopping distances," Department of Transport and Main Roads, Government of Queensland, accessed June 7, 2016, http://www.tmr.qld.gov.au/Safety/Driver-guide/Speeding/Stopping-distances.aspx.
22. New York City Department of Transportation, *NYC Pedestrian Safety Study & Action Plan* (New York, NY: NYCDOT, 2010), accessed June 7, 2016, http://www.nyc.gov/html/dot/downloads/pdf/nyc_ped_safety_study_action_plan.pdf.
    Transportation for London, Safe Streets for London (London: TFL, 2014), accessed June 7, 2016, https://tfl.gov.uk/corporate/safety-and-security/road-safety/safe-streets-for-london. February 2014
23. I. York, *The Manual for Streets: Evidence and Research* (Crowthorne: Transport Research Laboratory, 2007).
24. World Health Organization, *Road Traffic Injuries* (Geneva: WHO, 2015).
25. World Health Organization, "Ambient (outdoor) air quality and health." Fact sheet No. 313, World Health Agency, March 2014.
26. World Health Organization, "Physical Activity." Fact sheet No. 385, World Health Agency, January 2015.
27. New York City Department of Transportation, *The Economic*

Benefits of Sustainable Streets (New York, NY: NYC DOT, 2014).

28. Jacques K. and Levinson H., "Operational Analysis of Bus Lanes on Arterials," TCRP report 26 (2001): 25.
Ryus Paul et al., "Transit Capacity and Quality of Service Manual," TCRP Report 165 (2013).

National Association of City Transportation Officials, Transit Streets Design Guide (Washington, DC: Island Press, 2016).

29. Ibid.

2 塑造街道

1. Kim, Patricia and Elisa Dumitrescu, *Share the Road: Investment in Walking and Cycling Road Infrastructure* (Nairobi: UNEP Transport, November 2010).
2. New York City Department of Transportation, *Street Design Manual* (New York, NY: NYC DOT, 2009).
3. Drew,Meisel, *Bike Corrals: Local Business Impacts, Benefits, and Attitudes* (Portland: Portland State University, 2010), accessed June 7, 2016, http://nacto.org/docs/usdg/bike_corrals_miesel.pdf
4. Forum of European National Highway Research Laboratories, *New Road Construction Concepts: Toward Reliable, Green, Safe, Smart, And Human Infrastructure* (Brussels: FEHRL, 2008)
5. Mike Pinard, "Alternative Materials and Pavement Design Low-Volume Sealed Roads" (Paper presented at the SSATP International Workshop, Bamako, January 2006).
6. University of Maryland, "Permeable Pavement Fact Sheet" (Fact Sheet, University of Maryland, College Park, MD, 2011)
7. C. Michau and M.T. Seager, "The Use of Precast Concrete Blocks for the Construction of Strip Roads in Third World Countries" Concor Technicrete, http://www.icpi.org/sites/default/files/techpapers/7.pdf
8. Susan, Kocher et al., "Rural Roads: A Construction and Maintenance Guide," accessed June 7, 2016, http://anrcatalog.ucdavis.edu/pdf/8262.pdf
Delhi Development Authority, "Street Design Guidelines for Equitable Distribution of Road Space (New Delhi: DDA, 2010), accessed June 7, 2016, http://uttipec.nic.in/writereaddata/linkimages/7554441800.pdf.

Ria Sulinda Hutabarat Lo, "Walkability Planning in Jakarta" (PhD diss., University of Califronia, Berkeley 2011), accessed June 7, 2016, http://digitalassets.lib.berkeley.edu/etd/ucb/text/Lo_berkeley_0028E_11844.pdf.

3 监测和评估街道

1. AARP, *Evaluating Complete Streets Projects: A guide for practitioners* (Washington, DC: AARP, 2015), accessed June 7, 2016, http://www.smartgrowthamerica.org/documents/evaluating-complete-streets-projects.pdf.
2. New York City Department of Transportation. *Measuring the Street: New Metrics for 21st Century Streets* (New York, NY: NYC DOT, 2012).
US Environmental Protection Agency. Guide to Sustainable Transportation Performance Measures (Washington, DC: EPA, 2011).

4 为大城市设计街道

1. Richard Campbell and Margaret Wittgens, "The Business Case for Active Transportation: The Economic Benefits of Walking and Cycling," (Gloucester, ON: Go For Green, 2004).

6 为人设计街道

1. NYC Department of City Planning, *Active Design: Shaping the Sidewalk Experience* (New York, NY: NYC DCP, 2013).
2. As an example, Washington, D.C.'s Design Engineering Manual states that a sidewalk should exist on both sides of every street or roadway.
District Department of Transportation, Design and Engineering Manual (Washington, DC:
3. Jure Kostanjsek and Lipar,Peter, "Pedestrian crossings priority for pedestrian safety" (Paper presented at the 3rd Urban Street Symposium, Seattle, June 2007).
4. Flusche Darren, Bicycling Means Business - The Economic Benefits of Bicycle Infrastructure. Advocacy Advance.
New York City Department of Transportation. Measuring the Street: New Metrics for 21st Century Streets (New York, NY: NYC DOT, 2012).

Rachel Aldred, Benefits of Investing in Cycling (Manchester: British Cycling, 2014).
5. Geller Roger, "Four Types of Cyclists," Portland Office of Transportation, 2015, accessed June 7, 2016, https://www.portlandoregon.gov/transportation/article/264746.
6. Anne C. Lusk , Peter G. Furth, Patrick Morency, Luis F. Miranda-Moreno, Walter C. Willett, and Jack T Dennerlein. "Risk of Injury for Bicycling on Cycle Tracks Versus in the Street." *Injury Prevention* 17, No. 2 (2010) 131–135.
7. National Association of City Transportation Officials, *Bikeway Design Guide* (Washington, DC: Island Press, 2012).
8. Cara Seiderman, "Contraflow Bicycle Lanes on Urban Streets," accessed June 7, 2016,http://www.pedbikesafe.org/BIKESAFE/case_studies/casestudy.cfm?CS_NUM=209.
9. Steve Vance, "Divvy Releases Trove of Bike-Share Trip Data". Streetsblog (blog) February 20, 2014, accessed June 6, 2016 http://chi.streetsblog.org/2014/02/20/divvy-releases-trove-of-bike-share-trip-data/
10. National Association of City Transportation Officials, *Transit Streets Design Guide* (Washington, DC: Island Press, 2016).
11. Theo Petrisch, "The Truth about Lane Widths," The Pedestrian and Bicycle Information Center, accessed June 6, 2016, http://

www.pedbikeinfo.org/data/library/details.cfm?id=4348

12. Research suggests that lane widths of less than 12 feet on urban and suburban arterials do not increase crash frequencies.
Ingrid Potts, Douglas W. Harwood, and Karen R. Richard, "Relationship of Lane Width to Safety on Urban and Suburban Arterials," (paper presented at the TRB 86th Annual Meeting, Washington, DC, January 21–25, 2007): 1–6.

13. Eric Dumbaugh and Wenhao Li, "Designing for the Safety of Pedestrians, Cyclists, and Motorists in Urban Environments." *Journal of the American Planning Association* 77 (2011): 70.

14. Previous research has shown various estimates of relationship between lane width and travel speed. One account estimated that each additional foot (0.3 m) of lane width related to a 2.9 mph (4.7 km/h) increase in driver speed.
Kay Fitzpatrick, Paul Carlson, Marcus Brewer, and Mark Wooldridge, "Design Factors That Affect Driver Speed on Suburban Arterials," Transportation Research Record: Journal of the Transportation Research Board 1751 (2000): 18–25.

Other Refrences include:

Joe Cortright, Walking the Walk: How Walkability Raises Housing Values in U.S. Cities (Chicago: CEOs for Cities, 2009).

Paul D. Thompson et al., NCHRP Report 713: Estimating Life Expectancies of Highway Assets (Washington, D.C.: Transportation Research Board, 2012).

Federal Highway Administration, Sidewalk Corridor Width: Designing Sidewalks and Trails for Access (Washington, D.C.: US DOT, 2001).

Ingrid B. Potts, John F. Ringert, Douglas W. Harwood, and Karin M. Bauer, "Operational and Safety Effects of Right-Turn Deceleration Lanes on Urban and Suburban Arterials," Transportation Research Record: Journal of the Transportation Research Board 2023 (2007).

Elizabeth Macdonald, Rebecca Sanders and Paul Supawanich. The Effects of Transportation Corridors' Roadside Design Features on User Behavior and Safety, and Their Contributions to Health, Environmental Quality, and Community Economic Vitality: a Literature Review. Working Paper prepared for the University of California Transportation Center, University of California, Berkeley, 2008.

7 公共设施和基础设施

1. Doick Kieron and Hutchings Tony, "Air temperature reduction by urban trees and green infrastructure" (Research Note, Forestry Commission, February 2013), accessed June 6, 2016, http://www.forestry.gov.uk/pdf/FCRN012.pdf/$FILE/FCRN012.pdf.
Tara Zupancic, Westmacott Claire, and Bulthuis Mike, Impact of Green Space on Heat and Air Pollution (Vancouver, BC: David Suzuki Foundation, March 2015).

2. Dan Burden, "Urban Street Trees, 22 Benefits Specific Application," accessed June 6, 2016, http://www.michigan.gov/documents/dnr/22_benefits_208084_7.pdf.2006.

8 运营和管理策略

1. Vikash V. Gayah, "Two-Way Street Networks: More Efficient than Previously Thought?" Access Magazine, University of California Transportation Center, No. 41 (2012), 10–12.

9 设计控制参数

1. "Pedestrian Safety Review: Risk Factors and Countermeasures," (Salt Lake City: Department of City and Metropolitan Planning, University of Utah, School of Public Health and Community Development, Maseno University, 2012)

2. A. Bartmann, W. Spijkers and M. Hess, "Street Environment, Driving Speed and Field of Vision," *Vision in Vehicles* III (1991).
W. A. Leaf and David F. Preusser, Literature review on vehicle travel speeds and pedestrian injuries (Washington, D.C: US Department of Transportation, National Highway Traffic Safety Administration, 1999).

3. World Health Organization. *World Report on road traffic injury prevention*. (Geneva: WHO, 2004).

4. American Association of State Highway and Transportation Officials, *A Policy on Geometric Design of Highways and Streets* (Washington, DC: AASHTO , 2011).

5. National Association of City Transportation Officials, *Urban Street Design Guide* (Washington, DC: Island Press, 2013)

6. Stephen Atkins et al. "Disappearing Traffic? The story so far," *Municipal Engineer* 151, No.1 (2002): 13-22.

10 街道

1. New York City Department of Transportation. *Measuring the Street: New Metrics for 21st Century Streets* (New York, NY: NYC DOT, 2012).

2. Times Square, Broadway model, NYC, USA. Closed for one year, before and after metric were collected, showing a range of benefits of the closure.

3. Bate, Weston, *Essential but unplanned: the story of Melbourne's lanes* (Melbourne: City of Melbourne and State Library of Victoria, 1994)

4. Boffa Miskell Limited, *Central City Lanes Report: Lanes Design Guide* (Christchurch: Christchurch City Council, 2006).

5. *The San Francisco Better Streets Plan considers raised crosswalks at alleyways and shared public ways a standard treatment.*
   Varat, Adam, & Cristina Olea, San Francisco Better Streets Plan (San Francisco, CA: SF Planning Department and Municipal Transportation Agency: 2012), 53.

6. *History Program at the City of Sydney, "Sydney's Little Laneways Historical Walking Tour" September 2011.*

7. Madeline Brozen et al., *Reclaiming the Right-of-Way: Best Practices for Implementing and Designing Parklets.* (Los Angeles: UCLA Luskin School of Public Affairs, University of California Los Angeles, 2012), 109.

8. Brozen, *Reclaiming the Right-of-Way: Best Practices for Implementing and Designing Parklets,* 87.

9. *The Great Streets Project conducted a study in 2011 about the impacts of San Francisco parklets that found generally positive results relating to economics.*
   Liza Pratt, Parklet Impact Study (San Francisco: SF Great Streets Project, 2011).

10. New York City Department of Transportation. *Measuring the Street: New Metrics for 21st Century Streets* (New York, NY: NYC DOT, 2012).

11. New York City Department of Transportation, *Street Design Manual* (New York, NY: NYC DOT, 2009).

12. The Madison Square public plaza in New York City is maintained by the Flatiron/23rd Street Partnership and the Madison Square Conservancy. Staff removes tables and chairs each night to prevent theft and clean the space.
    Sabina Mollot, "Flatiron street to become pedestrian plaza," Flatiron 23rd Street Partnership, accessed February 3, 2016, http://www.flatironbid.org/documents/flatiron_triangles.pdf.

    NYC Department of Transportation's Plaza Program is a key part of City's effort to ensure that all New Yorkers live within a 10-minute walk of quality, open space.
    New York City Department of Transportation, "Plaza Program," accessed June 6, 2016 http://www.nyc.gov/html/dot/html/pedestrians/nyc-plaza-program.shtml

13. *A Journal of Urban Health study examined the costs and health benefits of four ciclovía events. The study found that benefits—in terms of economy and health—far outweigh the cost of the event. This is mostly because such events utilize existing infrastructure and are often the result of partnerships between public and private agencies.*
    Felipe Montes et al., "Do Health Benefits Outweigh the Costs of Mass Recreational Programs? An Economic Analysis of Four ciclovía Programs," Journal of Urban Health: Bulletin of the New York City Academy of Medicine 89, No.11 (2011).

14. Many health care providers have sponsored open street events. Blue Cross Blue Shield of Minnesota sponsored Open Streets events in seven communities.
    For a compendium of case studies on open streets programs, see:
    Street PLans, "The Open Streets Guide" (New York, NY: Street Plans and Alliance for Biking & Walking, 2012), accessed June 6, 2016, http://www.bikewalkalliance.org/storage/documents/reports/OpenStreetsGuide.pdf

15. UN Habitat, *Streets as Public Spaces and Drivers of Urban Prosperity* (Nairobi: UN Habitat, 2012).

16. UN Habitat, *Streets as Public Spaces and Drivers of Urban Prosperity* (Nairobi: UN Habitat, 2012).

17. UN Habitat, *Streets as Public Spaces and Drivers of Urban Prosperity* (Nairobi: UN Habitat, 2012).

参考文献

综合

Anderson, Geoff and Searfoss, Laura. “Safer Streets, *Stronger Economies: Complete* Streets project outcomes from across the country.” Smarth Growth America and Nat*ional Complete Streets* Coalition, March 2015. http://www.smartgrowthamerica.org/documents/safer-*streets-stronger-economies.pdf (accessed* June 6, 2016).

Appleyard, Donald, M. Sue Gerson, and Mark Lintell. Livable Streets. *Berkeley, CA: University of California Press, 1981.*

Atelier Parisien d'Urbanisme. Charte d’Amenagement des Espaces Civilises. Paris: APUR, 2002.

*Bevan, Timoth*y A. et al. “Sustainable Urban Street Design and Assessment.” Pape*r presented at the 3rd Urban Street* Symp*o*sium, Seattle, WA, June, 2007.

Bosselmann, Peter and Eli*zabeth Macdonald.* “Livable Streets Revisited.” Journal of the American Planning Associat*ion 65, No. 2 (1999):* 168–180.

Boston Transportation Department. Boston Complet*e Streets.* Boston, MA: City of Boston, 2013.

Busch, Chris and C.C Huang. “Cities for People in Practice.” *Energy Innovation, Policy and Technology LLC, 2015. http://energyinnovation.org/wp-content/uploads/2015/01/* Cities-*for-People-in-Practice-2015.pdf (accessed* June 6, 2016).

CABE Space, This way to better streets: *10 case studies on improving street design. London: Commission for Architecture* and the Built Environment, 2007.

Collarte, Natalia. “The Woonerf Concept: *Rethinking a Residential Street in Somerville.” M*aster's Thesis, Tufts University, December 2012.

EMBARQ, “Street Design Guidelines for Greater Mumbai.” Mumbai: WRI India, 2014. http://wricitieshub.org/sites/default/files/Street%20Design%20Guidelines%20for%20Greater%20 Mumbai.pdf (accessed June 6, 2016).

Federal Highway Administration. Status of the Nation’s Highways, Bridges, and Transit: 2008 Conditions and Performance. Washington, DC: U.S. Department of Transportation, 2008.

Federal Ministry for Economic Cooperation and Development. Urban *Mobility Plans: National Approaches and Local Practices. Eschborn:* Deutsche Gesellschaft für Internationale Zusammenarbeit, 2014.

Gehl, Jan, and Birgitte Svarre. How to Study Public Life. Washington, DC: Island Press, 2013.

Gehl, Jan. Cities for People. Washington, DC: Island Press, 2010.

Gehl, Jan. Life between Buildings: Using Public Space. New York, NY: Van Nostrand Reinhold, 1987.

Institute for Transpo*rtation and Development* Policy, Better Street Better Cities: A guide to street de*sign in Urban India (Mumbai: ITDP, 2011)*

*Institute for T*ransportation and Development Policy. Guía de diseño de calles e intersecciones para Buenos Aires. Buenos Aires: ITDP, 2014.

International Energy Agency. Transport, Energy and CO2: Moving Towards Sustainability. Paris: IEA Publications, 2009.

Jacob, Jane. The Death and *Life of Great America*n Cities. New York: Vintage Books, 1961.

Jacobs, Allan B., Elizabeth Macdonald, and Yodan Rofé. The Boulevard Book: History, Evolution, Design of Multiway Boulevards. Cambridge, MA: MIT Press, 2002.

Jacobs, Allan B. Great Streets. Cambridge, MA: MIT Press, 1993.

Kunstler, James Howard. The Geography of Nowhere: The Rise and Decline of America's Man-Made Landscape. New York, NY: Simon & *Schuster, 1993.*

*Marshall, Stephen. “Building on Buchanan: Evolving Road Hierarchy for T*oday’s Streets-Oriented Design Agenda", Paper presented at the European transport conference, Strasbourg, 2004.

Massengale, John and Victor Dover. Street Design: The Secret to Great Cities and Towns. Hoboken, NJ: Wiley, 2014.

Nati*onal Association of City Transportat*ion Officials. Urban Street Design Guide. Washington, DC: Island Press, 2013.

New York City Department of Transportation. Street Design Manual. New York, NY: NYC DOT, 2009.

New York City Department of Transportation. The Economic Benefits of Sustainable Streets. New York, NY: NYC DOT, 2014.

Sadik-Khan, Janette, and Seth Solomonow. Streetfight: Handbook for an Urban Revolution. Washington, DC: Island Press, 2016.

Soulier, Nicolas. Reconquérir les rues : Exemples *à travers le monde et pistes d'actions. Paris: Ulmer, 2012.*

*S*outhworth, Michael. Streets and the Shaping of Towns and Cities. Washington, DC: Island Press, 2003.

Speck, Jeff. Walkable City: How Downtown Can Save America, One Step at a Time. San Francisco, CA: North Point Press, 2013.

Transpor*t for London, Better* Streets Delivered – Learning from completed schemes. London*: TFL, September 2013.*

*U.K. Department of Transport. M*anual for the Streets. London: Thomas Telford Publishing, 2007.

United Nations Human Settlements Programme. “Planning and Design for Sustainable Urban Mobility.” Global Report on Human Settlements 2013. Nairobi: UN Habitat, 2013.

Varat, Adam, & Cristina Olea. San Francisco Better Streets Plan. San Francisco, CA: SF Planning Department and Municipal Transportation Agency, 2010.

Vaughan, L., Dhanani, A., and Griffiths, S. “Beyond the suburban high street cliché: A study of adaptation to change in London’s street *network: 1880–2013.” Journal of Space Synta*x 4, no. 2 (2013): 221–241.

行人和可及性

Atkin, Ross. "Sight *Line: Designing Better Streets for People* with Low Vision." London: CABE and Royal College of Art, 2010.

City of Abu Dhabi. Abu Dhabi Walking and Cycling Master Plan. Abu Dhabi: Department of Municipal Affairs and Transport, 2010.

Cortright, Joe. "Walk*ing the Walk: How Walkability Raises* Home Values in U.S. Cities." CEOs for Cities, August 2009.

Department of Environment, Transport and the Regions. Guidance on the use of Tactile Paving Surfaces. London: Government of the United Kingdom, 2000.

Fede*ral Highway Administration. Non-motorized Tra*nsportation Pilot Program: Continued Progress in Developing Walking and Bicycling. Washingto*n, DC: U.S. DOT, 2014.*

*Institute of Transpor*tation Engineers. Designing Walkable Urban Thoroughfares: A Context Sensit*ive Approach, Washington, DC: ITE, 2010.*

*Jani, Advait and Christopher Kost. Footpath Design: A gui*de to creating footpaths that are safe, comfortable, and easy to use. New York, NY: ITDP, 2013.

Kim, Patricia and Elisa Dumitrescu. Share the Road: Investment in Walking and Cycling Road Infrastructure. Nairobi: UNE*P Transport, November 2010.*

Leinberger, Christopher B. and Patrick Lynch. "The Walk UP Wake Up Call: Michigan Metros." *Washington, D.C.: George Washington University, School of Business, 2015.*

New York City Department of City Planning. Active Design: Shaping the Sidewalk Experience. New York, NY: NYC Department of City Planning, 2013.

New Zealand Transport Agency, Pedestrian P*lanning and Design Guide, Auckland: Government of New Zealand, 2009.*

NIKE Inc."Designed to Move: Active Cities."http:// en.designedtomove.org/resources (accessed June 6, 2016).

Pendakur, V. Setty. "Non-Motorized Transport in African Cities: Lessons from Experience in Kenya and Tanzania." Working Paper No. 80, SSATP, Washington, DC, September 2005.

Tolley, Rodney. Providing For Pedestrians: Principles and Guidelines for Improving Pedestrian Access To Destinations and Urban Spaces. *Melbourne: Department of Infrastructure, Victo*ria, 2013.

Transport for London, Improving walkability: Good practice guidance on improving pedestrian conditions as part of development opportunities. London: TFL, 2005.

U.S. Department of Justice, Civil rights Division. "Curb Ramps and Pedestrian C*rossings Under Title II of the ADA." ADA Best Practices Tool Kit for State and Local G*overnments, 2007 https://www.ada.gov/pcatoolkit/ch6_toolkit.pdf (accessed June 6, 2016).

UNC Highway Safety Research Center. "Pedestrian Safety Program Strategic Plan." Final, Background Report, May 2010.

自行车骑行者

Beumer, Warner. A l*ong history of cycling: facts and figures. Ro*tterdam: City of Rotterdam, 2015.

Bike Share Initiative. "Walkable Station Spacing is Key to S*uccessful, Equitable* Bike Share." NACTO Bike Share Equity Practioners Paper #1, April 2015.

*Buehler, Ralph et al. "Economic Impact and Op*erational Efficiency for Bikeshare Systems: Local, Domestic and International Le*ssons." Virginia Tech, 2011. https://ralphbu.* files.wordpress.com/2014/01/virginia-tech-capital-bikeshare-studio-report-2013-final.pdf (accessed June 6, 2016).

Center for Trafik, Evaluering Af Norrebrogade: Projecktets Etape. Copenhage*n: City Of Copenhagen, 2013.*

*De Groot, Herwijnen Rik. Design Manual for Bic*ycle Traffic. Ede: CROW, 2007.

Federal Highway Administration. Separated Bi*ke Lane Planning and Design Guide*. U.S. Washington, DC: U.S. Department of Transportation, 2015.

Fleming, Susan. "GAO Report on Pedestrian and Cyclist Safety." United States Government Accountability Office, Report to Con*gressional Requesters, Novemb*er 2015. http://www.gao.gov/products/GAO-16-66 (accessed June 6, 2016).

Institute for Transportation and Development Policy. Ciclo Ciudades: Manual Integral De Movilidad Ciclista Para Ciudades Mexicanas. Mex*ico City: ITDP Mexico, 201*2.

Institute for Transportation and Development Policy*. The Bike-Share Planning Guide. New York, NY: ITDP, 2013.*

Mayor of London. The Mayor's Vision for Cycling in London: An Olympic Leg*acy for all Londoners. London: TFL, 2013.*

*Ministerio d*e Vivienda y Urbanismo. Manual de Construcción de Ciclovías. Santiago: Gobierno de Chile, 2015

Ministerio de Vivienda y *Urbanismo. Manual de Vialidad* Ciclo-Inclusiva: Recomendaciones de Diseno. Santiago: Gobierno *de Chile, 2015.*

National Association of City Transportation Officials. Bike Share Station Siting Guide. New York, NY*: NACTO, 2016. http://nacto.org/wp-content/uploads/2016/04/NACTO-Bike-Share*-Siting-Guide_FINAL.pdf (accessed June 6, 2016)

National Asso*ciation of City Transportation O*fficials. Bikeway Design Guide. Washington, DC: Island Press, 2012.

National Transport Authority, National Cycling Manual. Dublin: Government of Ireland, 2009.

New York City Department of Transportation. "Protected Bicycle Lanes in NYC." http://www.nyc.gov/html/dot/downloads/pdf/2014-09-03-bicycle-path-data-analysis.pdf (accessed June 6, 2016).

New Zealand Transport Agency. Benefits of investing in cycling in New Zealand communities. Auckland: New Zealand Government, 2016.

Pardo, Carlos, Alfonso Sanz et al. Guía de ciclo-infraestructura para ciudades colombianas. Bogotá D.C.: Ministerio de Transporte de Colombia, 2016.

Schneider, R.J. and J. Stefanich. “Neighborhood Characteristics that Support Bicycle Commuting: Analysis of the Top 100 United States Census Tracts.” Transportation Research *Record: Journal of the Transportation Research Board 2520* (2015): 41–51.

Senate Department for Urban Development and the Environment. New Cycling Strategy for Berlin, Berlin: City of Berlin, 2013.

Thompson, S.R. et al. “Bicycle-Specific Traffic Signals: Results from a State-of-the-Practice Review.” Paper presented at the 92nd Annual Meeting of the Transportation Research Board, Washington, DC, January 2013.

Wang, S.L. et al. “Research on Bicycle Safety at Intersection in Beijing.” Paper presented at the 2008 Conference of Chinese Logistics and Transportation Professionals, Chengdu, 2008.

交通

Biderman, Ciro. “Sao Paulo’s Urban Transport Infrastr*ucture.” LSE Cities (blog), Decem*ber 2008. https://lsecities. net/media/objects/articles/sao-paulo-urban-transport- infrastructure/en-gb/ (Accessed June 6, 2016).

Boorse Jack W. et al. “General Design and Engineering Principles of Streetcar Transit” ITE Journal 81, no. 1 (January 2011): 38–42.

Duduta, Nicolae et al. “Using Empirical Bayes to Estimate the Safety Impact of Transit Improvements in Latin America.” Paper presented at the Road Safety and Simulation International Conference, Rome, 23-25 October, *2013.*

*Duduta, Nicolae et al. Tra*ffic Safety on *B*us Corridors. Washington, DC: EMBARQ, 2012.

Fitzpatrick, Kay et al.*“Evaluation of B*us Bulbs” Transit Cooperative Research Program Report 65, Washington, DC, 2001.

Hidalgo, Dario, and Cornie, Huizenga. “Im*plementatio*n of Sustainable Urban Transport in Latin America". Research in Trans*portation Economics 40*, no. 1 (April 2013): 66–77.

Institute for Transportation and *Development Policy. Bus Rapid* Transit: Planning Guide. New York, NY: ITDP, June 2007.

Institute for Transportation and Development Policy. The BRT Standard. New York, NY: ITDP, June 2014.

Mayor of London. Transport and Health in London. London: Greater London Authority, 2014.

Roads Service Transportation Unit. Bus Stop Design Guide. Belfast: Roads Service and Translink, 2005.

Xiao, Zhao et al. *“Unlocking the Power of Urban Transpor*t Systems for Better Growth and a Better Climate.” Technical note. New Climate Economy, London, 2014. http://2015.newclimateeconomy.report/wp-content/uploads/2016/01/Unlocking-the-power-of-urban-transport-systems_web.pdf (accessed June 6, 2016).

汽车和其他机动车

Department for Transport. Home Zones: Challenging the future of our streets. London: Government of the United Kingdom, 2006.

EMBARQ, “Motorized Two-Wheelers in Indian Cities: A Case Study of the City of Pune.” Working Paper, WRI India, Mumbai, March 2014.

Federal Highway Admi*nistration “Reducing Congesti*on and Funding Transportation Using Road Pricing in Europe and Singapore.” December 2010. http://international.fhwa.dot.gov/pubs/pl10030/pl10030.pdf (accessed June 6, 2016).

Institute for Transportation and Development Policy. Parking Guidebook for Beijing. Beijing: ITDP China, 2015.

iRAP. “iRAP Road Attribute Risk Factors: Facilities for Motorcycles.” June 2013. http://www.irap.net/about-irap-3/methodology?download=120:irap-road-attribute-risk-factors-facilities-for-motorcycles (accessed June 6, 2016).

Ministry of Transportation. Traffic Calming Measures: Design Guideline. *Accra: Republic of Ghana, July 2007.*

Sub-Saharan Africa Transport Policy Program. “Cost effective traffic calming schemes in Ghana.” https://www.ssatp.org/sites/ssatp/files/pdfs/Topics/RoadSafety/Evaluation_traffic_calming_Ghana.pdf (accessed June 6, 2016).

Tao, W., S. Mehndiratta, and E. Deakin. “Compulsory Convenience? How Large Arter*ials and Land Use Affect Midblock Crossing* in Fushun, China.” Journal of Transport and Land Use 3, No. 3 (2010): 61–82.

Urban Design London. Slow Streets Sourcebook. London: UDL, 2015.

商业活动和供应商

Bettcher, Kim, Martin Friedl, and Gustavo Marini. “From the Streets to Markets: Formalization of Street Vendors in Metropolitan Lima.” Center for International Private Enterprise, Reform Case Study, No. 0901, May 2009.

Center for Urban Pedagogy. “ Vendor Power.” 2009. http://welcometocup.org/file_columns/0000/0012/vp-mpp.pdf. (accessed June 6, 2016).

Chen, Johnny. “Albert Mall Street Vendors.” Ghetto Singapore, (blog), October 2013. http:*//www.ghettosingapore. com/albert-mall-street-vendors/ (Access*ed June 6, 2016).

Monte, Marianna, and Teresa Madeira da Silva. “Informal Street Vendors in Rio de Janerio.*” Paper at the International Resour*ceful Cities 21 Conference, Berlin, August 2013.

Sinha, Shalini and Sally Roever. “India’s National Policy on U*rban Street Vendors.” WIEGO Policy B*rief (Urban Policies) No. 2, April 2012.

Yasmeen, Gisele and Narumol Nirathron. “Vending in Public Space: The Case Study of Bangkok.” WIEGO Policy Brief (Urban Policies) No. 16, May 2014.

道路安全

Afukaar Francis K., Phyllis Antwi, and Samuel Ofosu- Amaah. "Pattern of road traffic injuries *in Ghana: Implications for control." Injury Control and Safety Promotion* 10, No. 1-2 (2003): 69–76.

Berthod, Catherine. "Traffic Calming: Speed Humps and Speed Cushions." Paper presented at the Annual Conference of the Transportation Association of Canada, Edmonton, 2012.

Borsos , Attila. "Long-term safety trends related to vehicle ownership in 26 countries." Transportation Research Record: Journal of the Transportation Research Board 2280 (2012): 154-161.

Dewan *Masud, Karim. "Narrower Lanes, Safer Streets."* Paper presented at CITE Conference, Regina, 20*15.*

Dumbaugh, E. and R. Rae , "Safe Urban Form: Revisiting the Relationship Between Community Design and Traffic Safety." Journal of the American Planning Association 75, No. 3 (2009): 309–329.

Elvik, R., A. Hoye, and T. Vaa. The Handbook of Road Safety Measures. Bingle: Emerald Group Publ*ishing, 2009.*

*EMBARQ. Cities Safe by Design: Guidance and Example*s to Promote Traffic Safety through Urban a*nd Street Design. Washington, DC: World Resources Institute, July 2015.*

*European Commission. "On the I*mplementation of Objective 6 of the European Commission's Policy Orientations on Road Safety 2011-2020." Working Document, EC, Brussels, 2013.

Ewing, R. and E. Dumbaugh, "The Built Enviro*nment and Traffic Safety: A Review* of Empirical Evidence." Injury Prevention 16 (2010): 211–212.

Global Road Safety Facility. Road Safety Management Capacity Reviews and Safe System Projects. Washington, DC: World Bank, 2013.

Harvey, Chester and Lisa Aultman-Hall. "Urban Streetscape Design and C*rash Severity." Transportation Research Record: Journal of the Transportation* Research Board 2500 (November 2014): 1–8.

Kopits, Elizabeth and Maureen Cropper, "Traffic Fatalities and Economic Growth." Policy Research Working Paper 3035*, World Bank, Washing*ton, DC, April 2003.

Koren, Csaba, a*nd Borsos, Attila. "GDP, vehicle ownership and fatality rate: similarities a*nd differences among countries." Paper presented at the IRTAD Conference, Seoul, September 2009.

Ministry of Land, Infrastructure, Transport and *Tourism of Japan. "Promotion* of community road safety via road class function segmentation." 2014.

Parkhill, Margaret, Rudolph Sooklall, and Geni Bahar. "*Updated Guidelines for the Design* and Application of Speed Humps." Paper presented at the CITE Conference, Toronto, 2007.

Reynolds C.C., et al. "The impact of transportation infrastructure on bicycling injuries and crashes: a review of the literature." Environmental Health 8: 47 (October 2009).

Rosén , Erik and Ulrich Sander. "Pedestrian fatality risk as a function of car impact speed." Accident Analysis and Prevention 41, No. 3 (2009): 536–542.

Smart Growth America, "Dangerous by Design 2014." National Complete Streets Coalition, May 2014.

Sul, Jaehoon. Korea's 95% Reduction in Child Traffic Fatalities: Policies and *Achievements. Seoul: The Korean Transport I*nstitute, 2014.

Wedagamaa D.M.P. et al. "The influence of ur*ban land-use on non-motorized transp*ort casualties." Accident Analysis & Prevention 38, No. 6 (2009): 1049–1057.

World Health Organization. Global status report on road safety. Geneva: WHO, 2009.

World Health Organization. World Report on road traffic injury prevention. Geneva: WHO, 2004.

World Health Organization. "Road safety in the WHO African Regio*n: The Facts 2013.*" http://www.who.int/violence_injury_prevention/road_safety_status/2013/report/factsheet_afro.pdf (accessed June 6, 2016).

监测和评估街道

AARP, Evaluating Complete Streets Projects: A guide for practitioners. Washington, DC: AARP, 2015.

Dalbem, M.C et al. "Economic evaluation of transportation projects: best practices and recommendations to Brazil." Revista de A*dministração Pública 44, No.1 (2010): 87-117.*

*Dillon Consulting. Complete Cum*munities: Checklist & Tolbox. Winnipeg, *MB: The City of Winnipeg, 2014.*

*Institute for Transportatio*n and Development Policy. Study criteria for upgrading infrastructure: Ciclovía Revolution-Patriotismo. Mexico City: ITDP, 2015.

Litman, Todd. Evaluating Non-Motorized Transportation Benefits and Costs. Victoria, BC: *Victoria Transpo*rt Policy Institute, 2012.

Mejia-Dorantes L. and K. Lucas. "Publ*ic transport investment and local regeneration: A compari*son of London's Jubilee Line Extension and the Mad*rid Metrosur." Transport Policy* 34 (2014): 241–252.

*Midland, Bennett. Trends in Local Business Sales a*t NYC Department of Transportation Street Improvement Project Sites. New York*, NY: NYC DOT, 2012.*

National Cooperative Highway Research Program. Guidebook on Pedestrian and Bicycle Volume Data Collection. *Report 797, Transportation Research Bo*ard, 2014.

New York City Department of Transportatio*n. Measuring the Street: New Metrics for 21st Century Streets.* New York, NY: NYC DOT, 2012.

城市的开发和空间

Canterbury Earthquake Recovery Authority. *Streets & Spaces: Design Guide*. Christchurch, CERA, June 2015.

Cervero, Robert. "Linking urban transport and land use in developing countries." *The Journal of Transport and Land Use*, Vol 6. No. 1 (2013): 7–24.

Urban Land Institute. Building Healthy Places Toolkit: Strategies for Enha*ncing Health in the Built Environment*. Washington, DC: ULI, 2015.

高速公路的拆除与改进

Bocarejo J.P.*, Maria Caroline LeCompte, and Jiangping Zhou.* The Life and Death of Urban Highways. ITDP and EMBARQ, 2012.

Cervero, Robert, Junhee Kang, and Kevin Shively. "From Elevated Freeways to Surface Boulevards: Neighborhood, Traffic, and Housing Price Impacts in San Francisco." Working Paper prepared for the University of California Transportation Center, University of California, Berkeley, 2007.

Cervero, Robert. "Freeway Deconstruction and Urban Regeneration in the United States." Paper prepared for the International Symposium for the 1st Anniversary of the Cheonggyecheon Restoration, Seoul, 2006.

Design Trust for Public Space. *Under the Elevated: Reclaiming Space, Connecting Communities*. New York, NY: Design Trust for Public Space, 2015.

Mac Donald, E. "Building a Boulevard." Access Magazine, University of California Transportation Center, No. 28 (2006), 2–8

Seattle DOT. *Case Studies: Lessons Learned: Freeway Removal.* Seattle: Department of Transportation, 2008.

非正规地区

CHF International. "India and Ghana, Slum Communities Achieving Livable Environments with Urban Partner." Annual Progress Report, CHF International, 2010.

Parikh, Himanshu. "Slum Networking of Indore City." The Aga Khan Award for Architecture, 1989.

UN Habitat. *Streets as Public Spaces and Drivers of Urban Prosperity*. Nairobi: UN Habitat, 2012.

巷道和小巷

Allchin, Craig. "Adelaide Fine Grain: *A Strategy for Strengthening The Fine Grain of The Adelaide City Centre." March 2013.*

Boffa Miskell Limited. Central City Lanes Report: Lanes Design Guide. *Christchurch: Christchurch City Council, 2006.*

Chicago Department of Transportation. The Chicago Green Alley Handbook: An Action Guide to Create a Greener, Environmentally Sustainable Chicago. Chicago, IL: CDOT, 2010.

公园

Madeline Brozen et al. Reclaiming the Right-of-Way: Best Practices for Implementing and Designing Par*klets. Los Angeles, CA: UCLA Luskin School of Public Affairs, 2012.*

Pavement to Parks. San Francisco Parklet Manual. San Francisco, CA: City of San Francisco, 2015.

Pratt, Liza. "Parklet Impact Study." San Francisco Great Streets Study, 2012.

Secretaria Municipal de Desenvolvimento Urbano, Prefeitura de São Paulo. "Manual Operacional para Implantar um Parklet." http://gestaourbana.prefeitura.sp.gov.br/wp-content/uploads/2014/04/MANUAL_PARKLET_SP.pdf (accessed June 6, 2016).

公共设施和绿色基础设施

Burden, Dan. "Urban Street Trees: 22 Benefits, Specific Applications." *Walkable Communities*, 2006.

Kardan, Omid et al., "Neighborhood Greenspace and Health in a Large Urban Center." *Scientific Reports*, No. 5 (July 2009).

Lesley, Bain, Barabara Gray and Dave Rogers. Living Streets: Strategies for Crafting Public Space. Hoboken, NJ: Wiley, 2012

Melo, Jose Carlos. "The Experience of Condominial Water and Sewerage Systems in Brazil: Case Studies from Brasilia, Salvador and Parauap." August 2005.

Shishegar, Nastaran. *"Street Design and Urban Microclimate: Analyzing the E*ffects of Street Geometry and Orientation on Airflow and Solar *Access in Urban Canyons." Journal of Clean Energy Te*chnologies 1, No. 1 (2013).

Transport for London. *Streetscape Guidance.* London: TFL, 2015.

附录 A | 尺寸换算

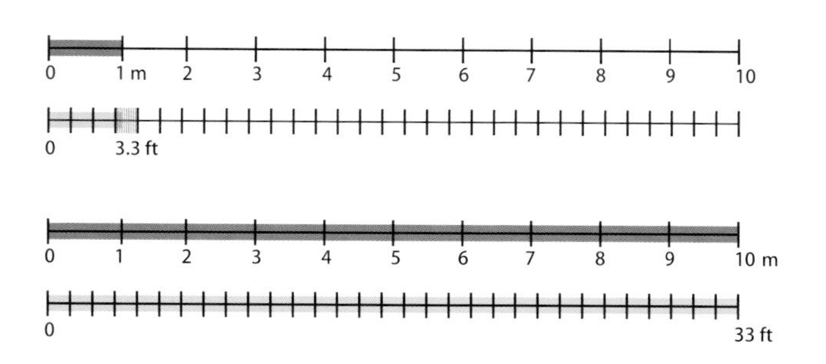

距离换算表

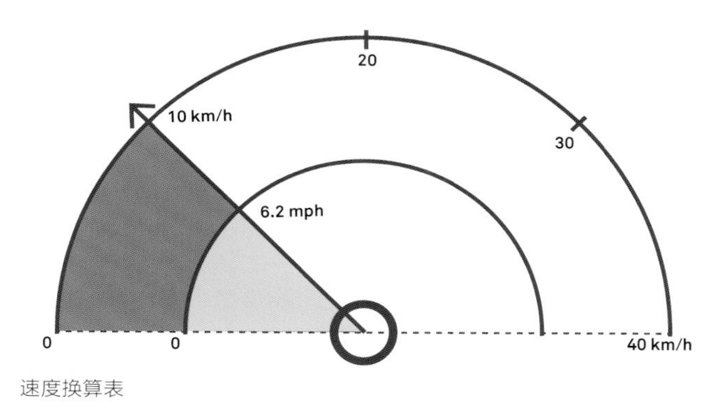

速度换算表

距离
0.1 m = 0.33 ft
0.5 m = 1.65 ft
0.6 m = 2 ft
1.0 m = 3.3 ft
1.2 m = 4 ft
1.5 m = 5 ft
1.8 m = 6 ft
2.0 m = 6.6 ft
2.5 m = 8.2 ft
3.0 m = 10 ft
3.2 m = 10.5 ft
3.3 m = 10.85 ft
3.5 m = 11.48 ft
3.6 m = 11.8 ft
4.0 m = 13.12 ft
4.5 m = 14.75 ft
5.0 m = 16.4 ft
6.0 m = 19.5 ft
10 m = 33 ft
20 m = 65.6 ft
30 m = 98.4 ft
40 m = 132.21 ft
50 m = 164 ft
60 m = 196.85 ft
70 m = 228.65 ft
80 m = 262.5 ft
90 m = 295. 3 ft
100 m = 330 ft

速度
1 km/h = 0.62 mph
5 km/h = 3.1 mph
10 km/h = 6.2 mph
15 km/h = 9.3 mph
20 km/h = 12.4 mph
30 km/h = 18.6 mph
40 km/h = 24.8 mph
45 km/h = 27.9 mph
50 km/h = 31 mph
60 km/h = 37.2 mph

附录 B | 指标图表

使用下表来评估您的项目和目标。这些表格是“第一部分3：监测和评估街道”的补充，应与之搭配使用。监测项目前后的变化，或随着时间的推移而产生的变化，以生成有关物理空间和运营的变化数据。使用这些数据，记录指标的附加信息，以获得更多的相关数据组合，从而完成项目的评估。注意设施的位置和出现频率，并根据年龄、性别、收入、种族等人口统计学参数来计算用户数量。

物理空间和运营变化

这些指标有助于记录和评估街道的物理变化，以及由此产生的运营变化，从而了解特定项目所产生的影响。

类别	指标	注释
行人设施		
人行道	人行道的尺寸和面积	测量总宽度、通行区和设施/临街区。 尺寸变化时，应在多个位置进行测量
其他行人设施	人行横道的数量、尺寸、长度和出现频率	按类型和位置划分（在项目区域内）
人行道质量*	以下设施的数量和位置： · 人行横道信号 · 座位 · 寻路 · 树荫保护 · 路缘扩展带 · 行人安全岛 · 微公园、广场	—
普遍可及性*	表面状况良好的人行道的百分比和长度	注意坑槽、障碍物、裂缝、已清除跌倒隐患或重铺路面的总面积
	普遍可及性设施的百分比	
	使用轮椅者可用人行道的长度	必须连续无阻
	已安装的可用人行坡道数量	注意设置的频率，与其他行人设施对比情况
	具有纹理引导的可用路径的长度	必须连续无阻
	带有边缘触觉路面的人行横道数量	为视力障碍者设计更具可行性的街道元素和设施（色调对比标志、街道护柱、废物容器、路牌等）
	带有声音信号装置的交通信号数量	—

类别	指标	注释
自行车设施		
设施*	自行车设施的长度	注意行程路径和缓冲区的宽度，连续的自行车设施的长度
网络	带有安全、舒适自行车设施的百分比	速度在30 km/h以上的街道应使用独立的行车道，或在小于30 km/h的低速街道上设置共享街道
交叉路口*	带有自行车设施的交叉路口数量	检测数量、优先停止线/自行车框、信号优先和自行车检测的位置
自行车设施质量	表面状况良好的自行车设施的长度	注意坑槽、障碍物、裂缝、已清除跌倒隐患，或重铺路面的总面积
停车场*	自行车停车位的数量	注意一天内不同时间段的占用率
共享自行车*	共享自行车设施的数量	记录车站大小、位置和类型，注意是否是传统或电动自行车

公共交通设施		
专用车道*	公交专用车道的长度	注意宽度、缓冲区和超车道
交叉路口*	有公共交通设施的交叉路口数量	监测插队、公共交通优先信号、专用设施数量，并记录位置
公交专用车道质量	表面状况良好的公交专用车道的百分比	注意坑槽、障碍物、裂缝、已清除跌倒隐患，或重铺路面的总面积
公交车辆停靠站*	停靠站/车站数量，注意位置、大小和类型	带有候车亭和座位的停靠站数量
	注意座位类型和容量	带有车外购票机的停靠站数量
	带有寻路信息的公交车辆停靠站的数量和百分比	—
	带有车外购票机的停靠站的数量和百分比	注意交互式和听觉设备的数量
	具有实时到达信息的候车亭的数量和百分比	—
可及性	普遍可及的公交车辆停靠站的数量和百分比	注意到公交车站的步行距离

机动车辆设施		
设施*	行车道的数量和宽度	—
停车场*	停车位的数量，注意固定或用户激活的情况	注意固定或用户激活的情况
共享汽车*	街道共享汽车的设施和空间数量	注意固定或用户激活的情况
路缘坡道*	路缘坡道数量，每100 ml临街的平均车道数	单向转换为双向，反之亦然。注意每日定向/单向/双向的更改和时间
路缘半径	交叉路口的路缘半径	—
执法	交通执法和交通控制设备（摄像机、照相雷达、自动车牌识别、平均速度相机）的数量	注意位置
车道、行车道质量	表面状况良好的行车道的百分比或长度	—

类别	指标	注释
货运/城市服务		
设施*	装卸区的数量	注意每个商业街区装卸区的数量和长度
	治安或其他预留停车位的数量	—
	消防栓的数量	注意位置
	废物和回收容器的数量	注意间距、大小和类型
路缘坡道*	在相邻建筑中装卸区的路缘坡道数量	注意宽度和位置
	应急车辆通道宽度，护柱的数量	注意共享街道和限制区域

商务/商业空间		
商贩服务	专用商贩服务的数量和种类	—
商贩数量	咖啡厅/餐厅座位的数量、占地面积，注意新业务的规模	估计非正式或非法商贩的数量和位置

其他街道条件		
街道尺寸	横截面的宽度	计算用户所占宽度和被分配的空间。 计算公共事业用地，并在不同的点测量
交叉路口*	交叉路口的数量	行人和自行车交叉路口与汽车交叉路口的比例
街区大小	街区的平均大小	注意街区减少至100～150 m以下的地方
绿色基础设施*	树木和花盆的数量	注意位置、间距和树坑大小
	渗透性表面的面积或百分比	注意使用的材料、渗透率等
	生物洼地和雨水花园的面积和长度	—
	微型发电设施（太阳能电池板、微型风力发电机）的数量	注意产生的能源的位置和数量

营运变化		
信号相位	相位的数量/持续时间和间隔频率	—
	自行车信号持续时间	注意固定或用户激活的情况
	行人信号持续时间/频率	注意固定或用户激活的情况
街道运营	车道方向改变的街道数量和总长度	单向转为双向，反之亦然
	注意每日定向/单向/双向的更改和时间	—
	限制转弯次数和频率	注意位置
	项目区域道路定价范围	—
	举办活动时，临时封闭街道的频率	—

*位置：请注意每个类别设施的位置与间距。

用途和功能变化

监测和评估用途、行为、用户舒适度和满意度变化以及功能变化，
有助于了解项目的成功与否及影响。

类别	指标	注释
运动/可及性		
模式分享	人们步行、骑自行车、使用公共交通和私家车的模式份额百分比。 行程占总数的百分比	可以通过以下方式来实现： ・调查：访问人（统计所有运动，不仅包括通勤）。 ・直接观察：计算车流量，并采用私家车平均占有率和公共交通车辆平均占有率。
	平均行程长度	注意高峰时段的平均值
	3～5 km以下的行程百分比	—
	平均速度，按模式	—
	符合速度限制的驾驶员的百分比	注意个人、公共交通或货运车辆，注意速度限制

行人		
行人数量*	步行人数。每天人流量，过街人流量	在白天/晚上的不同时间（高峰时间、非高峰时间、午餐/晚餐时间、夜晚和不同季节）进行测量。注意位置
行人活动*	按活动类型划分的人数	计算多少人正在移动、站立、坐着、等待、社交或睡觉。在白天/晚上的不同时间（高峰时间、非高峰时间、午餐/晚餐时间、夜晚和不同的季节）进行测量，注意位置和逗留时间
行人行为*	遵守或不遵守交通规则过街的用户百分比	计算在交叉路口/街区中段、标志或未标志的人行横道过街的人流量，在人行道或行车道行走的人数
行人满意度*	用户满意度的百分比	确定用户对新街道的满意度，以及与项目之前状况相比的使用质量。用户在该地区花费的时间是否比以前更多？他们是否频繁地访问该地区？是否会停留更长的时间，为什么
行人舒适度*	感觉安全舒适的行人百分比	定量调查，注意压力水平/评级。与更安全的步行环境有关的儿童、老年人和妇女的增加数量

自行车骑行者		
骑行者数量*	骑行者的总数，每日骑行者的数量	在一天的不同时段（高峰/非高峰时段、白天/夜晚和不同季节）进行测量。共享自行车用户数量，注意位置、自行车类型（私人、共享自行车等）
自行车骑行者行为*	遵守交通规则骑车用户的百分比。计算在设施或行车道上骑自行车的人数	在人行道或人行横道上骑行，在公交专用车道中骑车或不在交叉路口停车
自行车骑行者满意度*	用户满意度的百分比	确定用户对新设施的满意度，以及与项目之前状况相比的使用质量
自行车骑行者舒适度	使用循环设备感到安全和舒适的用户百分比	定量调查，注意压力/评级

类别	指标	注释
公共交通		
乘客数量*	使用公共交通的人数	按公共交通车辆类型和设施类型收集乘客量信息，上车和下车次数。例如，每天的乘客量
乘客行为	符合要求候车的公共交通用户的百分比	注意在公交车辆停靠站、行车道、无障碍人行道候车的乘客
车次数*	公共交通车辆的数量，按类型划分	包括所有公共交通类型（自动人力车、小型公交车、公交车、轻轨等）。注意使用专用车道和混合车道的公交车比例
驾驶员行为	符合规定的驾驶员百分比	计算公共交通驾驶员超速驾驶的次数、不在交叉路口停车的次数等，注意转弯速度
乘客满意度*	用户满意度的百分比	确定用户对新设施的满意度，以及与项目之前状况相比的使用质量
行程时间	整个城市的平均行程时间	注意沿着具体的廊道
公共交通服务质量	频率和准时性	按公共交通的类型划分

私家车		
用户数量*	使用私家车的人数	—
车辆数量*	私家车的数量，注意平均占有率	注意车辆类型（共享/大/小）
驾驶员行为*	符合规定的驾驶员百分比	计算公共交通驾驶员超速驾驶的次数、不在交叉路口停车的次数等，注意转弯速度
汽车占有率	每1000名居民拥有的汽车数量。 每个家庭拥有的汽车数量	—

货运和城市服务		
商用车和货运车数量	商用车辆的数量和货运行程数，占总数的百分比	按平均尺寸和车辆类型划分，并记录高峰货运时间段
	注意城市的货运车辆	—
	手推货车或货运自行车的数量	—
装卸区占用率	装卸区占用时间的百分比	可以设置从良好、可接受、无法接受的标准来评估研究区域内的街道
街道清洁服务	街道清洁和废物收集服务频率	—
清洁感	认为街道比较干净的人数百分比	—

类别	指标	注释
商务和商业活动		
企业	街区每100 m的店面、企业和建筑的数量	注意营业时间和经济活动
	楼层数量和面积，按公司类型划分	注意位置、类型和行业。文化场所、商业、娱乐或其他；公有或私人，盈利或非盈利
	项目区域内的就业数量	—
空置	空地面积百分比	注意位置和类型，办公室、零售、娱乐休闲和文化空间
租金	零售租金	注意零售租金增加或减少。 注意租金控制区域，以比较价格变动
活跃立面	活跃入口的数量	注意商业和住宅入口的数量
	透明立面的百分比	透明度是指人们可以看到或察觉街道外面的程度
	玻璃墙、窗户、门占立面总表面的百分比	活跃的临街地界百分比。人们在街道上和建筑首层能够进行活跃的视觉接触。注意空白墙和建筑退界
户外活动	户外活动的数量和频率	注意按位置和类型划分。文化、娱乐或其他活动，公共或私人活动
商贩	商贩数量	按位置和类型划分
	人行道咖啡馆许可证的数量	注意续期和新发行
	商贩许可证的数量	注意续期和新发行
	已付费或限制区的人数	—

其他街道功能		
土地使用	建筑用地、土地利用和密度	注意项目区域内土地利用和密度的变化。注意混合土地利用区域
空置	空置建筑、地段的数量和百分比	注意位置和类型，办公室、零售、娱乐、休闲和文化空间
照明	项目区内照明设施良好区域百分比（无黑点）	注意住宅窗户前方的灯杆数量
树荫	树荫覆盖街道百分比	在一天的不同时间段测量
能源效率	耗电量	项目区域内街道照明和其他公共设施的耗电量
	通过微型发电产生的电量	估计项目区内太阳能电池板、小型风力发电机等产生的电量
绿色基础设施	可能被树木吸收的二氧化碳百分比	估计项目区域内树木和植物可能吸收的二氧化碳量
	治理/净化的雨水体积和百分比	测量由绿色基础设施净化的雨量，及其占总雨量的百分比
	从城市系统转移的雨水径流量	测量渗透性表面吸收的雨量，及其占总雨量的百分比
参与	参加公开会议、听证会和外展活动的社区人数	测量项目是否增加公民的参与度
回收利用	可回收利用废物的百分比	注意回收利用是废物总量的一部分

评估影响

监测和评估街道项目有助于估算对整个社区和全市的影响。

项目	H&S	QL	ENV	ECO	EQ	指标	注释
道路交通安全						交通事故次数/年* KSI / 100 000 *数量	按模式和用户分类。注意位置、白天/晚上
人身安全						犯罪率*犯罪/ 100 000	谋杀、强奸、抢劫、暴力和非暴力犯罪。注意位置，白天/晚上。
身体活动						达到每日建议体力活动水平人数的百分比*	—
						每天步行或骑自行车人数的百分比*	—
						肥胖或超重人数的百分比*	—
健康与慢性疾病						心脏病患者的百分比*	—
						抑郁症患者的百分比*	—
						呼吸系统疾病患者的百分比*	因交通运输而产生的污染物是空气污染的最大原因
空气质量						颗粒物、二氧化碳、臭氧水平	—
噪声污染						卡车和其他机动车等街道活动的噪声水平	卡车建议小于92 dB，机动车小于82 dB
视觉污染						视觉混乱的百分比	—
光污染						天空眩光水平	估计可视天空的百分比，以及天空的黑暗程度
水质						水污染物水平	—
死水						大雨后的排水率	—
生物多样性						物种数量	—
热岛效应						平均温度	—
自然灾害						被水淹事件的数量	—
						街景设计采用的减灾元素	—
可及性						距离公共交通设施和主要服务地（包括获得新鲜、健康的食物），10 min步行距离和10 min自行车距离的居住人数	—
						总行程时间，按模式/用户	—
房地产						房地产价值、物业价值、租金、财产税	评估财产税的变化
就业						就业人数	评估新增的就业人数

*人口统计分析，请注意每种类型的年龄、性别、收入、来源（居住地点）、种族。

用户图例：

H&S 健康与安全

QL 生活质量

ENV 环境可持续发展

ECO 经济可持续发展

EQ 社会公平

重大影响

低、中度影响

เป๋า เป๋า
ซาลาเปา
02-622-3879
089-891-5656
ป้าย
02-224-2082
02-622-1386
TAXI

附录C | 类型概要图

以下表格是对“第三部分：街道改造”中所介绍的街道类型的总结，包括总体尺寸、用户空间分配的一些基本信息和案例研究。这些并非强制性的，而是对现有街道各种转变方式的举例。

每条街道都列举了多个示例，根据环境、尺寸、几何结构以及不同的公共交通类型而设计。所展示的改造是基于经过验证的策略，阐明了街道设计的综合方法。

为了方便读者理解，以垂直、对齐的方式显示街道，以便读者根据具体的情况进行调整。“第二部分6：为人设计街道”有助于为每种街道类型提供可替代的方案，并说明推荐尺寸。

	示例	街道宽度	人行道		自行车设施		公交专用车道		交通车道		街道停车位		案例分析
			E	R	E	R	E	R	E	R	E	R	
10.3 | 行人优先空间													
步行街	1	18 m	4 m						2	0	●		丹麦哥本哈根，斯托耶
	2	22 m	6 m						2	0	●		
巷道和小巷	1	8 m	1.5 m						1	1	●		澳大利亚墨尔本，中央广场巷道
	2	10 m	4.5 m						1	1			
微公园	1		3 m	3 m					1	1	●	●	美国旧金山，路面到广场
行人广场	1	32 m	4 m	6.5 m					4	4			美国纽约，广场计划
10.4 | 共享街道													
商业共享街道	1	18 m	4 m						2	0	●		澳大利亚悉尼，布尔克街
	2	22 m	6 m						2	0	●		
住宅共享街道	1	8 m	1.5 m						1	1	●	●	印度班加罗尔，圣马可路
	2	10 m	4.5 m						1	1	●	●	
10.5 | 社区街道													
住宅共享街道	1	13 m	2.5 m	2.5 m		●			2	2	●	●	澳大利亚悉尼，布尔克街
	2	18 m	2.5 m	4.5 m		●			2	1	●	●	
	3	24 m	3 m	3.5 m		●			4	2	●	●	
社区大街	1	18 m	1 m	4.5 m		●			2	2	●	●	印度班加罗尔，圣马可路
	2	22 m	2 m	4.5 m		●			4	2	●	●	
	3	30 m	5 m	7.5 m		●			4	2	●	●	

用户图例：

E	现状
R	重新设计

	示例	街道宽度	人行道		自行车设施		公交专用车道		交通车道		街道停车位		案例分析
			E	R	E	R	E	R	E	R	E	R	
10.6 | 大街和林荫大道													
中央单向	1	18 m	3.5 m	5 m		●			2	1	●	●	美国，纽约第二大街
	2	25 m	4 m	5.5 m		●			2	1	●	●	
	3	31 m	6 m	6 m		●		●	4	2	●		
中央双向	1	20 m	2 m	4.5 m					2	2	●	●	瑞典斯德哥尔摩，哥加达
	2	30 m	1.5 m	6 m		●		●	6	2			
	3	40 m	6.5 m	9 m		●		●	6	2	●	●	
公共交通枢纽	1	16 m	6 m	10 m				●	2	0			澳大利亚墨尔本，斯旺斯顿街
	2	32 m	5 m	8.5 m		●	●	●	4	0	●		
	3	35 m	4 m	6 m		●		●	4	0	●		
带公共交通的大街	1	32 m	4 m	6.5 m				●	6	2		●	法国巴黎，马真塔大道
	2	38 m	2 m	6 m			●	●	6	2	●	●	
大街	1	52 m	5.5 m	7.5 m	●	●	●	●	6	4	●	●	阿根廷，布宜诺斯艾利斯，七月九日大道
	2	60 m	4 m	7.5 m		●		●	8	6	●	●	
	3	76 m	4 m	8 m		●		●	10	6	●	●	
10.7 | 特殊条件													
高架结构改善	1	34 m	3 m	5.5 m		●			4	2	●		荷兰阿姆斯特丹 A8ernA
高架结构拆除	1	47 m	3m	6 m		●		●	10	4	●	●	韩国首尔，清溪川
街道变成河流	1	40 m	6 m	6 m		●			8	2			美国加利福尼亚州帕索罗布斯
临时封闭	1					●							印度新德里拉，哈吉里
后工业振兴	1	20 m	0	5 m		●			4	2	●	●	新西兰奥克兰，杰利科街
滨水和湖畔街道	1	30 m	2.5 m	5.5 m		●			8	4		●	加拿大多伦多，皇后码头
历史街道	1	N/A											土耳其伊斯坦布尔，历史半岛
10.8 | 非正规地区的街道													
N/A		N/A											哥伦比亚麦德林，107街道
N/A		N/A											南非开普敦，卡雅利沙
N/A		N/A											肯尼亚内罗比，科罗戈乔街

附录D｜用户区域的几何结构

“为人设计街道”部分讨论了各种街道用户及其网络、规模、几何结构和支持元素。下面汇总了街道基本的几何元素，以供读者参考。

行人

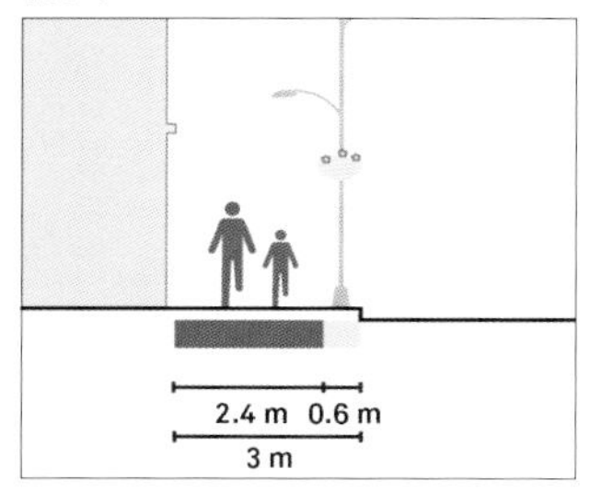

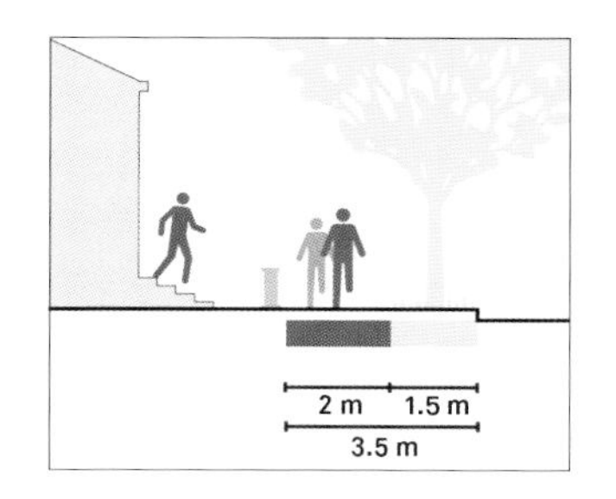

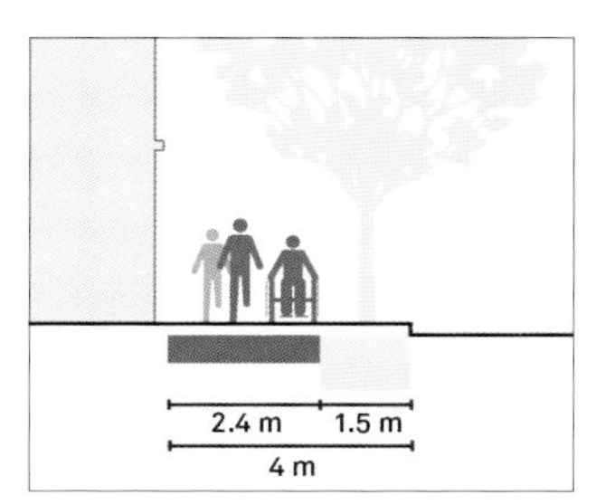

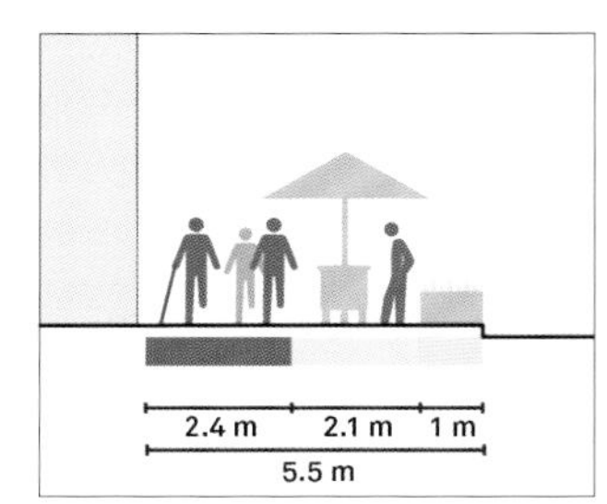

自行车骑行者

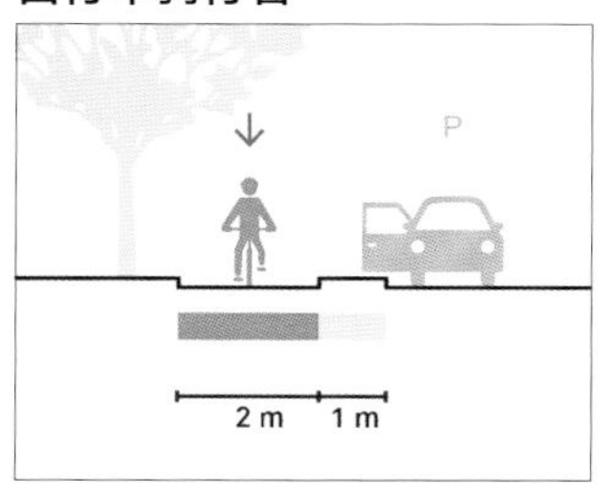

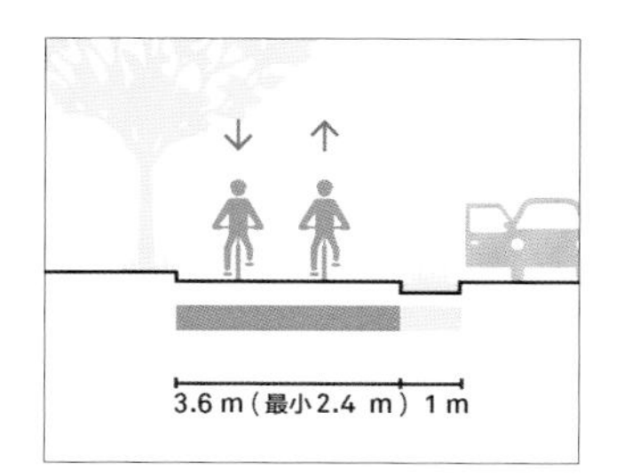

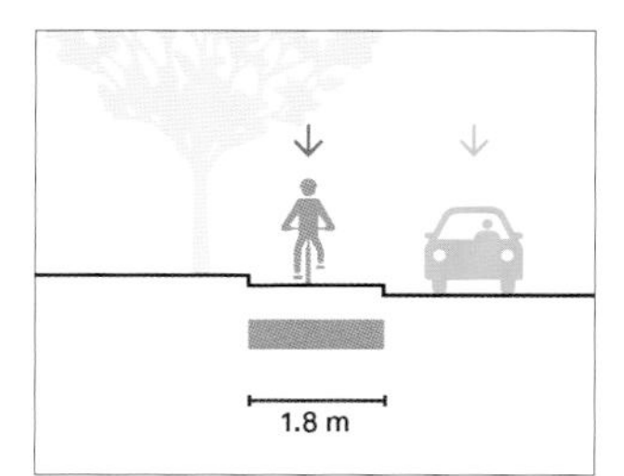

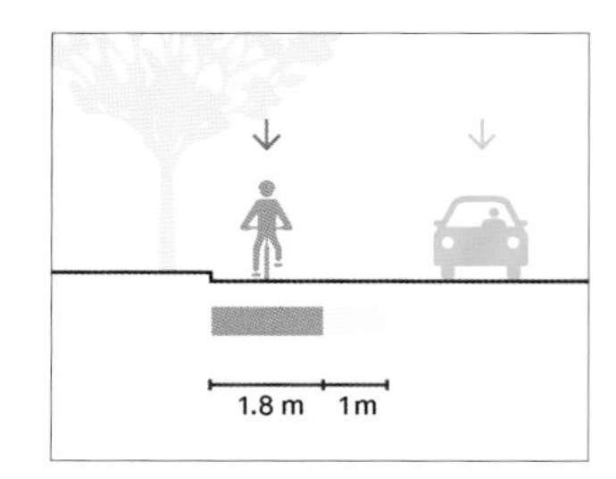

公共交通乘客

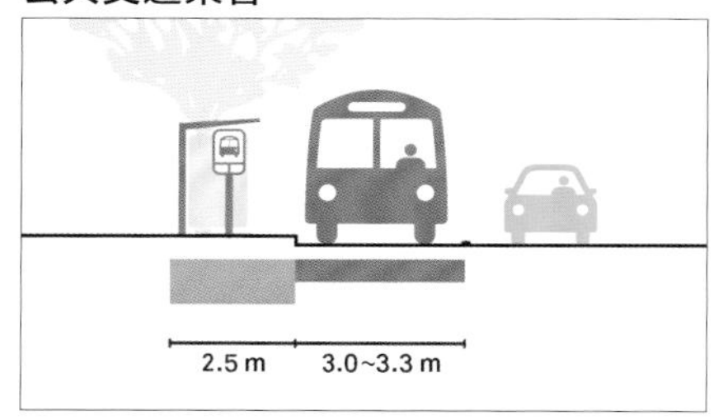

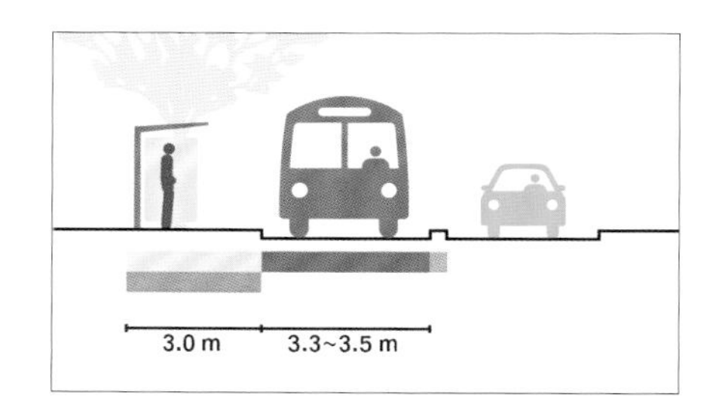

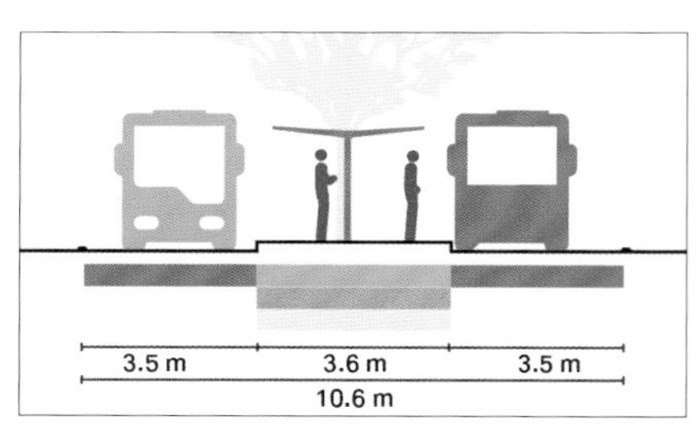

机动车驾驶员

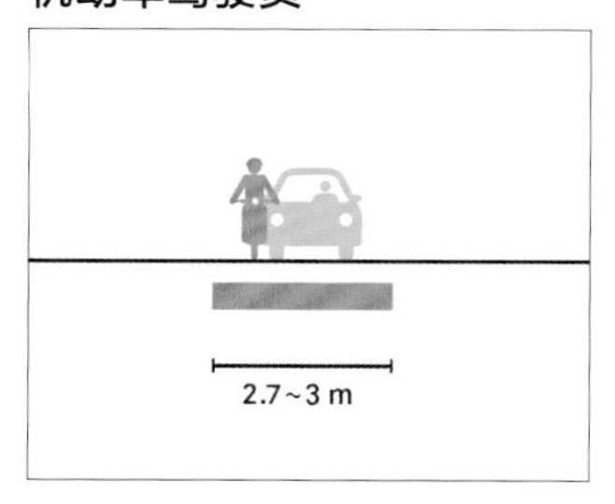

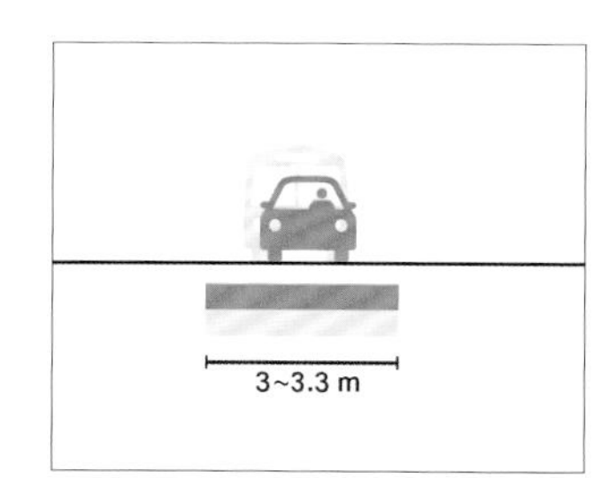

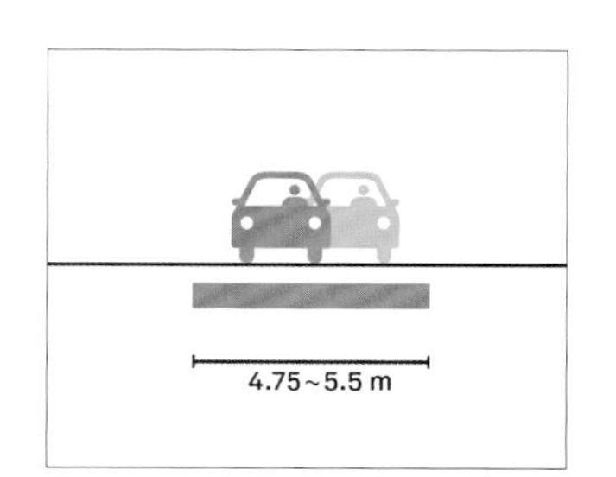

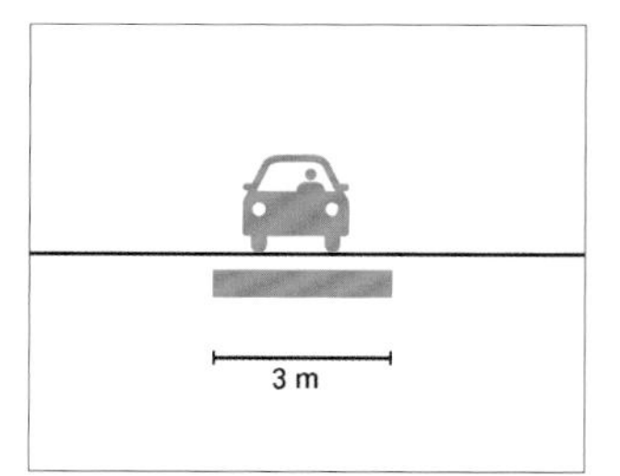

货运经营者和服务提供商

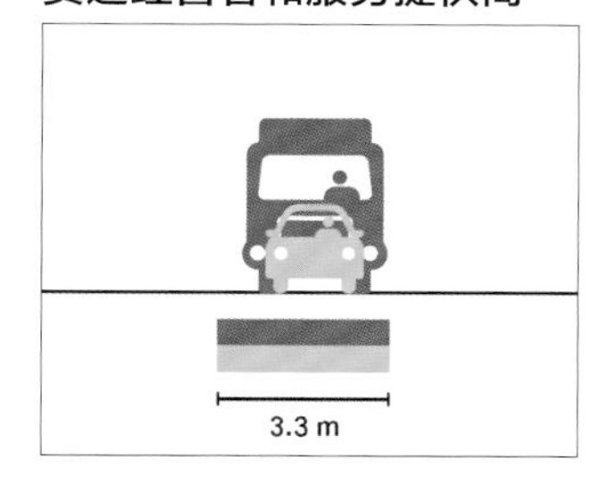

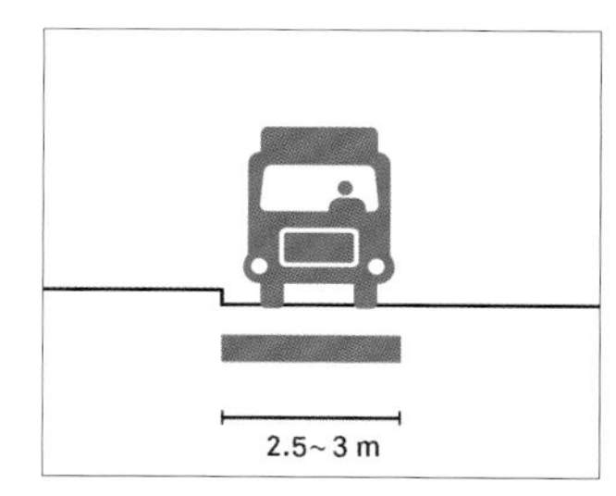

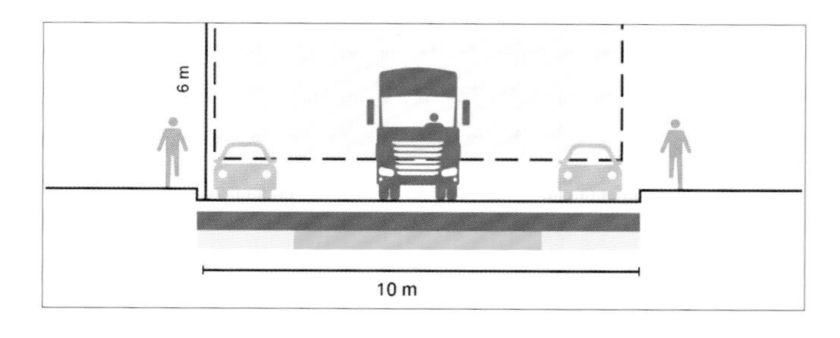

行人

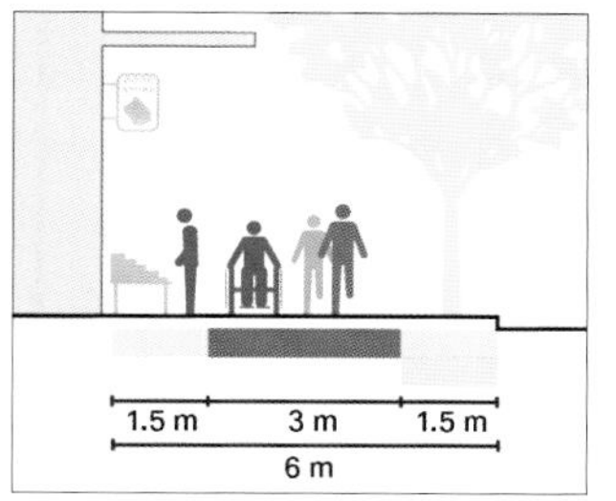

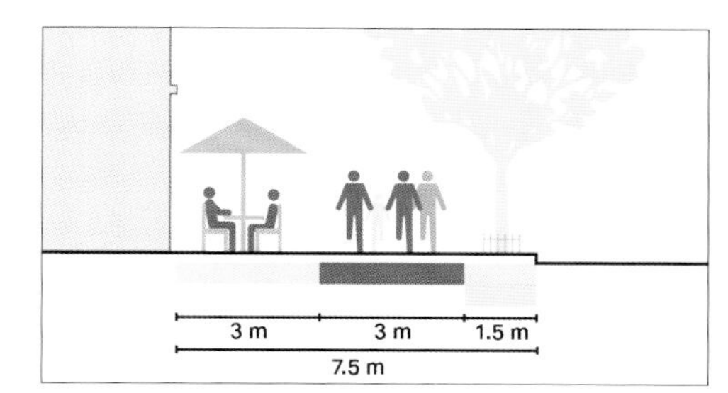

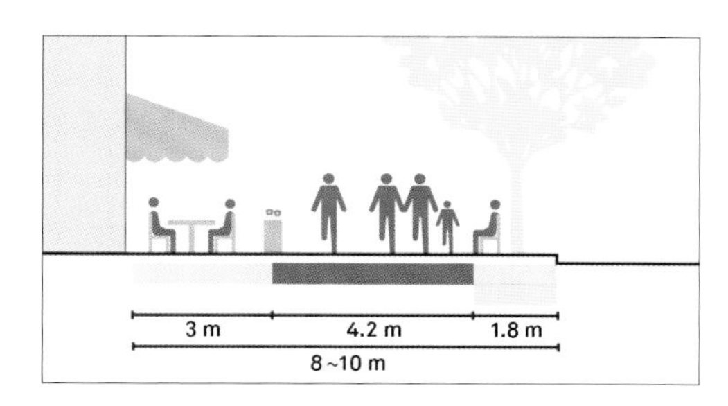

自行车骑行者

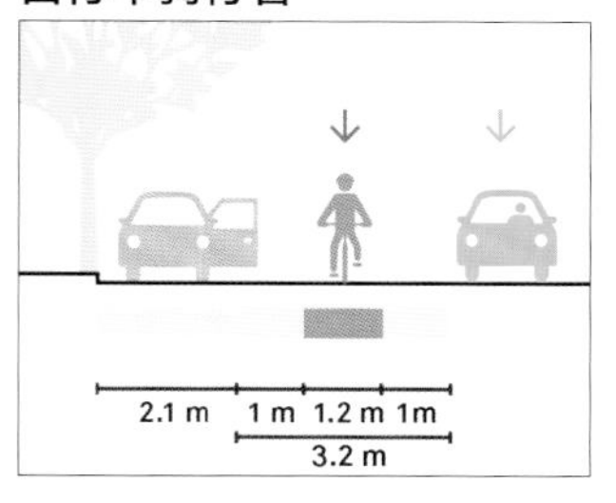

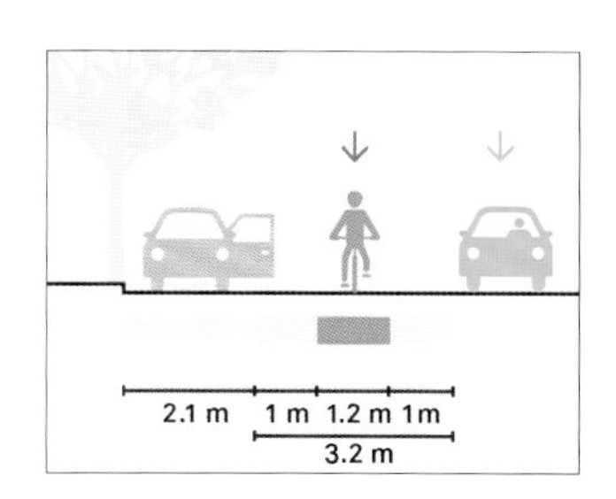

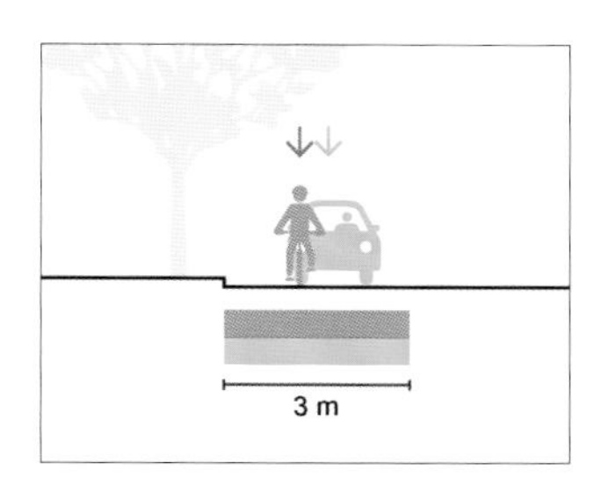

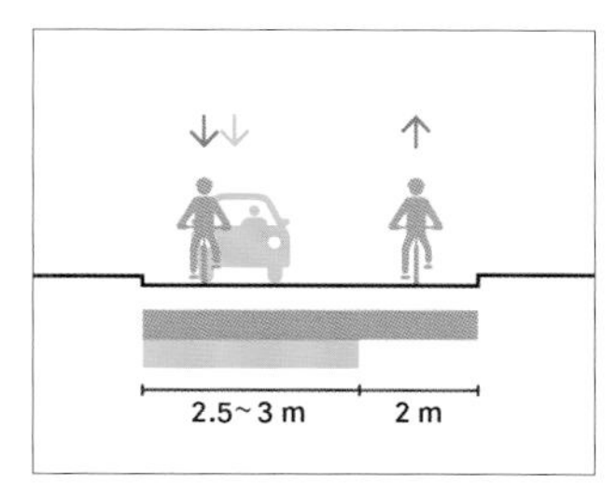

公共交通乘客

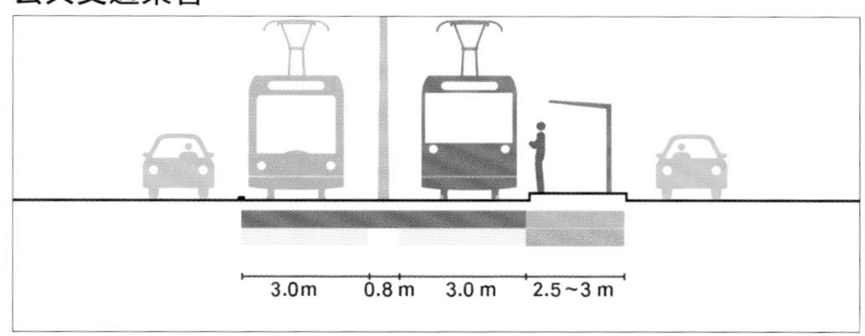

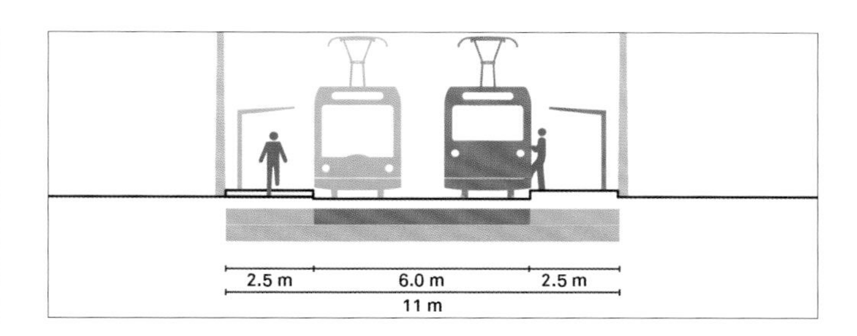

机动车驾驶员

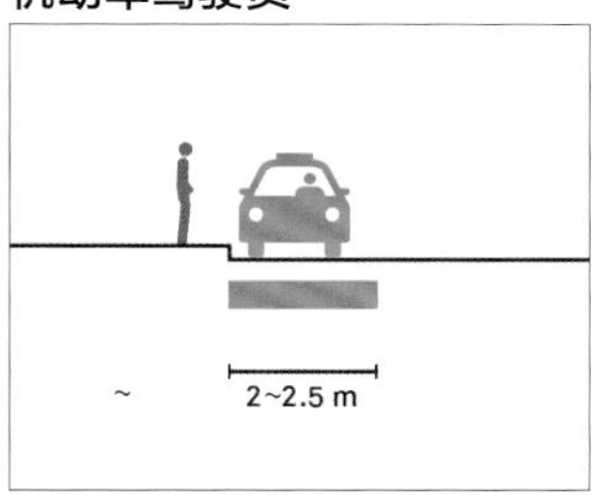

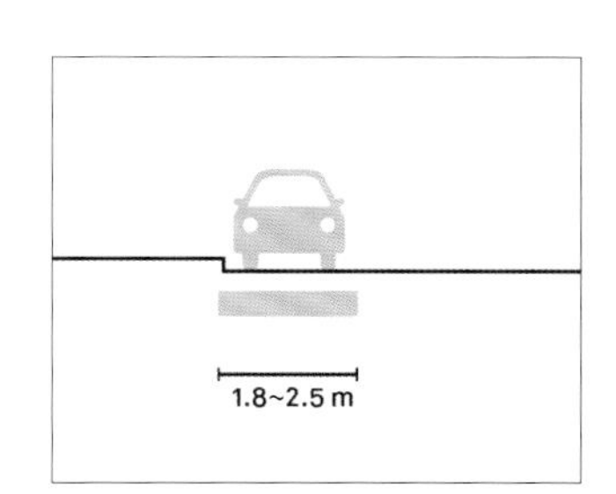

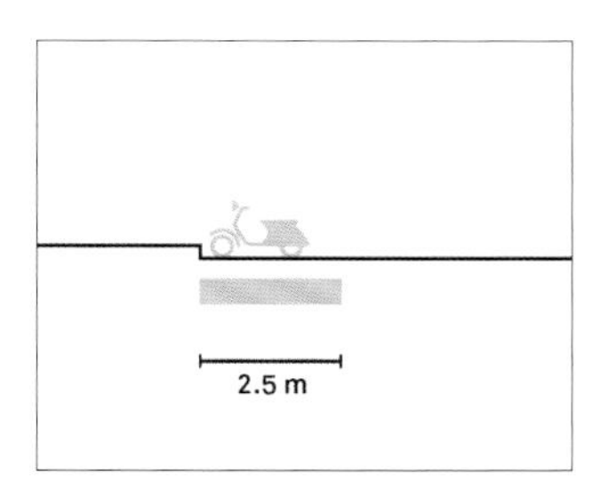

商贩

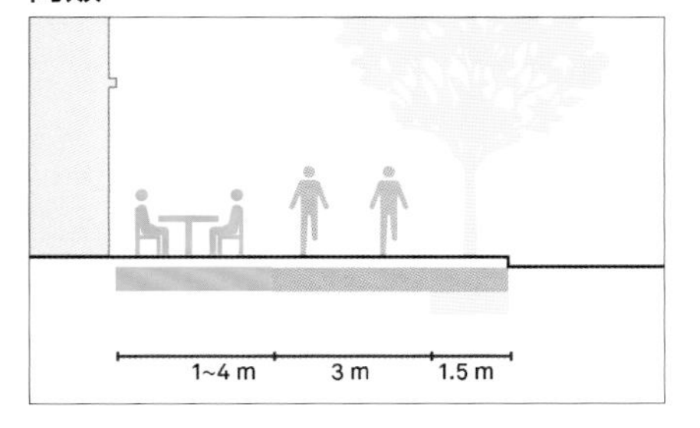

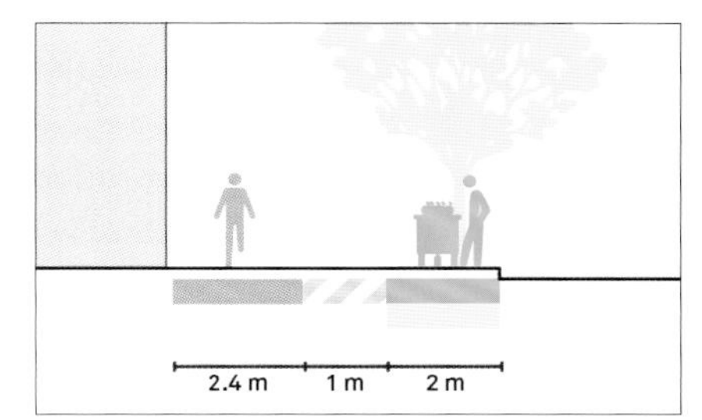

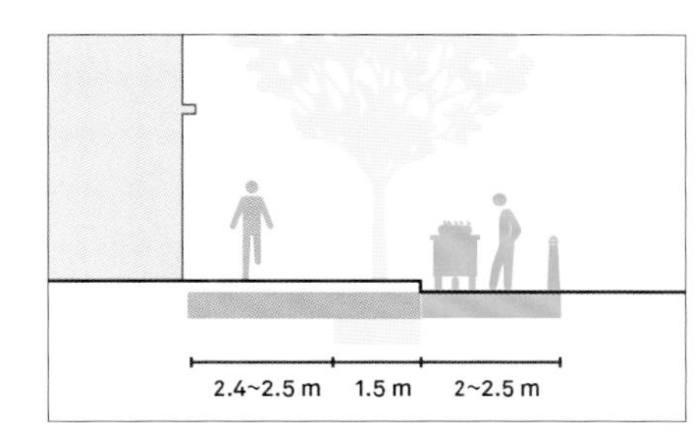

附录E | 交叉路口的尺寸假设

本指南中列举的街道，由于空间有限，并没有注明尺寸。下图显示了图示中的一些假设尺寸，基本宽度、间距、斜率和拐角半径对应“为人设计街道”“街道改造”和“交叉路口”等内容。

5 m
3 m
12 m
公交车辆停靠站
3~3.3 m
R =3 m 最大
>1.8 m
1.5 m
2.4 m
1.5 m
2 m

拐角半径

将拐角半径最小化可以降低车速，保证交叉路口的紧凑性，确保打造安全、行人友好型的空间。城市地区的拐角半径可以低至0.6 m。详见第二部分8：运营和管理策略。

绿色基础设施

在人行道的设施区、路缘扩展带或中央分离带引入绿色基础设施。详见第二部分7.2：绿色基础设施。

可及性坡道

在人行横道处设计可及性坡道，应与行进路径成90° 角，且斜率不应该超过1:10。详见第二部分6.3.8：普遍可及性。

路缘扩展带

如果条件允许，增加路缘扩展带，以提高可视性，为行人提供更多的候车区域，也为公共交通候车亭、商贩或绿色基础设施提供更多的空间。详见第二部分6：为人设计街道。

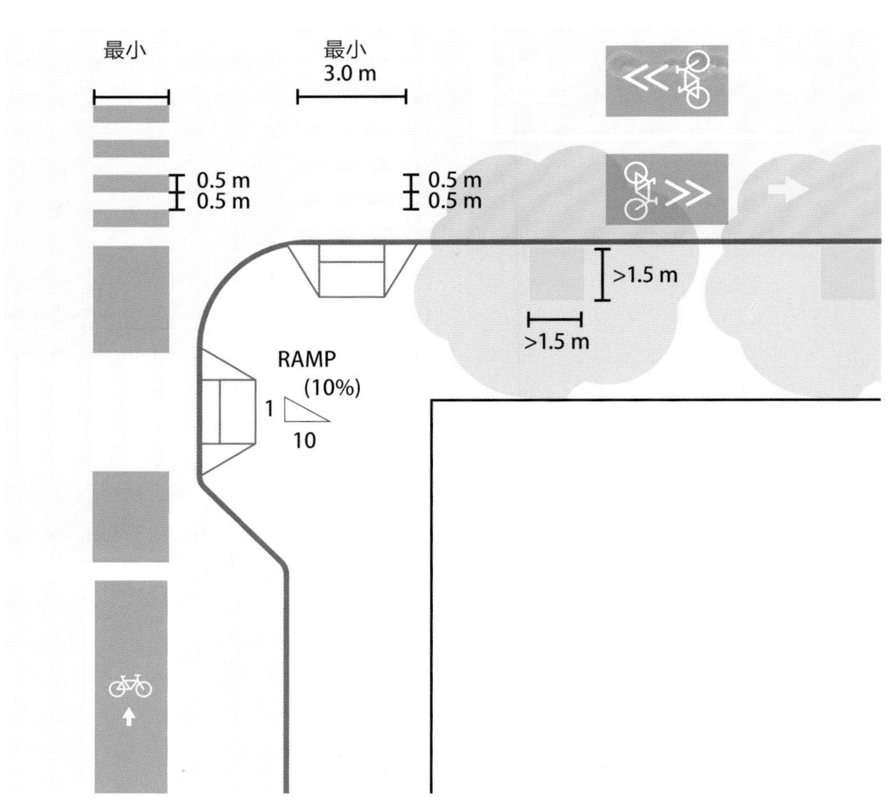

公交车辆停靠站和候车亭

确保人行道上保留通行区，建筑和路缘边缘之间的空间应允许人们安全上车。候车亭应距离交叉路口3 m。详见第二部分6.5：为公共交通使用者设计街道。

提供自行车保护的交叉路口

如果条件允许，在交叉路口为自行车骑行者提供物理隔离，并在整个交叉路口设置标志，提醒驾驶员和自行车骑行者潜在的冲突区。详见第二部分6.4：为自行车骑行者设计街道。

自行车框

如果无法设计保护自行车的交叉路口，可使用先行自行车停止框，以便自行车骑行者在红灯停止时安全地在等候区域中优先通行。详见第二部分6.4：为自行车骑行者设计街道。

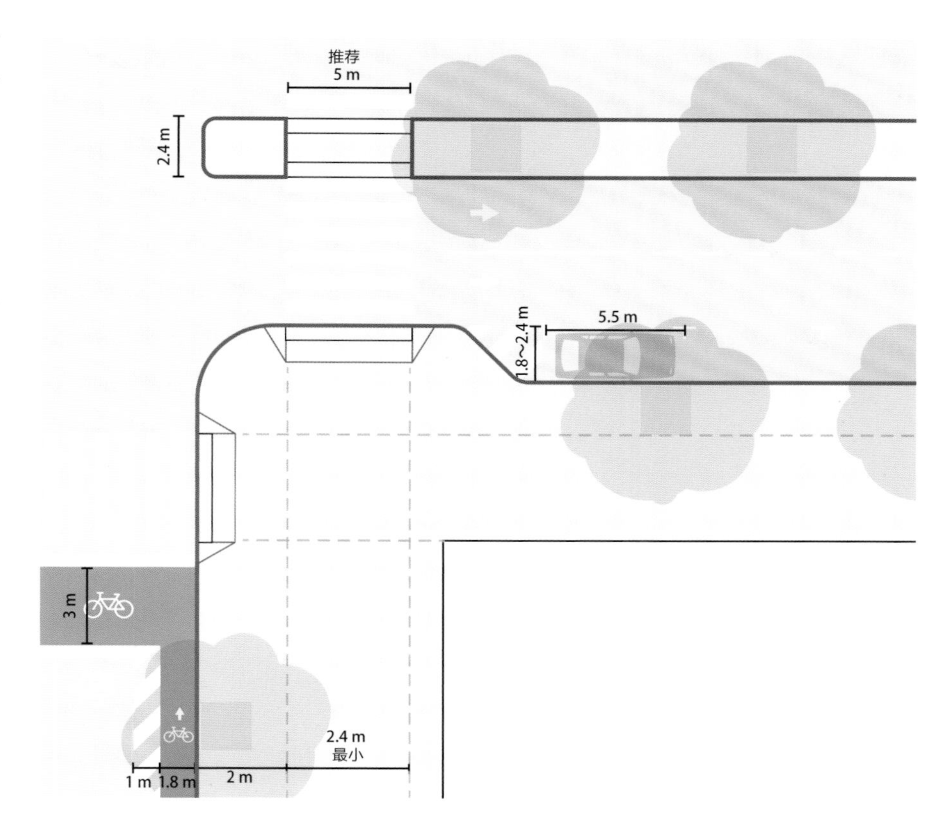

人行道

确保人行道保持2.4 m宽（最小1.8 m）的连续通行区，能够让两个轮椅使用者舒适地通过彼此。详见第二部分6.3.4：人行道。

人行横道

确保人行横道与行人通行区对齐，并清晰地标示出安全过街的地方。详见第二部分6.3：为行人设计街道。

行人安全岛

为行人提供穿过两到三条行车道的等待空间，这些地方的宽度应与标示的人行横道相同，深度为2.4 m，方便人们安全地候车。详见第二部分6：为人设计街道。

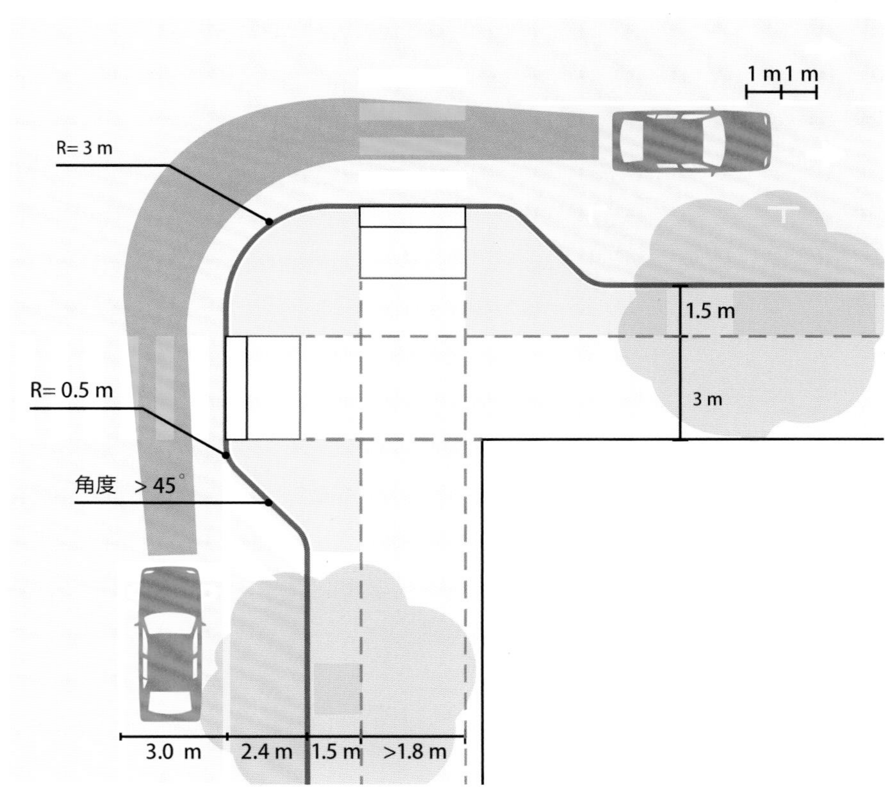

致谢

Bloomberg Philanthropies

Kelly Henning
Kelly Larson
Rebecca Bavinger

Advisory Board

Janette Sadik-Khan
Linda Bailey
Hal Harvey
Margaret Newman
Helle Soholt
Darren Walker
Mark Watts

Global Designing Cities Initiative

Skye Duncan
Ankita Chachra
Abhimanyu Prakash
Fabrizio Prati

National Association of City Transportation Officials

Linda Bailey
Laurie Almian-Derian
Alex Engel
Kate Fillin-Yeh
Ted Graves
Corinne Kisner
Matthew Roe
Craig Toocheck
Aaron Villere

Bloomberg Associates

Janette Sadik-Khan
Nicholas Mosquera
Seth Solomonow
Andrew Wiley-Schwartz

Bloomberg Initiative For Global Road Safety Partners

EMBARQ - World Resources Institute
Global New Car Assessment Program
Global Road Safety Partnership
Johns Hopkins Bloomberg School of Public Health
The World Bank-Led Global Road Safety Facility
Vital Strategies
World Health Organization

C40

Seth Schultz
Clare Healy
Laura Jay
Gunjan Parik
Kathryn Urquhart

CONSULTANTS

Arup

Susan Ambrosini
Gabriela Antunes
Anthony Durante
Ellen Greenberg
Penny Hall
Joseph Kardos
Pablo Lazo
Vincent Lee
Trent Lethco
Paula Saad
Varanesh Singh

Nelson Nygaard

Michael King
Ria Lo
Paul Moore
Karina Ricks
Jeffery Tumlin
Shivam Vohra
Stephanie Wright

MRCagney

Peter Breen
Steven Burgess
Chris Dowie
Melissa Dunlop
Gerard Reardon
Will Somerville

Sam Schwartz Engineering

Michael Flynn
Sam Frommer
Vig Krishnamurthy

Pure + Applied

Paul Carlos
Urshula Barbour
Chris Mills
Shantal Henry
Miles Baretto
Nick Cesare
Karilyn Johansen
Carrie Kawamura

Others

Lee Altman
Anita Bulan
Guangyue Cao
Thomas F. Reynolds
Maria Agustina Santana
Ziyang Zeng

GLOBAL CONTRIBUTORS

Argentina

Buenos Aires
Soledad Aguirre Sors
Guillo Dietrich
Juanjo Mendez
Sol Mountford

Australia

Gosford
Judy Jaeger
Melbourne
Rob Adams
Steven Burgess
Leanne Hodyl
Rob Moore
Stuart Niven
Bart Sbeghen
Ros Rymer
Sydney
Sandy Burgoyne
Kerry Gallagher
Simon Lowe
Emily Scott
Victoria State
Kristie Howes
Giles Michaux
Daniel Przychodzki
Lorrae Wild

Azerbaijan

Baku
Vusal Rajabli

Brazil

Fortaleza
Ezequiel Dantas
Diego França
Porto Alegre
Tony Lindau
Marta Obelheiro
Rio de Janerio
Priscila Coli Rocha
Clarisse Cunha Linke
Mauricio Duarte Pereira
Washington Fajardo

André Lopes Pacheco Ormond
São Paulo
Ciro Biderman
Adriano Borges Costa
Gabi Callejas
Danielle Hoppe
Fernando Mello Franco
Gustavo Partezani Rodrigues
Luis Eduardo Surian Brettas

Canada

Toronto
Mark Van Elsberg
Winnipeg
Anders Swanson

China

Beijing
Karl Fjellstrom
Greg Smith
Shanghai
Sybren Boomsma
Xuesong Wang

Colombia

Bogota
Leidy Constanza Lopez Mateus
William Mauricio V. Caicedo
Carlos Felipe Pardo
Diana Wiesner
Medellín
Margarita Maria Angel Bernal
Carlos Cadena Gaitan

Denmark

Copenhagen
Sofie Kvist
Jeff Risom

Ecuador

Quito
Ana Maria Duran Calisto
Jaime Izurieta-Varea

England

Ashford
Toby Howe
Emma Maclennan
London
Philip Jones
Esther Kurland
Lilli Matson
Ben Plowden

Ethiopia

Addis Ababa
Mulugeta Abeje

Finland

Helsinki
Reeta Keisanen
Reeta Putkonen

Georgia

Tbilisi
Gela Kvashilava

Germany

Berlin
Burkhard Horn
Joerg Ortlepp
Maria Pohle
Karlsruhe
Andre Munch

Ghana

Accra
Nabe Kanfiegue
Michael Konadu
Magnus Lincoln Quarshie
Korama Ocran

Greece

Athens
Stelios Efstathiadis

Haiti

Cite Soleil
Louino Robillard

India

Ahmedabad
Anuj Malhotra
Bangalore
Swati Ramanathan
Chennai
Raj Cherubal
Shreya Gadepalli
Advait Jani
Madonna Thomas
Mumbai
Samarth Das
Binoy Mascerenhas
New Delhi
Piyush Tewari

Indonesia

Bandung
Nunun Yanuati

Israel

Jerusalem
Ofer Manor

Kenya

Nairobi
Cecilia Andersson
Christopher Kost
Hilary Murphy
Laura Petrella
Robyn Watson

Korea

Daegu
Keong-Gu Hong
Seoul
Yong-Jin Cho
Noh Soo Hong

Autonomous Province of Kosovo, Serbia

Prishtina
Bekim Ramku

Kyrgyzstan

Bishkek
Chinara Kasmambetova

Laos

Vientiane
Bradley D Schroeder

Mexico

Mexico City
Salvador Herrera
Alejandro Larios Morales
Dhyana Quintanar Solares
Monterrey
Gabriel E. Todd
Puebla
Adán Domínguez
Giovanni Zayas Franzoni

Moldova

Chisinau

Tatiana Mihailova

New Zealand

Auckland
Ludo Campbell-Reid
Hayley Fitchett
Simon Harrison
Don Mckenzie
Lennart Nout
Christchurch
Melizza Morales Hoyos
Hugh Nicholson
Wellington
Megan Wraight

Peru

Lima
Mariana Alegre Escorza

Russia

Moscow
Artur Shakhbazyan

Scotland

Glasgow
Gillian Black

Singapore

Singapore
Andrew David Fassam
Yi Ling Pang

South Africa

Cape Town
Katherine Ewing
Rashiq Fataar
Barbara Southworth

Sweden

Goethenburg
Suzanne Andersson
Stockholm
Daniel Firth
Svante Guterstam
Alexander Stahle

Switzerland

Geneva
Sandra Piritz

The Netherlands

Delft
Dick Van Deen
Rotterdam
Koen De Boo

Turkey

Istanbul
Merve Aki
Cigdem Corek

United States

Baltimore
Adnan Hyder
Andres Ignacio Vecino Ortiz
Boston
Michael Murphy
Jeffrey L. Rosenblum
Connecticut
Norman Garrick
Madison
Jason Vargo
Malden
David Vega-Barachowitz
New York
Philippa Brashear
Oscar Correa
David Grahame Shane
Eric Jaffe
Ethan Kent
Lee Jung Kim
Michael King
Michael Kodransky
Karen Lee
Geeta Mehta
Justin Garrett Moore
Richard Plunz
Andrew Rudd
Jeffrey Shumaker
Morana Stipisic
Gary Toth
Nans Voron
Portland
Nick Falbo
Peter Koonce
San Francisco
Illaria Salvadori
Paul Supawanich
Robin Abad Ocubillo
Seattle
Nathan Polanski
Washington, DC
Julie Babinard
Soames Job
Ben Welle

Vietnam

Ho Chi Minh City
Tra Vu

Zambia

Kalumbila
Carl Johan Collet

CASE STUDY CONTRIBUTORS

Strøget, Copenhagen

Helle Soholt, Gehl Architects
Lars Gemzoe, Gehl Architects
Kym Lansel, Gehl Architects
Jeff Risom, Gehl Architects

Laneways of Melbourne

Rob Adams, City of Melbourne
Paula Kilpatrick, City of Melbourne
Andrea Kleist, City of Melbourne
Fiona McGilton, City of Melbourne
Jack O'Connor, City of Melbourne
Ros Rymer, City of Melbourne
Bart Sbeghen, Bicycle Network

Pavement to Parks, San Francisco

Robin Abad Ocubillo, City of San Francisco
Ilaria Salvadori, Pavement to Parks

Plaza Program, NYC

Andrew Wiley-Schwartz, Bloomberg Associates
Emily Weidenhof, NYC Department of Transportation

Fort Street, Auckland

Ludo Campbell-Reid, Auckland Council
Eric Van Essen, Auckland Transport
Hayley Fitchett, Auckland Council
Simon Harrison, Auckland Council
Kitt Isidro, Auckland Council

Van Gogh Walk, London

Esther Kurland, Transport for London
Colette Lock-Wah-Hoon, Transport for London

Ben Plowden, Transport for London

St. Mark's Road, Bangalore

Swati Ramanathan, Jana Urban Space

Bourke Street, Sydney

Adam Fowler, City of Sydney
Fiona Gallagher, City of Sydney
Kerry Gallagher, City of Sydney

2nd Avenue, New York City

Matthew Roe, NACTO
Eric Beaton, NYC Department of Transportation

Götgatan, Stockholm

Daniel Firth, City of Stockholm

Swanston Street, Melbourne

Rob Adams, City of Melbourne
Paula Kilpatrick, City of Melbourne
Andrea Kleist, City of Melbourne
Fiona McGilton, City of Melbourne
Jack O'Connor, City of Melbourne
Ros Rymer, City of Melbourne
Bart Sbeghen, Bicycle Network
Dongsei Kim, AXU Studio

Avenue de Magenta, Paris

Maud Charasson, Apur
Patricia Pelloux, Apur

Avenida 9 de Julio, Buenos Aires

Soledad Aguirre Sors, City of Buenos Aires

A8ernA, Zaanstad

Kamiel Klaasse, NL Architects

Cheonggyecheon, Seoul

Lee Kim, AKRF, Inc
Prof. Soo Hong Noh, Yonsei University

Historic Peninsula, Istanbul

Cigdem Corek, Embarq Turkey

21st Street, Paso Robles

Brice Maryman, Svr Design
Nathan Polanski, Svr Design

Raahgiri Day, Gurgaon

Amit Bhatt, Embarq India
Kanika Jindal, Embarq India

Jellicoe Street, Auckland

Ludo Campbell-Reid, Auckland Council
Simon Harrison, Auckland Council
Kitt Isidro, Auckland Council
Megan Wraight, Wraight & Associates Ltd

Queens Quay, Toronto

Mark Van Elsenberg, City of Toronto
Pina Mallozzi, Waterfront Toronto
Mike Shenker, Waterfront Toronto

Khayelitsha, Cape Town

Kathryn Ewing, Vpuu
Barbara Southworth, Gapp Architects

Calle 107, Medellín

Maria Camila Mejia Pelaez, City of Medellín
Juan Andres Munos Airey, Edu

Street of Korogocho, Nairobi

Cecilia Andersson, Un Habitat
Laura Petrella, Un Habitat
Andrew Rudd, Un Habitat
Robyn Watson, Un Habitat

Photo Credits

All images used in this guide are taken by the authors, unless specified below.

XIV NYC Department of Transportation; XVIII top right Hector Rios, bottom left ITDP China; XIX top centre Jeffery Shumaker, middle right Artur Shakhbazyan.
2 Shaping Streets: 19 Andrew Curtis; 32 Centre for Mobility, Ahmedabad; 34 Despacio–Carlosfelipe Pardo; 41 right WRI–Mariana Gil.
3 Measuring and Evaluating Streets: 45 NYC Department of Transportation.
6 Designing Streets for People: 79 middle Ezequiel Dantas; 83 ITDP Chennai; 99 top Laura Camus Sanchez, bottom Daniel Firth, 105 ITDP China,109 left ITDP China; 113 bottom Citypass; 143 top Laetitia Dablanc, IFSTTAR French Institute for Transport Research, second from top ITDP; 149 bottom Center for Urban Pedagogy.
7 Utilities and Infrastructure 154 left David Vega-Barachowitz.
8 Operational and management Strategies 174 Karl Fjellstrom.
10 Street Transformations: 197 ITDP, China; 198 Gehl Architects; 202 Jeffery Shumaker; 204 top City of Melbourne; 209 top Fabio Aranles, middle Gillian Black, bottom Pontificia Universidad Católica del Perú; 210 Sam Heller; 212 Transportation Secretariat, City Government of Buenos Aires; 214 top Hector Rios, bottom Artur Shakhbazyan; 216 NYC Department of Transportation; 217 NYC Department of Transportation; 222 bottom left Soledad Arguirre Sors; 223 Abu Dhabi Urban Planning Council; 224 top Patrick Reynolds, bottom Jay Farnworth; 230 top Elaine Kramer; 234 Victor Macedo; 236 Gilmar Altamirano; 240 City of Sydney; 245 Pontificia Universidad Católica del Perú; 258 NYC Department of Transportation; 263 top Ministry of Environment of the Mexico City Government; 265 Adam Coppola Photography; 266 City of Stockholm; 270 Karl Fjellstrom; 271 Carlosfelipe Pardo; 273 left Karl Fjellstrom; 274 top City of Melbourne, bottom Dongsei Kim; 276 bottom left Carlosfelipe Pardo; 277 Carlosfelipe Pardo; 279 ITDP China; 280 ARUP; 283 left Karl Fjellstrom, right Duan Xiaomei; 285 left Vuong Tran-Quang; 286 Karl Fjellstrom; 287 Karl Fjellstrom; 288 City of Bueno Aires; 293 top NYC Department of Transportation; 294 NL Architects; 298 Seoul Metropolitan Facilities Management Corporation; 301 Nupur Prakash; 302 top SvR Design Company, bottom CannonCorp Engineering; 307 top Chris Kost; 308 WRI EMBARQ India; 312 Auckland Council; 315 NYC Department of Transportation; 316 Waterfront Toronto; 319 Gustavo Partezani Rodrigues; 321 WRI EMBARQ Turkey; 328 Empresa de Desarrollo Urbano, 330-331 VUPUU NPC; 332 UN Habitat.
11 Intersections: 342 Supharat Yui Laksameewanid; 345 Ezequiel Dantas; 354 SMDU - SP Urbanismo, Sao Paulo; 355 Transportation Secretariat, City Government of Buenos Aires; 357 Moritz Bernoully, Autoridad del espacio público; 359 ITDP China.

图书在版编目（CIP）数据

全球街道设计指南 / 美国全球城市设计倡议协会，美国国家城市交通官员协会著；王小斐，胡一可译. -- 南京：江苏凤凰科学技术出版社，2018.7

ISBN 978-7-5537-9273-6

Ⅰ. ①全… Ⅱ. ①美… ②美… ③王… ④胡… Ⅲ. ①城市道路—建筑设计—指南 Ⅳ. ①TU984.191-62

中国版本图书馆CIP数据核字(2018)第110651号

江苏省版权局著作权合同登记号：10-2017-382

全球街道设计指南

著　　者	美国全球城市设计倡议协会　美国国家城市交通官员协会
译　　者	王小斐　胡一可
审　　校	张　涛　张　鎏
项目策划	凤凰空间／张晓菲　庞　冬
责任编辑	刘屹立　赵　研
特约编辑	庞　冬
出版发行	江苏凤凰科学技术出版社
出版社地址	南京市湖南路1号A楼，邮编：210009
出版社网址	http：//www.pspress.cn
总　经　销	天津凤凰空间文化传媒有限公司
总经销网址	http：//www.ifengspace.cn
印　　刷	北京博海升彩色印刷有限公司
开　　本	889 mm×1 194 mm　1／16
印　　张	25.5
字　　数	408 000
版　　次	2018年7月第1版
印　　次	2019年10月第2次印刷
标准书号	ISBN 978-7-5537-9273-6
定　　价	368.00元（精）

图书如有印装质量问题，可随时向销售部调换（电话：022-87893668）。